工程结构试验

（第 2 次修订本）

朱尔玉　冯　东　朱晓伟　王冰伟　编著

清华大学出版社
北京交通大学出版社
·北京·

内容简介

本书系统地介绍了工程结构试验设计、加载技术、量测技术，以及工程结构静载试验方法、工程结构动力试验方法、结构试验现场可靠性检测技术、结构模型试验技术等内容，反映了国内外土木工程结构试验方面的最新技术和测试方法的发展趋势。

本书既可作为土木工程、桥梁与隧道工程、工业与民用建筑工程、防灾减灾与防护工程、地下工程和市政工程等专业本科生和研究生的教材或教学参考书，也可作为土木工程领域有关专业技术人员和高等院校教师的参考用书。

图书在版编目（CIP）数据

工程结构试验/朱尔玉编著. —北京：北京交通大学出版社：清华大学出版社，2016.3（2023.2 重印）

ISBN 978－7－5121－2682－4

Ⅰ.①工…　Ⅱ.①朱…　Ⅲ.①工程结构-结构试验　Ⅳ.①TU317

中国版本图书馆 CIP 数据核字（2016）第 049846 号

工程结构试验
GONGCHENG JIEGOU SHIYAN

责任编辑：赵彩云
出版发行：清 华 大 学 出 版 社　　邮编：100084　　电话：010－62776969　　http：//www.tup.com.cn
　　　　　北京交通大学出版社　　邮编：100044　　电话：010－51686414　　http：//www.bjtup.com.cn
印 刷 者：北京鑫海金澳胶印有限公司
经　　销：全国新华书店
开　　本：185mm×260mm　　印张：19.25　　字数：480 千字
版　　次：2023 年 2 月第 2 次修订　　2023 年 2 月第 3 次印刷
书　　号：ISBN 978－7－5121－2682－4
定　　价：49.00 元

本书如有质量问题，请向北京交通大学出版社质监组反映。对您的意见和批评，我们表示欢迎和感谢。
投诉电话：010－51686043，51686008；传真：010－62225406；E-mail：press@bjtu.edu.cn。

前　言

土木工程结构试验以试验技术为手段，借助一定的仪器设备测量工程结构或构件实际工作性能的有关参数，为评判工程结构的安全性、适用性和耐久性提供科学依据。土木工程结构试验是一门实践性很强的专业技术，它所涉及的内容广泛，如物理学、机械与电子测量技术、土木工程技术、数理统计分析等，需要较多的基础知识和专业知识。随着科学技术的发展，土木工程结构试验的理论和技术也随之发展。

作者在多年教学和科研成果的基础上，编写了《工程结构试验》，涵盖了土木工程结构试验相关学科和领域的内容。

《工程结构试验》共 8 章："第 1 章 工程结构试验概论"由北京交通大学朱尔玉、贾雪菲和周逸凯编写；"第 2 章 工程结构试验设计"由中国水利水电科学研究院王冰伟和北京市建筑工程研究院徐瑞龙编写；"第 3 章 工程结构试验加载技术"由北京市政工程设计研究总院何立和中铁第五勘察设计院集团有限公司田雪娟编写；"第 4 章 工程结构试验量测技术"由北京交通大学朱尔玉和冯东编写；"第 5 章 工程结构静载试验"由中铁第五勘察设计院集团有限公司朱晓伟和蒋红根编写；"第 6 章 工程结构动力试验"由北京交通大学冯东和朱尔玉编写；"第 7 章 结构试验现场可靠性检测技术"由中铁第五勘察设计院集团有限公司朱晓伟和中国水利水电科学研究院王冰伟编写；"第 8 章 结构模型试验技术"由北京交通大学朱尔玉、冯东和贾雪菲编写。全书由朱尔玉、冯东统稿。

通过对本书的学习，读者可以获得工程结构试验方面的基础知识和基本技能，掌握工程结构试验设计、加载技术、量测技术，以及工程结构静载试验方法、工程结构动力试验方法、结构试验现场可靠性检测技术、结构模型试验技术等内容，为今后从事科学研究和工程结构试验打下良好的基础。

本书在编写过程中，吸收了行业内相关专家的经验，参考和借鉴了有关专业图书的内容，取长补短，力求将国内外土木工程结构试验方面的最新技术和测试方法介绍给读者。在此对本书所引用资料的作者和单位表示感谢。另外，在本书的出版过程中，得到了北京交通大学有关领导及北京交通大学出版社的大力支持。在此，向所有对本书出版提供帮助的人士表示衷心的感谢！

由于水平有限，加上时间仓促，书中难免有疏漏之处，恳请读者批评指正。

作者

北京交通大学

2023 年 1 月

目　　录

第 1 章　工程结构试验概论

工程结构试验是一门科学实践性很强的学科，是研究和发展工程结构新材料、新体系、新工艺及探索结构设计新理论的重要手段，在工程结构科学研究和技术革新等方面起着重要的作用。

工程结构包含建筑结构、桥梁结构、隧道结构、地下结构、水工结构及各类特种结构（如高耸结构及各种构筑物）等。这些工程结构都是以各种工程材料为主体构成的不同类型的承重构件相互连接而成的组合体。为满足结构在功能及使用上的要求，必须使得这些结构在规定的使用期内能安全有效地承受外部及内部形成的各种作用。为了进行合理的设计，工程技术人员必须掌握在各种作用下结构的实际工作状态，了解结构构件的承载力、刚度、受力性能以及实际所具有的安全储备。

在应力分析工作中，一方面可以利用传统的理论计算方法，另一方面也可以利用实验方法，即通过结构试验，采用实验应力分析方法来解决问题。特别是电子计算机技术的发展，不仅为用数学模型方法进行计算分析创造了条件，而且利用计算机控制的结构试验，为实现荷载模拟、数据采集和数据处理，以及整个试验自动化提供了有利条件，使结构试验技术的发展产生了根本性的变化。人们利用由计算机控制的多维地震模拟振动台可以实现地震波的人工再现，模拟地面运动对结构作用的全部过程；用计算机联机的拟动力伺服加载系统帮助人们在静力状态下量测结构的动力反应；由计算机完成的各种数据采集和自动处理系统可以准确、及时、完整地收集并表达荷载与结构行为的各种信息。计算机也增强了人们进行结构试验的能力。因此，结构试验仍然是发展结构理论和解决工程设计方法的主要手段之一。在结构工程学科的发展演变过程中形成的由结构试验、结构理论与结构计算三级构成的新学科结构中，结构试验本身也成为一门真正的试验科学。

实践是检验真理的唯一标准。科学实践是人们正确认识事物本质的源泉，它可以帮助人们认识事物的内在规律。在工程结构学科中，结构试验也是一种已被实践证明的行之有效的方法。

工程结构试验是土木工程专业的一门技术基础课程。它研究的主要内容有：工程结构静力试验和动力试验的加载模拟技术，工程结构变形参数的量测技术，试验数据的采集、信号分析及处理技术，最终对试验对象做出科学的技术评价或理论分析。

1.1　工程结构试验的任务与作用

1.1.1　工程结构试验的任务

结构在外荷载作用下，可能产生各种反应。如钢筋混凝土简支梁在静力集中荷载作用下，可以通过测得梁在不同受力阶段的挠度、角变位、截面上纤维应变和裂缝宽度等参数，来分析梁的整个受力过程以及结构的承载力、刚度和抗裂性能。当一个桥梁承受动力荷载或移动荷载作用时，同样可以通过测得结构的自振频率、阻尼系数、振幅（动位移）和动应变等来研究结构的动力特性和结构承受动力荷载作用下的动力反应。近年来，在结构抗震研究中，经常是通过结构在承受低周反复荷载作用下，由试验所得的恢复力与变形关系即滞回曲线来分析结构的承载力、刚度、延性、耗能及抗倒塌能力等。

由此可见，工程结构试验的任务就是在结构物或试验对象（实物或模型）上，利用设备仪器，采用各种试验技术，在荷载（重力、机械扰动力、地震作用、风力等）或其他因素（温度、变形）作用下，通过量测与结构工作性能有关的各种参数（变形、挠度、应变、振幅、频率等），从强度（稳定性）、刚度和抗裂性及结构实际破坏形态来判断结构的实际工作性能，估计结构的承载能力，确定结构对使用要求的符合程度，并用以检验和发展结构的计算理论。

由结构试验的任务可知，它是以不同形式的试验方法为手段，以测定结构构件的工作性能、承载能力和相应的安全度为目的，为结构的安全使用和设计计算理论的建立提供重要的依据。

1.1.2　工程结构试验的作用

1. *工程结构试验是发展结构理论的重要途径*

伽利略于17世纪初期首先研究了材料的强度问题，提出过许多正确的理论。但他在1638年出版的著作中，也曾错误地认为受弯梁的断面应力分布是均匀受拉的。过了46年，法国物理学家马里奥脱和德国数学家兼哲学家莱布尼兹对这个假定提出了修正，认为其应力分布不是均匀的，而是按三角形分布的。后来虎克和伯努里又建立了平面假定。1713年法国人巴朗进一步提出了中和层理论，认为受弯梁断面上的应力分布以中和层为界，一边受拉，另一边受压。由于当时无法验证，巴朗的理论只不过是一个假设而已，受弯梁断面上存在压应力的理论仍未被人们接受。

1767年法国科学家容格密里首先用简单的试验方法，令人信服地证明了梁断面上压应力的存在。他在一根简支梁的跨中，沿上缘受压区开槽，槽的方向与梁轴垂直，在槽内塞入硬木垫块（见图1-1）。试验证明，这种开槽梁的承载能力丝毫不低于整体未开槽的木梁。这说明只有上缘受压力才可能有这样的结果。当时，科学家们对容格密里的这个试验给予了极高的评价，将它誉为“路标试验”，因为它总结了人们100多年来的摸索成果，像十字路口的路标一样，为人们指出了进一步发展结构强度计算理论的正确方向和方法。

1821年法国科学院院士拿维叶从理论上推导了现在材料力学中受弯构件断面应力分布的计算公式，又经过了20多年后，才由法国科学院另一位院士阿莫列恩用试验的方法验证了这个公式。

人类对这个问题进行了200多年的不断探索，至此才告一段落。从这段漫长的历程中可以看出，不仅对于验证理论，而且在选择正确的研究方法上，试验技术都起了重要的作用。

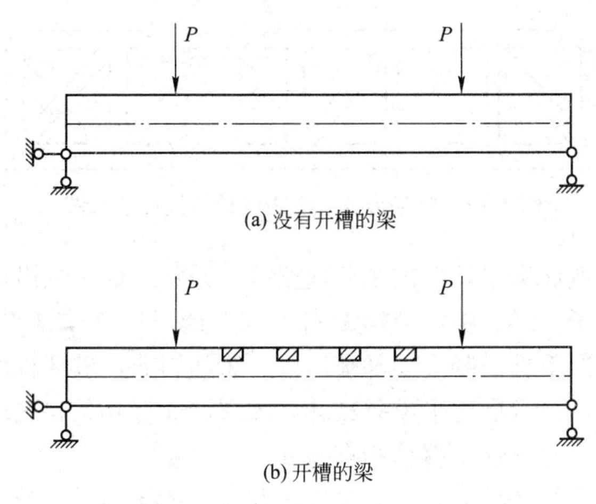

(a) 没有开槽的梁

(b) 开槽的梁

图 1－1　路标试验图示

2. 工程结构试验是发现结构设计问题的主要手段

人们对于框架矩形截面柱和圆形截面柱的受力特性认识较早，在工程设计中应用最广。建筑设计技术发展到今天，为了满足人们对建筑空间的使用需要，出现了异形截面柱，如 T 形、L 形和十字形截面柱。在未做试验研究之前，设计者认为，矩形截面柱和异形截面柱在受力特性方面没有本质的区别，其区别就在于截面形状的不同，因而误认为柱子的受力特性与柱截面形式无关。试验证明，柱子的受力特性与柱子截面的形状有很大关系，矩形截面柱的破坏特征属拉压型破坏，异形截面柱破坏特征属剪切型破坏。所以，异形截面柱和矩形截面柱在受力性能方面有本质的区别。

钢筋混凝土剪力撑结构的设计技术已经被人们所掌握，这种新结构的设计思想源于三角形的稳定性，是框架和桁架相互结合的产物。设计者设想把框架的矩形结构通过加斜撑的方式分隔成若干个三角形。最初，有人把这种结构形式叫作框桁结构，设计者第一榀试验研究的结构简图如图 1－2 所示。

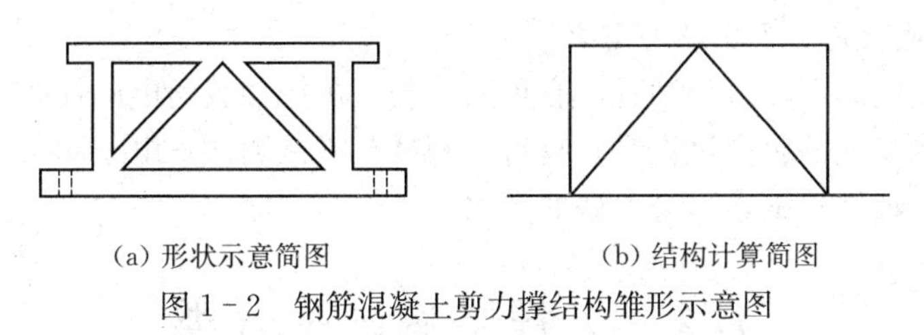

(a) 形状示意简图　　(b) 结构计算简图

图 1－2　钢筋混凝土剪力撑结构雏形示意图

从计算理论的角度看，这种结构是合理可行的，但经过试验研究，才发现图 1－2 的结构形式是失败的，因为斜撑的拉杆几乎不起作用，不能抵消压杆的竖向分力，整个结构由于两斜撑交点处的框架梁首先出现塑性角而被破坏。在试验研究的基础上，经过多次改进，才形成了如图 1－3 所示的结构形式。

笼式工程结构是 20 世纪 90 年代末出现的一种能够减小地震作用的结构形式。因地震作用的大小与工程结构平面刚度的大小有关，即工程结构的平面刚度越大，地震对建筑物的影响也越大，反之则越小。所以，设计者以住宅建筑属小开间建筑这一特点入手，将普通框架

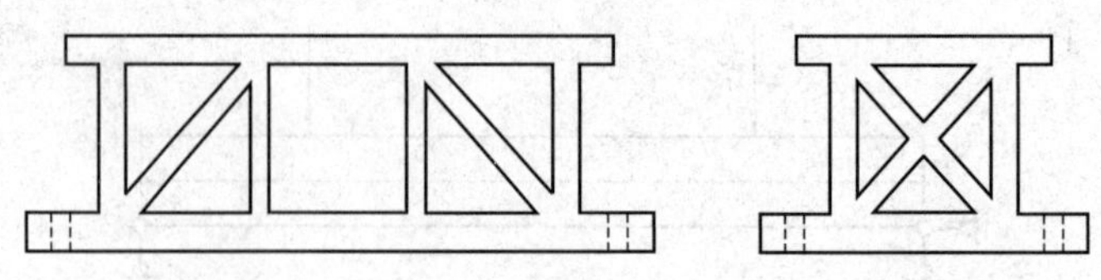

图 1-3　钢筋混凝土剪力撑结构设计示意图

结构的大截面梁柱，改变成数量较多的小截面梁柱，并将小梁小柱沿墙的长度方向和高度方向密布，使房间就像笼子一样。将该结构做成 1∶3 的模型，经试验发现，模型的底层有数量不多的斜裂缝，第二层下部混凝土局部被压碎，钢筋屈曲，破坏程度最严重，第三层下部破坏程度次之，第五层至第八层几乎没有破坏，顶层墙面有几条斜裂缝。所以，就结构破坏特征而言，笼式工程结构与普通工程结构有差异。

钢管混凝土结构的梁柱连接方式有焊接连接和螺栓连接两大类数十余种具体形式，究竟哪一种最优，也必须通过试验研究才能确定。

3. 工程结构试验是验证结构理论的唯一方法

从最简单的结构受弯杆件截面应力分布的平截面假定理论、弹性力学平面应力问题中应力集中现象的计算理论，到比较复杂的结构平面分析理论和结构空间分析理论，都可以通过试验方法来加以证实。

隔振结构、消能结构的发展也离不开工程结构试验。

4. 工程结构试验是工程结构质量鉴定的直接方式

对于既有的结构工程，不论是某一具体的结构构件还是结构整体，也不论进行质量鉴定的目的如何，所采用的直接方式仍然是结构试验。比如，灾害后的建筑工程、事故后的建筑工程等的质量鉴定。

5. 工程结构试验是制定各类技术规范和技术标准的基础

为了土木建筑技术能够得到健康的发展，需要制定一系列技术规范和技术标准，土木界所用的各类技术规范和技术标准都离不开结构试验成果。

6. 工程结构试验是自身发展的需要

从加荷技术发展的历史过程来看，有重物加载—机械加载—电磁加载—液压加载—伺服加载；从测试技术发展的历史过程看，有直尺测试—机械测试—电子测试—计算机智能测试技术，这些都是工程结构试验自身发展的产物。

1.2　工程结构试验分类

工程结构试验可按试验对象、荷载性质、试验场合、试验时间等不同因素进行分类，现简述如下。

1.2.1　生产性试验和科研性试验

1. 生产性试验

生产鉴定性试验简称生产性试验，是非探索性的。一般是在比较成熟的设计理论基础上进行。其目的是通过试验来检验结构构件是否符合结构设计规范及施工验收规范的要求，并对检验结果作出技术结论。这类试验经常用来解决以下有关问题。

(1) 鉴定结构设计和施工质量的可靠程度。对于一些比较重要的结构与工程，除在设计阶段进行必要的试验研究外，在实际结构建成以后，还要通过试验综合地鉴定其质量的可靠程度。上海南浦大桥和杨浦大桥建成后的荷载试验和秦山核电站安全壳结构整体加压试验均属此例。

(2) 为工程改建或加固判断结构的实际承载能力。对于既有建筑的扩建加层或进行加固，在单凭理论计算不能得到分析结论时，经常需要通过试验来确定这些结构的潜在能力，这对于缺乏原有结构的设计计算与图纸资料时，在要求改变结构工作条件的情况下更有必要。我国曾对上海几个新中国成立前建造的冷库的楼盖做了承载能力试验，鉴定楼盖的现有承载能力，以期通过提高楼面荷载来满足增加冷库储藏量的需要。

(3) 为处理工程事故提供技术根据。对于遭受地震、火灾、爆炸等原因而受损的结构，或是在建造和使用过程中发现有严重缺陷（施工质量事故、结构过度变形和严重开裂等）的危险性建筑，也往往有必要进行详细检验。上海某塑料厂的成型车间，在施工过程中发生火灾，致使一座三层的混合结构房屋遭到破坏，砖墙开裂，楼盖混凝土保护层剥落，钢筋外露，最后选择了楼面中破坏较为严重的楼板和次梁进行了荷载试验，得出了楼面结构在受灾破坏情况下的承载能力。唐山地震后，为满足对北京农业展览馆主体结构加固的需要，通过环境随机振动试验，采用传递函数谱进行了结构模态分析，并通过振动分析获得了结构模态参数。以上试验均为进行结构加固提供了必要的数据和资料。

(4) 检验结构可靠性、估算结构剩余寿命。已建结构随着使用时间的增长，结构物逐渐出现不同程度的老化现象，有的已到了老龄期、退化期和更换期，有的则到了危险期。为了保证已建建筑的安全使用，应尽可能地延长其使用寿命，防止建筑物破坏、倒塌等重大事故的发生，国内外对建筑物的使用寿命，特别是对使用寿命中的剩余期限，即剩余寿命特别关注。通过对已建建筑的观察、检测和分析普查，按可靠性鉴定规程评定结构所属的安全等级，由此推断其可靠性并估计其剩余寿命。目前，可靠性鉴定大多数采用非破损检测的试验方法。我国 20 世纪初期至中叶建成的钢铁厂，如武汉钢铁厂、本溪钢铁厂等的炼铁、炼钢、轧钢等车间均进行过可靠性检查和鉴定。

(5) 鉴定预制构件的质量。对于在构件厂或现场成批生产的钢筋混凝土预制构件，在构件出厂或现场安装之前，必须根据科学抽样试验的原则，按照预制构件质量检验评定标准和试验规程的要求，通过少量试件的试验，推断出成批产品的质量。

2. 科研性试验

科学研究性试验简称科研性试验，具有研究、探索和开发的性质。其目的在于验证结构设计的某一理论，或验证某种科学的判断、推理、假设及概念的正确性，或者是为了创造某种新型结构体系及其计算理论而进行的试验研究。研究性试验的试验对象即试件，不一定是研究任务中的具体结构，更多的是经过力学分析后抽象出来的模型。模型必须反映研究任务中的主要参数。因而，研究性试验的试件都是针对某一研究目的而设计和制作的。研究性试验一般都在室内进行，需要使用专门的加载设备和数据测试系统，以便对受载试件的变形性能做连续观察、测量和全面的分析研究，从而找出其变化规律，为验证设计理论和计算方法提供依据。

(1) 验证结构计算理论的假定。在结构设计中，人们经常为了计算上的方便，对结构构件的计算图式和本构关系做某些简化的假定。例如，在某较大跨度的钢筋混凝土结构厂房中，采用了 30～36 m 跨度竖腹杆形式的预应力钢筋混凝土空腹桁架，在设计这类桁架的计算图式时，可假定为多次超静定的空腹桁架，也可按两铰拱计算，而将所有的竖杆看成是不受力的吊杆，一般可以通过试验研究方法来加以验证。再如在构件静力和动力分析中，对本构关系的采用，则完全是通过试验加以确定的。

(2) 为制定设计规范提供依据。我国现行的各种工程结构设计规范除了总结已有的大量科学试验成果和经验以外，为了理论和设计方法的发展，还进行了大量钢筋混凝土结构、砖石结构和钢结构的梁、柱、框架、节点、墙板、砌体等实物和缩尺模型的试验，以及实体建筑物的试验研究，为我国编制各类结构设计规范提供了基本资料与试验数据。事实上现行规范采用的钢筋混凝土结构构件和砖石结构的计算理论，几乎全部是以试验研究的直接结果为基础的，这也进一步体现了结构试验学科在发展设计理论和改进设计方法上的作用。

(3) 为发展和推广新结构、新材料与新工艺提供实践经验。随着工程结构和基本建设发展的需要，新结构、新材料和新工艺不断涌现。例如，在钢筋混凝土结构中各种新钢种的应用，薄壁弯曲轻型钢结构的推广，升板、滑模施工工艺的发展，以及大跨度结构、高层建筑与特种结构的设计施工等。但是一种新材料的应用、一个新结构的设计和新工艺的施工，往往需要经过多次的工程实践与科学试验，即由实践到认识，再由认识到实践的多次反复，从而积累资料，丰富认识，使设计计算理论不断改进和完善。结合我国钢材生产的特点，曾对16 锰及硅钛类或硅钒类等钢种的原材料和使用这类钢材的结构构件做了大量的试验研究工作。上海某剧场改建工程中，在以往理论研究和通过模型试验积累的经验基础上，采用了一种新的眺台结构形式——预应力悬带结构，有效地解决了建筑空间与结构受力性能的矛盾。为了检验悬带眺台的结构性能，进行了现场的静力和动力试验，获得了结构刚度、次弯矩影响、预应力损失和结构自振频率等多项第一手资料，为这种新型结构的推广使用提供了经验。在目前高层建筑的设计和建设中，曾对筒中筒的结构体系进行了较多的试验研究。又如在桥墩的升板结构与滑模施工中，通过现场实测积累了大量与施工工艺有关的数据，为发展以升带滑、滑升结合的新工艺创造了条件。

1.2.2 原型试验和模型试验

1. 原型试验

原型试验（又称真型试验）的试验对象是实际结构或是按实物结构足尺复制的结构或构件。

实物试验一般均用于生产性检验，如秦山核电站安全壳加压整体性的试验就是一种非破坏性的现场试验。对于工业厂房结构的刚度试验、楼盖承载能力试验等均在实际结构上加载和量测。另外，在高层建筑上直接进行风振测试和通过环境随机振动测定结构动力特性等均属此类试验。

在真型试验中另一类就是足尺结构或构件的试验，以往一般对构件的足尺试验做得较多，事实上试验对象就是一根梁、一块板或一榀屋架之类的实物构件，它可以在试验室内试验，也可以在现场进行。

由于建筑结构抗震研究的发展，国内外开始重视对结构整体性能的试验研究，因为通过对这类足尺结构物进行试验，可以对结构构造、各构件之间的相互作用、结构的整体刚度及结构破坏阶段的实际工作性能进行全面的观测和了解。从 1973 年起我国各地先后进行的装配整体式框架结构、钢筋混凝土板、砖石结构、中型砌块、框架轻板等不同开间和不同层高的足尺结构试验有 10 例之多。其中 1979 年夏上海五层硅酸盐砌块房屋的抗震破坏试验中，通过液压同步加载器加载，在国内足尺结构现场试验中第一次比较理想地测得了结构物在低周重复荷载下的恢复力特性曲线。

由于对测试要求保证精度，为了防止环境因素对试验结果的干扰，目前国外已将这类足尺结构从现场转移到试验室内进行。如日本已在室内完成了七层房屋足尺结构的抗震伪静力试验。近年来国内大型结构试验室的建设也已经考虑到这类试验的要求。

2. 模型试验

由于进行原型结构试验投资大、周期长、测量精度受环境等因素影响，在经济上或技术上存在一定的困难。因此，人们在结构设计方案阶段进行初步探索比较或对设计理论和计算方法进行科学研究时，往往采用按原型结构缩小的模型进行试验。

模型是仿照真型并按照一定比例关系复制而成的试验代表物，它具有实际结构的全部或部分特征，但其尺寸却比真型小得多。

模型的设计制作及试验是根据相似理论，用适当的比例尺和相似材料制成与原型几何相似的试验对象，在模型上施加相似力系（或称比例荷载），使模型受力后重演原型结构的实际工作情况，最后按照相似理论由模型试验结果推算出实际结构的工作性能。为此这类模型要求有比较严格的模拟条件，即要求做到几何相似、力学相似和材料相似。目前在试验室内进行的大量结构试验均属于这一类。

由于严格的相似条件给模型设计和试验带来一定的困难，在工程结构试验中尚有另一类型的模型，它仅是真型结构缩小几何比例尺寸的试验代表物。将该模型的试验结果与理论计算对比校核，用以研究结构的性能，验证设计假定与计算方法的正确性，并认为这些结果所证实的一般规律与计算理论可以推广到实际结构中去，这类试验就不一定要满足严格的相似条件了。上海体育馆的屋盖采用了直径为 125 m 圆形的三向钢网架结构，就是通过一个1/20的模型试验来验证该体型网架的变形和内力分布，同时用以探求理论计算中不易发现的次应力等问题，通过试验数据与计算比较后得到了满意的结果。

1.2.3 静力试验和动力试验

1. 静力试验

静力试验是结构试验中最常见的基本试验。因为大部分工程结构在工作时所承受的是静力荷载。一般可以通过重力或各种类型的加载设备来实现并满足加载要求。静力试验的加载过程是从零开始逐步递增，一直到结构破坏为止，也就是在一个不太长的时间段内完成试验加载的全过程。我们称它为结构静力单调加载试验。

静力试验的最大优点是加载设备相对来说比较简单，荷载可以逐步施加，并可根据试验要求，分阶段观测结构的受力及变形的发展，给人们以最明确和清晰的破坏概念。静力试验的缺点是不能反映应变速率对结构的影响，特别是在结构抗震试验中与任意一次确定性的非线性地震反应相差很远。

近年来由于探索结构抗震性能的需要，结构抗震试验无疑成为一种重要的手段。结构抗震静力试验是以静力的方式来模拟地震的作用，它是一种控制荷载或控制变形作用于结构上的周期性的反复静力荷载试验。为区别于一般单调加载试验，称之为低周反复静力加载试验，亦称之为伪静力试验，目前国内外结构抗震试验较多集中在这一方面。

2. 动力试验

对于那些在实际工作中主要承受动力作用的结构或构件，为了了解结构在动力荷载作用下的工作性能，一般要进行结构动力试验，通过动力加载设备直接对结构构件施加动力荷载。如研究厂房结构及桥梁结构等在动力设备作用下的振动特性，吊车梁及桥墩的疲劳强度与疲劳寿命，高层建筑和高耸结构（电视塔、烟囱等）在风载作用下的动力问题等。特别是在结构抗震性能的研究中除了用上述静力加载模拟以外，更为理想的是直接施加动力荷载进行试验，目前抗震动力试验一般用电液伺服加载设备或地震模拟振动台等设备来进行。对于现场或野外的动力试验，可利用环境随机振动试验测定结构动力特性及模态参数。另外，还可以利用人工爆炸产生人工地震的方法甚至直接利用天然地震对结构物进行试验。由于荷载特性的不同，动力试验的加载设备和测试手段也与静力试验有很大的差别，并且要比静力试验复杂得多。

1.2.4 短期荷载试验和长期荷载试验

1. 短期荷载试验

对于主要承受静力荷载的结构构件，实际上荷载经常是长期作用的。但是在进行结构试验时限于试验条件、加载时间和基于解决问题的步骤，我们不得不大量采用短期荷载试验，即荷载从零开始施加到最后结构构件破坏或到达某阶段进行卸载的时间总和只有几十分钟、几小时或者几天。对于承受动荷载的结构，即使是结构的疲劳试验，整个加载过程也仅在几天内完成，与实际工作年限有一定差别。对于遭受爆炸、地震等特殊荷载作用时，整个试验加载过程只有几秒甚至是微秒或毫秒级的时速，这种试验实际上是一种瞬态的冲击试验。所以严格地讲这种短期荷载试验不能代替长期荷载试验。这种由于具体客观因素或技术的限制所产生的影响，在分析试验结果时就必须加以考虑。

2. 长期荷载试验

对于研究结构在长期荷载作用下的性能，如混凝土结构的徐变，预应力结构中钢筋的松弛，钢筋混凝土受弯构件裂缝的开展与刚度退化等就必须要进行静力荷载的长期试验。这种长期荷载试验也称为持久试验，它将连续进行几个月甚至数年，通过试验以获得结构的变形随时间变化的规律。

为了保证试验的精度，需要对试验环境进行严格的控制，如保持恒温恒湿、防止振动影响等，当然这就要求必须在试验室内进行。如果能在现场对实际工作中的结构物进行系统而长期的观测，则这样积累和获得的数据资料对于研究结构的实际工作性能，对进一步完善和发展工程结构的理论都具有极为重要的意义。

1.2.5 试验室试验和现场试验

工程结构和构件的试验可以在有专门设备的试验室内进行，也可以在现场进行试验。

1. 试验室试验

试验室试验由于可以获得良好的工作条件，可以使用精密和灵敏的仪器设备进行试验，具有较高的准确度，甚至可以人为地创造出一种适宜的工作环境，以减少或消除各种不利因素对试验结果的影响，所以更适合进行研究性试验。这样有可能突出研究的主要方面，而消除一些对试验结构实际工作有影响的次要因素。这种试验可以在原型结构上进行，也可以采用模型试验，并可以将结构一直试验到破坏。尤其是近年发展起来的足尺结构的整体试验，大型试验室为之提供了比较理想的试验条件。

2. 现场试验

现场试验与室内试验相比，由于客观环境条件的影响，不宜使用高精度的仪器设备来进行观测。相对来说，现场试验的方法也可能比较简单粗糙，试验精度较差，但可以解决生产中的问题。所以大量的现场试验是在生产和施工现场进行的，有时研究的对象是已经使用或将要使用的结构物，现场试验也可获得实际工作状态下的数据资料。

思　考　题

一、选择题

1. 建筑结构试验根据不同要素有多种分类方法，下列哪种试验是按荷载性质分类的？（　　）

A. 结构模型试验　　B. 结构静力试验　　C. 短期荷载试验　　D. 现场结构试验

2. 基本构件性能研究的试件大部分是采用（　　）。

A. 足尺模型　　B. 缩尺模型　　C. 结构模型　　D. 近似模型

3. 科研性的试件设计应包括试件形状的设计、尺寸和数量的确定及构造措施的考虑，同时必须满足结构和受力的（　　）的要求。

A. 边界条件　　B. 平衡条件　　C. 支撑条件　　D. 协调条件

4. 下列试验中可以不遵循严格的相似条件的是（　　）。

A. 缩尺模型试验　　B. 相似模型试验　　C. 足尺模型试验　　D. 原型试验

5. 下列哪个不属于生产性试验？（　　）

A. 鉴定预制构件的产品质量　　B. 现有结构的可靠性检验

C. 为制定设计规范提供依据进行的试验　　D. 工程改建和加固试验

6. 对科研性试验，决定试件数量的主要因素是（　　）。

A. 试件尺寸　　B. 试件形状

C. 加荷方式　　D. 分析因子和试验状态数量

7. 对科研性试验，要求在开裂试验荷载计算值作用下恒载时间为（　　）。

A. 15 分钟　　B. 30 分钟　　C. 45 分钟　　D. 60 分钟

二、填空题

1. 在科研性试验时，为了保证试件在某一预定的部位破坏，以期得到必要的测试数据，试件设计就需要对其他部位事先加强或进行__________。

2. 模型是仿照原型并按照一定__________复制而成的试验代表物。

相似模型试验要求比较严格的相似条件，即要求满足几何相似、力学相似和__________相似。

3. 在结构模型试验中，模型的支承和约束条件可以由与原型结构构造__________条件来满足与保证。

4. 在结构设计的方案阶段进行初步探索比较或对设计理论计算方法进行探讨研究时，较多采用比原型结构小的__________。

5. 当模型和原型相似时，人们可以由模型试验的结果，按照相似条件得到原型结构需要的数据和结果。因此，求得模型结构的__________就成为模型设计的关键。

6. 钢筋混凝土梁板构件的生产鉴定性试验一般只测定构件的承载力、抗裂度和各级荷载作用下的挠度及__________情况。

7. 建筑结构试验是以试验方式测试有关数据，反映结构或构件的工作性能、__________及相应的可靠度，为结构的安全使用和设计理论的建立提供重要的依据。

8. 动力试验包括__________试验和__________试验。

三、简答题

1. 简述工程结构试验的任务与作用是什么？

2. 工程结构试验按不同因素可分为哪几类？各有何作用？

3. 在模型试验中应满足的条件有哪些？

4. 静力试验包括哪些内容？静力试验与动力试验的联系与区别是什么？

5. 生产性试验常用来解决哪些有关问题？

6. 结构试验按试验对象的尺寸如何分类？

第 2 章　工程结构试验设计

2.1　工程结构试验设计的主要环节

工程结构试验包括结构试验设计、结构试验准备、结构试验实施和结构试验分析等主要环节，它们之间的关系如图 2-1 所示。

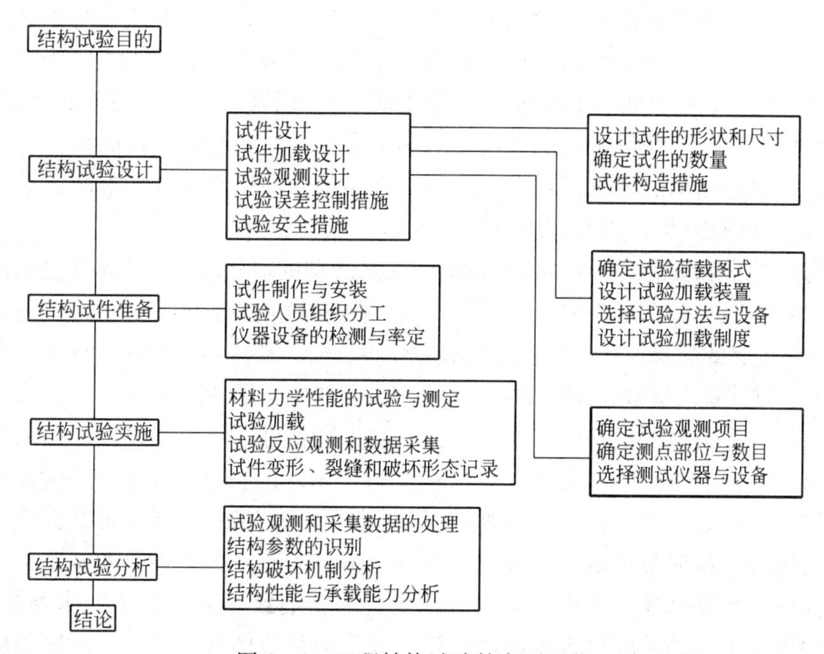

图 2-1　工程结构试验的主要环节

结构试验设计是整个结构试验中极为重要并且带有全局性的一项工作，它的主要内容是对所要进行的结构试验工作进行全面的设计与规划，从而使设计的计划与试验大纲能对整个试验起着统领全局和具体指导的作用。

在进行结构试验的总体设计时，首先应该反复研究试验的目的，充分了解本项试验研究或生产鉴定的任务要求，因为结构试验所具有的规模与所采用的试验方式等都是根据试验研究的目的、任务、要求不同而变化的。试件的设计制作、加载量测方法的确定等各个环节不可单独考虑，必须对各种因素相互联系综合考虑后才能使设计结果在执行与实施中达到预期目的。

在明确试验目的以后，可通过调查研究并收集有关资料，确定试验的性质与规模、试件的形式，然后根据一定的理论作出试件的具体设计。试件设计必须考虑本试验的特点与需要，在试件构造上作出相应的措施；在设计试件的同时，还需要分析试件在加荷试验过程中各个阶段预期的内力和变形，特别是注意观测和分析对具有代表性并能反映整个试件工作状况的部位所测定的内力和变形数值，以便在试验过程中加以控制，并随时校核；要选定试验场所，拟订加荷与量测方案；设计专用的试验设备、配件和仪表附件的夹具，制定安全措施等。除技术上的安排外，还必须组织必要的人力、物力，因为一项试验工作经常不是一两个人所能进行的，针对试验的规模，组织试验人员，并提出试验经费预算及消耗性器材的数量与试验设备清单。在上述规划的基础上，提出试验研究大纲及试验进度计划。

试验规划是一个指导试验工作具体进行的技术文件，对每个试验、每次加载、每个测点与每个仪表都应该有十分明确的目的与针对性，切忌盲目追求试验次数多、仪表测点多，以及不切实际地提高量测精度，因这些问题弄巧成拙，达不到预期的试验目的。有时为了解决某一具体的加荷方案或量测方案，可先做一些试探性的试验，以便达到更好地规划整个试验研究的目的。

对于以具体结构为研究对象的工程结构现场鉴定性试验，在进行试验设计前必须对结构物进行实地考察，对该结构的现状和现场条件建立初步认识。在考虑试验对象的同时，还必须通过调查研究，收集有关文件和资料，如设计图纸、计算书及作为设计依据的原始资料、施工文件、施工日志、材料性能试验报告和施工质量检查验收记录等。关于使用情况则需要深入现场向使用者（生产操作工人和居民等）调查了解，对于受灾损伤的结构，还必须了解受灾的起因、过程与结构的现状。对于实际调查的结果要加以整理（如书面记录、草图、照片等），作为拟订试验方案、进行试验设计的依据。

由于现代仪器设备和测试技术的不断发展，大量新型的加载设备和测量仪器被用到结构试验领域，这对试验工作者提出了新的技术要求，若对这方面的知识不足和微小疏忽，均会导致对整个试验产生不利的后果。所以在进行试验总体设计时，要求对所使用的仪器设备性能进行综合分析，要求对试验人员事先组织学习，掌握这方面知识，以利于试验工作的顺利进行。

结构试验是一项细致而复杂的工作，因此必须进行很好的组织与设计，按照试验的任务和要求制订出试验计划与大纲，并通过对试验计划与大纲的执行来实现与完成提出的要求。在整个试验过程中，必须严肃认真。否则，不仅达不到试验目的，还会带来大量的人力、物力与时间上的浪费，致使整个试验失败或发生安全事故。对一个结构物的试验必须在试验前做好各项试验的设计规划准备工作，了解情况要具体、细致，计划准备工作要全面、周到。对试验过程中可能出现的情况要事先有所估计，并采取相应的补救措施。对试验成果必须珍惜，要及时整理分析，充分加以利用。总之，要求用最小的耗费，达到试验预期的要求，取得最大的成果。

2.2 工程结构试验一般过程

工程结构试验大致可分为试验规划、试验准备、加载试验及试验资料整理分析与总结四个阶段。各阶段的简繁程度视试验规模大小的不同而异。

2.2.1 试验规划阶段

结构试验是一项细致而复杂的工作。必须严格认真地对待，任何疏忽大意都会影响试验结果或试验的正常进行，甚至导致试验失败或危及人身安全。因此在试验前需对整个试验工作作出规划。

规划阶段的第一步是反复研究试验目的，充分了解本项试验的具体任务和要求，搜集有关资料，包括在这方面已有哪些理论假设，做过哪些试验，其试验方法及试验结果存在的问题等，在以上工作的基础上确定试验的性质与规模。若为研究性试验，应提出本试验拟研究的主要参量及这些参量在数值上的变动范围和试件组数，并根据实验室的设备能力确定试件的大致尺寸、量测项目及量测要求。最后提出试验大纲。试验大纲是指导整个试验的技术文件，它应包括下列内容。

(1) 试验目的。应写明试验的具体要求，即通过本项试验预期得到哪些结果、规律，以及为达到这些目的应进行的试验内容、取得的成果（如荷载—挠度曲线图、弯矩—曲率图、钢筋混凝土构件的开裂荷载、破坏荷载、构件的极限变形、设计荷载下的挠度值及最大应变等)，列出与此相应的量测项目。

(2) 试件设计及制作要求。应有设计的依据，初步计算确定最大承载力（根据实际的材料性能计算得出)、试件施工详图和试件编号等。在施工详图中应考虑支座、加载和量测等要求在试件内设置的预埋件。此外，还应提出对试件原材料、制作工艺、制作精度、养护条件等方面的要求。

(3) 试件的支承要求及加载方法。需附有较大比例的试件安装就位图，其中包括支座、加载装置和加载点的构造详图。只有对这些做了详细的设计安排，试件的安装就位才能顺利进行。此外，还需根据试验要求定出加载顺序图。

(4) 量测要求。按比例绘出仪表（或仪器）布置图，在其上应详细注明仪表的安装位置、仪表名称及编号，包括温度补偿仪表的布置等。同时，需附有仪表布置及选用的理论分析依据。即使对有待验证计算方法的新结构，在布置及选用仪表前，也必须根据已有的力学知识对其内力分布情况及最大变形值作出估算，以作为布置和选用仪表时的依据。不经计算盲目地进行试验非但会使试验一无所获，还可能会导致设备仪表的严重损坏。同时，还应列出试验前仪表的率定要求和试验时仪表的测读顺序。

(5) 安全措施。包括试验设备仪表及人身安全两部分内容。例如，应注意预应力钢筋混凝土结构在临近破坏时锚、夹具弹出的危险，对细高的试件需要注意平面外失稳等问题。

(6) 试验人员的组织分工，试验进度计划的制订。

(7) 经费预算及消耗性材料用量，试验设备仪表清单。

(8) 辅助试验内容。辅助试验主要是指测定试验结构的材料力学性能的试验。试件材料的实际强度及材料特性是选用加载设备和仪表时用以估算试件的承载能力、变形及处理分析试验结果时所必需的原始资料。应列出辅助试验的项目内容、方法、试样尺寸、数量及制作要求。

对以具体结构为对象的工程现场鉴定性试验，在试验规划阶段应收集和研究有关的技术文件，如设计原始资料、设计计算书、施工文件等，并对结构物进行实地考察以检查结构物的设计质量和施工质量，必要时需做一定的辅助试验以确定结构材料的质量现状，了解建筑物的使用情况包括受灾情况作为拟订试验方案、制定试验大纲的依据。

工程现场鉴定性试验的规模往往较大，安全问题较多，组织工作复杂，因此更应重视试验的规划工作。

最后再一次强调，在制定试验大纲时，一定要对试验目的进行充分的研究，对试验对象做出初步的理论计算分析。未经计算分析，心中无底地提出试验设备、仪表的要求和进行试验的情况应该绝对避免。

2.2.2 试验准备阶段

试验准备工作要占全部试验工作的大部分时间，工作量最大。试验准备工作的好坏直接影响到试验能否顺利进行和获得试验结果的多少等内容，因此切勿低估试验准备工作阶段的复杂性和重要性。试验准备阶段主要有以下工作。

(1) 试件的制作。试验研究者应亲自参加试件制作以便掌握有关试件质量的第一手资料。试件的尺寸要求要比一般的构件严格，制作尺寸偏差应控制在5%以内。对于钢筋混凝土构件应特别注意箍筋的尺寸，它直接影响到截面计算有效高度 h_0 值。

在制作试件时还应注意材料性能试样的留取，试样必须真正代表试验结构的材性。不论是钢材还是混凝土，用作测定基本材料性能的试样必须严格地和试验结构取自同一批材料。钢材应和主筋取自同一盘或同一根材料，混凝土试样的混凝土应是和试验结构同一次搅拌的，如试验结构较大需几次配料搅拌时，则在每次配料搅拌时都应预留一组材性试样，并注明该混凝土所浇筑的结构部位。基本材性性能的测定对分析试验结果十分重要，在留取试样时必须严格细心。钢筋混凝土结构中，钢筋的材性试样常常直接取一定长度的钢筋，不必加工成标准试样；混凝土试样一般用立方体或高宽比为3的棱柱体，其截面尺寸应和试验结构的截面尺寸相适应。由于钢筋在结构中主要是抗拉，混凝土在结构中主要是抗压，所以一般只测定钢筋的抗拉性能和混凝土的抗压性能，有特殊要求时才测定混凝土抗拉的 $\sigma-\varepsilon$ 曲线特性。

当试件浇筑完毕或混凝土终凝后，应立即按试验大纲上规划的试件编号在试件上加以标注，以免不同组别的试件互相混淆。

在试件制作过程中应做施工记录日志，注明试件浇筑日期、原材料情况、配合比、振捣养护情况、箍筋实际尺寸、保护层厚度、预埋件位置等，凡构件制作过程中的一切变动，均应详细如实地记录。

(2) 试件尺寸及质量检查。包括试件尺寸和缺陷的检查，并应做详细记录，纳入原始资料。

(3) 试件安装就位。试件的支承条件应与计算简图一致。一切支承零部件均应进行强度和刚度验算并使其安全储备大于试验结构可能有的最大安全储备。

对于支墩和地基也应做验算。如为土基应夯实，最好能经过预压以减少试验过程中的沉降变形，否则会严重影响挠度量测数据的精确度。试件、支座装置、支墩和地面之间应紧密接触，在试验过程中不允许松动。

安装平直构件时需保证构件只承受受力平面内的荷载，对支座的平直度应严格控制。例如，当需使构件在 $X-Z$ 平面内承受荷载时，应特别注意两端支座装置在 Y 方向的平行度，试件安装过程中需随时用吊锤检查试件的 Z 轴，常常需用砂浆垫层来找准。最好的办法是支座构造除了在受力平面内满足计算图形所要求的铰支或滚动支座外，在垂直于受力平面方向上允许有一些调节的可能性。

超静定结构的支座标高应特别精确，否则将引起内力重分布。

对于板、壳类结构，在垂直荷载作用下，支承点在水平面内应允许有两个方向的变形，可移动铰支座应设计成滚珠或双层滚轴。

对于四边支承结构，由于能在两个方向自由移动的连续支座在构造上还有困难，常以多点支承代替四边连续支承，这对于板壳结构的边缘应力有一定的影响。此外还需注意四边支承板在加均布荷载时，四角有翘起的现象。如不采取措施，将对应力分布等试验结果产生影响。

板壳结构为超静定结构，内力分布与支承位置和不均匀沉降有关，特别对四边支承的情况，应使各支承点有可调节高度的装置或将球座下的支承钢板饱填砂浆，趁砂浆未干前将板壳利用试件自重压实找平。但为使构件保持确切的高度，应事先固定三个球铰座的高低位置。

根据试验条件及需要，不一定都做正位（结构的实际工作位置状态）试验。对于大型结构，尤其是较高的柱、梁等常做卧位试验。卧位试验对于试件的吊装就位、加载、量测仪表的安装、试验现象的观察等都比正位试验方便。对于钢筋混凝土梁、板，为便于观察裂缝，也常常采用反位试验。在进行卧位试验和反位试验时，都需注意自重引起的内力、变形和结构实际工作位置时的不同。

(4) 安装加载设备。

(5) 设备仪表的率定。对测力计及所有量测仪表均应按技术规定进行率定。各仪表的率定记录应纳入试验原始记录中。误差超过规定标准的仪表不得使用。

(6) 辅助试验。辅助试验多半在正式加载试验之前进行，以取得试件材料的实际强度等数据，便于对加载设备和仪表量程等做进一步的验算。但对一些试验周期较长的大型结构试验或试件组别很多的系统试验，为使材性试件和试验结构的龄期尽可能一致，辅助试验也常常和正式试验穿插进行。

(7) 仪表安装、连线和调试。仪表的安装位置、测点号、在应变仪或记录仪上的通道号等都应严格按照试验大纲中的仪表布置图实施，如有变动，应立即做记录，以免时间长久后回忆不清而将测点互相混淆。这会使试验结果的整理分析十分困难，甚至最后只好放弃这些混淆的测点数据，造成不可挽回的损失。

(8) 记录表格的设计准备。在试验前应根据试验要求设计记录表格，其内容和规格应周全详细地反映试件和试验条件的详细情况及需要记录和量测的内容。记录表格的设计反映了试验组织者的技术水平，切勿养成试验前无准备地在现场临时用白纸记录的习惯。

记录不详可能给以后的数据分析带来很大的困难，甚至使整个试验无效。为了明确责任，记录表格上应有试验人员的签名，并附有试验日期、时间、地点和气候条件等。

(9) 算出各加载阶段试验结构各特征部位的内力及变形值，以备在试验时进行判断及控制。

2.2.3 加载试验阶段

加载试验是整个试验过程的中心环节，应按规定的加载顺序和量测顺序进行。重要的量测数据应在试验过程中随时整理分析并与事先估算的数值做比较，发现有反常情况时应立即查明原因或故障，待问题弄清楚后才能继续加载试验。

在试验过程中结构所反映的外观变化是分析结构性能极宝贵的资料，对节点的松动与异常变形，钢筋混凝土结构裂缝的出现和发展，特别是结构的破坏情况都应做详尽的记录及描述。这些往往易被初次做试验者忽略，而在试验时将全部注意力集中到仪表读数及记录曲线。因此应分配专人负责观察结构的外观变化。

试件破坏后要拍照和测绘破坏部位及裂缝，必要时从试件上切取部分材料测定其力学性能。破坏试件在试验结果分析整理完成之前不要过早毁弃，以备进一步核实时查用。

在准备工作阶段和试验阶段应坚持每天记工作日志。

2.2.4 试验资料整理分析和总结阶段

试验资料的整理分析包括两部分内容。

第一部分是将所有的原始资料整理完善。其中特别要注意的是试验量测数据记录及记录曲线作为原始数据经负责记录人员签名后，不得随便涂改，经过处理后得到的数据不能和原始数据列在同一表格内。一个严格认真的科学实验，应有一份详尽的原始数据记录，连同试验过程中的观察记录、试验大纲及试验过程中各阶段的工作日志，作为原始资料，并在有关的试验室内存档。

第二部分是进行数据处理。因为从各个仪表获得的量测数据和记录曲线一般不能直接解答试验任务所提出的问题，它们只是试验的原始数据，必须对这些原始数据进行种种运算处理，才能得出试验结果。

最后，应对试验得出的规律和一些重要的现象作出解释，将试验结果和理论值进行比较，分析产生差异的原因并作出结论，写出试验总结报告。总结报告中应提出试验中发现的新问题及进一步的研究计划。

2.3 结构试验的试件设计

在进行结构强度和变形试验时，作为结构试验的试件可以取为实际结构的整体或是它的一部分，当不能采用足尺的模型结构进行试验时，也可用其缩尺的模型。采用模型试验可以大大节省材料，减少试验工作量和缩短试验时间。用缩尺模型做结构试验时，应考虑试验模型与试验结构之间力学性能的相关关系，但是要想通过模型试验的结果来正确推断实际结构的工作性能，模型设计必须根据相似理论按比例缩小。对于一些比较复杂的结构，要使模型结构和实际结构在各个物理现象之间均满足相似条件往往有很大的困难，此时应根据试验目的设法使主要的试验内容能满足相似条件。如能用真型结构进行结构试验，可以得到反映真型性状的试验结果。但是由于真型结构试验规模大，所要求试验设备的容量和费用也大，所以在大多数情况下还是采用缩尺的模型试验。就我国目前开展试验研究工作的实际情况来看，整体真型结构的试验还是少数，在规范编制过程中所进行的基本构件的力学性能试验大都是用缩尺的模型构件，但它不一定存在缩尺比例的模拟问题，经常是用这类试件试验结果所得的数据直接作为分析的依据。

试件设计应包括试件形状的选择、试件尺寸与数量的确定以及构造措施的考虑，同时必须满足结构与受力的边界条件、试件的破坏特征、试验加载条件的要求，最后以最少的试件数量获得最多的试验数据，反映研究的规律性并满足研究任务的需要。

2.3.1 试件形状

在试件设计中设计试件形状时，虽然和试件的比例尺无关，但最重要的是要造成和设计目的相一致的应力状态。这个问题对于静定系统中的单一构件，如梁、柱、桁架等一般构件的实际形状都能满足要求，问题也比较简单。但对于从整体结构中取出部分构件单独进行试验时，特别是在比较复杂的超静定体系中必须要注意其边界条件的模拟，使其能如实地反映该部分结构构件的实际工作情况。

当进行如图 2-2（a）所示承受水平荷载作用的框架结构应力分析时，若试验 $A—A$ 部位的柱脚、柱头部分，试件要设计成如图 2-2（b）所示；若做 $B—B$ 部位的试验，试件要设计成如图 2-2（c）所示；对于梁，设计成如图 2-2（d）、（e）所示，则应力状态可与设计目的相一致。

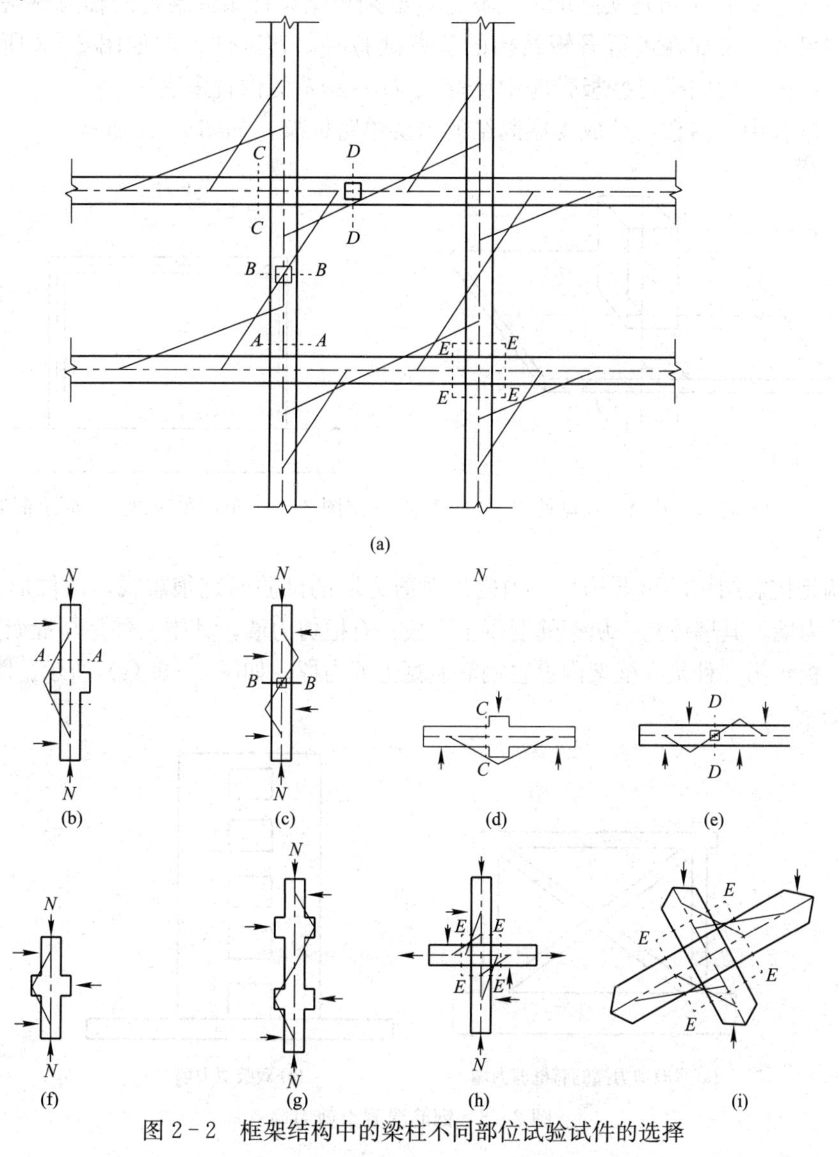

图 2-2　框架结构中的梁柱不同部位试验试件的选择

做钢筋混凝土柱的试验研究时，若要探讨其挠曲破坏性能，如图 2-2（f）所示的试件是足够的；但若做剪切性能的探讨，则图 2-2（f）反弯点附近的应力状态与实际应力情况有所不同，为此有必要采用图 2-2（g）中的适用于反对称加载的试件。

在做梁柱连接的节点试验时，试件受力有轴力、弯矩和剪力的共同作用，这样的复合应力状态使节点部分发生复杂的变形，但其中主要是剪切变形，以致节点部分由于剪力作用会发生剪切破坏。为了探求节点的强度和刚度，使其应力状态能充分反映，避免在试验过程中梁柱部分先于节点破坏，在试件设计时必须事先对梁柱部分进行足够的加固，以使整个试验能达到预期效果。这时十字形试件如图 2-2（h）中节点二侧梁柱的长度一般均取 1/2 梁跨和 1/2 柱高，即按框架承受水平荷载时产生弯矩的反弯点（$M=0$）的位置来决定。边柱节点可采用 T 形试件。当试验目的是了解初始设计应力状态下的性能，并同理论作对比时，可以采用如图 2-2（i）的 X 形试件。

为了在 X 形试件中再现实际的应力状态，必须根据设计条件给定的轴力 N 和剪力 V 来确定试件的尺寸。又如在进行升板结构的节点试验时，其试件可取如图 2-3 所示的形状，板的两个方向的长度同样可按板带跨中反弯点（$M=0$）的位置来决定。

在框架试验中，多数设计成支座固结的单层单跨框架，如图 2-4 所示。

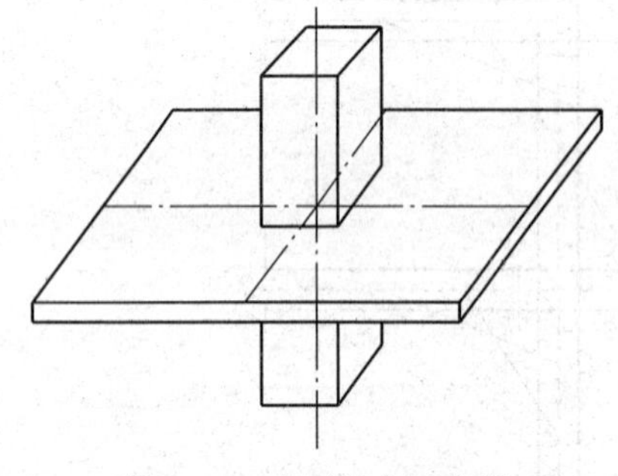

图 2-3　升板节点试件图

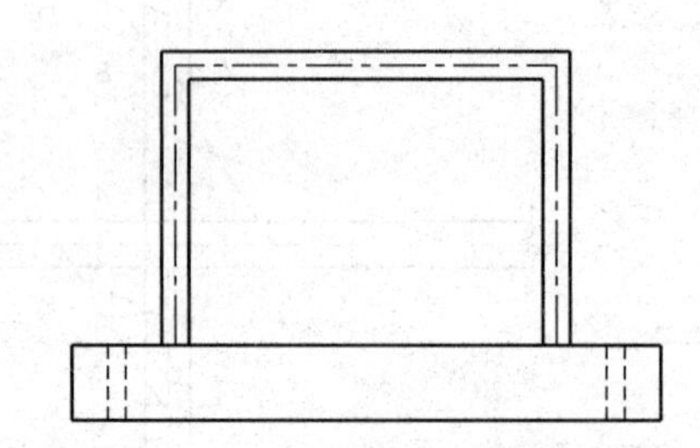

图 2-4　单层单跨钢筋混凝土框架

剪力墙是抗震结构的重要构件，国内外对剪力墙的试验研究很重视，试件形式也多种多样。无框剪力墙，其墙体是一块钢筋混凝土平板；有框剪力墙，其中一种是与框架整体相连的钢筋混凝土板，另一种是在框架内设置钢筋混凝土剪力撑，如图 2-5（a）所示。图 2-5（b）为双肢剪力墙。

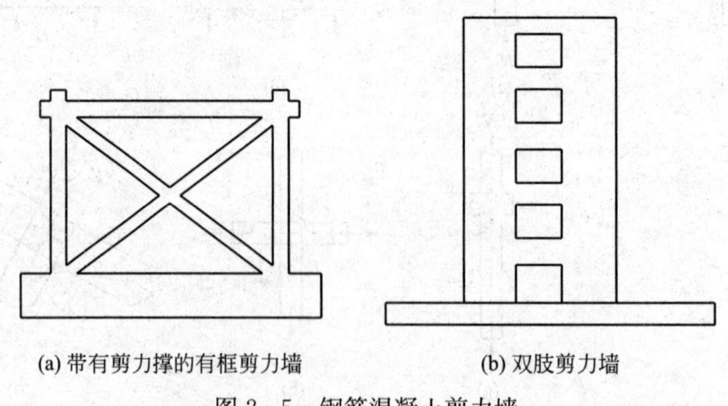

(a) 带有剪力撑的有框剪力墙　　(b) 双肢剪力墙

图 2-5　钢筋混凝土剪力墙

砖石与砌块试件主要用于墙体试验，可以采用带翼缘或不带翼缘的单层单片墙，如试验需要，也可采用双层单片墙或开洞墙体的砌体试件，如图 2－6 所示。

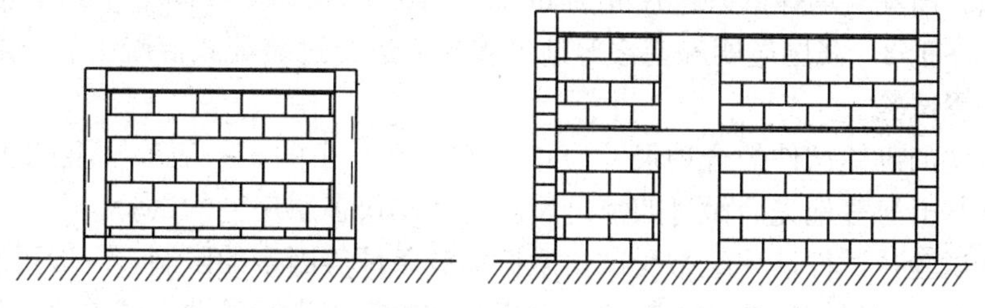

图 2－6　砖石与砌块的墙体试件

对于纵墙，由于外墙有大量窗口，试验可采用有两个或一个窗间墙的双肢或单肢窗间墙试件，如图 2－7所示。

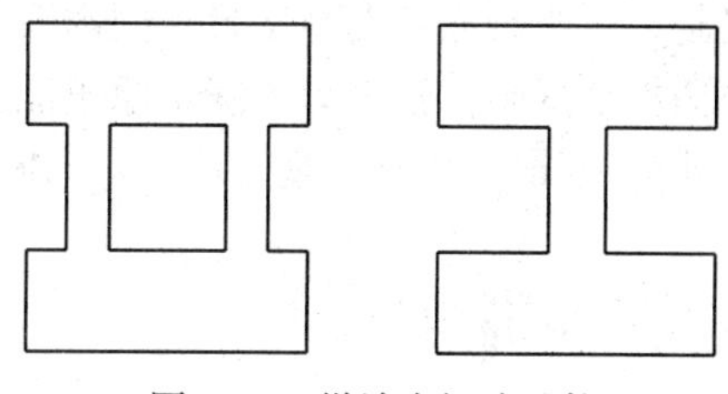

图 2－7　纵墙窗间墙试件

总之，以上所示的任一种试件的设计，其边界条件的实现与试件安装、加载装置与约束条件等有密切关系，必须在试验总体设计时进行周密考虑，才能付诸实施。

2.3.2　试件尺寸

结构试验所用试件的尺寸和大小，从总体上可分为真型、模型和小试件三类。

1. 真型试验

国内外多层足尺房屋或框架试验研究的实践证明：足尺真型试验并不合算，虽然足尺结构具有反映实际构造的优点，但若把试验所耗费的经费和人工用来做小比例尺试验，可以大大增加试验的数量和品种，而且试验室的条件比野外现场要好，测试数据的可信度也高。

2. 模型和小试件试验

一般来说，静力试验试件的合理尺寸应该是不大又不小。试件太小则为微型试件，试验时要考虑尺寸效应。

微型混凝土截面在 4 cm×6 cm 或 5 cm×5 cm 以内或微型砌体（砖块尺寸为1.5 cm×3 cm×6 cm），普通混凝土的截面小于 10 cm×10 cm，砖砌体截面小于 74 cm×36 cm，砌块砌体小于 60 cm×120 cm 的试件，都有尺寸效应，必须加以考虑。当砌块砌体试件大到 120 cm×244 cm 时，尺寸效应才不显著。因此普通混凝土试件截面边长应在 12 cm 以上，砌体墙最好是真型的 1/4 以上，对于比例小于 1/4 的情况，不但灰缝和砌筑等方面的条件难以相似，而且容易出现失稳破坏。但是，在满足构造模拟要求的条件下太大的试件尺寸也没有必要。因此，局部性的试件尺寸可取为真型的 1/4～1，整体性的结构试验试件可取真型的 1/10～1/2。

作为基本构件性能研究，压弯构件的截面尺寸为 16 cm×16 cm～35 cm×35 cm，短柱（偏压剪）为 15 cm×15 cm～50 cm×50 cm，双向受力构件为 10 cm×10 cm～30 cm×

30 cm。国内试验研究中采用框架截面尺寸为真型的 1/4～1/2。在框架节点方面，国内外一般都做得比较大，为真型比例的 1/2～1，这和节点中要求反映配筋特点有关。

在剪力墙方面单层墙体的外形尺寸为 80 cm×100 cm～178 cm×274 cm，多层的剪力墙为真型的 1/10～1/3。我国昆明和南宁等地区曾先后进行过装配式混凝土和空心混凝土大板结构的足尺房屋试验。

砖石及砌块的砌体试件的合理尺寸应该是不大又不小的，一般取真型的 1/4～1/2。我国兰州、杭州与上海等地先后做过四幢足尺砖石和砌块多层房屋的试验。

对于动力试验，试件尺寸经常受试验激振加载条件等因素的限制，一般可在现场的真型结构上进行试验，测量结构的动力特性。对于在试验室内进行的动力试验，可以对足尺构件进行疲劳试验。至于在模拟振动台上试验时，由于受振动台台面尺寸和激振力大小等参数的限制，一般只能做模型试验。国内在地震模拟振动台上已经完成了一批比例在 1/50～1/4 的结构模型试验。日本为了满足原子能反应堆的足尺试验的需要，研制了负载为 1 000 t、台面尺寸为 15 m×15 m、垂直水平双向同时加震的大型模拟地震振动台。

2.3.3　试件数目

在进行试件设计时，除了对试件的形状尺寸应进行仔细研究外，对于试件数目即试验量的设计也是一个不可忽视的重要问题。因为试验量的多少直接关系到能否满足试验的目的、任务及整个试验的工作量等问题，同时也受试验研究经费预算和时间期限的限制。

对于生产性试验，一般按照试验任务的要求有明确的试验对象。对于预制厂生产的一般工业与民用建筑钢筋混凝土和预应力混凝土预制构件的质量检验和评定，可以按照《混凝土结构工程施工质量验收规范》（GB 50204—2015）中结构性能检验的规定，确定试件数量。根据该标准的规定，对成批生产的构件，应按同一工艺，正常生产的 1 000 件，但不超过三个月的同类型产品为一批（不足 1 000 件者亦为一批），在每批中随机抽取一个构件作为试件进行检验。这里所谓的“同类型产品”是指采用同一钢种、同一混凝土强度等级、同一工艺、同一结构形式的构件。对同类型产品进行抽样检验时，试件宜从设计荷载最大、受力最不利或生产数量最多的构件中抽取。

当连续抽查 10 批，每批的结构性能均能符合此标准规定的要求时，对同一工艺、正常生产的构件，可改按 2 000 件，亦不超过三个月的同类型产品为一批，在每批中仍随机抽取一个试件进行检验。

对于科研性试验，其试验对象是按照研究要求而专门设计制造的，这类结构的试验往往是属于某一研究专题工作的一部分，特别是对于结构构件基本性能的研究，由于影响构件基本性能的参数较多，所以要根据各参数构成的因子数和水平数来决定试件数目，参数多则试件的数目也自然会增加。

试验数量的设计方法有 4 种，即优选法、因子法、正交法和均匀法。这 4 种方法是四门独立的学科，下面就其特点做一概述。

1. 优选设计法

针对不同的试验内容，利用数学原理合理地安排试验点，用步步逼近、层层选优的方式，以求迅速找到最佳试验点的试验方法叫优选法。

单因素问题设计方法中的 0.618 法是优选法的典型代表。优选法对单因素问题试验数量设计的优势最为显著，其多因素问题设计方法已被其他方法所代替。

2. 因子设计法

因子是对试验研究内容有影响的发生着变化的因素，因子数则为可变化因素的个数，水平即为因子可改变的试验档次，水平数则为档次数。

因子设计法又叫全面试验法或全因子设计法，试验数量（T）等于以水平数（L）为底，以因子数（α）为指数的幂函数。

$$T=L^{\alpha}$$

由表 2-1 可见，因子数和水平数稍有增加，试件的个数就极大地增多。如果在 5 个主要因子中，每个因子各自有 3 个水平数时（每个选定的因子安排若干个不同状态的试验点，叫作这个因子的水平数），试件数为 243 个。如果每个因子有 5 个水平数时，则试件的数量将猛增为 3 125 个，要准备这样多的试件实际上是不可能做到的。所以因子设计法在结构试验中不常采用。

表 2-1　试件数与因子数和水平数的关系

主要因子	水平数			
	2	3	4	5
1	2	3	4	5
2	4	9	16	25
3	8	27	64	125
4	16	81	256	625
5	32	243	1 024	3 125

3. 正交设计法

在进行钢筋混凝土柱剪切强度的基本性能试验研究中，以混凝土强度、配筋率、配箍率、轴向应力和剪跨比 5 个主要因子作为设计因子，如果利用全因子法设计，当每个因子各有 2 个水平数时，试验的试件数应为 32 个。当每个因子有 3 个水平数时，则试件的数量将猛增为 243 个，即使混凝土强度等级取一个级别，即采用C20，并视为常数，试件数仍需 81 个，这样多的试件实际上是很难做到的。

为此，试验工作者在试验设计中经常采用一种解决多因素问题的试验设计方法——正交试验设计法，它主要是应用均衡分散、整齐可比的正交理论编制的正交表来进行整体设计和综合比较的。它科学地解决了各因子和水平数相对结合可能参与的影响，也妥善地解决了试验所需要的试件数与实际可行的试验试件数之间的矛盾，即解决了实际所做小量试验与要求全面掌握内在规律之间的矛盾。

正交设计是在大量实践的基础上总结出来的一种科学的试验设计方法，它是用一套规格化的正交表格，采用均衡分散性、整齐可比性的设计原则，合理安排试验。正交试验设计主要包括三方面的内容：①根据试验要求选择因素和水平数；②根据因素水平数选取正交表，制订试验方案；③进行试验并对试验结果分析和计算。

正交表的选用先看水平数，一般遵从水平数和试验水平相同，因素数大于或等于实际因素，确定因素水平后再选用合适的正交表。

现仍以钢筋混凝土柱剪切强度基本性能研究为例，用正交试验法做试件数目设计。如果同前面所述主要影响因素为5，而混凝土只用一种强度等级C20，这样实际因子数只为4，当每个因子各有3个档次，即水平数为3，如表2－2所示。

表2－2　钢筋混凝土柱剪切强度试验分析中因子与水平数

主要分析因子		水平数		
		1	2	3
A	受拉钢筋配筋率 ρ/%	0.4	0.8	1.2
B	配箍率 ρ_{sv}/%	0.2	0.33	0.5
C	轴向应力 σ_c/(N/mm^2)	20	60	100
D	剪跨比 λ	2	3	4
E	混凝土强度等级C20	13.5 N/mm^2		

根据正交设计表$L_9(3^4)$，试件主要因子组合如表2－3所示。通过正交设计法，原来需要243个试件的情况可以综合为9个试件。试验数正好等于水平数的平方。

表2－3　试件主要因子组合

试件数	A	B	C	D
	ρ/%	ρ_{sv}/%	σ_c/(N/mm^2)	λ
1	A_1 0.4	B_1 0.200	C_1 20	D_1 2
2	A_1 0.4	B_1 0.330	C_2 60	D_2 3
3	A_1 0.4	B_1 0.500	C_3 100	D_3 4
4	A_2 0.8	B_1 0.200	C_2 60	D_3 4
5	A_2 0.8	B_2 0.330	C_3 100	D_1 2
6	A_2 0.8	B_3 0.500	C_1 20	D_2 3
7	A_3 1.2	B_1 0.200	C_3 100	D_2 3
8	A_3 1.2	B_2 0.330	C_1 20	D_3 4
9	A_3 1.2	B_3 0.500	C_2 60	D_1 2

试件数量设计是一个多因素问题，在实践中应该使整个试验的试件数目少而精，以质取胜，切忌盲目追求数量；要使所设计的试件尽可能做到一件多用，即以最少的试件、最小的人力和经费，得到最多的数据；要使通过设计所决定的试件数量经试验得到的结果能反映试验研究的规律性，满足研究目的和要求。

4. 均匀设计法

均匀设计法是由我国著名数学家方开泰、王元在20世纪90年代合作创建的以数理学和统计学为理论基础，以分散均匀为设计原则的全新设计方法，其最大优势是能以最少的试验数量，获得最理想的试验结果。

利用均匀法进行设计时，一般不论设计因子数有多少，试验数与设计因子的最大水平数相等。

设计表用 $U_n(q^s)$ 表示，其中，U 表示均匀设计法，n 表示试验次数，q 表示因子的水平数，s 表示表格的列数，它不仅仅是列号，也是设计表中能够容纳的因子数。

根据均匀设计表 $U_6(6^4)$，试件主要因子组合如表 2-4 所示。在表 $U_6(6^4)$ 中，s 可以是 2 或 3 或 4，即因子数可以是 2 或 3 或 4，但最多只能是 4。前述钢筋混凝土柱剪切强度基本性能研究问题若应用均匀设计法进行设计，原来需要 9 个试件，可以综合为 4 个试件，且水平数由原来的 3 个增加至 6 个。每个设计表都附有一个使用表。试验数据采用回归分析法处理。

表 2-4 $U_6(6^4)$ 设计表

水平数	列号			
	1	2	3	4
1	1	2	3	6
2	2	4	6	5
3	3	6	2	4
4	4	1	5	3
5	5	3	1	2
6	6	5	4	1

2.3.4 结构试验对试件设计的构造要求

在试件设计中，当确定了试件形状、尺寸和数量后，对于每一个具体试件的设计和制作过程中还必须同时考虑试件安装、加荷、量测的需要，在试件上采取必要的构造措施，这对于科研试验尤为重要。例如，在混凝土试件的支承点处应预埋钢垫板（见图 2-8 (a)）；在屋架一类平面结构试验时，在试件受集中荷载的位置处应埋设钢板，以防止试件受局部压力而破坏；当试件加荷面倾斜时，应做出凸缘（见图 2-8 (b)），以保证加载设备的稳定；在钢筋混凝土框架做恢复力特性试验时，为了在框架端部侧面施加反复荷载的需要，应设置预埋件以便与加载用的液压加载器或测力传感器连接；为保证框架柱脚部分与试验台的固接，一般采用设置加大截面的基础梁（见图 2-8 (c)）；在砖石或砌块的砌体试件中，为了使施加在试件上的垂直荷载能均匀传递，一般在砌体试件的上下面均预先浇捣混凝土的垫块（见图 2-8 (d)）；对于墙体试件，在墙体上下均浇制钢筋混凝土垫梁，其中下面的垫梁可以模拟基础梁，使之与试验台座固定，上面的垫梁模拟过梁传递竖向荷载（见图 2-8 (e)）；在做钢筋混凝土偏心受压构件试验时，在试件两端做成牛腿以增大端部承压面和便于施加偏心荷载（见图 2-8 (f)），并在上下端加设分布钢筋网。这些构造措施是根据不同加载方法而设计的，但在验算这些附加构造的强度时必须保证其强度储备要大于结构本身的强度安全储备。不仅要考虑到计算中可能产生的误差，而且还要保证它不产生过大的变形，以致改变加荷点的位置或影响试验精度。当然更不允许因附加构造的先期破坏而妨碍试验的继续进行。

在试验中为了保证结构或构件在预定的部位破坏，以期得到必要的测试数据，就需要对

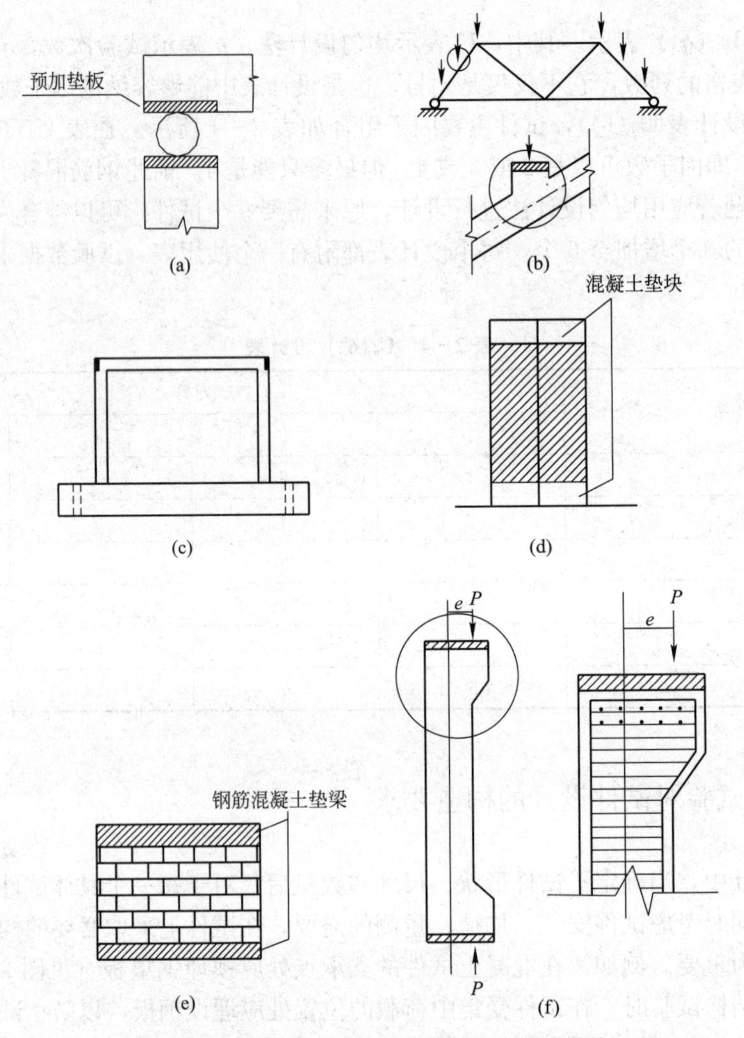

图 2-8　试件设计时考虑加荷需要的构造措施

结构或构件的其他部位事先进行局部加固。

为了保证试验量测的可靠性和仪表安装的方便，在试件内必须预设埋件或预留孔洞，如安装杠杆应变仪时，需要配合夹具形式及标距大小预埋螺栓或预留孔洞；用接触式应变仪量测试件表面应变时应埋设相应的测点标脚；在用电阻应变计量测钢筋应变时，在浇注混凝土前应先在钢筋上贴好应变计，做好防潮及防止机械损伤的处理；若混凝土保护层不大，也可在准备贴应变计部位的保护层处预埋小木块，待混凝土凝固后将木块凿去，使钢筋外露，然后再贴上应变计，对钢筋的贴片部位最好能事先打磨，这对于采用螺纹钢筋的结构尤需注意，避免以后在预留孔中打磨，由于部位狭小而带来困难。对于为测定混凝土内部应力的预埋元件或专门的混凝土应变计、钢筋应变计等，应在浇注混凝土前，按相应的技术要求用专门的方法就位固定安装埋设在混凝土内部。这就要求在试件的施工图上明确标出，注明具体做法和精度要求，必要时试验人员还需亲临现场参加试件的加工制作。

2.4 结构试验荷载设计

2.4.1 荷载设计的一般要求

正确地选择试验所用的荷载设备和加载方法，对顺利完成试验工作和保证试验的质量，有着很大的影响。为此，在选择试验荷载和加载方法时，应满足下列几点要求。

(1) 试验荷载的作用，应符合实际荷载作用的传递方式。能使被试验结构、构件再现其实际工作状态的边界条件，使控制截面或部位产生的内力与设计计算简图等效。

(2) 产生的荷载值应当明确，满足试验的准确度。除模拟动力作用之外，荷载值应能保持相对稳定，不会随时间、环境条件的改变和结构的变形而发生变化，保证试验荷载变化量的相对误差不超过±5%。

(3) 加载设备本身应有足够的承载力和刚度，并有足够的安全储备，保证使用安全可靠。

(4) 加载设备不应参与结构工作，以致改变结构的受力状态或使结构产生次应力。

(5) 应能方便调节和分级加（卸）载，易于控制加（卸）载速率，分级值应能满足精度要求。

(6) 尽量采用先进技术，满足自动化加载的要求，以减轻劳动强度，方便加载，提高试验效率和质量。

2.4.2 试验加载装置的设计

为了保证试验工作的正常进行，对于试验加载用的设备装置，也必须进行专门的设计。在使用试验室内现有的设备装置时，要按每项试验的要求对加载装置的强度和刚度进行复核计算。

(1) 强度要求。对于加载装置的强度，首先要满足试验最大荷载量的要求，保证有足够的安全储备，同时要考虑到结构受载后有可能使局部构件的强度有所提高。在图 2－9 所示的钢筋混凝土框架 B 点施加水平力 Q，柱上施加轴向力 N 时，则梁 BC 增加了轴向压力 Q_{e2}。特别是当梁的屈服荷载由最大试验荷载决定时，梁所受的轴力使其强度提高，有时能提高 50%。这样的强度提高，就会使原来按梁上无轴力情况的理论荷载所设计出来的加载装置不能将试件加载到破坏。对于 X 形节点试件，随着梁、柱节点处轴力 N、剪力 Q 的增大，其强度也按比例提高。根据使用材料的性质及其误差，即使考虑了上述的轴力影响，试件的最大强度也常比预计的大。这样，在试验设计时，加载装置的承载能力总要求提高 70%左右。

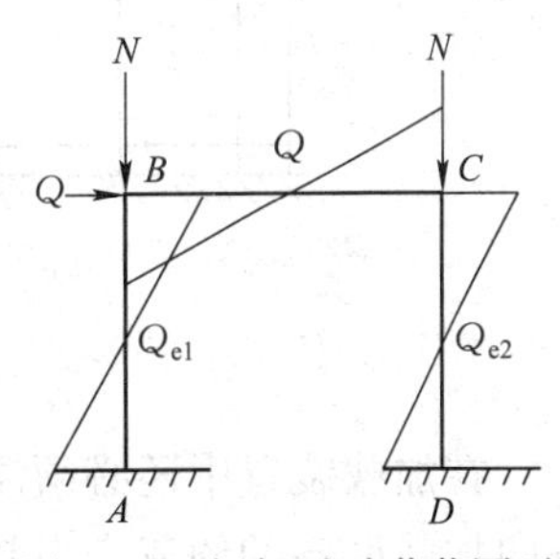

图 2－9 框架试验荷载图示

(2) 刚度要求。试验加载装置在满足上述强度要求的同时，还必须考虑其刚度要求。正如在混凝土应力—应变曲线下降段测试一样，在结构试验时如果加载装置刚度不足，将难以获得试件在极限荷载后的性能。

(3) 真实要求。试验加载装置设计要求使它能符合结构构件的受力条件，要求能模拟结构构件的边界条件和变形条件，否则就失去了受力的真实性。柱的弯剪试验可采用图 2－10 所示的方法，试验中必须施加轴向和水平向两个方向的作用力，且在加力点形成约束，以致其应力状态与设想的有所不同，在轴向力的加力点处会有弯矩产生。为了消除这个约束，在加载点和反力点处均应加设滚轴。又如图 2－11 是两种短柱受水平荷载试验的例子，试验装置可以采用 2－11（a）的连续梁式加载，也可以用图 2－11（b）的建研式加载装置进行（日本建设省建筑研究所研制的一种专门进行偏压剪试验的加载装置），建研式加载方法能保持上下端面平行，显然对窗间短柱而言，这种装置更符合受力条件，因为连续梁式加载方法不能保证受剪的端面平行。

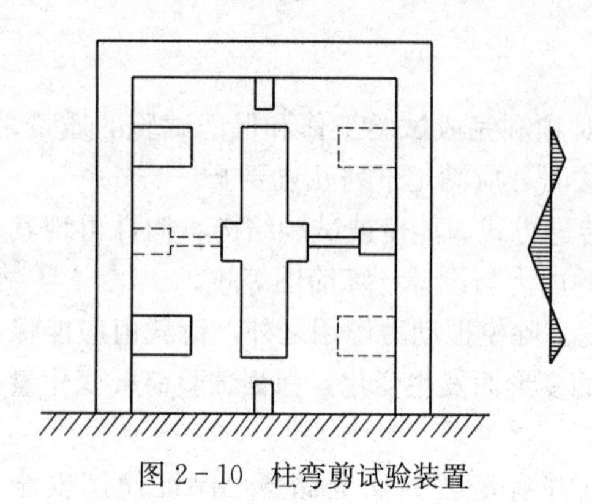
图 2－10 柱弯剪试验装置

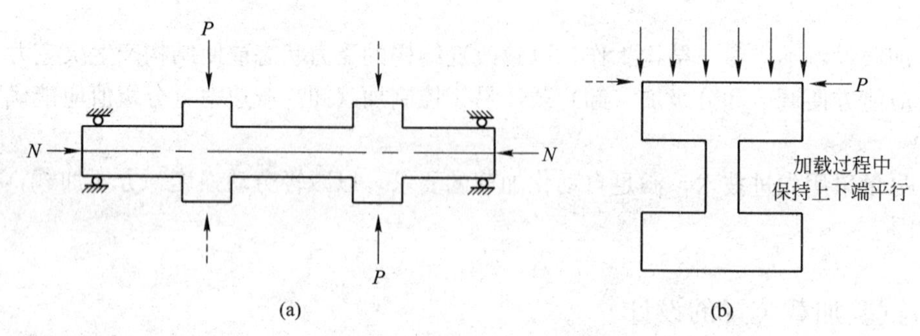

图 2－11 偏压剪短柱的试验装置

在砖石或砌块的墙体推压试验中，图 2－12（a）施加竖向荷载用的拉杆对墙体的横向变形产生约束，而图 2－12（b）的加载方式就能消除约束，更符合实际受力情况。

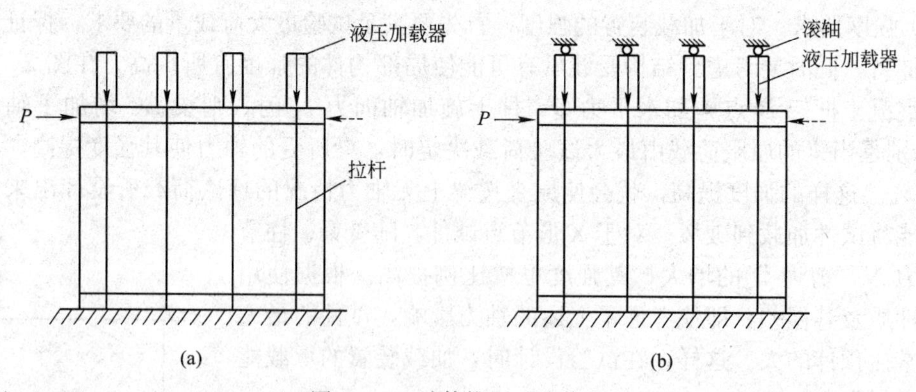

图 2－12 墙体推压试验装置

在加载装置中还必须注意试件的支承方式。前述受轴力和水平力作用的柱的试验，两个方向加载设备的约束会引起较为复杂的应力状态。在梁的弯剪试验中，加载点和支承点的摩擦力均会产生次应力；使梁所受的弯矩减小。在梁柱节点试验中，如采用 X 形试件，若加力点和支承点处摩擦力较大，就会接近于抗压试验的情况。支承点处的滚轴可按接触承压应力进行计算。实际试验时多采用细圆钢棒作为滚轴，当支承反力增大时，滚轴可能产生变形，甚至接近塑性，会有非常大的摩擦力，使试验结果产生误差。

（4）简便要求。试验加载装置除了在设计时要满足上述要求外，应尽可能使其构造简单，组装时花费时间较少，特别是当要做若干同类型试件的连续试验时，还应考虑能方便试件的安装，并缩短其安装调整的时间。如有可能最好设计成多功能的，以满足各种试件试验的要求。

2.4.3 结构试验的加载制度

试验加载制度是指在结构试验进行期间控制荷载与加载时间的关系。它包括加载速度的快慢、加载时间间歇的长短、荷载分级的大小和加载卸载循环的次数等。结构构件的承载能力和变形性质与其所受荷载作用的时间特征有关。不同性质的试验必须根据试验的要求制定不同的加载制度。对于结构静力试验一般采用包括预加载、标准荷载和破坏荷载三个阶段的一次单调静力加载。结构抗震伪静力试验采用控制荷载或变形的低周反复加载，而结构拟动力试验则由计算机控制按结构受地震地面运动加速度作用后的位移反应时程曲线进行加载试验。一般结构动力试验采用正弦激振的加载试验，而结构抗震动力试验则采用模拟地震地面运动加速度地震波的随机激振试验。

对于预制混凝土构件，在进行质量检验评定时，可按《混凝土结构工程施工质量验收规范》（GB 50204—2015）的规定进行。一般混凝土结构静力试验的加载程序可按《混凝土结构试验方法标准》（GB 50152—2012）的规定执行。对于结构抗震试验则可按《建筑抗震试验方法规程》的有关规定进行设计。

2.5 结构试验的观测设计

结构试验的观测设计是指在进行结构试验时，为了对结构物或试件在荷载作用下的实际工作有全面的了解，为了真实而正确地反映结构的工作，利用各种仪器设备量测出结构反映的某些参数，为分析结构工作状态提供科学的依据。因此在正式试验前，应拟订测试方案。

测试方案通常包括以下几方面的内容：

（1）按整个试验目的要求，确定试验测试的项目；

（2）按确定的量测项目要求，选择测点位置；

（3）选择测试仪器和测定方法。

拟订的测试方案要与加载程序密切配合，在拟订测试方案时应该把结构在加载过程中可能出现的变形等数据计算出来，以便在试验时能随时与实际观测读数进行比较，及时发现问题和对试验进行控制。同时，这些计算的数据对确定仪器的型号、选择仪器的量程和精度等也是完全必要的。

2.5.1 观测项目的确定

结构在荷载作用下的各种变形可以分成两类：一类是反映结构的整体工作状况，如梁的挠度、转角、支座偏移等，称为整体变形；另一类是反映结构的局部工作状况，如应变、裂缝、钢筋滑移等，称为局部变形。

在确定试验的观测项目时，试验者首先应该考虑整体变形，因为整体变形能够概括结构工作的全貌，可以基本上反映出结构的工作状况。因此，在所有测试项目中，各种整体变形往往是最基本的。对梁体试验来说，首先就是挠度。通过挠度的测定，我们不仅能知道结构的刚度，而且可以知道结构的弹性和非弹性工作性质，挠度的不正常发展还能反映出结构中某些特殊的局部现象。因此，在缺乏必要的量测仪器的情况下，一般的结构试验仅仅测定挠度一项。转角的测定往往用来分析超静定连续结构。

对于某些工程构件，局部变形也是很重要的。例如，钢筋混凝土结构的裂缝出现，能直接说明其抗裂性能；再如，在做非破坏性试验进行应力分析时，控制截面上的最大应变值往往是推断结构极限强度的最重要指标。因此只要条件许可，根据试验目的，也经常需要测定一些局部变形的项目。

总的说来，破坏性试验本身能充分地说明问题。因此，观测项目和测点数可以少些。而非破坏性试验的观测项目和测点布置，则必须满足分析和推断结构工作状况的最低需要。

2.5.2 测点的选择与布置原则

(1) 在满足试验目的的前提下，测点宜少不宜多。利用结构试验仪器对结构物或试件进行变形和应变测量时，由于一个仪表一般只能测量一个试验数据，所以在测量一个结构物的强度、刚度和抗裂性等力学性能时，往往需要利用较多数量的测量仪表。一般来说，量测的点数愈多，愈能了解结构物的应力和变形情况。但是，在满足试验目的的前提下，测点还是宜少不宜多，这样不仅可以节省仪器设备，避免人力浪费，而且使试验工作重点突出，精力集中，提高效率和保证质量。任何一个测点的布置都应该是有目的的，服从于结构分析的需要，不应为了追求数量而不切实际地盲目设置测点。如果盲目设置测点正好说明试验者心中无数，其布点方案必然是不合理的。因此，在测量工作之前，应该利用已有的力学和结构理论对测试结构进行初步的估算，然后合理地布置测量点位，力求减少试验工作量而又尽可能获得必要的数据资料。

对于一个新型结构或科研新课题，由于对它缺乏认识，可以采用逐步逼近、由粗到细的办法，先测定较少点处的力学数据，经过初步分析后再补充适量的测点，经过多次分析和补充后，直到能足够了解结构物的性能为止。有时也可以先做一些简单的试验进行定性后再确定测量点位。

(2) 测点的位置要有代表性，以便于分析和计算。结构物的最大挠度和最大应力的数据，通常是设计和试验工作者最感兴趣的数据，因为利用这些数据可以比较直接地了解结构的工作性能和强度储备。因此在这些最大值出现的部位上必须布置测量点位。例如，挠度的测点位置可以从比较直观的弹性曲线（或曲面）来估计，经常是布置在跨度中点的结构最大挠度处；应变的测点就应该布置在最不利截面的最大受力纤维处；最大应力的位置一般出现在最大弯矩截面上，或者在最大剪力截面上，或者弯矩、剪力都不是最大而是二者同时出现较大数值的截面上，以及产生应力集中的孔穴边缘上或者在截面剧烈改变的区域上。如果测试的目的不是要说明局部缺陷的影响，那么就不应该在有显著缺陷的截面上布置测点，这样才能便于计算分析。

(3) 应该布置一定数量的校核性测点。由于在试验量测过程中部分测量仪器会有工作不正常、发生故障以及其他偶然因素影响量测数据的可靠性，因此不仅需要在知道应力和变形的位置上布置测点，也要求在已知应力和变形的位置上布置测点。这样就可以获得两组测量数据，前者称为测量数据，后者称为控制数据或校核数据。如果控制数据在量测过程中是正常的，可以相信测量数据是比较可靠的；反之，测量数据的可靠性就差了。这些控制数据的校核测点可以布置在结构物的边缘凸角上，这种地方没有外力作用，它的应变为零；有时结构物上没有凸角可用时，校核测点可以放在理论计算比较有把握的区域上；此外还经常利用结构本身和荷载作用的对称性，在控制测点相对称的位置上布置一定数量的校核测点，在正常情况下，相互对称的测点数据应该相等。这样，校核性测点一方面能验证观测结果的可靠程度；另一方面在必要时，也可以将对称测点的数据作为正式数据，供分析时采用。

(4) 测点的布置应有利于试验时的操作和测读。对于不便于观测读数的测点，往往不能提供可靠的结果。为了测读方便，减少观测人员，测点的布置宜适当集中，便于一人管理若干台仪器。对不便于测读和不便于安装仪器的部位，最好不设或少设测点，否则也要妥善考虑安全措施，或者选择特殊的仪器或测定方法来满足测量的需要。

2.5.3 仪器的选择与测读的原则

(1) 避免选用高准确度和高灵敏度的精密仪器。在选择仪器时，必须从试验实际需要出发，使所用仪器能很好地符合量测所需的精度与量程要求，但要防止盲目选用高准确度和高灵敏度的精密仪器。一般的试验，要求测定结果的相对误差不超过5%。

必须注意到，精密量测仪器的使用，要求有比较好的环境和条件。如果条件不够理想，其后果不是仪器遭受损伤，就是观测结果不可靠。

总之，仪器选择时既要保证精度，也要避免盲目追求高精度。应使仪表的最小刻度值不大于5%的最大被测值。

(2) 仪器的量程应该满足最大应变或挠度的需要。若选择的试验仪器量程不足，需在试验中途调整，必然会增大测量误差。为此，仪器最大被测值宜在满量程的$\frac{1}{5}$～$\frac{2}{3}$范围内，一般最大被测值不宜大于选用仪表最大量程的80%。

(3) 合理选择电测仪表和机械式仪表。如果测点的数量很多，测点又位于很高很远的部位，这时采用电阻应变仪多点测量或远距测量就很方便，对埋于结构内部的测点只能用电测仪表。此外，机械式仪表一般是附着于结构上，要求仪表的自重轻、体积小，不影响结构的工作。

(4) 选择仪表时必须考虑测读方便省时，必要时须采用自动记录装置。

(5) 量测仪器的型号、规格、种类应尽可能少。为了简化工作，避免差错，量测仪器的型号、规格应尽可能选用一样的，种类愈少愈好。有时为了控制观测结果的正确性，常在校核测点上使用另一种类型的仪器，以利于比较。

(6) 对动测试验使用的仪表，尤其应注意仪表的线性范围、频响特性和相位特性，要满足试验量测的要求。

仪器仪表的测读应按一定的程序进行，具体的测定方法与试验方案、加载程序有密切的关系。在拟订加载试验方案时，要充分考虑观测工作的方便与可能；反之，确定测点布置和考虑测读程序时，也要根据试验方案所提供的客观条件，密切结合加载程序加以确定。

在进行测读时，一条原则是全部仪器的读数必须同时进行，至少也要基本上同时。因为结构的变形与时间有关，只有同时测得的读数联合起来才能说明结构在当时的实际状况。因此，如果测点数量较多，应分区同时由几个人进行测读，每个观测人员测读的仪器数量不能太多，如用静态电阻应变仪做多点测量时，当测点数量较多时，就应该考虑用多台预调平衡箱并分组用几台应变仪来控制测读时间。如能使用多点自动记录应变仪进行自动巡回检测，则对于进入弹塑性阶段试件的跟踪记录尤为合适。

观测时间一般是选在加载过程中的持荷时间内，最好在每次加载完毕后的某一时间（如5分钟）开始按程序测读一次，到加下一级荷载前，再观测一次读数。根据试验的需要也可以在加载后立即记取个别重要测点仪器的数据。

有时荷载分级很细，某些仪器的读数变化非常小，或对于一些次要的测点，可以每隔二级或更多级的荷载才测读一次。如果每级荷载作用下结构徐变变形不大时，或者为了缩短试验时间，往往只在每一级荷载下测读一次数据。

当荷载维持较长时间不变时（如在标准荷载下恒载12小时或更多）应该按规定时间，如加载后的5分钟、10分钟、30分钟、1小时，以及之后每隔3～6小时记录读数一次。同样当结构卸载完毕空载时，也应按规定时间记录变形的恢复情况。

每次记录仪器读数时，应该同时记下周围的温度。

重要的数据应边做记录，边做初步整理，同时算出每级荷载下的读数差，与预计的理论值进行比较。

2.6 材料的力学性能与结构试验的关系

2.6.1 概述

一个结构或构件的受力和变形特点，除受荷载等外界因素影响外，还要取决于组成这个结构或构件的材料内部抵抗外力的性能。可见，建筑材料的性能直接影响到结构或构件的质量，因此对于结构材料性能的检验与测定是结构试验的一个重要组成部分，特别是要充分了解材料的力学性能，在结构试验前或试验过程中正确估计结构的承载能力和实际工作状况，在试验后整理试验数据，处理试验结果等，这些工作都具有非常重要的意义。

在结构试验中按照结构或构件材料性质的不同，必须测定相应的一些最基本的数据，如混凝土的抗压强度、钢材的屈服强度和极限抗拉强度、砖石砌体的抗压强度等。在科学研究性的试验中为了了解材料的荷载变形、应力应变关系，材料的弹性模量通常也属于最基本的数据之一而必须加以测定。有时根据试验研究的要求，尚需测定混凝土材料的抗拉强度及各种材料的应力—应变曲线等有关数据。

在测量材料各种力学性能时，应该按照国家标准或部颁标准所规定的标准试验方法进行，对于试件的形状、尺寸、加工工艺及试验加荷、测量方法等都要符合规定的统一标准。由这种标准试件试验得出的相应强度，称为“强度标准值”，作为比较各种材料性能的相对指标。同时也把测定所得的其他数据（如弹性模量）作为用于结构试验资料整理分析或该项试验理论分析的有关参数。

在工程结构抗震研究中，结构在试验时不仅仅承受一次单调静力荷载的作用，它将根据地震荷载作用的特点，在结构上施加周期性反复荷载，结构将进入非线性工作阶段，这时材料的应力应变关系就不能单纯地按 $\sigma = E \cdot \varepsilon$ 来考虑，因此相应的材料试验也必须是在周期性反复荷载下进行，这时钢材将会出现包辛格效应，对于混凝土材料就需要进行应力—应变曲线全过程的测定，特别是要测定曲线的下降段部分。同时，还需要研究混凝土的徐变—时间和握裹应力—滑移等关系，以供结构非线性分析时使用。

在结构试验中确定材料力学性能的方法有直接试验法与间接试验法两种。

（1）直接试验法。它是最普通和最基本的测定方法，把材料按规定做成标准试件，然后在试验机上用规定的标准试验方法加荷进行测定。这时要求制作试件的材料应该尽可能与结构试件的工作情况相同，对钢筋混凝土结构来说，应该使它们的材性、级配、龄期、养护条件和加荷速度等保持一致；同时必须注意，如果采用的试件尺寸和试验方法有别于标准试件时，则应将试验结果按规定换算成标准试件的结果，也就是对材料的试验结果要进行修正。

（2）间接试验法。该法也称为非破损试验或半破损试验法，对于既有结构的生产鉴定性试验，由于结构的材料力学性能随时间而发生变化，为判断结构目前实有的承载能力，在没有同条件试块的情况下，必须通过对结构各部位现有材料的力学性能检测来决定。非破损试验是采用某种专用设备或仪器，直接在结构上测量与材料强度有关的另一物理量，如硬度、回弹值、声波传播速度等，通过理论分析或经验公式间接测得材料的力学性能。半破损试验是在结构或构件上进行局部微破损或直接取样的方法推算出材料的强度，由试验所得的力学性能直接鉴定结构构件的承载力。这种间接测定的方法自 20 世纪 50 年代开始就被应用，近 20 年来，由于电子技术、固体物理学等的发展和应用，目前已有了足够精度和性能良好的仪器设备，非破损试验已经发展为一项专门的新型测试技术。

2.6.2 材料试验结果对结构试验的影响

材料的力学性能指标是由钢材、钢筋和混凝土等各种材料分别制成试样或试块进行试验结果的平均值。但由于混凝土强度的不均匀性等原因，使此值产生波动。因此用有波动的材料试验测定的平均值作为结构试验数据处理或理论计算时，其结果就会产生误差。

一般混凝土弹性模量约在测定平均值 10％以内波动，混凝土强度大致也在 10％的范围内变动，有时也可能更大些，在 15％～20％，而钢筋的强度波动较小，为 5％～10％。混凝土由于材质的不均匀，测定值必然会有较大的波动，尤其当试验方法不妥时，波动值将会更大。此外，试验结果也因试件的形状、尺寸及养护条件等不同而异，可以认为测量平均值和混凝土实际强度并不一样。

在一般静力结构试验中，混凝土弹性模量的误差对试件的刚度和应力的影响是以线性关系表现的，混凝土强度对试件受压破坏时的强度影响较大，而钢筋强度则对结构受拉破坏时的强度影响较大。

在实际结构试验时，由于混凝土浇筑方法、砖石砌块砌筑工艺、养护条件和试件形状、加荷速度等原因，其强度和材料性能试验结果也不尽相同，甚至同一批结构试件之间也会产生很大的差异。例如，浇捣钢筋混凝土构件时，用木模成型并快速脱模与用铁模成型的试块之间至少有 5%～10%的误差，有时可能更大。在砖石砌体砌筑中，一级工与五级工砌筑的砌体，其强度差别可能达 50%。为此在进行科研性试验研究中，要求同一型号的试件与试件之间，结构试件与材性试件之间要保证做到严格的材料性质的一致性、施工工艺的一致性和养护条件的一致性。这就要求对于钢筋混凝土构件浇捣时要用同批搅拌的混凝土、同样条件成型和养护、同时进行试压的条件。对于钢筋骨架要在同一根钢筋上截取材性试件，有时甚至在构件试验破坏后，从被破坏的试件中敲出钢筋取样后进行材料试验。在用砖石或砌块砌体砌筑时，要求用同一工人、用同批次砖块或砌块和同批次拌制的砂浆去砌筑同一个砌体试件，这样才有可能消除误差对试验结果的影响。

2.6.3 试验方法对材料强度指标的影响

长期以来人们通过生产实践和科学实验发现试验方法对材料强度指标有着一定的影响，特别是试件的形状、尺寸和试验加荷速度（应变速率）对试验结果的影响尤为显著。对于同一种材料，仅仅由于试验方法与试验条件的不同，就会得出不同的强度指标，这说明人们对于这种物理现象的认识还有待于进一步深化。世界各国都制定了适用于本国情况的材料试验规定，主要是在试件尺寸、形状、试验加荷方法、加荷速度等方面加以统一，以建立起材料的各种强度指标相互比较的基准。

对于混凝土这类非均匀材料，它的强度尚与材料本身的组成（骨料的级配、水灰比等）、制作工艺（搅拌、振捣、成型、养护等）及周围环境、材料龄期等多种因素有关，在进行材料的力学性能试验时，更需加以注意，下面我们就混凝土材料来做进一步的说明。

1. 试件尺寸与形状的影响

国际上各国混凝土材料强度测定用的试件经常有立方体和圆柱体两种。试验中用的立方体试件尺寸有 20 cm×20 cm×20 cm、15 cm×15 cm×15 cm 和 10 cm×10 cm×10 cm 三种。在测定混凝土轴心抗压强度时，选用 h/a 为一定比例的棱柱体试件（h 为试件的高度，a 为试件的边长），较多选用的有 $h/a=3$ 的 10 cm×10 cm×30 cm 和 15 cm×15 cm×45 cm 两种。采用圆柱体试件时，常用尺寸为 $h/d=2$（h 为圆柱体高度，d 为圆柱体直径），即为 ϕ10 cm×20 cm 和 ϕ15 cm×30 cm 的圆柱体试件。

长期以来，我国的混凝土材料试验在混凝土结构设计与施工规范中都曾规定标准混凝土试件的规格为边长 20 cm 的立方体。在混凝土生产发展的初期，由于结构截面尺寸一般较大，所以骨料的粒径也较大，因此采用较大尺寸的标准试件在当时是合理的。如在水工建筑中由于是大体积混凝土，曾采用 45 cm×45 cm×45 cm 的立方体试件。随着混凝土强度的不断提高，并较多地应用小粒径骨料，为了减少材料的消耗量和试验操作的劳动强度，以及解决由于高强度混凝土的出现而继续规定采用大尺寸的标准试件时，许多试验机的吨位将不能满足试验要求的实际情况，因此相应地采用小尺寸的非标准型的试件。

随着材料试件尺寸的缩小，在试验中出现了混凝土强度有规律地稍有提高的现象。一般情况下，截面较小而高度较低的试件得出的抗压强度偏高，这可以归结为试验方法和材料自身的原因两个方面的因素。试验方法可解释为试验机压板对试件承压面的摩擦力所起的箍紧作用，由于受压面积与周长的比值不同而影响的程度不一，对小试件的作用比对大试件要大。材料自身的原因是由于内部存在缺陷（裂缝）的分布、表面和内部硬化程度的差异在不同大小的试件中有不同的影响，且随试件尺寸的增大而增加，这种影响又称为尺寸效应。表 2-5列出了按我国试验研究结果得出的不同尺寸立方体试件抗压强度的换算系数。如果采用非标准试件进行试验时，必须将试验结果按表 2-5 所列换算系数进行修正。

表 2-5　不同尺寸立方体试件抗压强度的换算系数

试块尺寸	换算系数
20 cm×20 cm×20 cm	1.05
15 cm×15 cm×15 cm	1.00
10 cm×10 cm×10 cm	0.95

2. 试验加荷速度（应变速率）的影响

在测定材料力学性能试验时，加荷速度愈快，引起材料的应变速率愈高，则试件的强度和弹性模量也就相应提高。

试验发现，钢筋的强度随加荷速度（或应变速率）的提高而加大，但加荷速度基本上不改变弹性模量和应力应变图形的形状。对混凝土材料，随着加荷速度的增加，强度和弹性模量也增加。由于混凝土内部细微裂缝来不及发展，初始弹性模量随应变速率加快而提高。

在实际混凝土抗压试件试验中，有资料表明当加荷速度使截面应力变化从每秒 0.25 MPa 提高到每秒 7 MPa 时，抗压强度指标可增长 9%；如果加荷速度变慢则强度就可能显著地降低，当加荷速度使截面应力变化从每秒 0.25 MPa 降低到每秒 0.007 MPa 时，抗压强度将降低 10%～15%。在试验中人们还发现如果按通常速度加荷到试件强度的 90%左右并维持荷载不变，则几分钟或更长一些时间试件也会破坏。一般认为从试件开始加荷到不超过其破坏强度值的 50%以内时，可以用任意速度进行，而不会影响最后的强度指标。

2.7　结构试验大纲和试验基本文件

结构试验设计必须拟订一个试验大纲，并汇总所有相关文件。

2.7.1　试验大纲

试验大纲是进行整个试验的指导性文件。试验大纲内容的详略程度视不同的试验而定，但一般应包括以下内容。

（1）试验目的要求。即通过试验最后应得出的数据，如破坏荷载值、设计荷载下的内力分布和挠度曲线、荷载—变形曲线等。

（2）试件设计及制作要求。包括试件设计的依据及理论分析，试件数量及施工图，对试件原材料、制作工艺、制作精度等的要求。

(3) 辅助试验内容。包括辅助试验的目的，试件的种类、数量及尺寸，试件的制作要求，试验方法等。

(4) 试件的安装与就位。包括试件的支座装置、保证侧向稳定装置等。

(5) 加载方法。包括荷载数量及种类、加载设备、加载装置、加载图式、加载程序等。

(6) 量测方法。包括测点布置、仪表型号选择、仪表标定方法、仪表的布置与编号、仪表安装方法、量测程序等。

(7) 试验过程的观察。包括试验过程中除仪表读数外在其他方面应做的记录。

(8) 安全措施。包括安全装置、脚手架、安全规定等。

(9) 试验进度计划。

(10) 附件。如经费、器材及仪表设备清单等。

2.7.2 试验基本文件

除试验大纲外，每一结构试验从规划到最终完成尚应包括以下基本文件。

(1) 试件施工图及制作要求说明书。

(2) 试件制作过程及原始数据记录，包括各部分实际尺寸及疵病情况等。

(3) 自制试验设备加工图纸及设计资料。

(4) 加载装置及仪表编号布置图。

(5) 仪表读数记录表（原始记录）。

(6) 量测过程记录，包括照片及测绘图等。

(7) 试件材料及原材料性能的测定。

(8) 试验数据的整理分析及试验结果总结，包括整理分析所依据的计算公式，整理后的数据图表等。

(9) 试验工作日志。

以上文件都是原始资料，在试验工作结束后均应整理装订归档保存，此外还有一个最主要的文件，那就是试验报告。

(10) 试验报告是全部试验工作的集中反映，它概括了其他文件的主要内容。试验报告一般包括：①试验目的；②试验对象的简介和考察；③试验方法及依据；④试验情况及存在问题；⑤试验成果处理与分析；⑥试验结论；⑦附录。

结构试验必须在一定的理论基础上才能有效地进行。试验的成果为理论计算提供了宝贵的资料和依据，绝不可凭借一些观察到的表面现象，为工程结构的工作性能妄下断语，一定要经过周详的考察和理论分析，才可能得出符合实际情况的结论。“感觉只解决现象问题，理论才解决本质问题”。因此，不应该认为结构试验纯粹是经验式的实验分析，相反，它是根据丰富的试验资料对试验结构的内在规律进行更深入的理论研究。

思考题

一、选择题

1. 试件的尺寸要求要比一般的工程结构构件严格，制作尺寸偏差应控制在（　　）以内。

A. 5%　　B. 10%　　C. 2%　　D. 20%

2. 结构试验中最重要的是哪一个阶段？(　　)

A. 试验规划阶段　　B. 试验准备阶段

C. 加载试验阶段　　D. 试验资料整理分析和总结阶段

3. 采用控制荷载或变形的低周反复加载的加载制度的试验称为(　　)。

A. 结构静力试验　　B. 结构拟动力试验

C. 结构抗震伪静力试验　　D. 结构抗震动力试验

4. 结构模型设计中所表示的各物理量之间的关系式均是无量纲的，它们均是在假定采用理想(　　)的情况下推导求得的。

A. 脆性材料　　B. 弹性材料　　C. 塑性材料　　D. 弹塑性材料

5. 10 cm×10 cm×10 cm尺寸立方体试件抗压强度的换算系数为(　　)。

A. 0.95　　B. 1.0　　C. 1.05　　D. 1.1

二、填空题

1. 为了探求节点的强度和刚度，使其应力状态能充分反映，避免在试验过程中梁柱部分先于节点破坏，在试件设计时必须事先对梁柱部分进行足够的__________。

2. 试件设计应包括__________、__________及__________，同时必须满足结构与受力的边界条件、试件的破坏特征、试验加载条件的要求，最后以最少的试件数量获得最多的试验数据，以反映研究的规律性并满足研究任务的需要。

3. __________是整个试验过程的中心环节，应按规定的加载顺序和量测顺序进行。

4. 结构试验所用试件的尺寸和大小，从总体上可分为真型、模型和__________三类。

5. 试验数量的设计方法有4种，即__________、__________、__________和__________。这4种方法是四门独立的学科。

6. 产生的荷载值应当明确，满足试验的准确度。除模拟动力作用之外，荷载值应能保持相对稳定，不会随时间、环境条件的改变和结构的变形而发生变化，保证试验荷载变化量的相对误差不超过__________。

7. 加载设备不应参与__________，以致改变结构的受力状态或使结构产生次应力。

三、简答题

1. 简述工程结构试验设计的主要环节及其内容。

2. 根据结构试验所用试件的尺寸和大小可分为哪几类？

3. 对于生产性试验与科研性试验分别怎样确定试件数量？

4. 试述测点的选择与布置原则。

5. 试述选择试验荷载和加载方法时的要求。

6. 思考观测整体变形与局部变形的重要性区别。

7. 应该怎样选择仪器和测读？

8. 非破损试验法与半破损试验法各有什么特点？

第3章 工程结构试验加载技术

3.1 概　　述

结构上的作用分为直接作用与间接作用。直接作用主要是荷载作用，包括结构的自重、建筑物楼（屋）面的活荷载、雪荷载、灰载、施工荷载；作用于工业厂房上的吊车荷载、机械设备的振动荷载；作用于桥梁上的车辆振动荷载；作用于海洋平台上的海浪冲击荷载等；在特殊情况下，还有地震、爆炸等荷载。间接作用主要有温度变化、地基不均匀沉降和结构内部物理或化学作用等。直接作用又分为静力荷载作用和动力荷载作用两类。静载作用是指对结构或构件不引起加速或加速度可以忽略不计的作用；动载作用则是指结构或构件产生不可忽略的加速度反映的直接作用。

以上荷载按其作用的范围分类有分布荷载、集中荷载；按作用的时间长短分类有短期荷载、长期荷载；按作用的方向分类有垂直荷载、水平荷载和任意方向荷载；按荷载作用次数分类有单向作用和双向反复作用荷载等。按试验荷载的不同，工程结构试验分为静载试验和动载试验。结构静载试验是用物理力学方法，测定结构在静荷载作用下的反应，分析结构的受力工作状态，评定结构的可靠程度。结构动载试验为通过试验的方法，对结构的振动进行分析研究。

结构试验除极少数是在实际荷载下实测外，绝大多数是在模拟荷载条件下进行的。结构试验的荷载模拟即是通过一定的设备与仪器，以最接近真实的模拟荷载再现各种荷载对结构的作用。荷载模拟技术是结构试验最基本的技术之一。

结构静力荷载的模拟比较容易实现，而动力荷载的模拟是比较复杂的，所以在进行结构的动力试验时，对于荷载激振设备或加荷方法的选择都要进行认真的分析研究。为了研究结构的抗震性能，有效地进行抗震设防，目前常采用低周反复试验（又称伪静力试验）和计算机—电液伺服试验机联机试验（又称拟动力试验）方法，但就其方法的实质来说，仍为静载试验。静载试验相对动载试验来说，其技术与设备都比较简单，容易实现，这也是静载试验经常被应用的原因之一。

目前采用的加载方法与加载设备有很多种类。在静力试验中有利用重物直接加载或通过杠杆作用的间接加载的重力加载方法，有利用液压加载器（千斤顶）和液压试验机等的液压加载方法，有利用铰车、差动滑轮组、弹簧和螺旋千斤顶等机械设备的机械加载方法，以及利用压缩空气或真空作用的特殊加载方法等。在动力试验中可以利用惯性力或电磁系统激振；比较先进的设备是由自动控制、液压和计算机系统相结合而组成的电液伺服加载系统和由此作为振源的地震模拟振动台加载等设备；此外也可采用人工爆炸和利用环境随机激振（脉动法）的方法。

3.2　重力加载技术

重力加载就是利用物体的重量加于结构上作为荷载。重物可以直接加于试验结构或构件上，或者通过杠杆间接加在构件上。

3.2.1　直接重力加载法

重物常用的有铁块、混凝土块、砖、水、沙石，甚至废构件等。重物可以有规则地放置于结构上，作为均布荷载（见图 3-1），也可以通过荷载盘、箱子、纤维袋等加集中荷载（见图 3-2），此时吊杆与荷载盘的自重应计入第一级荷载。同时，也可借助钢索和滑轮导向，对结构施加水平荷载，如图 3-3 所示。

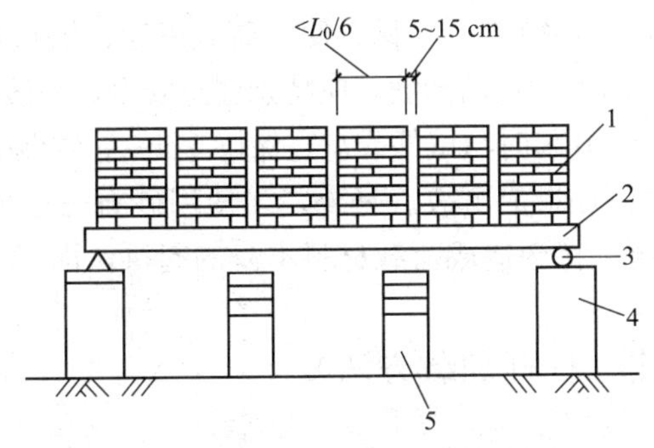

图 3-1　用重物在板上加均布荷载

1—重物；2—试验板；3—支座；4—支墩；5—保护垫块

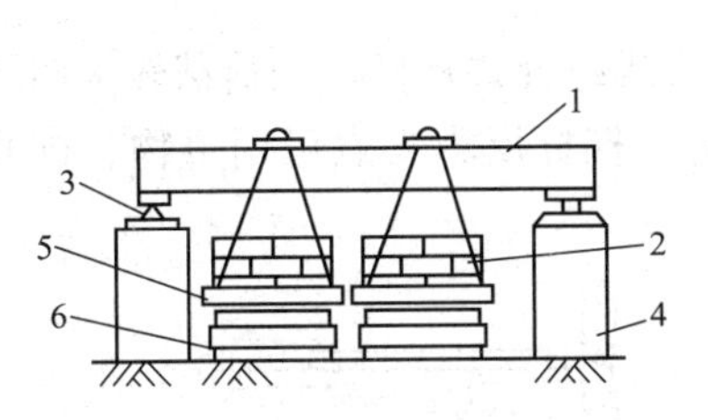

图 3-2　用重物加垂直集中荷载

1—试件；2—重物；3—支座；4—支墩；5—荷载盘；6—垫块

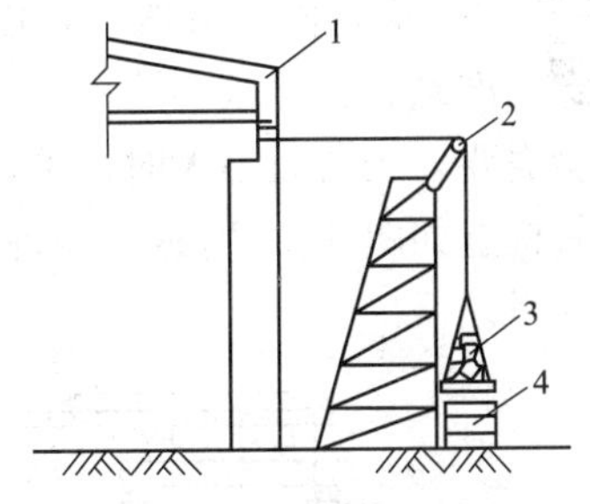

图 3-3　用重物加水平荷载

1—试件；2—滑轮；3—重物；4—垫块

为了方便加载和分级，并尽可能减小加载时的冲击力，重物的块（件）重一般不宜大于 25 kg，并不超过加载面积上荷载标准值的 1/10，保证分级精度及均匀分布。随机抽取 20 块重物进行检查，若每块误差不超过平均重的±5%时，其荷载值可按平均重计算。对吸水性大的重物必须干燥，以保持恒重，使用中应有防雨措施。重物排列于结构上作为均布荷载时，应分垛堆放，垛间保持 5～15 cm 的间隙（见图 3-1），垛宽应小于计算跨度的 1/6；散粒状重物应装成袋或装入放在试件上面不带底的箱子中，箱子沿试件跨度方向不得少于两个，箱子间距不小于 25 cm，应避免荷载起拱而影响结构的工作。

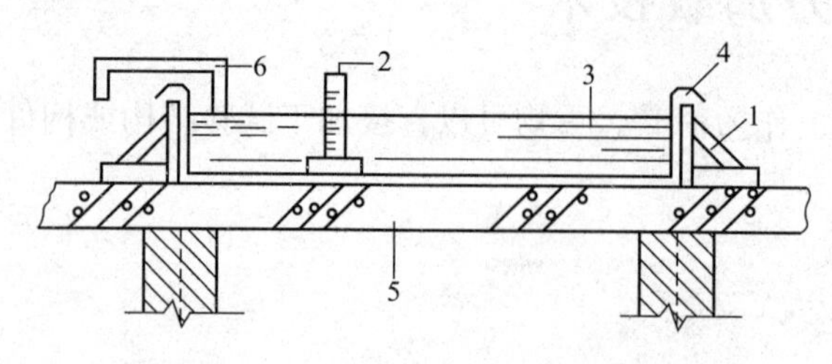

图 3-4　用水作均布荷载的装置

1—侧向支撑；2—标尺；3—水；4—防水胶布或塑料布；5—试件；6—水管

对于大面积平板结构（如楼面、平屋顶等），采用水做试验荷载较为合适，一般采用如图 3-4 所示的加载装置作为均布荷载加于结构物表面上。加载时可以利用进水管，卸载时则利用虹吸管原理，通过控制水面高度就可控制所加荷载的大小。在现场试验水塔、水池及油库等特种结构时，水更是理想的试验荷载，不仅符合结构的实际使用条件，且能检验结构物的抗裂和抗渗性能。

对于桥梁结构静载试验，常以载重汽车装载混凝土块或沙石料等组成重力荷载系统。

直接重力加载的优点是设备简单、取材方便、荷载恒定；缺点是荷载量不能很大，操作笨重。当进行破坏试验时，因不能自动卸载，应特别注意安全，一般应在试件底部或荷载盘底下，加可调节的托架或垫块，并随时与试件或盘底保持 5 cm 左右的间隙（见图 3-2），以备破坏时托住试件，防止其突然倒塌造成事故。另外，当使用砂石等松散颗粒材料加载时，如果将材料直接堆放于结构表面，将会造成荷载材料本身的起拱，而对试验结构产生卸荷作用。

3.2.2　间接重力加载法（杠杆加载方法）

利用重物作集中荷载，经常会受到荷载量的限制，这时可以利用杠杆将荷重放大后作用在结构上。利用杠杆加载比单纯重物加载省工省时，但杠杆应有足够的刚度，杠杆比一般不宜大于 5。三个支点应在同一直线上，以免因结构变形使杠杆倾斜而改变原有的放大倍率，保证荷载稳定、准确。

根据试验需要，当荷载不大时，可以用单梁式或组合式杠杆；当荷载较大时，则采用桁架式杠杆。其构造如图 3-5 所示。在现场试验时，杠杆反力支点可用重物、桩基础、墙洞或反弯梁等支承。

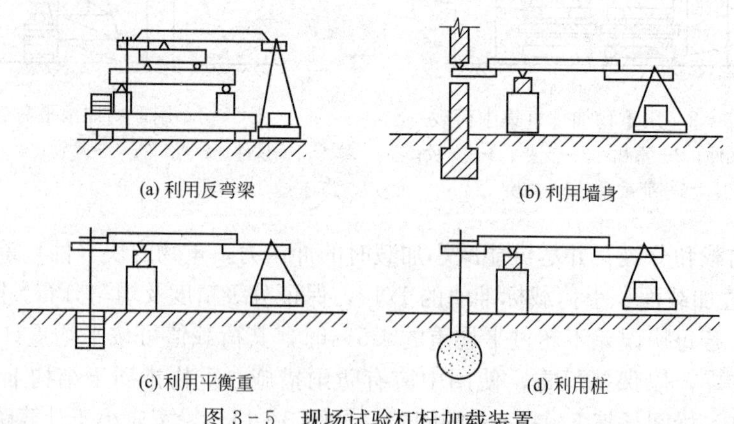

图 3-5　现场试验杠杆加载装置

采用杠杆间接重力加载，对持久荷载试验及进行结构刚度与裂缝的研究尤为合适。因为荷载是否恒定，对裂缝的开展与闭合有直接的影响。

3.3 液压加载技术

液压加载是目前结构试验中应用比较普遍和理想的一种加载方法。它的最大优点是利用油压使液压加载器（千斤顶）产生较大的荷载，试验操作安全方便，特别是对于大型结构构件的试验，当要求荷载点数多、吨位大时更为合适。电液伺服系统在试验加载设备中得到广泛应用后，为结构动力试验模拟地震荷载等不同特性的动力荷载创造了有利条件，使动力加载技术发展到了一个新水平。

液压加载器加载系统主要由液压加载器、油泵、阀门等通过油管连接起来，配以测力计和载荷架等组成一个加载系统。图 3－6 即为一个加垂直荷载的液压加载装置形式。液压加载器是液压加载设备中的一个主要部件。其工作原理是利用高压油泵将具有一定压力的液压油压入液压加载器的工作油缸，使之推动活塞，对结构施加荷载。荷载值由油压表示值和加载器活塞受压底面积求得，也可由液压加载器与荷载承力架之间所放置的测力计直接测读，或用传感器将信号传输给电子秤来显示或由记录器直接记录。

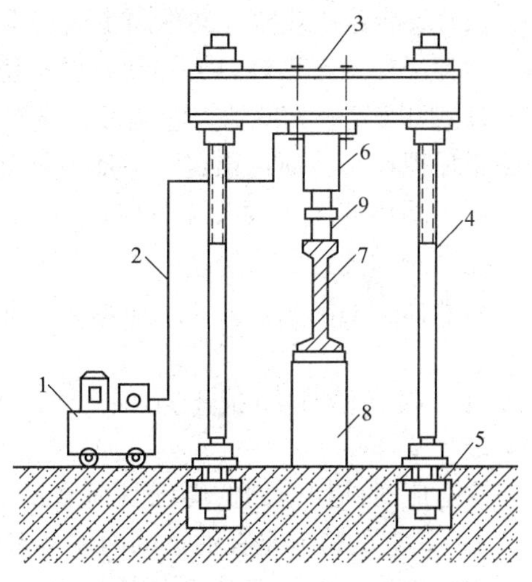

图 3－6　垂直反力加载装置

1—油泵；2—油管；3—横梁；4—立柱；5—台座；6—加载器；7—试件；8—支墩；9—测力计

目前常用的液压加载器有：手动液压千斤顶、同步液压加载系统、双向液压加载千斤顶和结构试验机加载设备。

3.3.1 手动液压千斤顶加载

手动液压千斤顶包括手动油泵和液压加载器两部分，其工作原理如图 3－7 所示。使用时先拧紧放油阀，掀动加载器所附带手动油泵的手柄，使储油缸中的油通过单向阀压入工作油缸，推动活塞上升。这种加载器活塞的最大行程（活塞可以上升的高度）为 20 cm 左右。此类加载器规格很多，最大的加载能力可达 5 000 kN。为了确定实际的荷载值，可在千斤顶活塞顶上装一个荷重传感器，或在工作油缸中引出一紫铜管，安装油压表，根据油压表测得的液体压力（N/mm^2）和活塞面积即可算出荷载值。其缺点是一台千斤顶需一人操作，多点加载时难以同步。

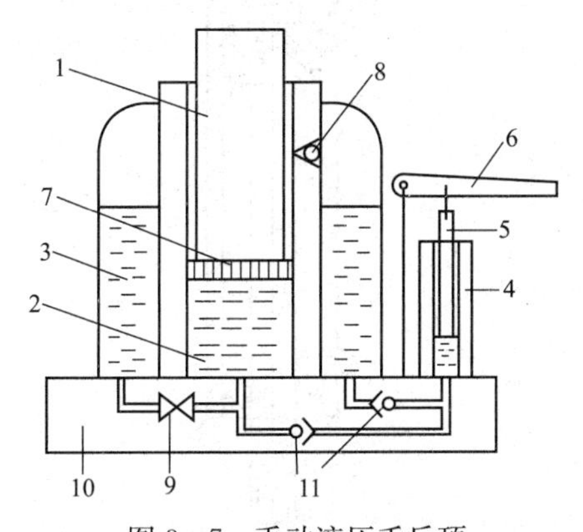

图 3－7　手动液压千斤顶

1—工作活塞；2—工作油缸；3—储油箱；4—油泵油缸；5—油泵活塞；6—手柄；7—油封；8—安全阀；9—放油阀；10—底座；11—单向阀

3.3.2　同步液压加载系统

若在油泵出口处接上分油器，可组成一个油源供应多个加载器同步工作的系统，以适应多点同步加载的要求。在分油器出口再接上减压阀，则可组成同步异荷加载系统，以满足多点同步异荷加载的需要。同步液压加载系统采用的单向加荷千斤顶（见图 3-8）与普通手动千斤顶的主要区别是，储油缸、油泵和阀门等不附在千斤顶上。千斤顶部分只由活塞和工作油缸构成，所以又称为液压加荷器或液压缸。其活塞行程大，顶端装有球铰，能灵活转动，倾角达 15°。

目前常用的单向同步加荷千斤顶有以下两种。

(1) 双油路加载器。又称同步液压千斤顶。其中，上油路用来回缩活塞，下油路用来加荷。这种千斤顶自重轻，加卸载方便，稳定性好，但活塞与油缸之间的摩阻力较大。

(2) 间隙密封加载器。它是靠弹簧进行活塞复位的千斤顶，它与油缸之间的摩阻力比双油路千斤顶要小，使用稳定，但加工精度要求高。

利用同步液压加载系统可以做各种工程结构（屋架、梁、柱、板、墙板等）的静载试验，尤其对大吨位、大挠度、大跨度的结构试验更为适用。它不受加荷点数的多少、加荷点的距离和高度的限制，并能适应均布和非均布、对称和非对称加荷的需要。

3.3.3　双向液压加载千斤顶

为适应对结构施加低周反复荷载试验的需要，可采用一种双向作用的液压加载器（见图 3-9），它的特点是在油缸的两端各有一个进油孔，设置油管接头，可通过油泵与换向阀交替进行供油，由活塞对结构产生拉、压双向作用，以便对结构施加反复荷载。

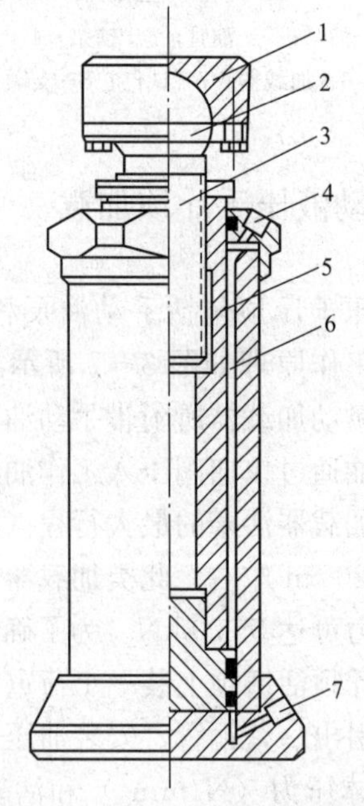

图 3-8　单向作用液压加载器

1—顶帽；2—球铰；3—活塞丝杆；4—活塞复位油管接头；5—活塞；6—油缸；7—工作压力油管接头

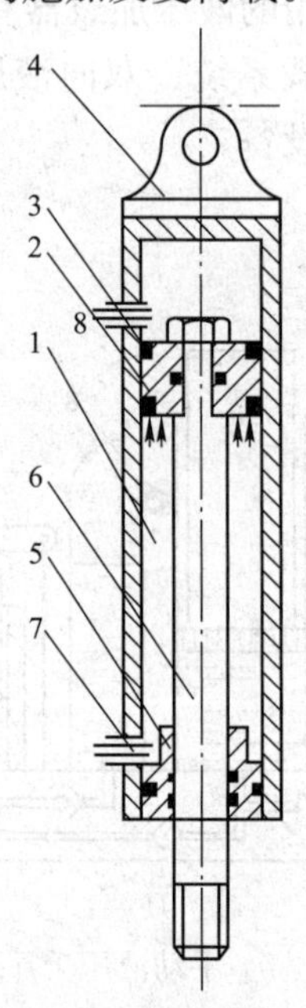

图 3-9　双向作用液压加载器

1—工作油缸；2—活塞；3—油封装置；4—固定环；5—端盖；6—活塞杆；7、8—进、回油管接头

为了测定拉力或压力值，可在千斤顶活塞杆端安装拉压传感器，直接用电子秤或应变仪测量，或将信号送入记录仪进行记录。

试验中，同一系统的加载器要规格一致，活塞与缸体摩阻力相同，放置高差不应超过5 m，这样才能保证荷载同步。加载器最大加载能力和行程宜分别大于试验荷载和加载点可能产生的位移量。

双向作用千斤顶的最大优点是可以方便地做水平方向的反复加载试验。在抗震试验中，虽然这种加载方式与实际动力作用不完全相同，但它在一定程度上反映了结构或构件抗震的重要性能，且为实现数据自动采集、自动记录创造了条件，是一种较为理想的加荷设备，目前在抗震试验中应用广泛。

3.3.4 结构试验机加载设备和技术

大型结构试验机是结构试验室内进行大型结构试验的专门设备，比较常用的试验机有万能材料试验机、压力试验机、刚性压力试验机、三轴应力试验机等，可做尺寸较小构件的试验。用于尺寸较大结构构件试验的则有长柱试验机和卧式万能试验机，前者净空有5 m、10 m，最大加载能力有5 000 kN、10 000 kN等，能进行长柱试验，也可做抗弯试验；后者可做构件、绳索、链条等的拉、压、弯的卧式试验和极低频往复加载试验。此外，结构疲劳试验机也是较常用的试验机加载设备。

试验机加载系统是把承力架、机座和加载器等组成工作单元，其余部分组成操纵单元，两部分用油管连接起来而形成的。用试验机加载，精度高、操作简便，在结构试验中选择加荷系统时，应优先考虑。

1. 万能材料试验机

液压万能材料试验机在材料试验中应用最多，目前国内液压万能材料试验机的主要型号有WE-A系列、WE-B系列和WAW、WEW微控伺服液压万能试验机等。

试验机分为主机与测力系统两大部分。按结构可分为主机部分、测力机构、液压系统及电器系统。

(1) 主机部分。主机由支撑框架、油缸、工作框架及试样夹持机构等组成。

两根丝杠装于主机机座上，可由链轮传动做正反向转动。丝杠上装有可动横梁。丝杠正反转动时，横梁上升或下降。机座、丝杠及可动横梁组成了高度可调整的支撑框架。

工作油缸安装于主机机座中间，工作活塞通过球端柱与工作台相连。工作台上固定有两根拉杆，它穿过可动横梁，其顶部与上横梁联结。工作台、拉杆及上横梁组成工作框架。在工作台与可动横梁之间进行压缩或弯曲试验，在上横梁与可动横梁之间进行拉伸试验。

可动横梁与丝杠之间有消除间隙机构，它利用传动螺母中的一个上螺母，通过弹簧和螺钉的作用，向上拉起可动横梁，使传动螺母螺纹的上面与丝杠螺纹的下面靠紧。这样，当加荷时，可动横梁就不会发生向上蹿动。

(2) 测力机构。一般采用正切摆锤测力机构。工作油缸中的油经测力油缸上腔使测力活塞受到一个向下的作用力，此力等于试样所受力乘以测力活塞与工作活塞有效面积的比值。在此力的作用下，摆锤摆动一个角度，并推动主动针、从动针在度盘上指示出试样所受力值。

为使测力计获得不同的测力范围，一般有标以“A”“B”“C”字样的三个摆铊。其中，“A”铊对应于最小的测量范围。

(3) 液压系统。由油泵、送油阀、回油阀和缓冲阀等组成。系统如图 3-10 所示。

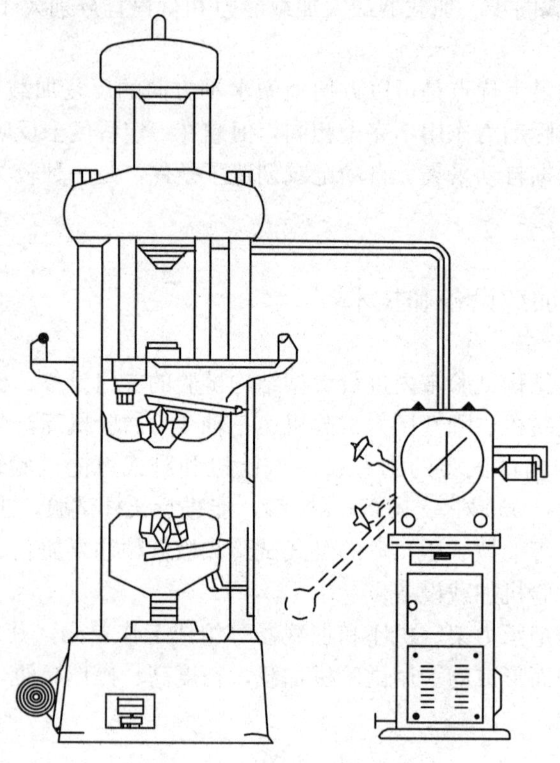

图 3-10　万能材料试验机

油泵。WE 系列试验机采用的油泵基本上可分为三种类型：定量径向柱塞方泵、径向辐射圆泵与定量轴向柱塞泵。

送油阀。油泵不断地提供定量的工作油进入工作油缸，而试验时却要求工作活塞有不同的上升速度，即要求用不同量的油进入油缸，此时可用送油阀进行调节。当顺时针旋紧手轮时，送油针将去油缸的通路堵住，来油经溢流阀流回油箱。当反向旋转时，油进入油缸。试验时，送油阀的手轮只旋到需要的位置，此时油泵的来油一部分进入工作油缸，其余则流回油箱。通过调节送油阀手轮，改变送油针与孔口的间隙大小，即可调节活塞的上升速度。

回油阀和缓冲阀。大多数试验机都是把这两个阀装在一个阀体内。当旋紧回油阀油针时，从工作油缸来的高压油就通入测力油缸，使两缸成为连通器。旋开回油阀时，两缸中的高压油就流回油箱。试样断裂时，工作油缸的压力骤然下降，为避免摆锤返回时发生冲击，在阀体上装有缓冲阀，工作油缸压力骤减时，测力油缸中的油只能从油针与油孔的间隙中缓慢地流回，测力油缸中的油压就不会骤减，摆锤就能平稳地复位。

(4) 电器系统。电器系统实现油泵电动机和下夹头升降用电机的启动、停止和正反转。

2. 大型结构试验机

大型结构试验机本身就是一种比较完善的液压加载系统。它通常由主机、液压动力系统及测量控制部分所组成。它是结构试验室内进行大型结构试验的一种专门设备，比较典型的是结构长柱试验机，用以进行柱、墙板、砌体、节点与梁的受压与受弯试验。这种设备的构造和原理与一般材料试验机相同，由液压操纵台、大吨位的液压加载器和试验机架三部分组成。由于进行大型构件试验的需要其液压加载器的吨位要比一般材料试验机的容量大，至少在 2 000 kN 以上，机架高度在 3 m 左右或更大。目前国内普遍使用的长柱试验机的最大吨位是 5 000 kN，试件最大高度可达 3 m（见图 3－11）。国外有高达 7 m 净空，最大荷载为 10 000 kN甚至更大的结构试验机。

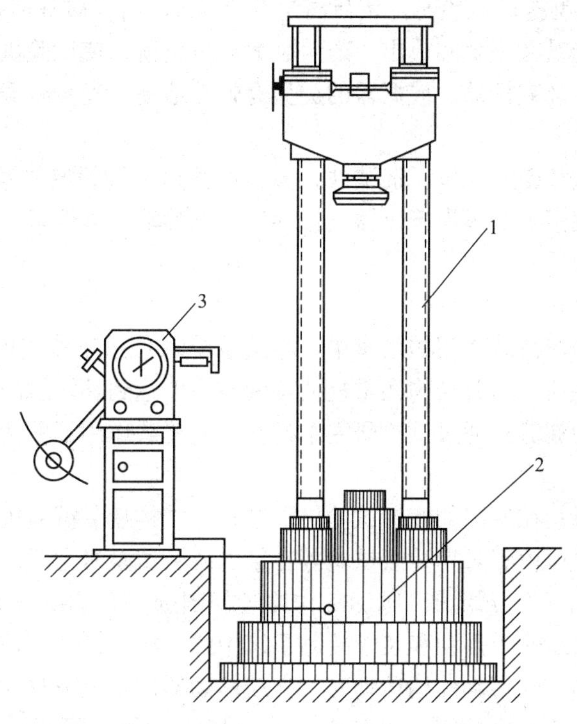

图 3－11　结构长柱试验机

1—试验机架；2—液压加载机；3—液压操控机

日本最大的大型结构构件万能试验机的最大压缩荷载为 30 000 kN，同时可以对构件进行抗拉试验，最大抗拉荷载为 10 000 kN，试验机高度达 22.5 m，四根工作立柱间净空为 3 m×3 m，可进行高度为 15 m 左右构件的受压试验和最大跨度为 30 m 构件的弯曲试验，最大弯曲荷载为 12 000 kN。这类大型结构试验机还可以通过专用的中间接口与计算机相连，由程序控制自动操作。此外还配以专门的数据采集和数据处理设备，试验机的操纵和数据处理能同时进行。

大型结构试验机主机通常由底座、框架、油缸组、可动横梁等组成。为便于安装和观察而设有升降平台，为吸收试件破断时放出的弹性能量而装有减振或缓冲装置。

（1）主机框架。主机有立式和卧式之分。主机框架结构形式主要取决于试验机的负荷大小、加荷方式、试件的形状和尺寸。

立式试验机多由底座、立柱和横梁组成主机框架。卧式试验机则多由左右横梁、活塞杆和柱子形成主机框架，它有双柱和 4 柱结构。4 柱结构坚固稳定、刚度大，能承受各个方向的偏心负荷。不利之处是横梁传动结构复杂，不易同步。

(2) 油缸组件。油缸安装位置分为在主机上部或横梁上及主机下部的台面下两种，后者应用较普遍，有利于整机重心降低和提高抗振性能。

(3) 活动横梁传动机构。为了能对不同高度的试件进行试验，活动横梁升降速度须设计成有级可调或无级可调。有级可调一般是在立柱上开有等距销孔，横梁通过销子固定在立柱上。无级传动横梁多用丝杠—螺母对，差别只在前面几级的传动形式，如用齿轮、蜗轮—蜗杆、链传动或马达驱动丝杆。

(4) 减振装置。大型构件试验时，负荷高达几万 kN，当其破坏时，积累在主机框架和液压油中的大量弹性能量在一瞬间放出，产生巨大冲击负荷，使试验机产生极大的振动，甚至损坏，为此有必要加装减振器。减振器的类型有弹性地基、弹簧减振器和液压减振器或几种组合。

(5) 观察平台。为安装仪器和观察试件，大型试验机上均设有观察台。一种是固定式，另一种是移动式，即观察平台可沿着机器立柱导轨上下移动，可停留在任意高度上。前者结构简单，但使用不方便。

3. 结构疲劳试验机

工程结构如承受吊车荷载作用的吊车梁、直接承受悬挂吊车作用的屋架和铁路桥梁等，其荷载作用具有重复性质，这些结构在重复荷载的作用下达到破坏时的应力比其静力强度要低得多，这种现象称为疲劳。通过试验研究结构在重复荷载作用下的性能及其变化规律具有重要的工程意义。

结构疲劳试验一般均在专门的疲劳试验机上进行，结构疲劳试验机可做正弦波形荷载的疲劳试验，也可做静载试验和长期荷载试验等。结构疲劳试验机主要由脉动发生系统、控制系统和千斤顶工作系统三部分组成。脉动工作原理如图 3-12 (b) 所示，从高压油泵打出的高压油经脉动器再与工作千斤顶和装于控制系统中的油压表连通，使脉动器、千斤顶、油压表都充满压力油。当飞轮带动曲柄运动时，就使脉动器活塞上下移动而产生脉动油压。脉动频率通过电磁无级调速电机控制飞轮转速并进行调整。国产 PME—50A 疲劳试验机，试验频率为 100～500 min^{-1}。疲劳次数由计数器自动记录，计数至预定次数或试件破坏时即自动停机。

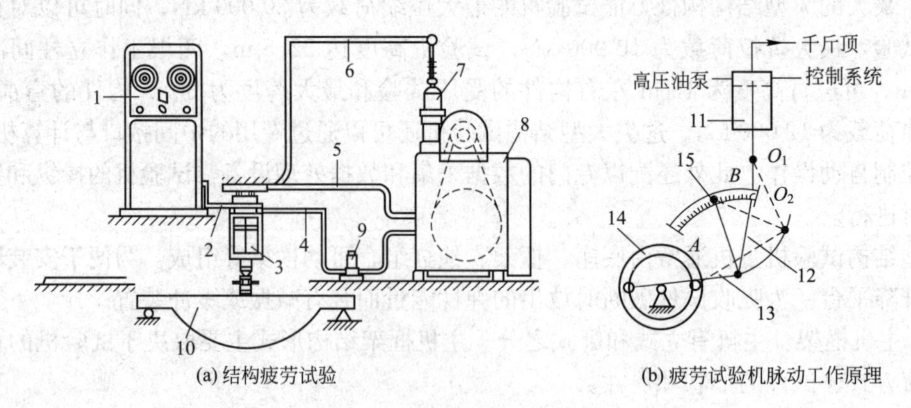

图 3-12　结构疲劳试验机

1—控制系统；2—校准管；3—脉动千斤顶；4—回油管；5—喷油管；6—输油管；7—分油头；8—脉动发生系统；9—卸油泵；10—吊车梁；11—脉动器；12—顶杆；13—曲柄；14—飞轮；15—脉动调节器

早期的疲劳试验主要以简单形状的试件来进行，随着试验机的进步及对结构可靠性要求的提高，而逐步发展成能对实物进行试验的疲劳试验机。疲劳试验机可按以下几种方法进行分类。

1）按应力种类分类

拉压疲劳试验机：可进行拉—压、压—压、拉—拉疲劳试验，加荷可用电液、机械、电磁等多种方式。

弯曲疲劳试验机：用于对试样进行弯曲疲劳试验，分为平面弯曲与旋转弯曲疲劳试验机，后者是在试样旋转的同时施加弯曲应力。

扭转疲劳试验机：既有专用扭转疲劳机，也有在拉—压疲劳机上增加夹具来实现扭转疲劳的试验机。

复合应力疲劳试验机：可同时对试样施加2～3种应力的疲劳试验机，如拉—压、弯曲、扭转、内压等应力组合。

2）按共振点分类

试样受到循环应力作用后将产生循环变形，即产生了振动。有振动就有包括试件在内的振动系统的共振点问题。按共振点分类有如下几种。

非共振型：试验机工作频率远低于共振点，振动部分惯性力可忽略不计，精度可按静态检定结果处理，循环负荷容易稳定，但试验机容量不会太大，工作频率亦不高。

准共振型：试验机工作频率接近共振点，会产生某种程度的共振现象，试验机加荷系统利用振动部分的惯性力。

共振型：试验机工作频率与共振点一致（实际上很接近），加荷系统利用振动部分的惯性力，驱动振动的动力由于是在共振状态下工作，所以很小，这是其最大优点。但振幅容易产生不稳定，必须要有可靠的振幅控制装置及电控系统。

3）按加荷方式分类

由于试验目的、试验方法不同，设计有多种疲劳试验加荷方式，主要有如下几类。

机械式：可用曲柄—连杆、凸轮机构加荷，或用偏心圆盘旋转产生的离心力加荷。这类试验机可在共振状态或非共振状态下工作。

电气式：用电磁力进行加荷，一般多为共振型（谐振）。

液压式：利用曲柄或凸轮机构驱动油缸—活塞，产生脉动油压，送入加荷油缸产生循环负荷。

电液伺服式：利用电液伺服阀及闭环控制系统驱动作动器（活塞），可产生±2 000 kN或更大的负荷，振幅最大可达±150 mm，速度从静态起到200 Hz，波形有正弦波、三角波、方波、梯形波等，亦可产生合成波及随机波。

4）万能疲劳试验机

在一台疲劳试验机上，通过各种附具，可完成两种或两种以上的疲劳试验，通常称为万能疲劳试验机，可做拉压、弯曲、扭转等疲劳试验。

疲劳试验时，由于千斤顶运动部件的惯性力和试件质量的影响，会产生一个附加力作用在构件上，该值在测力仪表中未测出，故实际荷载值需按机器说明加以修正。

疲劳试验机使用方便，安全可靠。目前国内使用的除国产PME—50A型外，同类型的还有瑞士Amsler机等。做动荷载试验时，前者能做单向（拉或压）应力疲劳试验，后者因附有蓄力器等一套系统还可进行交变（拉、压）应力疲劳试验。但这些疲劳试验机均靠机械传动，自动化程度受到一定限制。美国 MTS 公司生产的电液伺服疲劳试验机采用程序控制，使加载可按多种预设程序进行，自动化程度较高，试验过程可基本上自动进行。

3.4 电液伺服加载系统

电液伺服液压系统在 20 世纪 50 年代中期开始首先应用于材料试验，20 世纪 70 年代，电液伺服系统首先用在材料试验机上，以后迅速用在结构试验的其他加载系统及振动台上。它的出现是材料试验机技术领域的一个重大进展。由于它可以较为准确地模拟试件所受的实际外力与受力状态，所以在近代试验加载技术中又被人们引入到结构试验的领域中，用以模拟并产生各种振动荷载，如地震、海浪等荷载。它是目前结构试验研究中一种比较理想的试验设备，特别是用来进行抗震结构的静力或动力试验尤为适宜，所以愈来愈受到人们的重视和广泛应用。

电液伺服加载系统主要由液压源、控制系统和执行系统三大部分组成，它可将荷载、应变、位移等物理量直接作为控制参数，实行自动控制。图 3-13 为其主要组成及控制原理框图。

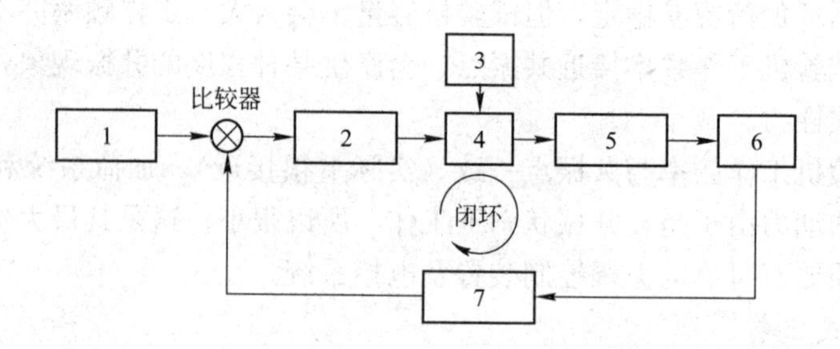

图 3-13　电液伺服液压系统的主要组成及控制原理框图

1—指令信号；2—调整放大系统；3—油泵；4—伺服阀；5—加载器；6—传感器；7—反馈系统

1. 液压源

液压源即供油系统，又称泵站，是加载过程中的动力源。由油泵输出高压油，通过伺服阀控制进出加载器的两个油腔产生推拉荷载。为保证油压的稳定性，系统中一般带有蓄能器。

2. 控制系统

电液伺服程控系统是由电液伺服阀和计算机联机组成。电液伺服阀是电液伺服系统的核心部件，电—液信号转换和控制主要靠它来实现。按放大级数可分为单级、双级和三级。双级采用较多，其构造原理如图 3-14 所示。当电信号输入伺服线圈时，衔铁偏转，带动一挡板偏移，使两边喷嘴油的流量失去平衡，两个喷腔产生压力差，推动滑阀滑移，高压油进入加载器的油腔使活塞工作。滑阀的移动，又带动反馈杆偏转，使另一挡板开始上述动作。如此反复运动，使加载器产生动或静荷载。由于高压油流量与方向随输入电信号而改变，再加上闭环回路的控制，便形成了电—液伺服工作系统。

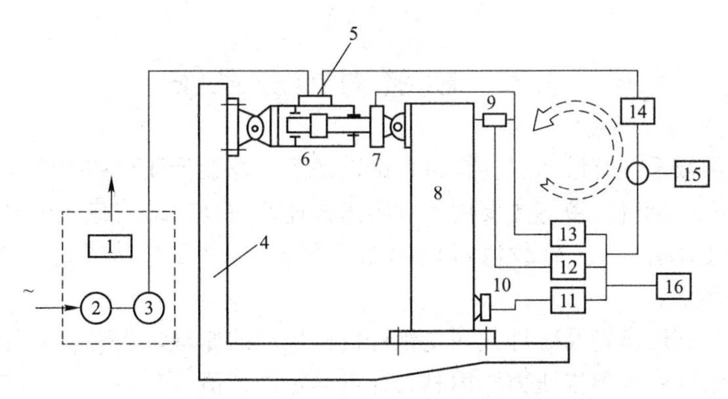

图 3-14　电液伺服加载系统控制原理框图

1—冷却器；2—马达；3—油泵；4—支撑系统；5—伺服阀；6—加载器；7—荷载传感器；8—试件；9—位移传感器；10—应变传感器；11—应变调节器；12—位移调节器；13—荷载调节器；14—伺服控制器；15—指令发生器；16—记录显示器

电液伺服加载系统控制原理见图 3-14。将一个工作指令（电信号）加给比较器，通过比较器后进行伺服放大，输出电流信号推动伺服阀工作，从而使液压执行机构的作动器（双向作用千斤顶）的活塞杆动作，作用在试件上，连在作动器上的荷载传感器或连在试件上的位移传感器会有信号输出，经放大器放大后，由反馈选择器选择其中一种，通过比较器与原指令输入信号进行比较，若有差值信号，则进行伺服放大，使执行机构作动器继续工作，直到差值信号为零时，伺服放大的输出信号也为零，从而使伺服阀停止工作，即位移或荷载达到了所要给定之值，达到了进行位移或荷载控制的目的。该系统能完成信号所提供的正弦波、方波、梯形波、三角波荷载，称为模拟控制系统，亦称小闭环控制系统。

3. 执行机构

执行机构是由刚度很大的支承机构和加载器组成。加载器又称液压激振器或作动器，刚度很大，内摩擦很小，适应快速反应要求。尾座内腔和活塞前端分别装有位移和荷载传感器，能自动记录和发出反馈信号，分别实行按位移、应变或荷载自动控制加载。两端头均做成铰接形式。规格有 1～3 000 kN，行程±50～±350 mm，活塞运行速度 2 mm/s 和 35 mm/s等多种。

电液伺服加载系统除了可高精度地控制和进行试验，再现各种荷载谱外，其最重要的优点是为用计算机控制试验创造了条件。目前电液伺服液压试验系统大多数均与计算机配合联机使用，这样整个系统可以进行程序控制，扩大了系统功能，可以输入各种波形信号，进行数据采集和数据处理，控制试验中的各种参数和进行试验情况的快速判断等。只有采用电液伺服加载系统，才有可能对结构进行拟动力试验，使我们有可能在试验中模拟整体结构在地震中的实际反应，从而为研究实际结构物在地震荷载下的计算理论提供十分重要的试验研究方法。可以说，电液伺服加载系统的出现，使结构试验技术提高到一个新的高度。

电液伺服加载系统具有响应快、灵敏度高、量测与控制精度好、出力大、波形多、频带宽、可以与计算机联机等优点，使试验新技术开发逐渐由硬件技术转向软件技术，在结构试验中的应用愈来愈广泛，可以做静态、动态、低周疲劳和地震模拟振动台试验及利用造波机用于海洋结构试验等。电液伺服阀是极精密的部件，价格昂贵，它对油液的清洁度要求极高，对环境温度亦有所限制，维护和操作电液伺服加载系统要求有较高的技术。

3.5 机械力加载系统

常用的机械加载系统有绞车、卷扬机、倒链葫芦、螺旋千斤顶和弹簧等。

绞车、卷扬机、倒链葫芦等主要用于远距离作业或对高耸结构施加拉力，连接导向轮或滑轮组后可提高加载能力。荷载值可用串联在绳索中的测力计或荷载传感器量测，如图 3-15（a）所示。

螺旋千斤顶是利用齿轮及螺杆式涡轮蜗杆机构传动的原理，当摇动手柄时，就能带动螺旋杆顶上升，对结构施加顶推压力，用测力计可测定加载值。

弹簧加载法常用于构件的持久荷载试验。图 3-15（b）为用弹簧施加荷载进行梁的持久试验装置。当荷载值较小时，可直接拧紧螺帽以压缩弹簧；加载值很大时，需用千斤顶压缩弹簧后再拧紧螺帽，可用百分表测其压缩变形确定荷载值；当结构发生徐变时，会产生卸载现象，应及时拧紧螺帽以调整压力值。

机械加载的优点是设备简单，容易实现。当通过索具加载时，很容易改变荷载作用的方向，故在建筑物、柔性构筑物（桅杆、塔架等）的实测或大尺寸模型试验中，常用此法施加水平集中荷载。其缺点是荷载数值不大，当结构在荷载作用点处产生变形时，会引起荷载值的改变。

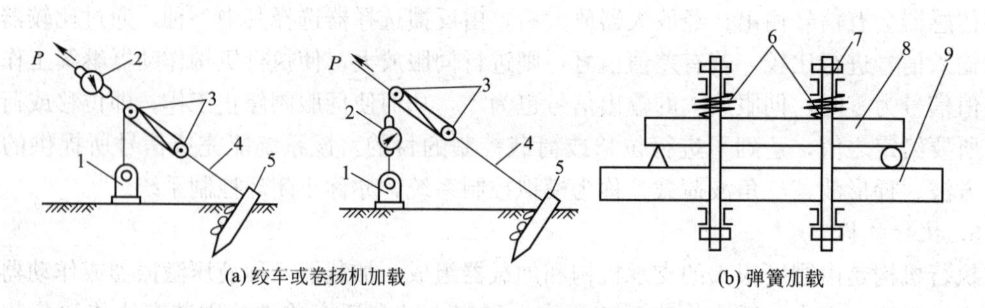

图 3-15　机械机具加载示意图

1—绞车或卷扬机；2—测力计；3—滑轮；4—钢索；5—桩头；6—弹簧；7—螺杆；8—试件；9—台座或反弯架

3.6 气压加载系统

利用气体压力对结构加载有两种方式：一种是利用压缩空气加载；另一种是利用抽真空产生负压对结构构件施加荷载。由于气压加载产生的是均布荷载，所以对于平板或壳体结构的试验尤为适合。

3.6.1　空压机充气加载系统

由空气压缩机将空气通过蓄气室打入气囊，通过气囊对结构施加垂直于被测试结构表面的均布压力，见图 3-16（a）。蓄气室的作用是储气和调节气囊的空气压力，由不低于 1.5 级的气压表测定空气压力。根据气压值及气囊与试验结构的接触面积可求得总加载值。为提高气囊耐压能力，其四周可加边框，这样最大压力可达 180 kN/m²。

此法较适用于板、壳试验，但当试件为脆性破坏时，气囊可能发生爆炸，要加强安全防范措施。有效办法一是当监视位移计示值不停地急剧增加时，应立即打开泄气阀卸载；二是在试件下方架设承托架，承力架与承托架之间用垫块调节，随时使垫块与承力架横梁之间保持微小间隙，以备试件破坏时及时搁住，不至于引起因气囊卸载而爆炸的现象。

压缩空气加载法的优点是加载、卸载方便，压力稳定；其缺点是结构的受载面无法进行观测。

3.6.2 真空泵抽真空加载系统

用真空泵抽出试件与台座围成的封闭空间内的空气，形成大气压力差对试件加均匀荷载，如图 3-16（b）所示。其最大压力可达 80～100 kN/m²，压力值用真空表（计）量测。恒载保持由封闭空间与外界相连通的短管与调节阀进行控制。试件与围壁之间的缝隙可用薄铁皮、橡胶带粘贴密封。试件表面在必要时可热刷薄层石蜡，这样一可堵住试件微孔，防止漏气；二能突出裂缝出现后的光线反差，用照相机可明显地拍下照片。

真空泵抽真空加载法安全可靠，试件表面又无加载设备，便于观测，特别适用于不能从板顶面加载的板或斜面、曲面的板壳等加垂直均布荷载的情况。

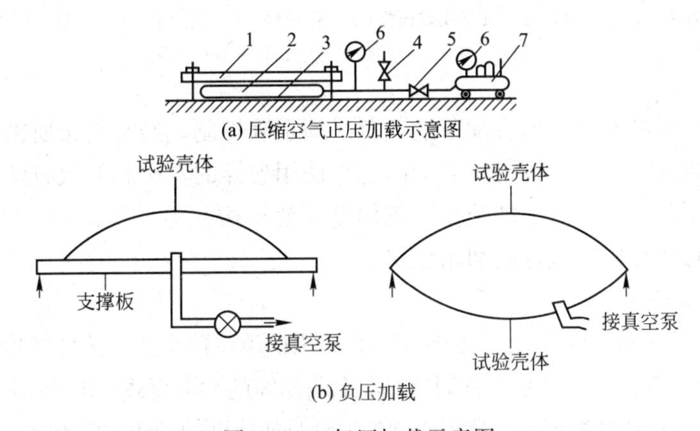

图 3-16 气压加载示意图

1—试件；2—气囊；3—台座；4—泄气指针；5—进气针阀；6—压力表；7—空气压缩机

3.7 惯性力加载

惯性力加载是利用运动物体质量的惯性力，对结构施加动荷载。按产生惯性力的方法可分成冲击力、离心力及直线位移惯性力加载等。

3.7.1 冲击力加载

这种荷载作用于试件上的时间较短，属于突然加载，一般用于测定试件在冲击荷载作用下的某些性能，如强度、抗裂性等，也用于测定结构本身的各种动力特性，如固有频率等。

1. *初位移加载法*

初位移加载法也称为张拉突卸法。如图 3－17（a）所示在结构上拉一钢丝缆绳，使结构变形而产生一个人为的初始强迫位移，然后突然释放，使结构在静力平衡位置附近做自由振动。在加载过程中当拉力达到足够大时，事先连接在钢丝绳上的钢拉杆被拉断而形成突然卸载，通过调整拉杆的截面大小即可获得不同的初位移。

对于小型试件可采用图 3－17（b）、（c）的方法，使悬挂的重物通过钢丝对试件施加一水平拉力，剪断钢丝时可造成突然卸荷。这种方法的优点是结构自振时荷载已不存在于结构上，没有附加质量的影响，特别适用于动力特性测定的试验中。但此法只适用于中等刚度的结构，因为当结构刚度较大时，所需荷载量太大。

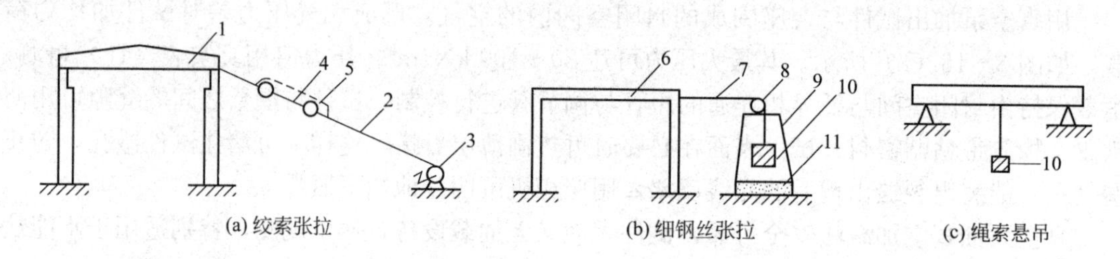

图 3－17　用张拉突卸法对结构施加冲击力荷载

1—结构物；2—钢丝绳；3—绞车或卷扬机；4—钢拉杆；5—保护索；6—模型；7—钢丝；8—滑轮；9—支架；10—重物；11—减震垫层

为防止结构产生过大的变形，加荷的数量必须正确控制，经常是按所需的最大振幅计算求得。对这种加载方式，一个值得注意的问题是使用怎样的牵拉和释放方法才能使结构仅在一个平面内产生振动，防止由于加载作用点偏差而使结构在另一平面内同时振动产生干扰；另一个问题是如何准确控制试件的初始位移。

2. *初速度加载法*

初速度加载法也称突加荷载法。如图 3－18 利用摆锤或落重的方法使结构在瞬时内受到水平或垂直的冲击，产生一个初速度，同时使结构获得所需的冲击荷载。由于作用力的持续时间比结构的有效振型的自振周期短很多，所以引起的振动是初速度的函数，而不是力大小的函数。

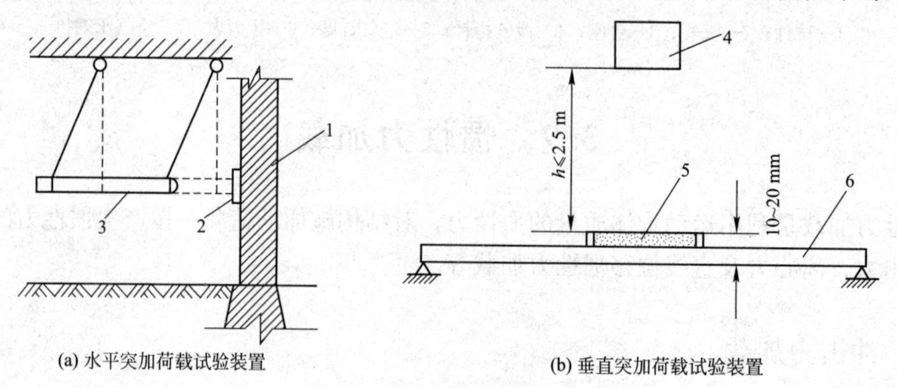

图 3－18　突加荷载法

1—结构；2—垫层；3—摆锤；4—落重；5—砂垫层；6—试件

当用如图 3-18（a）所示的摆锤进行激振时，如果摆锤和建筑物有相同的自振周期，摆锤的运动就会使建筑物引起共振，产生自振振动。使用如图 3-18（b）所示的突加落重法，荷载将附着于结构一起振动，并且落重的跳动又会影响结构自振阻尼，同时有可能使结构受到局部的损伤。这时冲击力的大小要按结构强度进行计算，应以不致使结构产生过大的应力和变形为准；同时，应做有效的防护措施，不得使试件受到局部严重的损伤。

3. *反冲激振法*

近年来在结构动力试验中研制成功了一种反冲激振器，也称火箭激振。它适用于现场对结构实物进行试验，但小冲量的也可在试验室内用于构件试验。反冲激振器的工作原理是当点火装置内的火药被点燃烧后，很快使主装火药到达燃烧温度，主装火药开始在燃烧室中进行平稳的燃烧，产生的高温高压气体便从喷管口以极高的速度喷出，此反冲力即为作用在被测结构上的脉冲力。

当采用单个反冲激振器激发时，一般是将激振器布置在建筑物的顶部，并尽量置于建筑物质心的轴线上，这样效果较好。如果将单个激振器布置在离质心位置较远的地方，可以进行建筑物的扭振试验。当然如在建筑物平面对角线相反方向上布置两台相同反冲力的激振器，则测量扭振的效果会更好。对于高耸构筑物或高层建筑物试验，可将多个反冲激振器沿结构不同的高度布置，以进行高阶振型的测定。反冲激振器结构见图 3-19。

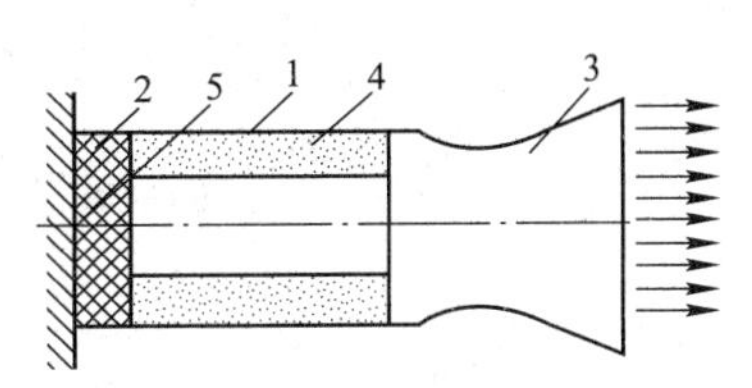

图 3-19　反冲激振器结构示意图

1—燃烧室壳体；2—底座；3—喷管；4—主装火药；5—点火装置

3.7.2　离心力加载

离心力加载是根据旋转质量产生的离心力对结构施加简谐振动荷载。其特点是运动具有周期性，作用力的大小和频率按一定规律变化，使结构产生强迫振动。

利用离心力加载的机械式激振器的原理如图 3-20 所示。一对偏心质量，使它们按相反方向运转，通过离心力产生一定方向的加振力。

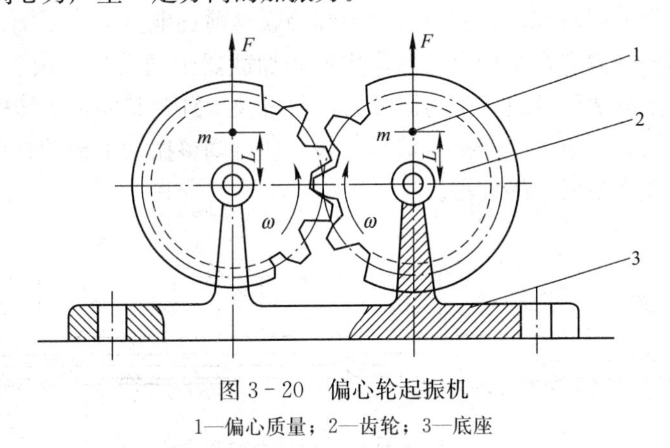

图 3-20　偏心轮起振机

1—偏心质量；2—齿轮；3—底座

离心式起振机就是利用上述原理制成的一种机械和电控相结合的激振加载设备。机械部分主要是由两个偏心质量旋转轮组成，按其旋转的相对位置，可形成垂直或水平的简谐振动

(见图 3－21)。旋转轮有圆形的和扇形的，扇形的能使旋转质量更集中，可提高振动力，降低动力功率。起振机所产生的振动力等于各旋转轮偏心质量离心力的合力。改变偏心质量的大小或调节电机转速（改变角速度）可调整振动力的大小。离心式起振机的振动力从几十 kN 到几百 kN，频率范围在 0.5 Hz 至几十 Hz。

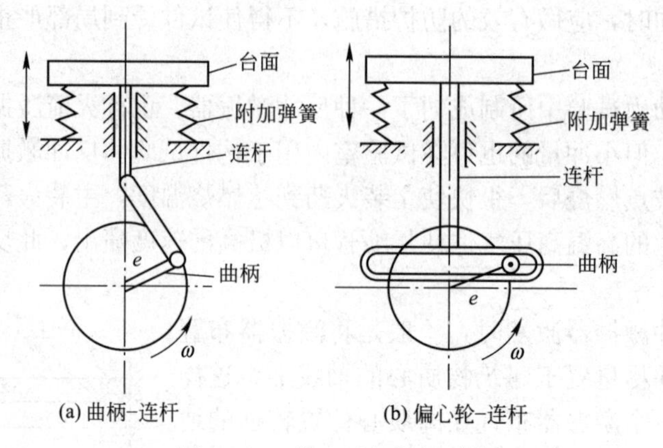

图 3－21　偏心式机械振动台

电控部分用于调节转速以调整频率和起振力，保持各旋转轮稳速和同步等。通常采用电流反馈和速度反馈的所谓双闭环电路系统控制。通过同步控制系统严格控制多机同步使用，不仅可以提高振动力，同时可以扩大试验内容，如根据需要将起振机分别装置于结构物的特定位置上，可以激起结构的某些高阶振型，给研究结构高频特性带来方便。如使用两台起振机反向同步激振，就可进行扭振试验。

离心式起振机适用性强，可根据需要把它固定于试件上，直接激起试件的振动，也可把它与活动台面联用而组成机械式振动台座等。

3.7.3　直线位移惯性力加载

直线位移惯性力加载系统，它的主要动力部分就是前述电液伺服系统，即由闭环伺服控制通过电液伺服阀控制固定在结构上的双作用液压加载器带动质量块做水平直线往复运动。如图 3－22 所示，由运动质量块产生的惯性力，通过液压缸及其固定于结构上的基础作用于结构，激起结构的振动。通过改变指令信号的频率即可调整振动平台的频率，通过改变负荷重块的质量，即可改变激振力的大小。

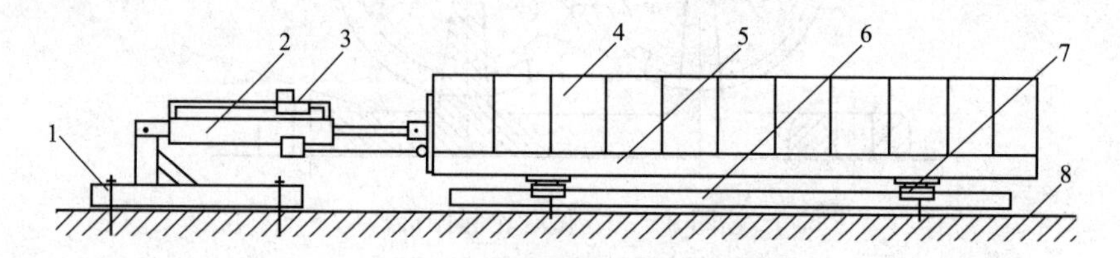

图 3－22　直线位移惯性力加载系统

1—固定螺栓；2—双向所用千斤顶；3—电液伺服阀；4—重物；5—平台；6—钢轨；7—低摩擦直线滚轮；8—基础

这种方法的特点是适用于现场结构动力加载，在低频条件下各项性能较好，可以产生较大的激振力，并按控制要求做等位移或等速度激振。但其频率较低，只适用于做 1 Hz 以下的激振，且整套设备较笨重。

3.8 电磁加载法

在磁场中通电的导体要受到与磁场方向相垂直的作用力，电磁加载就是根据这个原理，在磁场（永久磁铁或直流励磁线圈）中放入动圈，通入交变电流，则可使固定于动圈上的顶杆等部件做往复运动，对试验对象施加荷载。若在动圈上通以一定方向的直流电，则可产生静荷载。

目前常见的电磁加载设备有电磁式激振器和电磁振动台。本节主要讲述电磁式激振器，对电磁振动台在下一节讲述。

电磁加载设备主要部件的功能如下。

（1）磁缸。构成磁路及气隙，它可以是永久磁钢或用励磁线圈产生磁场。

（2）振动线圈或动圈。置于磁缸气隙中，当通以交流电时，产生交变激振力促使台面（振动台）或顶杆（激振器）连同试件一起振动。

（3）台面或顶杆。与振动线圈刚性地固定在一起。振动台台面上有供安装试件用的螺孔。

（4）其他附件。如支承磁缸的支架，可使磁缸转动±90°，使台面做水平方向或垂直方向的振动，还有导向滚轮、弹簧等。

（5）电控柜。主要包括信号发生器、前置放大器和功率放大器，用以产生电信号供给振动线圈以及电源。

当激振器工作时，在励磁线圈中通入稳定的直流电，使在铁芯与磁极板的空隙中形成一个强大的磁场。与此同时，由低频信号发生器输出一交变电流，并经功率放大器放大后输入工作线圈。这时工作线圈即按交变电流谐振规律在磁场中运动并产生一电磁感应力 F，使顶杆推动试件振动（见图 3－23）。根据电磁感应原理：

$$F=0.102BLI\times10^{-4} \tag{3-1}$$

式中：B 为磁场强度（H）；L 为工作线圈的有效长度（mm）；I 为通过工作线圈的交变电流（A）。

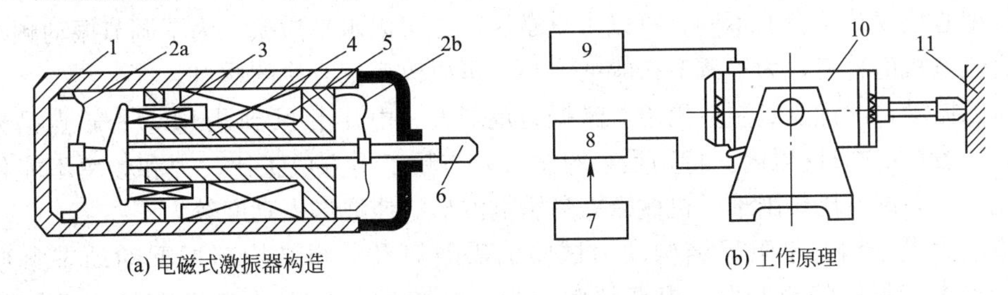

(a) 电磁式激振器构造　　(b) 工作原理

图 3－23　电磁式激振器构造及工作原理

1—外壳；2a、2b—弹簧；3—动圈；4—铁芯；5—励磁线圈；6—顶杆；7—低频信号发生器；8—功率放大器；9—励磁电源；10—电磁式激振器；11—试件当通过工作线圈的交变电流以简谐规律变化时，则通过顶杆作用于结构的激振力也按同样的规律变化。电磁激振器使用时装于支座上，既可以做垂直激振，又可以做水平激振。电磁式激振器的频率范围较宽，一般在 0～200 Hz，国内个别产品可达 1 000 Hz，推力可达几 kN，重量轻，控制方便，按给定信号可产生多种波形的激振力。其缺点是激振力小，一般仅适合于小型结构及模型试验。

3.9 振动台加载

振动台可产生交变的位移，其频率与振幅均可在一定范围内调节。试验时，将被测试物体固定于振动台的台面上，该物体便随台面一起振动，把运动传递给试件，作用于试件上的是一个强迫振动的位移。因此，振动台是传递运动的激振设备。

振动台一般包括振动台台体、监控系统和辅助设备等。常用的振动台分为三类，每类特点如下。

(1) 机械式振动台：所使用的频率范围为 1～100 Hz，最大振幅±20 mm，最大推力 100 kN，价格比较便宜，振动波形为正弦，操作程序简单。

(2) 电磁式振动台：使用的频率范围较宽，从直流到近 10 000 Hz，最大振幅±50 mm，最大推力 200 kN，几乎能对全部功能进行高精度控制，振动波形为正弦、三角、矩形、随机，只有极低的失真和噪声，尺寸相对较大。

(3) 电液式振动台：使用的频率范围为直流到近 2 000 Hz，最大振幅±500 mm，最大推力 6 000 kN，振动波形为正弦、三角、矩形、随机，可做大冲程试验，与输出力（功率）相比，尺寸相对较小。

3.9.1 机械式振动台

在振动试验中，机械振动台使用较为广泛。机械振动台形式较多，主要有弹簧片式偏心式机械振动台、偏心—弹簧式机械振动台、双质量机械振动台、离心式机械振动台四种，其中尤以离心式机械振动台使用最广。

机械式振动台依靠其偏心质量的离心力产生激振。它是利用装于轴上的不平衡扇形块在旋转时产生的离心力作为振动的能源。

根据偏心块安装位置的不同，可以垂直激振，也可以水平激振。为了调节振动频率，可以改变直流电机的转速，为了调节振幅的大小，可以改变偏心块的质量。

机械式振动台的优点是制造简单，激振力范围大（由几十 N 到几 MN）；缺点是频率范围较窄，一般在 100 Hz 以内。特别是它的输出力与频率平方成正比，力和频率不能各自独立地变化。振幅调节比较困难，机械摩擦易影响波形，使波形失真度较大。

为适应大型结构或小阻尼结构动力试验的需要以及获得结构高振型的动态参数，人们着力于加大起振机的激振力，提高频率上限，并采用稳速电路来稳定起振机的激励频率，使结构在几小时内经受多年内使用时所负担的动力作用。我国自行研制的 TQJ—4 型偏心质量式同步起振机由于采用了速度和电流双闭环反馈的可控硅调速系统，频率稳定度达到±0.1%。

3.9.2 电磁式振动台

电磁式振动台由恒定磁场和位于磁场中通有一定正弦电流线圈的相互作用所产生的电动力，来驱动振动台的试验系统，又称电动式振动台。它是用来对试件产生正弦激励的一整套装置，通常包括台体、功率放大器、正弦振动控制仪（或信号源和振动监测装置）及辅助设备。

电动式振动台根据工作原理和结构的不同，可以分为多种形式。按电磁作用形式可分为直接耦合式和感应式；按激磁形式可分为励磁式和永磁式（永磁式一般推力较小，大多数用作激振器或是校准传感器用的校准振动台）；按运动方式可以分为直线式和扭转式等类型。

电动式激振器的工作原理是先将直流电输入励磁线圈中，使在中心磁极与磁极板的空气隙中形成一个强大的磁场，同时再给动圈输入一个交变电流，按照电流对磁场的作用原理将产生一个电磁力，电磁力 F 是周期变化的，它使顶杆上下运动，如图 3-24 所示。电动式振动台组成如图 3-25 所示。

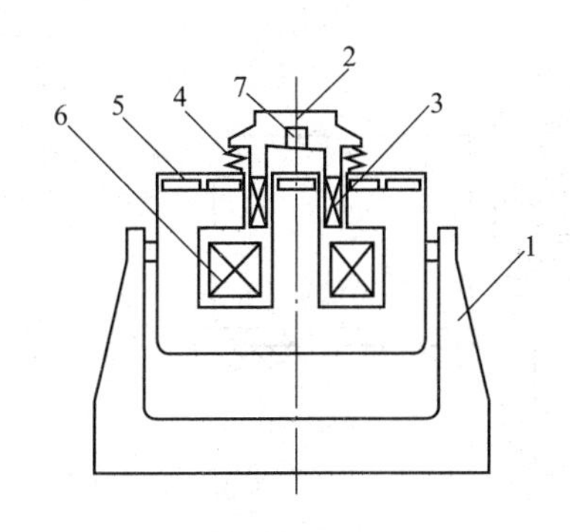

图 3-24 电动式激振器结构示意图

1—机架；2—激振头；3—驱动线圈；4—支承弹簧；5—磁屏蔽；6—励磁线圈；7—传感器

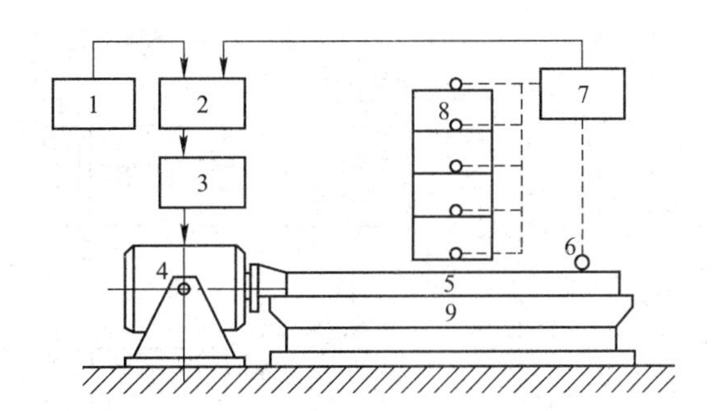

图 3-25 电动式振动台组成系统图

1—信号发生器；2—自动控制仪；3—功率放大器；4—电磁激振器；5—振动台台面；6—测振传感器；7—振动测量记录系统；8—试件；9—台座

近年来生产的电动式振动台一般都备有扫频自动控制系统，以实现闭环扫频振动。自动控制系统一般是一台自控仪，它自动地改变测振仪检测来的反馈信号输出，从而强迫振动台精确地维持在定加速度（或定振幅、定速度）振动或扫频振动。自控仪由振荡器、扫频电路、控制放大器和电压放大器四部分组成。

电动式振动台的使用频率范围较宽，台面振动波形较好，一般失真度在 5%以下，其噪音比机械式振动台小，操作使用方便，容易实现自动控制。但当用电磁振动推动一水平台面进行结构模型试验时，常会受到激振力的限制，使得台面尺寸和模型重量均会受到限制。

3.9.3 电液式振动台

用电子线路控制，由液压系统驱动的振动试验台叫作电液式振动台，也叫液压式振动台。电液式振动台的工作原理见图 3-26。

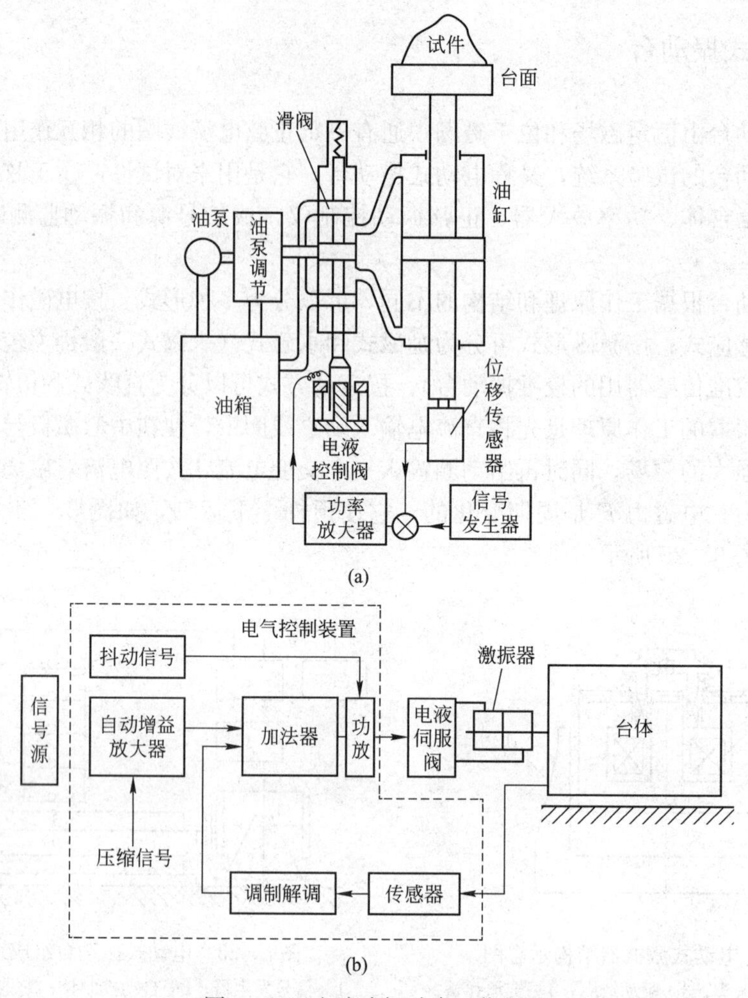

图 3-26 电液式振动台工作原理

电液式振动台（见图 3-26（b））主要由液压油源、电液伺服阀、振动台台体、电控装置等组成。其工作原理是：由电控装置内的信号源给出一个正弦波或三角波、锯齿波、方波等周期波信号（或由计算机系统发出随机波，即不规则信号），经功率放大器等将信号输入到伺服阀并按信号的变化规律产生运动，从而改变液压油源的高压油的流动方向及流量大小，使振动台台体连同试件产生所需要的振动。同时，从加速度计及位移传感器检出来的信号也反馈到电控装置内的振动测量控制仪及振幅测量仪中（或再反馈到计算机系统），形成闭环控制系统，以保证振动台的振动参数维持在所要求的数值上。

液压振动台主要用于试验室内做模型的模拟地震波振动试验，即将结构模型置于一个大平台上，用液压激振器使平台与模型一起振动。目前这类振动台多采用电液伺服系统推动，特点是在低频时产生大的推力。为了减少泵站设备，并考虑到地震是短时间的冲击过程，较大的振动台还设有蓄能器组，使油的瞬时流量达到平均流量的数倍。振动台按设计的不同，可做单向、双向或三向振动。振动台的运行采用位移误差跟踪模拟控制及数控两种，用计算机控制使台面反应的谱与原始输入信号的谱互相一致。数据记录与处理也用计算机控制多线同时进行，在模拟地震试验中，每秒采样可达2万个。

地震模拟振动台的组成和工作原理，如图3-27所示。

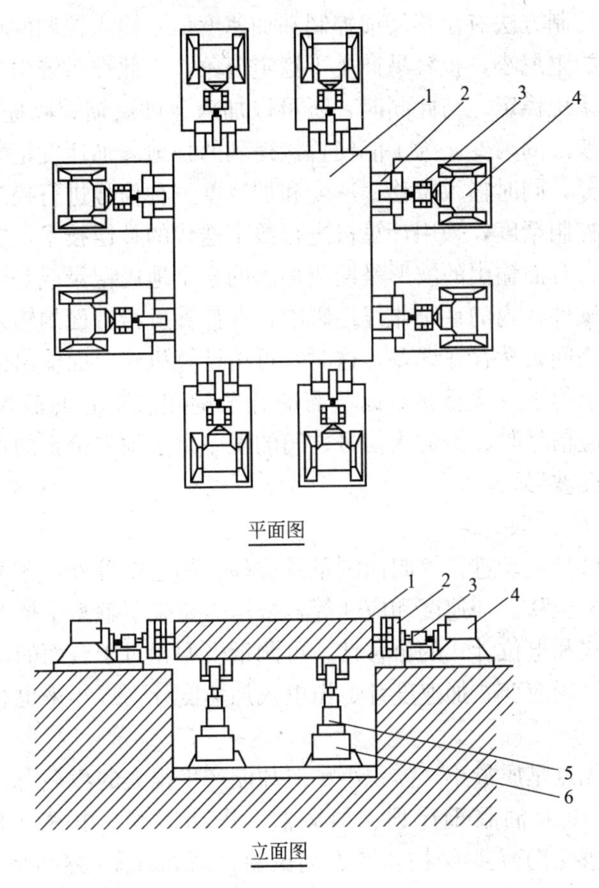

图3-27　12台振动台的三维地震模拟系统

1—振动台面；2—液压连接；3—导向弹簧；4—水平振动台；
5—气动悬浮；6—垂直振动台

1. 振动台台体结构

振动台台面是有一定尺寸的平板结构，其尺寸规模由结构模型的最大尺寸来决定。台体自重和台身结构与承载试件的重量及使用频率范围有关。一般振动台都采用钢结构，控制方便、经济而又能满足频率范围要求，模型重量和台身重量之比以不大于2为宜。振动台必须安装在质量很大的基础上，基础的重量一般为可动部分重量或激振力的10～20倍或更大，这样可以改善系统的高频特性，并可以减小对周围建筑和其他设备的影响。

2. 液压驱动和动力系统

液压驱动系统给振动台以巨大的推力。按照振动台是单向（水平或垂直）、双向（水平—水平或水平—垂直）或三向（二向水平—垂直）运动，并在满足产生运动各项参数的要求下，各向加载器的推力取决于可动质量的大小和最大加速度的要求。目前世界上已经建成的大中型的地震模拟振动台，基本是采用电液伺服系统来驱动。它在低频时能产生大推力，故被广泛应用。

3. 控制系统

在目前运行的地震模拟振动台中有两种控制方法：一种纯属于模拟控制；另一种是用数字计算机控制。模拟控制方法有位移反馈控制和加速度信号输入控制两种。在单纯的位移反馈控制中，由于系统的阻尼小，很容易产生不稳定现象，为此在系统中加入加速度反馈，增大系统阻尼从而保证系统稳定。与此同时，还可以加入速度反馈，以提高系统的反应性能，由此可以减小加速度波形的畸变。为了能使直接得到的强地震加速度记录推动振动台，在输入端可以通过二次积分，同时输入位移、速度和加速度三种信号进行控制。

为了提高振动台控制精度，采用计算机进行数字迭代的补偿技术，实现台面地震波的再现。试验时，由振动台台面输出的波形是期望再现的某个地震记录或是模拟设计的人工地震波。由于包括台面、试件在内的系统非线性影响，在计算机给台面的输入信号激励下所得到的反应与输出的期望之间必然存在误差。这时，可由计算机将台面输出信号与系统本身的传递函数（频率响应）求得下一次驱动台面所需的补偿量和修正后的输入信号。经过多次迭代，直至台面输出反应信号与原始输入信号之间的误差小于预先给定的量值，完成迭代补偿并得到满意的期望地震波形。

4. 测试和分析系统

测试系统除了对台身运动进行控制而测量其位移、加速度等外，还可对被测试模型进行多点测量，一般是测量位移、加速度和应变等，根据需要来了解整个模型的反应。位移测量多数采用差动变压器式和电位计式的位移计，可测量模型相对于台面的位移或相对于基础的位移；加速度测量多采用应变式加速度计、压电式加速度计，近年来也有采用差容式或伺服式加速度计。

电液式激振器的优点是质量小，体积小，但却能产生很大的激振力，这种电液式激振器又称为动力千斤顶、电液伺服千斤顶、加振器、作动器等。电液式振动台推力可达几十 kN 至几百 kN，主要用于大型结构物的振动试验，诸如汽车的行驶模拟试验，工程结构的抗震试验，飞行器的动力试验以及电工、电子产品的整机环境试验、筛选试验等。

3.10 其他激振方法

1. 人激振动加载法

在上述所有动力试验的加载方法中，一般都需要比较复杂的设备，有时在试验室内尚可满足，而在野外现场试验时经常会受到各方面的限制。因此希望有更简单的试验方法，既可以给出有关结构动力特性的资料数据而又不需要复杂设备。在试验中发现，人们可以利用自身在结构物上有规律的活动，使人的身体做与结构自振周期同步的前后运动，产生足够大的惯性力，就有可能形成适合做共振试验的振幅。这对于自振频率比较低的大型结构来说，完全有可能被激振到足以进行量测的程度。国外有人试验过，一个体重约 70 kg 的人使其质量中心做频率为 1 Hz、双振幅为 15 cm 的前后运动时，将产生大约 0.2 kN 的惯性力。由于在 1%临界阻尼的情况下共振时的动力放大系数为 50，这意味着作用于建筑物上的有效作用力大约为 10 kN。

2. 环境随机振动激振

在结构动力试验中，除了利用以上各种设备和方法进行激振加载以外，环境随机振动激振法也被人们广泛应用。

环境随机振动激振法也称为脉动法。人们在许多试验观测中发现，建筑物经常处于微小而不规则的振动之中。这种微小而不规则的振动来源于微小的地震活动以及诸如机器运转、车辆来往等人为扰动，使地面存在着连续不断的运动，其运动幅值极为微小，而它所包含的频谱是相当丰富的，故称为地面脉动。由地面脉动激起建筑及其他结构经常处于微小而不规则的振动中，通常称为脉动。可以利用这种脉动现象来分析测定结构的动力特性，它不需要任何激振设备，又不受结构形式和大小的限制。

3. 声波激振和压电晶体激振

声波和压电晶体等产生的振动，亦可用作动力试验的荷载。

声波激振利用声波的能量激发试件振动。最常用的是扬声器激振。将扬声器靠近试件，用音频信号发生器产生信号，经功率放大后信号电流通过扬声器的动圈使扬声器输出声波推动试件振动。扬声器激振是非接触式激振，对试件不产生任何不希望有的效应，试验精度高且结构简单、价格低廉、使用方便，但激振力较小，最大功率为几十瓦，只适用于小模型试验。

压电晶体激振利用压电晶体的逆压电效应，在压电晶体上施加交变电场，晶体便产生振动。压电晶体本身质量极轻，使用时可将它粘贴在被测试件上使之产生振动。一般采用多晶压电晶体如锆钛酸铅和铌镁酸铅等压电陶瓷。图 3－28 为激振用的压电陶瓷片。压电晶体激振器的功率较小，其输出功率取决于输入电压、晶体片的压电系数以及晶体片的尺寸大小。一个尺寸为 16 mm×5 mm×1 mm 的锆钛酸铅压电晶体片，当输入电压为 220 V 时，输出功率为 6～7 W。晶体片的自振频率很高，因此其工作频带很宽，特别是高频性能极佳，但一般不宜做低频激振。

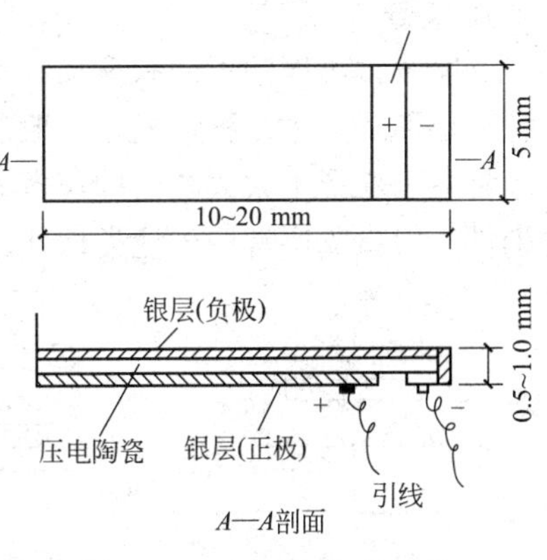

图 3－28　压电陶瓷晶体片

3.11　加载辅助设备

除了上述各种基本加载设备外，由于试验结构和构件的形式各异，以及加载方式的多样性，试验人员需针对具体试验对象设计出各种加载辅助设备。

当用一个加载器施加两点或两点以上荷载时，常通过分配梁来实现，如图 3－29 所示。分配梁应为单跨简支形式，刚度足够大、重量尽量小，配置不宜超过两层，以免使用中失稳或引起误差。当采用分配梁产生多个集中荷载时，必须保证各个加载点有明确的荷载值，分配梁体系应是简支的。图 3－30（a）、（b）、（c）分别表示了正确的和错误的分配梁体系。

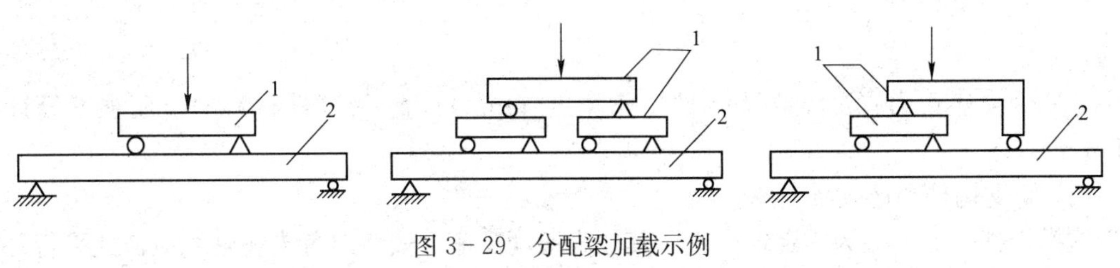

图 3－29　分配梁加载示例

1—分配梁；2—试件

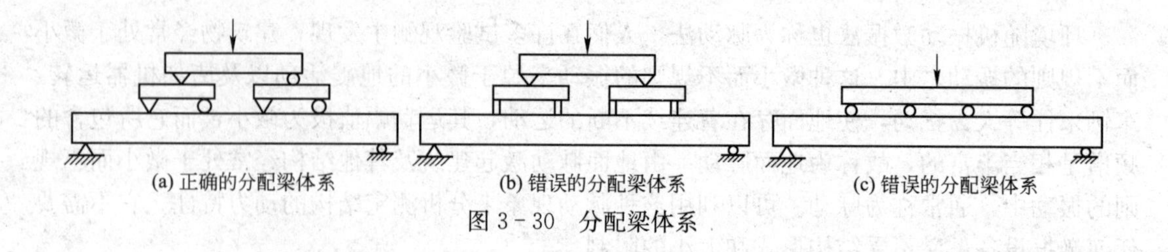

图 3-30　分配梁体系

3.11.1　支座与支墩

工程结构试验中的支座与支墩是结构试验装置中模拟结构受力和边界条件的重要组成部分。对于不同的结构形式和不同的试验要求，要求有不同形式与构造的支座和支墩与之相适应，这也是工程结构试验设计中需要着重考虑和研究的一个重要问题。

1. 支座

支座按自由度的不同有滚动铰支座、固定铰支座、球铰支座和刀口支座（固定铰支座的一种特定形式）等几种形式，一般都用钢材制作，常用的构造形式如图 3-31 所示。单滚轴支座常用于变形不太大的构件，多滚轴支座一般用于变形较大的构件，球铰支座常用于板壳类构件，刀口支座常用于柱类构件。

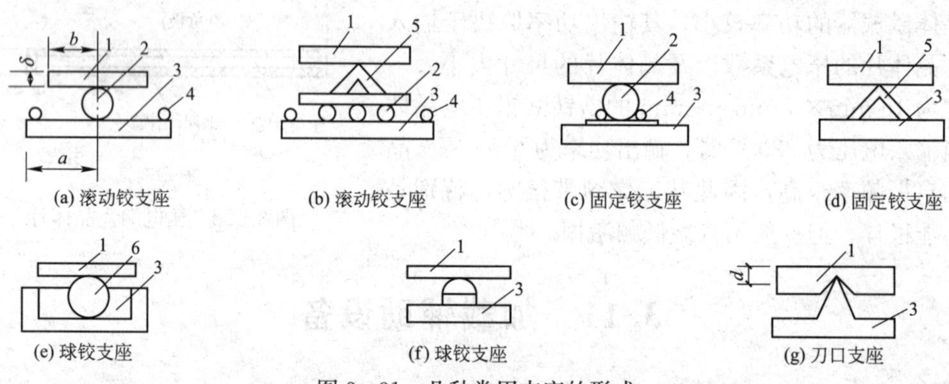

图 3-31　几种常用支座的形式

1—上垫板；2—滚轴；3—下垫板；4—限位圈条；5—角钢；6—钢球

对铰支座的基本要求：①必须保证结构在支座处能自由转动；②必须保证结构在支座处力的传递。

为防止试件在支承处和支墩处局部破坏，上、下垫板尺寸应分别按试件和支墩局部承压考虑。上垫板宽度一般不小于试件底面宽度，支承垫板的长度 l 可按下式计算：

$$l=\frac{R}{bf_c} \tag{3-2}$$

式中：R 为支座反力（N）；b 为构件支座宽度（mm）；f_c 为试件材料的抗压强度设计值（N/mm^2）。

（1）简支构件和连续梁支座。

这类构件一般一端为固定铰支座，其他为滚动支座。安装时各支座轴线应彼此平行并垂直于试验构件的纵轴线，各支座间的距离取为构件的计算跨度。为了减少滚动摩擦力，钢滚轴的直径宜按荷载大小根据表 3-1 选用。但在任何情况下滚轴直径不应小于 50 mm。

表 3-1　滚轴直径选用表

滚轴受力/(kN/mm)	<2	2～4	4～6
滚轴直径/mm	40～60	60～80	80～100

钢滚轴的上、下应设置垫板，这样不仅能防止试件和支墩的局部受压破坏，并能减小滚动摩擦力。垫板的宽度一般不小于试件支承处的宽度，垫板的长度按构件挤压强度计算且不小于构件实际支承长度。垫板的厚度可按受三角形分布荷载作用的悬臂梁计算且不小于6 mm，即：

$$\delta=\sqrt{\frac{2f_{c}a^{2}}{f}} \tag{3-3}$$

式中：f_c 为混凝土立方体抗压强度设计值（N/mm^2）；a 为滚轴轴线至垫板边缘的距离（mm）；f 为垫板钢材的计算强度设计值（N/mm^2）。

当需要模拟梁的嵌固端支座时，在试验室内可利用试验台座用拉杆锚固，如图 3-32 所示。只要保证支座与拉杆间的嵌固长度，即可满足试验要求。

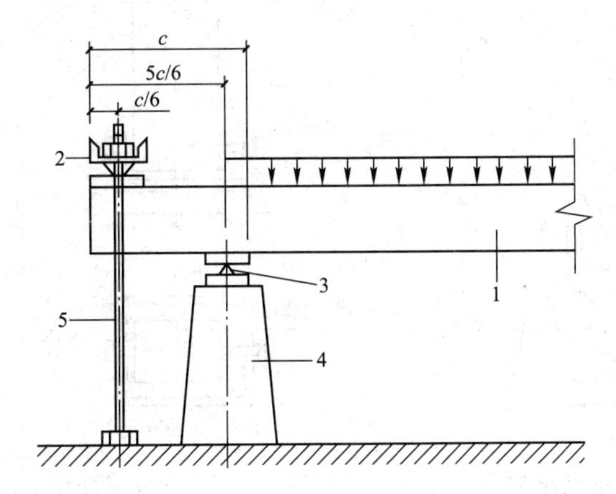

图 3-32　嵌固端支座构造图

1—试件；2—上支座刀口；3—下支座刀口；4—支墩；5—拉杆

(2) 四角支承板和四边支承板的支座。

在配置四角支承板支座时应安放一个固定滚珠，对四边支承板，滚珠间距不宜过大，宜取板在支承处厚度的 3～5 倍。此外，对于四边简支板的支座应注意四个角部的处理，当四边支承板无边梁时，加载后四角会翘起。因此，角部应安置能受拉的支座。板、壳支座的布置方式如图 3-33 所示。

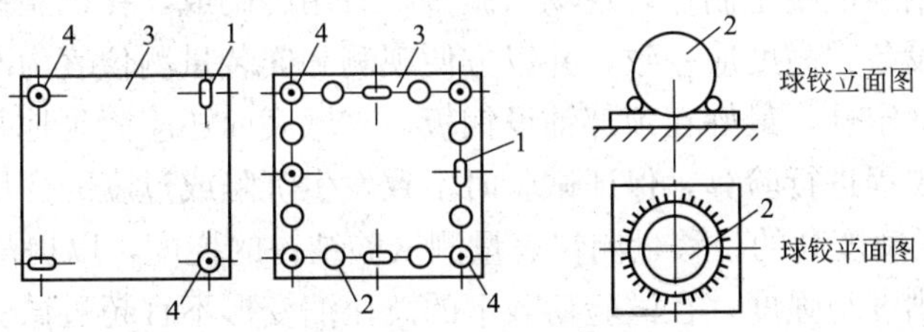

图 3-33　板壳结构的支座布置方式

1—滚轴；2—钢球；3—试件；4—固定球铰

(3) 受扭构件两端的支座。

对于梁式受扭构件试验，为保证试件在受扭平面内自由转动，支座形式可如图 3－34 所示，试件两端架设在两个能自由转动的支座上，支座转动中心应与试件转动中心重合，两支座的转动平面应相互平衡，并应与试件的受扭轴相垂直。

(4) 受压构件两端的支座。

在进行柱与压杆试验时，构件两端应分别设置球铰支座或双层正交刀口支座（见图 3－31、图 3－35）。球铰中心应与加载点重合，双层刀口的交点应落在加载点上。目前试验柱的对中方法有两种：几何对中法和物理对中法。从理论上讲物理对中法比较好，但实际上不可能做到整个试验过程中永远处于物理对中状态。因此，较实用的办法是，以柱控制截面处（一般等截面柱为柱高度的中点）的形心线作为对中线，或计算出试验时的偏心距，按偏心线对中。在进行柱或压杆偏心受压试验时，对于刀口支座，可以通过调节螺丝来调整刀口与试件几何中线的距离，以满足不同偏心矩的要求。

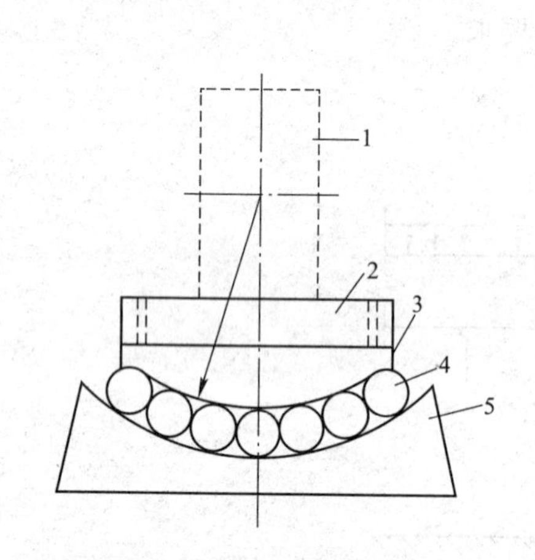

图 3－34　受扭试验转动支座构造

1—受扭试验构件；2—垫板；3—转动支座盖板；4—滚轴；5—转动支座

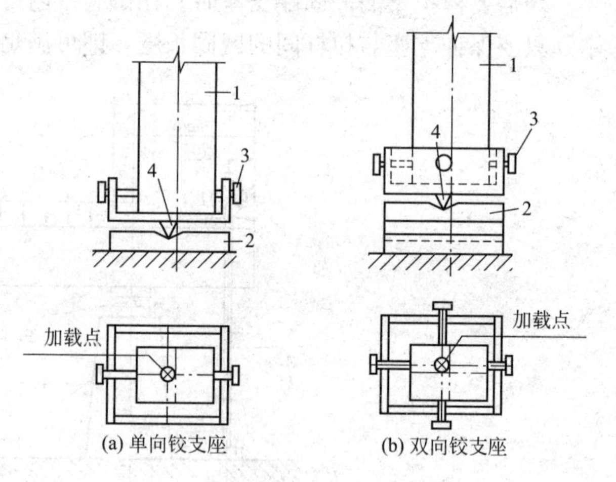

图 3－35　柱和压杆试验的铰支座

1—构件；2—铰支座；3—调整螺丝；4—刀口

用试验机做短柱抗压承载力试验时，由于短柱破坏时不会发生纵向挠曲，短柱两端面不发生相对转动。因此，当试验机上下压板之一已有球铰时，短柱两端可不另加设刀口。这样的处理是合理的，且能和混凝土棱柱体强度试验方法一致。

2. 支墩

支墩常用钢或钢筋混凝土制作，现场试验多临时用砖砌成，在试验室内一般用钢或钢筋混凝土制成的专用设备，高度应一致，并以方便观测和安装量测仪表为准。支墩截面大小应能保证抗压强度和稳定性，最好在顶部铺设钢板，支墩底面还应满足地基承载力要求，这些都可按有关规范或规程进行验算，保证试验时不致发生沉陷或过度的变形。

(1) 为了使用灵敏度高的位移量测仪表量测试验结构的挠度，以提高试验精度，要求支墩和地基有足够的刚度与强度，在试验荷载下的总压缩变形不宜超过试验构件挠度的 1/10。

当试验需要使用两个以上的支墩，如对连续梁、四角支承板和四边支承板等，为了防止支墩不均匀沉降及避免试验结构产生附加应力而破坏，要求各支墩应具有相同的刚度。

（2）单向简支试验构件的两个铰支座的高差应符合结构构件的设计要求，其偏差不宜大于试验构件跨度的 1/50。因为过大的高差会在结构中产生附加应力，改变了结构的工作机制。

双向板支墩在两个跨度方向的高差和偏差也应满足上述要求。

连续梁各中间支墩应采用可调式支墩，必要时还应安装测力计，按支座反力的大小调节支墩高度，因为支墩的高度对连续梁的内力有很大影响。

3.11.2 加荷架

在进行结构试验加载时，液压加载器（千斤顶）的活塞只有在其行程受到约束时，才会对试件产生推力。利用杠杆加载时，也必须要有一个支承点承受支点的上拔力。故进行试验加载时除了前述各种加载设备外，还必须要有一套加荷架，才能满足试验的加载要求。

加荷架（又称反力架），是整个加载系统的载荷机构。加荷架的形式较多，按反力作用的方向分有垂直反力装置和水平反力装置；按是否移动分有固定式载荷架和移动式载荷架，典型的有组合式载荷架和移动式载荷架。

1. 垂直反力装置

在试验室内的垂直反力加荷架主要由用截面较大的圆钢制成的立柱和横梁组成。在圆钢立柱两端加工出螺丝，用螺帽固定横梁并与台座连接固定。其特点是制作简单、取材方便，可按钢结构的柱与横梁设计，横梁与柱的连接采用精制螺栓或圆销。加荷架的强度、刚度都要求较大，以便满足大型结构构件试验的要求。加荷架的高度和承载能力可按试验的需要设计，它可成为试验室内固定在大型试验台座上的荷载支承设备。现场试验中则通过反力支架用平衡重块、锚固桩头或专门为试验浇注的钢筋混凝土地梁来平衡对试件所加的垂直荷载。

在试验室内为了使加荷架随着试验需要在试验台座上移位，可安装一套电力驱动机构使加荷架接受控制能前后运行，横梁可上下移动升降，液压加载器可连接在横梁上，这样整个加荷架就相当于一台移动式的结构试验机。机架由电动机驱动，使之以试验台的槽轨为导轨前后运行，当试件在台座上安装就位后，加荷架即可按试件位置的需要调整其位置，然后用立柱上的地脚螺丝固定机架，即可进行试验加载。

移动式载荷架承载能力较大，千斤顶可挂在横梁上，横梁可上下移动，架子底部设置有四个滚轮，能自由行走。这种新型加荷架，在槽道式静力试验台上使用，有很大的灵活性。试验时，只要把地脚螺丝拧固紧，就可进行加载。但设备成本较高，且由于不便组合，故使用受到一定限制。

对于屋架、桁架、薄腹梁、多层剪力墙、多层框架等结构，由于其平面外稳定性较差，试验时应严格按结构的实际工作条件可靠地设置平面外支撑，有效地限制试验结构的平面外侧移，确保结构试验的安全工作。同时也不应设置比设计要求更强的平面外支撑，以免掩盖实际结构可能存在的隐患。图 3-36 表示在屋架上弦两侧设置带滚动轴承的侧向支撑。平面外支撑应有足够的刚度和承载力，且应可靠地锚固，并不应阻碍试验构件在平面内的自由变形。

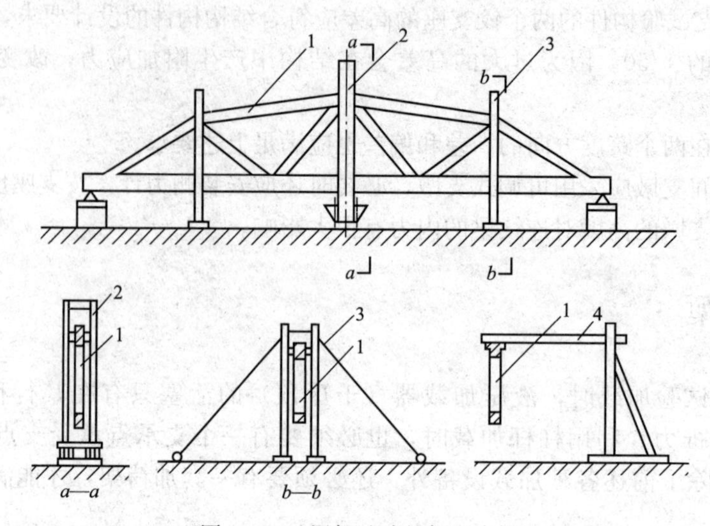

图 3-36　屋架试验的侧向支撑

1—试件；2—夹箍支撑；3—拉索支撑；4—连杆支撑

2. 水平反力装置

水平反力装置主要由反力墙（反力架）及千斤顶水平连接件等组成。在节点或双向框架或房屋的抗震试验中，需要在双向施加水平力或低周反复荷载（用双作用千斤顶进行）。这时，反力装置应设计成与台座连成L形、刚度很大的反力墙支承机构，如图3-37所示。墙上留有许多安装加载器的孔洞，加载器直接固定在反力墙上，以便对试验结构施加水平反复荷载。若施加两个方向的水平力，可在双向反力墙进行布置，再配以加载架可进行三向受力加载试验。

目前使用的剪力墙与千斤顶的连接方式大致分为三种：纵向滑轨式锚栓连接、螺孔式锚栓连接和纵横向滑轨式锚栓连接。图3-37为水平加载装置连接布置图。它由铸钢铸造而成，抗弯刚度很大，加载器可在反力墙上纵横滑动以满足任意点加载的需要。

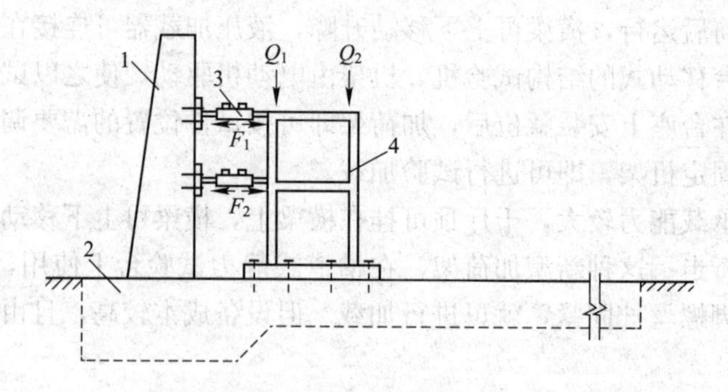

图 3-37　水平反力加载试验装置

1—反力墙；2—试验台座；3—推拉加载器；4—试件

反力墙一般均为固定式，而反力架则分为固定式和移动式两种。固定式反力墙在国内外多采用混凝土结构（钢筋混凝土或预应力混凝土），而且和试验台座刚性连接以减少自身的变形。在混凝土反力墙上，按一定距离设有孔洞，以便用螺栓锚住加载器的底板。移动式反力墙一般采用钢结构，如图 3－38 所示，通过螺栓与试验台座的槽轨锚固。这种反力墙（或反力架）加载方便，使用灵活。钢反力墙可做成单片式或多片式，均为板梁式构件，可重复使用也可分别采用。移动式反力墙可以满足双向施加水平力的要求，但其反力支架承载力较小。

3. 特殊反力装置

对于某些构件或结构试验，还常用一些专门的支承机构，如对隧道模型、箱形结构或桁架节点的试验采用加载框等，见图 3－39。

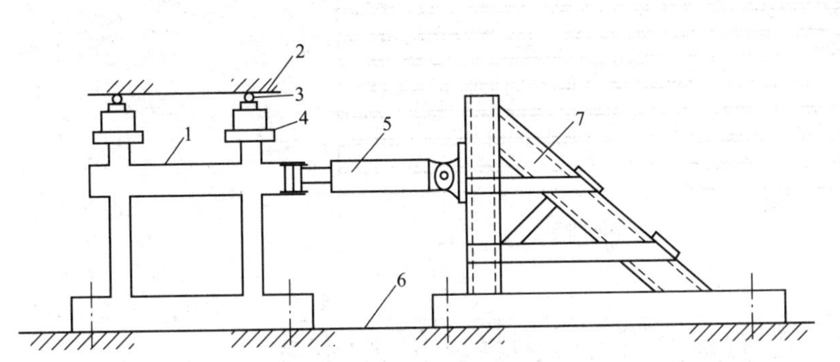

图 3－38　三角形反力架支承装置

1—试件；2—承力架横梁；3—滚轮；4—千斤顶；5—推拉加载器；6—试验台座；7—三角形反力架

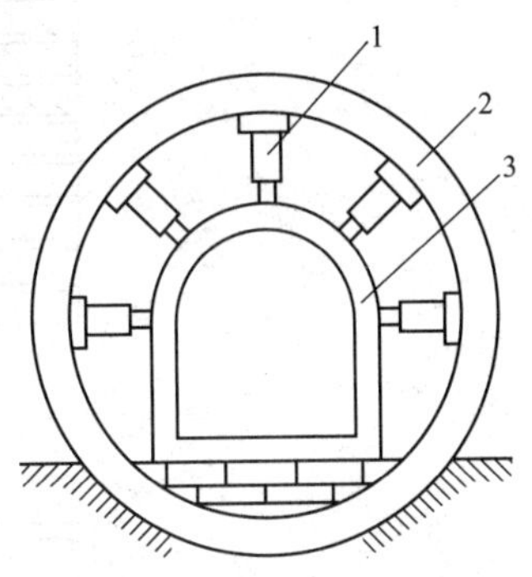

图 3－39　隧道模型加载框支撑装置

1—加载器；2—加载框；3—试件

3.11.3　试验台座

在试验室内的结构试验台座是永久性的固定设备，用以平衡施加在试验结构物上的荷载所产生的反力。试验台座的台面一般与试验室地坪标高一致，这样可以充分利用试验室的地坪面积，使室内水平运输搬运物件比较方便，但对试验活动易受干扰影响；试验台座的台面也可以高出地平面，使之成为独立体系，这样试验区划分比较明确，不受周边活动及水平交通运行的影响。

试验台座的长度可从十几 m 到几十 m，宽度也可到达几十 m，台座的承载能力一般在 200～1 000 kN/m^2。台座的刚度极大，所以受力后变形很小，这样就允许在台面上同时进行几个结构试验，而不用考虑相互的影响，试验可沿台座的纵向或横向进行布置。

试验台座除作为平衡结构加载时产生的反力外，也用以固定横向支架，以保证构件的侧向稳定，还可以通过水平反力架对试件施加水平荷载。

试验台座设计时在其纵向和横向均应按各种试验组合可能产生的最不利受力情况进行验算与配筋，以保证它有足够的强度和整体刚度。用于动力试验的台座还应有足够的质量和耐疲劳性能，防止引起共振和疲劳破坏，尤其要注意局部预埋件和焊缝的疲劳破坏。如果试验室内同时有静力和动力台座，则动力台座必须有隔振措施，以免试验时引起相互干扰。

目前国内外常见的试验台座，按结构构造的不同可分为以下几种形式。

1. 槽式试验台座

这是目前国内用得较多的一种比较典型的静力试验台座，其构造特点是沿台座纵向全长布置几条槽轨，该槽轨是用型钢制成的纵向框架式结构，埋置于台座的混凝土内（见图 3-40）。槽轨的作用在于锚固加载支架，用以平衡结构物上的荷载所产生的反力。如果加载架立柱为圆钢制成，直接可用两个螺帽固定于槽内；如加载架立柱由型钢制成，则在其底部设计成钢结构柱脚的构造，用地脚螺丝固定在槽内。在试验加载时，立柱受向上拉力，故要求槽轨的构造应该和台座的混凝土部分有很好的联系，不能拔出。这种台座的特点是加载点位置可沿台座的纵向任意变动，不受限制，以适应试验结构加载位置的需要。

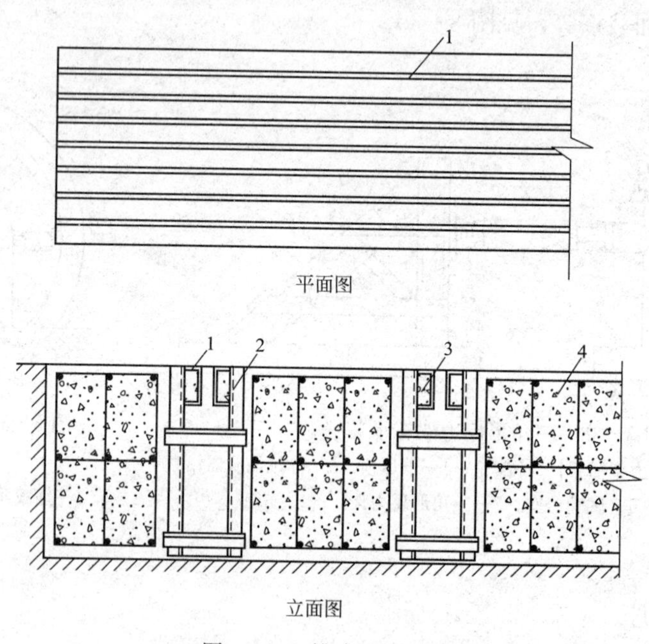

图 3-40 槽式试验台座

1—槽轨；2—型钢骨架；3—高强度等级混凝土；4—混凝土

2. 地脚螺丝式试验台座

这种试验台座的特点是在台面上每隔一定间距设置一个地脚螺丝，螺丝下端锚固在台座内，其顶端伸出台座表面特制的圆形孔穴（但略低于台座表面标高），使用时用套筒螺母与加载架的立柱连接，平时可用圆形盖板将孔穴盖住，保护螺丝端部及防止脏东西落入孔穴。其缺点是螺丝受损后修理困难，此外由于螺丝和孔穴位置已经固定，所以试件安装的位置就受到限制，没有槽式台座灵活方便。这类台座通常设计成预应力钢筋混凝土结构，可以节省材料。图 3-41 所示为地脚螺丝试验台座的示意图。这类试验台座不仅用于静力试验，同时可以安装结构疲劳试验机进行结构构件的动力疲劳试验。

3. 箱式试验台座（孔式试验台座）

这种试验台座本身就是一个刚度很大的箱形结构，台座顶板沿纵、横两个方向按一定间距留有竖向贯穿的孔洞，以固定立柱或梁式槽轨（见图 3-42）。台座配备有短的梁式活动槽轨，便于沿孔洞连线的任意位置加载，即先将槽轨固定在相邻的两孔间，然后将立柱（或拉杆）按加载的位置固定在槽轨中。试验量测与加载工作可在台座上面，也可在箱形结构内部进行，所以台座结构本身也就是试验室的地下室，可供进行长期荷载试验或特种试验使用。

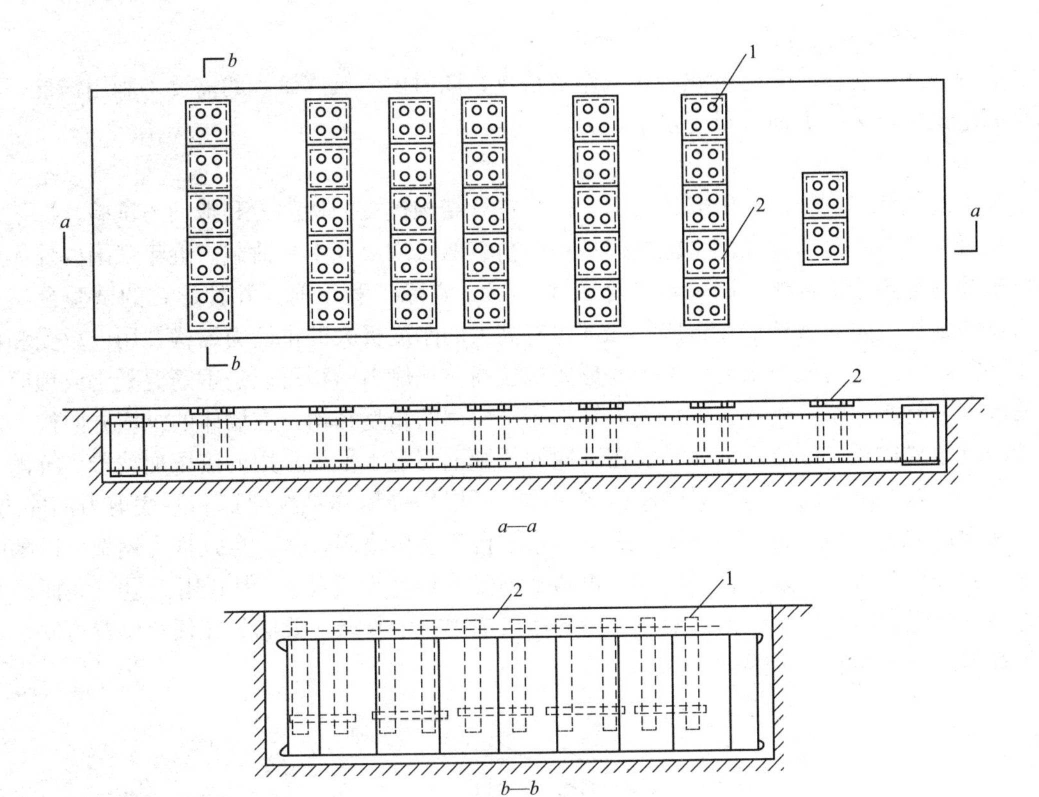

图 3-41　地脚螺丝式试验台座

1—地脚螺丝；2—台座地槽

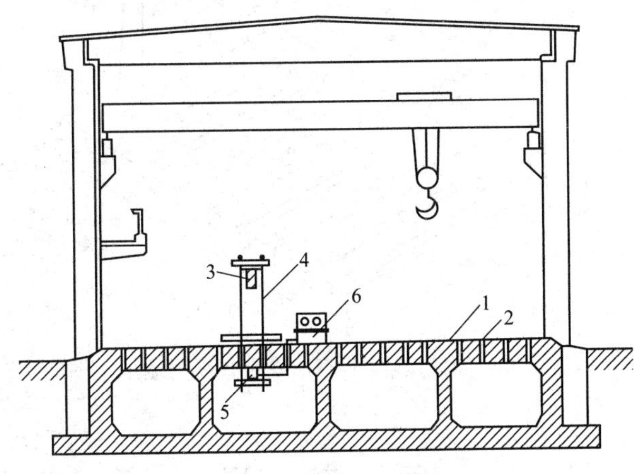

图 3-42　箱式结构试验台座

1—箱形台座；2—顶板上的孔洞；3—试件；4—加荷架；

5—液压加载器；6—液压操纵台

这种箱形试验台座同时还可作为试验室房屋的基础。加载点位置可沿台座纵向任意变动，因而场地的空间利用率高，加载器设备管路易布置，台面整洁不乱。主要缺点为型钢用量大，槽轨施工精度要求较高，安装和移动设备较困难。

4. 槽、锚式试验台座

这种台座兼有槽式及地脚螺丝式台座的特点，同时由于抗震试验的需要，利用锚栓一方面可固定试件，另一方面可承受水平剪力。

5. 抗侧力试验台座

为了适应结构抗震试验研究的要求，需要进行结构抗震的伪静力和拟动力试验，即使用电液伺服加载系统对结构或模型施加模拟地震荷载的低周反复水平荷载。近年来国内外大型结构试验室都建造了抗侧力试验台（见图 3 - 43），它除了利用前面几种形式的试验台座用以对试件施加竖向荷载外，在台座的端部建有高大的刚度极大的抗侧力结构，用以承受和抵抗水平荷载所产生的反作用力。由于变形要求较高，抗侧力结构可以是钢筋混凝土或预应力钢筋混凝土的实体墙，或者是为了增大结构刚度而用的箱型结构，在墙体的纵横方向按一定距离间隔布置锚孔，以便按试验需要在不同的位置上固定水平加载用的液压加载器。抗侧力墙体结构一般是固定的并与水平台座连成整体，可以提高墙体抵抗弯矩和基底剪力的能力。也可采用钢推力架的方案，利用地脚螺丝与水平台座连接锚固，其特点是推力钢架可以随时拆卸，并按需要移动位置、改变高度（将两个钢推力架竖向叠接），但其用钢量较大而且承载能力受到限制。此外，钢推力架与台座的连接锚固较为复杂，要满足在任意位置可安装水平加载器的要求亦有一定困难。

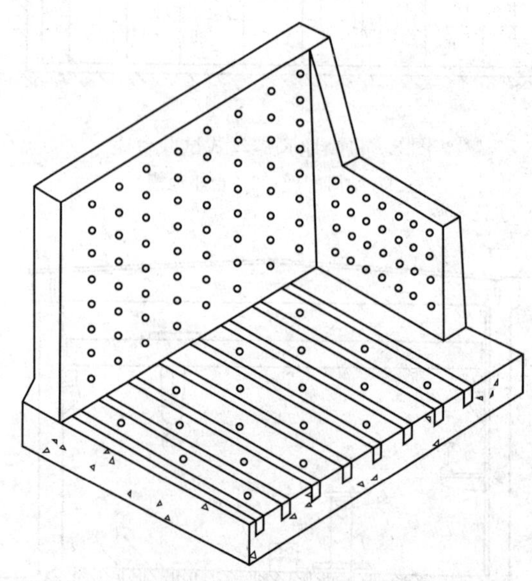

图 3 - 43　钢筋混凝土 L 形固定式反力墙示意图

思　考　题

一、选择题

1. 当使用砂石等松散颗粒材料加载时，如果将材料直接堆放于结构表面，将会造成荷载材料本身的（　），而对结构产生卸荷作用。

A. 损失　　B. 下沉　　C. 起拱　　D. 压密

2. 使用液压加载器时，有时荷载量和油压间不呈严格的线性关系，因此，确定荷载量时应该（　）。

A. 用油压压强乘以活塞面积确定　　B. 按事先制作的标定曲线确定
C. 用油压表确定　　D. 采用计算机修正确定

3. 结构试验中数据采集的仪器种类很多，其中利用机械进行传动、放大和指示的仪器称为（　　）。
A. 电测式仪器　　B. 复合式仪器　　C. 机械式仪器　　D. 伺服式仪器

4. 利用油压能使液压加载器产生较大的荷载，并具有试验操作安全方便的优点，是结构试验中应用比较普遍和理想的一种加载方法，称为（　　）。
A. 重力加载　　B. 液压加载　　C. 机械加载　　D. 气压加载

5. 使用油压表测定荷载值，选用油压表的精度不应低于（　　）。
A. 1.0 级　　B. 1.5 级　　C. 2.0 级　　D. 2.5 级

6. 用垂直落重冲击加载时，为防止重物回弹再次撞击和结构局部受损，需在落点处铺设（　　）的砂垫层。
A. 100～200 mm　　B. 150～250 mm　　C. 200～300 mm　　D. 250～350 mm

7. 用弹簧作持久荷载时，为控制弹簧压力减少值在允许范围内，应事先估计到结构（　　）的大小。
A. 变形　　B. 应变　　C. 徐变　　D. 位移

8. 使用液压加载器时会出现荷载量和油压间不呈严格的线性关系的状况，这是由于（　　）。
A. 油压的影响　　B. 内部摩阻力的影响　　C. 温度的影响　　D. 空气的影响

9. 振动台使用频率范围由所做试验模型的（　　）而定。
A. 第一频率　　B. 第二频率　　C. 第三频率　　D. 第四频率

10. 如果测量振动体的位移，振动体的振动频率很低，难以找到频率低很多的惯性式位移传感器，就可以选用（　　），通过两次积分得到振动位移。
A. 荷载传感器　　B. 位移传感器　　C. 速度传感器　　D. 加速度传感器

11. 利用杠杆原理施加荷载时，杠杆比例不宜大于（　　）。
A. 1∶12　　B. 1∶10　　C. 1∶8　　D. 1∶6

12. 弹簧加载法常用于构件的（　　）。
A. 持久荷载试验　　B. 短期荷载试验　　C. 疲劳荷载试验　　D. 冲击荷载试验

13. 离心力加载是根据旋转质量产生的离心力对结构施加（　　）。
A. 自由振动荷载　　B. 随机振动荷载　　C. 简谐振动荷载　　D. 脉动荷载

14. 当用试验机标定液压加载器时，应按照下列哪种方式进行？（　　）
A. 试验机推压加载器活塞　　B. 在加载器的回程过程中标定
C. 加载器的活塞顶升试验机　　D. 由试验机加压

15. 电液伺服液压系统中，控制液压油流量和流向的是（　　）。
A. 电液伺服阀　　B. 液压加载器　　C. 数据采集系统　　D. 高压油泵

16. 当结构刚度不大时，用落重对结构施加冲击荷载，要注意附加质量引起的（　　）影响。
A. 干扰　　B. 附加振动　　C. 局部振动　　D. 结构振动

17. 在对液压加载器制作标定曲线时，至少应在液压加载器不同的行程位置上加卸荷载重复循环（　　）。
A. 一次　　B. 二次　　C. 三次　　D. 四次

18. 下列哪种不是重力加载法的加载设备？（　　）
A. 砝码　　B. 杠杆　　C. 水箱　　D. 卷扬机

19. 结构疲劳试验机脉动频率可根据试验的不同要求，在（　　）min^{-1}范围内任意调节选用。
A. 100～500　　B. 100～5 000　　C. 100～50 000　　D. 100～500 000

20. 结构长柱试验机是大型结构试验的专门设备，其液压加载器的吨位一般在（　　）。
A. 2 000 kN 以上　　B. 3 000 kN 以上　　C. 5 000 kN 以上　　D. 10 000 kN 以上

21. 为提高液压加载器的加载精度和准确性，应优先采用（　　）量测荷载值。

A. 压力表　　B. 荷载传感器　　C. 位移计　　D. 压力传感器

22. 当电磁式激振器工作时，为在铁芯与磁极板的空隙中形成一个强大的磁场，需在励磁线圈中通入稳定的（　　）。

A. 交流电　　B. 直流电　　C. 感应电　　D. 高压电

23.（　　）不仅可以对建筑物施加静力荷载，也可以施加动力荷载。

A. 重物加载　　B. 机械式加载　　C. 气压加载　　D. 液压加载

24. 惯性力加载法常用于结构动力试验中，由于荷载作用的方法不同，可分为冲击力加载和（　　）加载两种方法。

A. 向心力　　B. 静压力　　C. 电磁力　　D. 离心力

25. 当结构受地震、爆炸等特殊荷载作用时，整个试验加载过程只有几秒甚至是微秒或毫秒级的时间，这实际上是一种瞬态的冲击试验，它属于（　　）。

A. 静力试验范畴　　B. 动力试验范畴　　C. 伪静力试验范畴　　D. 拟动力试验范畴

26. 在结构试验中能够支承结构构件，正确传递作用力，模拟实际荷载图式和边界条件的设备是（　　）。

A. 试件支承装置　　B. 荷载传递装置　　C. 荷载支承装置　　D. 试验辅助装置

27. 杠杆加载试验中，杠杆制作方便，荷载值（　　），对于做持久荷载试验尤为适合。

A. 变化较大　　B. 变化较缓　　C. 变化较小　　D. 稳定不变

28.（　　）不仅可以对建筑物施加静力荷载，也可以施加动力荷载。

A. 重物加载　　B. 机械式加载　　C. 气压加载　　D. 液压加载

29.（　　）和控制系统投资较大，维修费用较高，使用条件比较苛刻，对试验人员的试验技能要求较高，因此，它的使用受到限制。

A. 电液伺服作动器　　B. 单向作用液压加载器

C. 双向作用液压加载器　　D. 液压千斤顶

二、填空题

1. 卷扬机和倒链是通过钢丝绳或链条对结构或构件施加__________荷载；螺旋千斤顶可用来施加__________荷载。

2. 采用初位移或初速度的突卸荷载或突加荷载的方法，可使结构受一冲击荷载作用而产生________。

3. 结构地震模拟振动台整体结构模型试验时，为量测试件在地震作用下的加速度反应，一般在结构各楼层的楼面和屋面处布置________，并可由此求得该处的地震作用。

4. 液压加载的最大优点是利用__________使液压加载器产生较大的荷载，试验操作__________。

5. 液压加载器标定时，一般是将加载器安置在荷载支承装置内，用__________量测仪表测定加载器的作用力。

6. 正确地选择试验所用的加载设备和试验装置，对顺利完成__________和保证__________，有很大的作用。

7. 在墙板和砖墙试验时，若使用若干个液压加载器通过卧梁转变为均布荷载，作用于试件上做竖向加载，则卧梁的__________直接影响受压应力的均匀性。

8. 电液伺服液压系统可以较为精确地模拟试件所受的__________，产生真实的受力状态。

9. 冲击力加载的特点是荷载作用__________极为短促，在它的作用下使被加载结构产生__________，适用于进行结构动力特性的试验。

三、简答题

1. 直接作用和间接作用包括哪些内容?

2. 常用的加载方法和加载设备有哪些?

3. 重力加载技术包括哪几种方法？不同方法有何优缺点?

4. 液压加载系统主要由哪些设备组成？工作原理是什么？常用的液压加载设备有哪些?

5. 电液伺服加载系统由哪几部分组成？其自控系统的工作原理是怎样的？

6. 对支座和支墩有什么要求？支座形式有几种？

7. 试验台座的台面形式常用的有几种？各有什么优缺点？

8. 用长 24 cm、宽 12 cm 的砖给双向跨度为 576 cm 的矩形钢筋混凝土楼板加均布荷载，试做区隔划分。

9. 有一钢筋混凝土梁，用杠杆在其上施加集中荷载，已知杠杆重量为 800 N，从施力点到加载点的距离为 1.5 m，加载点到支点的距离为 0.5 m，问此杠杆的放大率是多少？当施力点挂上 400 N 的荷重盘时，此梁受到的集中荷载是多少？

10. 什么是气压加载？它有哪些优缺点？试验的关键是什么？

11. 机械力加载的优缺点有哪些？机械力加载适用在什么试验中？

12. 地震模拟振动台有什么特点？

13. 一台液压试验机（见图 3-44），其最大的作用力为 35×10^4 N，柱塞的直径是 125 mm。采用一只压力表指示压力的大小，压力表的刻度在夹角为 270°的圆弧内，计算所用压力表的量程及其灵敏度。

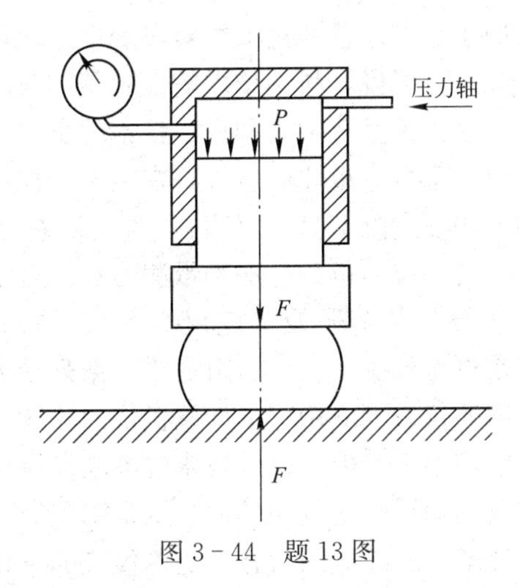

图 3-44　题 13 图

第 4 章　工程结构试验量测技术

4.1　概　　述

结构试验的目的不仅是要得到有关结构性能的宏观印象，更重要的是要取得确定结构性能的定量数据。掌握了精确可靠的数据，才能对结构性能作出定性的判断或为建立新的计算理论提供依据。

精确可靠数据的取得依赖于量测。量测是人类对客观事物取得数量概念的认识过程，是判断事物质量指标的重要手段。可以说，科学技术的发展是与量测技术的不断完善紧密相关的。量测技术的状态反映了一个国家经济发展和科学技术的水平。它已发展成为一门专门学科，对各个领域的科学技术研究都有着重要的意义，在土木工程结构学科领域亦不例外。

量测技术一般包括量测方法、量测工具（仪表）、量测误差分析三部分。各个不同专业领域都有自己的量测内容及与其相应的量测方法和量测工具。对于工程结构的试验研究，主要的量测内容为外部条件（主要是外荷载及支座反力等）、结构变形（位移、应变、曲率等）、内力（应力）、裂缝以及自振频率、振型、阻尼等一系列动力特性。其量测仪器从最简单的逐个读数、手工记录数据的仪表到应用电子计算机快速连续自动采集数据并进行数据处理的复杂系统，种类繁多，原理不一。由于科学技术的不断发展，各学科互相渗透，新的量测仪器设备层出不穷，所涉及的知识面也越来越广。从事工程结构试验的人员，除应对被测参数的性质和要求有彻底的理解外，还必须对各种量测仪表的工作原理、性能指标和适用条件有所了解，从而可根据有关的产品目录正确选择和使用量测仪器仪表设备。

4.2　量测仪表的基本概念

1. 量测仪表的基本组成

无论是一个价格便宜的简单量具还是一套高度自动化的快速量测系统，尽管在外形、内部结构、量测原理以及量测精度等方面有很大的差别，但作为量测设备，都必须具备三个基本组成部分，如图 4-1 所示。

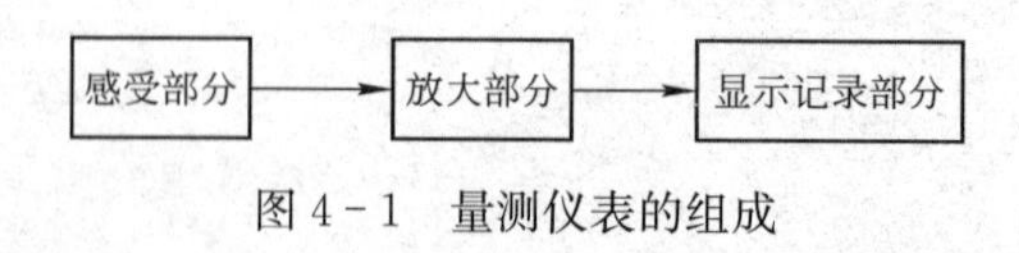

图 4-1　量测仪表的组成

感受部分直接与被测对象联系，感受被测参数的变化并将此变化传给放大部分。放大部分将感受部分传来的被测量通过各种方式（如机械式的齿轮、杠杆、电子放大线路或光学放大等）进行放大。显示记录部分将放大部分传来的量测结果通过指针或电子数码管、屏幕等进行显示，或通过各种记录设备将试验数据或曲线记录下来。

一般的机械式仪表，这三部分都在同一个仪表内。对于电测仪表，这三部分常常是三个分开的仪器设备，其中感受部分将非电量的量测对象转换为电量，一般称为传感器。传感器常常需要试验量测人员根据试验研究的目的自行设计制作，放大器及记录仪器则大部分属于通用的仪器设备，有现成的产品可供选用。

在各个种类的仪器中，传感器的功能主要是感受各种物理量（力、位移、应变等），并把它们转换成电量（电信号）或其他容易处理的信号；放大器的功能是把从传感器中得到的信号进行放大，使信号可以被显示和记录；显示器的功能是把信号用可见的形式显示出来；记录器是把采集得到的数据记录下来，作长期保存；分析仪器的功能是对采集得到的数据进行分析处理；数据采集仪用于自动扫描和采集，是数据采集系统的执行机构；数据采集系统是一种集成式仪器，它包括传感器、数据采集仪和计算机或其他记录器、显示器等，可用来进行自动扫描、采集，还能进行数据处理等。

2. 量测仪表的基本量测方法

结构试验所用量测仪表一般采用偏位测定法和零位测定法两种量测方法。偏位测定法根据量测仪表放大部分产生的偏转或位移量定出欲测参数的大小，下面提到的百分表、双杠杆应变仪及动态电阻应变仪等都属于偏位测定法。零位测定法是用已知的标准量去抵消未知物理量对仪表引起的偏转，使被测量和标准量对仪器指示装置的效应经常保持相等，指示装置指零时的标准量即为被测物理量。大家熟悉的称重天平就是零位测定法的例子。常用的静态电阻应变仪属零位测定法。一般来讲，零位测定法比偏位测定法更精确，尤其是当采用电子仪器将被测量和标准量的差值加以放大后，可达到很高的精度。

3. 量测仪表的主要性能指标

(1) 量程 S。仪器能测量的最大输入量与最小输入量之间的范围称为仪表的量程或量测范围，即仪表刻度盘上的上限值减去下限值，$S=x_{max}-x_{min}$。通常下限值 $x_{min}=0$，这样 $S=x_{max}$。在整个测量范围内仪表提供的可靠程度并不相同，通常在上、下限值附近测量误差较大，故不宜在该区段内使用。

(2) 刻度值 A。即仪器指示装置的最小刻度所代表的被测量的数值。设置有指示装置的仪表，一般都配有分度表，刻度值是指分度表上每一最小刻度所代表的被测量的数值。刻度值的倒数为该仪表的放大率 V，即 $V=1/A$。

(3) 精确度。精确度简称精度，它是精密度和准确度的综合反映。精度高的仪表，意味着随机误差和系统误差都很小。精度最终是用测量误差的相对值来表示的。误差愈小，精度越高。在工程应用中，为了简单表示仪表测量结果的可靠程度，可用仪表精确度等级 A 来表示：

$$A=\frac{\Delta_{g,max}}{x_{max}-x_{min}}\times 100\% \tag{4-1}$$

式中：$\Delta_{g,max}$为最大绝对允许误差；x_{max}、x_{min}分别为测量范围的上、下限值。例如，一台精度为 0.2 级的仪表，意思是测定值的误差不超过最大量程的±0.2%。

(4) 灵敏度 K。指某实际物理量的单位输出增量 Δy 与输入增量 Δx 的比值，即 $K=\frac{\Delta y}{\Delta x}$。当仪表的输出特性曲线为一条直线时，则其各点的斜率相等，K 为常数，如图 4-2

(a) 所示。若输出特性曲线为一条曲线时，说明仪表的灵敏度将随被测物理量的大小而变化，如图 4-2 (b) 中 x_1、x_2 处的灵敏度是不相等的。

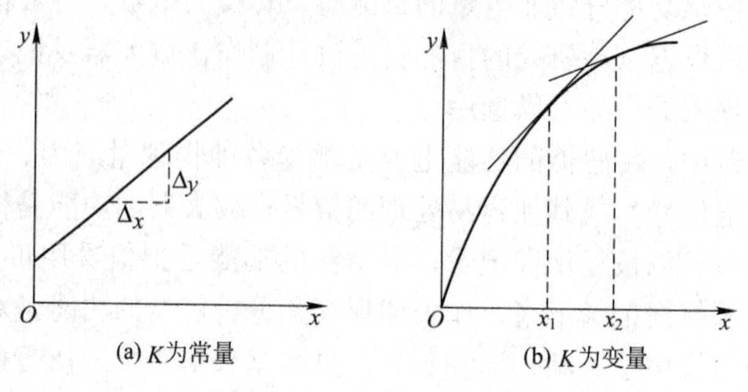

图 4-2　仪表的灵敏度

(5) 分辨率。指使仪器输出量产生能观察出变化的最小被测量值。当输入量从某个任意非零值开始缓慢地变化时，将会发现只要输入的变化值不超过某一数值，仪表的示值是不会发生变化的。因此，使仪表示值发生变化的最小输入变化值称为仪表的分辨率。

(6) 稳定性。指量测数值不变，仪器在规定时间内保持示值与特性参数也不变的能力。

(7) 重复性。指在同一工作条件下，用同一台仪器对同一观测对象进行多次重复测量，其测量结果保持一致的能力。

(8) 可靠性。仪表的可靠性定义为在规定的条件下，满足规定的技术指标，包括环境、使用、维护等，满足给定的误差极限范围内连续工作的可能性，或者说构成仪表的元件或部件的功能随着时间的增长仍能保持稳定的程度。现代的测试仪表元件数目都很多，每个元件都应该有很高的可靠性才能保证仪表具有可靠性。

(9) 滞后。某一输入量从起始量程增至最大量程，再由最大量程减至最小量程，在这正反两个行程输出值之间的偏差称为滞后，滞后常用全量程中的最大滞后值与满量程输出值之比来表示。这种现象是由于机械仪表中有内摩擦或仪表元件吸收能量所引起的。

(10) 零位温漂和满量程热漂移。零位温漂是指当仪表的工作环境温度不是 20 ℃时零位输出随温度的变化率。满量程热漂移是指当仪表的工作环境温度不为 20 ℃时满量程输出随温度的变化率。它们都是温度变化的函数，一般由仪表的高低温试验得出其温漂曲线并在试验值中加以修正。

除上述性能指标外，对于动力试验量测仪表的传感器、放大器及显示记录仪器等各类仪表，需考虑下述特性。

(11) 线性范围。线性范围指当保持仪器的输入量和输出信号为线性关系时，输入量的允许变化范围。在动态量测中对仪表的线性度应严格要求，否则会对量测结果造成较大的误差。

(12) 频响特性。指仪器在不同频率下灵敏度的变化特性，常以频响曲线（一般以对数频率值为横坐标，以相对灵敏度为纵坐标）表示。在进行高频动态量测时，应将使用频率限制在频响曲线的平坦部分，以免引起过大的量测误差。对于传感器，提高其自振频率将有助于增加使用频率范围。

(13) 相移特性。振动参量经传感器转换成电信号或经放大、记录后在时间上产生的延迟叫相移。若相移特性随频率而变化，则对于具有不同频率成分的复合振动将引起输出电量的相位失真。常以仪器的相频特性曲线来表示其相移特性。在使用频率范围内，输出信号相对于输入信号的相位差应不随频率改变而变化。

此外，由传感器、放大器、记录器组成的整套量测系统，还需注意仪器之间的阻抗匹配及频率范围的配合等问题。

4. 量测仪器设备的分类

在结构试验中，用于数据采集的仪器仪表种类繁多，按它们的功能和使用情况可以分为传感器、放大器、显示器、记录器、分析仪器、数据采集仪或一个完整的数据采集系统等。仪器仪表还可以分为单件式和集成式，单件式仪器是指一个仪器只具有一个单一的功能，集成式仪器是指那些把多种功能集中在一起的仪器。

仪器仪表还可以按以下方法进行分类。

(1) 按仪器仪表的工作原理分为：机械式仪器、电测仪器、光学测量仪器、复合式仪器、伺服式仪器即带有控制功能的仪器。

(2) 按仪器仪表的用途可分为：测力传感器、位移传感器、应变计、倾角传感器、频率计、测振传感器。

(3) 按仪器仪表与结构的关系可分为：附着式与手持式；接触式与非接触式；绝对式与相对式。

(4) 按仪器仪表显示与记录的方式分为：直读式与自动记录式；模拟式和数字式。

5. 量测仪表的选用原则

在选用量测仪表时，应考虑下列要求。

(1) 符合量测所需的量程及精度要求。在选用仪表前，应先对被测值进行大致的估算。一般应使最大被测值在仪表的2/3量程范围附近，以防因估算值不准确引起仪表超量程而损坏仪表。同时，为了得到足够大的读数以保证量测精度，应使仪表的最小刻度值不大于5%的最大被测值。

(2) 动力试验用的量测仪表，其线性范围、频响特性及相移特性等都应满足试验要求。

(3) 对于安装在试验结构上的仪表或传感器，要求自重轻、体积小，不影响结构的工作。特别要注意夹具设计是否合理正确。不正确的夹具安装将使试验结果带有很大的误差。

(4) 同一试验中选用的仪器仪表种类应尽可能少，以便统一数据的精度，简化量测数据的整理工作和避免差错。

(5) 选用仪表时应考虑试验的环境条件，如在野外试验时仪表常受到风吹日晒，周围的温度、湿度变化较大，宜选用机械式仪表。此外，应从试验实际需要出发选择仪器仪表的精度，切忌盲目选用高精度高灵敏度的仪表。一般来说，测定结果的最大相对误差不大于5%即满足要求。

各类仪表各有其优缺点，不可能同时满足上述要求，选用仪表时应首先满足试验的主要要求。

6. 量测仪表的率定

为了确定仪表的精确度或换算系数，定出其误差，需将仪表的示值和标准量进行比较，这一工作称为仪表的率定。率定后的仪表按国家规定的精确度要求分为若干等级。

仪表率定的方法有如下三种。

(1) 在专门的率定设备上进行，这种设备能产生一个已知标准量的变化，由它和被率定仪器的示值做比较，求出被率定仪器的刻度值。这种方法要求其率定设备的准确度要比被率定仪器的准确度高一个等级以上。

(2) 采用和被率定仪器同一等级的“标准”仪器做比较来进行率定。所谓“标准”仪器，其准确度并不比被率定的仪器高，但它不常使用，因而可认为该仪器的度量性能技术指标可保持不变，准确度也为已知。显然这种率定方法的准确度取决于“标准”仪器的准确度。因为被率定仪器和“标准”仪器具有同一精度，故率定结果的准确度要比第一种方法差。但本法不需要特殊率定设备，所以常被采用。

(3) 利用标准试件率定仪器。将标准试件放在试验机上加荷，使标准试件产生已知的变化量，根据这个变化量就可以求出安装在试件上的被率定仪器的误差。此法准确度不高，但它更简单，容易实现，所以被广泛采用。

为了保证量测的精确度，仪器的率定是一件十分重要的工作。所有新生产出厂的仪器按国家规定都要经过率定，而且应该用专门的率定仪器率定。正在使用的仪器也必须定期进行率定，因为仪器经长期使用，其零件总有不同程度的磨损，或者损坏后经检修的仪器，零件的位置会有变动，难免引起刻度值的改变。除定期率定外，在重要的试验开始前，最好对仪表进行一次率定。

4.3 应变电测法

应变定义为单位长度范围内的伸长或缩短。在工程结构试验中，相当一部分仪器的测量结果都是以指示部分的长度变化来表示。例如，测得单位长度内的伸长量就可以导出应变$\left(\frac{\Delta L}{L}\right)$值。又如结构试验中需要测定荷载或作用力的大小，而人的感觉器官又不能直接去观测力的大小，这时就可以借助仪器，将力变换为仪器中某一部件相对于另一部件的位移量而导出力的大小（如$F=C\cdot\frac{\Delta L}{L}$，$C$为仪器部件的刚度）。这种方法在测力计及各种传感器中得到了广泛的应用。

测量构件表面（或材料表面）的纤维应变是结构试验测试的一项重要内容。结构的位移、应力、力、转角等都可以由应变量通过已知函数关系式导出。应变测量一般分为应变机械测法和应变电测法两类。

在测量过程中，常将某些物理量（如长度）发生的变化，先变换为电参量的变化，然后用量电器进行量测，这种方法称为电测法或称非电量的电测技术。

在结构试验中，因结构受外荷载或受温度及约束等原因而产生应变，应变为机械量（即非电量），用量电器量测非电量，首先必须把非电量（应变）转换成电量的变化，然后才能用量电器量测。量测由应变引起的电量变化称为应变电测法。

应变电测法与其他方法相比有下列优点。

(1) 灵敏度及准确度高，测量范围大。电阻应变仪可以精确地量测1×10^{-6}应变，应变测量范围最大可达$\pm11\ 100\times10^{-6}$。

(2) 由于变换元件（电阻应变片）的体积小、质量轻，可安装在形状复杂而空间狭小的区段内，且不影响欲测结构的静态及动态特性。

(3) 对环境的适应性强。可在高温、高压及水中进行测量。

(4) 适用性好。它可以测量多种物理参数，如测量静态应变、动态应变，还可通过各种传感器来测量位移、速度、加速度、振幅以及压力等力学参数。

采用应变电测法可以进行远距离测量，有助于实现测量的自动化，因此在试验应力分析、断裂力学及宇航工程中都有广泛的用途。其主要缺点是连续长时间测量会出现漂移，原因在于黏结剂的不稳定性和对周围环境的敏感性；另外应变片必须牢固地粘贴在试件表面，才能保证正确地传递试件的变形，这种粘贴工作技术性强，粘贴工艺复杂，工作量大；电阻应变片不能重复使用。

目前使用最多的变换元件是电阻式应变片，与其配套的测量仪表是电阻应变仪，本节将重点介绍它们的原理和使用技术。

4.3.1 电阻应变片的工作原理及构造

1. 电阻应变片的原理

电阻应变片的工作原理是利用金属导体的“应变电阻效应”，即金属丝的电阻值随其机械变形变化的物理特性（见图 4-3）。根据电阻的计算公式：

$$R=\rho\frac{L}{A} \tag{4-2}$$

式中：R 为电阻丝的原始电阻值（Ω）；L 为电阻丝的长度（m）；ρ 为电阻丝的电阻率（$\Omega\cdot mm^2/m$）；A 为电阻丝的截面积（mm^2）。

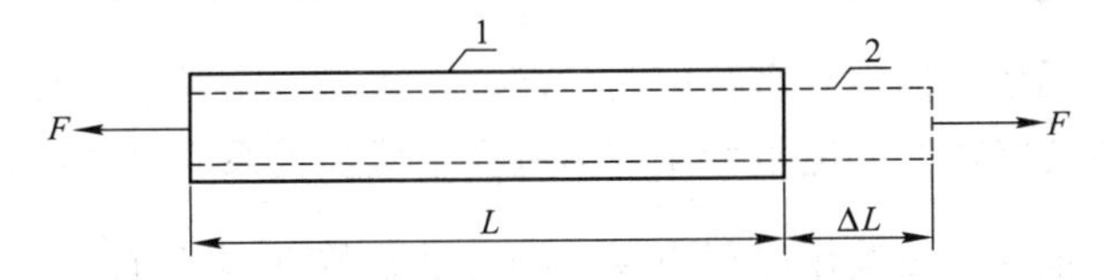

图 4-3 电阻丝的电阻应变原理

1—受力前的电阻丝；2—受力后的电阻丝

当金属丝受力而变形时，其长度、截面面积和电阻率都将发生变化，其电阻变化规律可由对上式两边取导数，然后微分得到：

$$\begin{aligned}dR&=\frac{\partial R}{\partial \rho}d\rho+\frac{\partial R}{\partial L}dL+\frac{\partial R}{\partial A}dA\\&=\frac{L}{A}d\rho+\frac{\rho}{A}dL-\frac{\rho L}{A^2}dA\end{aligned} \tag{4-3}$$

$$\frac{dR}{R}=\frac{d\rho}{\rho}+\frac{dL}{L}-\frac{dA}{A} \tag{4-4}$$

式中：$\frac{dL}{L}$、$\frac{dA}{A}$、$\frac{d\rho}{\rho}$分别为电阻丝长度、截面面积和电阻率的相对变化；$\frac{dL}{L}$为应变ε。电阻

丝的截面积 $A=\frac{\pi D^2}{4}$（D 为电阻丝的直径）。因电阻丝纵向伸长时横向缩短，故有：

$$\frac{\mathrm{d}D}{D}=-\nu\frac{\mathrm{d}L}{L}=-\nu\varepsilon \tag{4-5a}$$

式中：ν 为电阻丝材料的泊松比。

$$\frac{\mathrm{d}A}{A}=\frac{\frac{2\pi D\mathrm{d}D}{4}}{\frac{\pi D^2}{4}}=2\frac{\mathrm{d}D}{D} \tag{4-5b}$$

把式（4-5a）、式（4-5b）代入式（4-4），得

$$\frac{\mathrm{d}R}{R}=\frac{\mathrm{d}\rho}{\rho}+\varepsilon+2\nu\varepsilon$$

即

$$\frac{\frac{\mathrm{d}R}{R}}{\varepsilon}=\frac{\frac{\mathrm{d}\rho}{\rho}}{\varepsilon}+(1+2\nu) \tag{4-6}$$

令 $K_0=(1+2\nu)+\frac{\frac{\mathrm{d}\rho}{\rho}}{\varepsilon}$，则有：

$$\frac{\mathrm{d}R}{R}=K_0\varepsilon \tag{4-7}$$

式中：K_0 为单丝的灵敏系数。

K_0 受两个因素的影响：第一项为（$1+2\nu$），它是由电阻丝几何尺寸的改变所引起，选定金属丝材料后，泊松比 ν 为常数；第二项是 $\frac{\frac{\mathrm{d}\rho}{\rho}}{\varepsilon}$，它是由电阻丝发生单位应变引起的电阻率的改变，是应变的函数，但对大多数电阻丝而言，也是一个常量，故认为 K_0 是常数。因此式（4-7）所表达的电阻丝的电阻变化率与应变呈线性关系。对丝栅状应变片或箔式应变片，考虑到已不是单根丝，故改用电阻应变片的灵敏系数 K 来代替 K_0，即 $\frac{\mathrm{d}R}{R}=K\varepsilon$。

2. 电阻应变片的构造和性能

电阻应变片的构造如图 4-4 所示，在纸或薄胶膜等基底与覆盖层之间粘贴的金属丝叫电阻栅（也叫合金敏感栅），电阻栅的两端焊上引出线。在图 4-4 中，l 为栅长（又称标距），b 为栅宽，l、b 是应变片的重要技术尺寸。

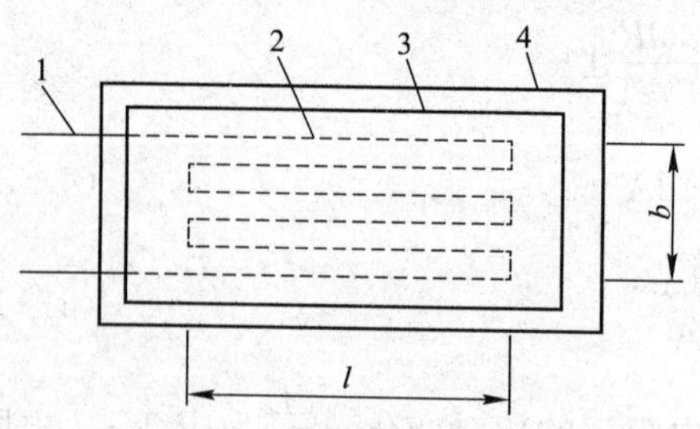

图 4-4　电阻应变片构造示意图

1—引出线；2—电阻丝；3—覆盖层；4—基底层

（1）敏感栅。应变片将应变变换成电阻变化量的敏感部分，称敏感栅。它是用金属或半导体材料制成的单丝或栅状体。

敏感栅的形状与尺寸直接影响到应变片的性能。对图 4-4 所示的敏感栅，其纵向中心线称为纵向轴线。敏感栅的尺寸用栅长 l 和栅宽 b 来表示。对带有圆弧端的敏感栅，栅长为两端圆弧内侧之间的距离；对带直线形横栅的敏感栅，栅长则为两端横栅

内侧之间的距离。与纵轴垂直方向上的敏感栅外侧之间的距离称为栅宽 b。栅长和栅宽代表应变片的标称尺寸，即规格。

(2) 基底层（覆盖层）。它起定位和保护电阻丝的作用，并使电阻丝和被测试件之间绝缘。基底的尺寸通常代表应变片的外形尺寸。

(3) 黏结剂。黏结剂是一种具有一定电绝缘性能的黏结材料。用它将敏感栅固定在基底上，或将应变片的基底粘贴在试件的表面上。

(4) 引出线。引出线通过测量导线接入应变测量桥路中。引出线一般由镀银、镀锡或镀合金的软铜线制成，在制造应变片时与电阻丝焊接在一起。

电阻应变片的性能指标主要有下列几项。

(1) 标距 l。电阻应变片在纵轴方向的有效长度。

(2) 使用面积。以标距（l）×栅宽（b）表示。

(3) 电阻值 R。与电阻应变片配套使用的电阻应变仪中的测量线路，其电阻均按 120 Ω 作为标准进行设计，因而应变测量片的阻值大部分为 120 Ω 左右，否则应加以调整或对测量结果予以修正。

(4) 灵敏系数 K。电阻应变片的灵敏系数，其值一般比单根电阻丝的灵敏系数 K_0 小，因为它还包括了电阻应变片的丝栅形状对灵敏度的影响。一般用抽样法实验确定此值，通常 K 值为 2.0 左右。

(5) 应变极限。是指应变片保持线性输出时所能量测的最大应变值。除取决于金属电阻丝的材料性质外，还和制作及粘贴用胶有关。一般情况下为 1%～3%。

(6) 机械滞后。是指试件加载和卸载时，应变片（$\Delta R/R$）-ε 特性曲线不重合的程度。

(7) 疲劳寿命。是指在动态测试中，应变片抵抗试件疲劳变形的次数。

(8) 零漂。是指在恒定温度环境中试件未加荷载时，电阻应变片的电阻值随时间的变化。

(9) 蠕变。是指在恒定的荷载和温度环境中，应变片电阻值随时间的变化。

(10) 绝缘电阻。是指电阻丝与基底间的电阻值。

(11) 温度适用范围。主要取决于胶合剂的性质，可溶性胶合剂的工作温度为－20～＋60 ℃；经化学作用而固化的胶合剂，其工作温度为－60～＋200 ℃。

(12) 其他还有横向灵敏系数、温度特性、频响特性等性能要求。横向灵敏系数指应变片对垂直于其主轴方向应变的响应程度。此值将影响主轴方向的量测准确性，可从改进电阻应变片的形状等方面使横向灵敏度减小到对量测值无影响的程度，如箔式应变片和短接式应变片（见图 4-6、图 4-5（b））的横向灵敏度已接近于零。应变片的温度特性指金属电阻丝的电阻值随温度而变化及电阻丝和被测试件材料因线膨胀系数不同引起阻值变化所产生的虚假应变，又称应变片的热输出。由此引起的测试误差较大，可在量测线路中接入温度补偿片来消除这种影响。在进行动态量测时，应变片的响应时间约为 2×10^{-7} s，可认为应变片的响应是立刻的，其工作频率随不同的片长而异，当 l＝10 cm 时，f＝25 kHz。

3. 电阻应变片的分类

(1) 按敏感栅所用材料分类。

按敏感栅材料的不同，把应变片分为金属电阻应变片和半导体应变片两类。前者根据生产工艺不同又分为金属丝式应变片、箔式应变片和薄膜应变片。

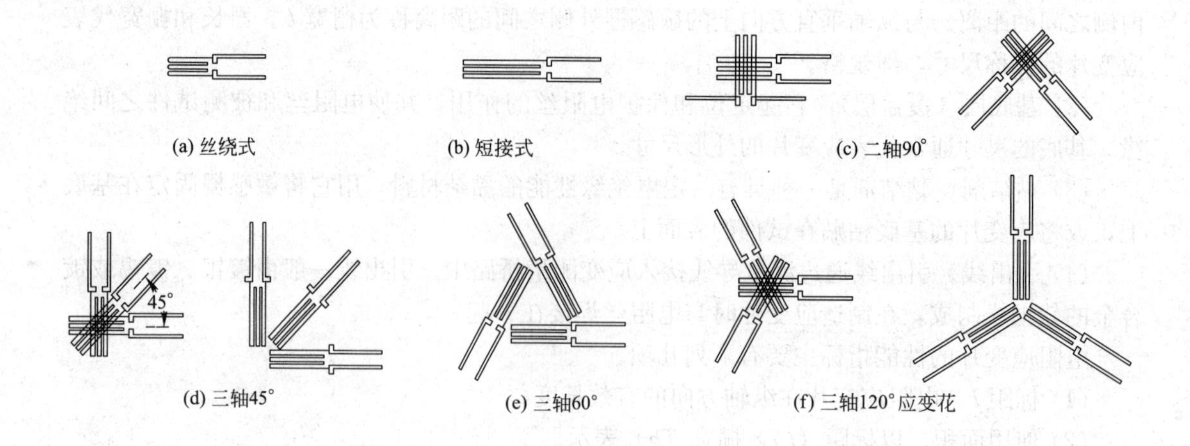

图 4－5　丝式应变片

图 4－6　箔式应变片

金属丝式应变片：它是用直径为 0.015～0.05 mm 的金属丝作敏感栅的应变片，常称丝式应变片。目前用得最多的有丝绕式和短接式两种，如图 4－5（a）、（b）所示。

金属箔式应变片：它的敏感栅是用厚 0.002～0.005 mm 的金属箔制成（见图 4－6），其制作工艺不同于丝式应变片，它是通过光刻技术和腐蚀等工艺技术制成。由于箔式应变片敏感栅的横向部分可以做成比较宽的栅条，因而其横向效应比丝式的小。箔栅的厚度很薄，能较好地反映构件表面的变形，也易于在弯曲表面上粘贴。箔式应变片的蠕变小，疲劳寿命长，在相同截面下其栅条和栅丝的散热性能好，允许通过的工作电流大，测量灵敏度也较高。

金属薄膜应变片：这种应变片是用真空蒸镀及沉积等工艺，将金属材料在绝缘基底上制成一定形状的薄膜而形成敏感栅。这种应变片耐高温性能好，工作温度可达 800～1 000 ℃。

半导体应变片（见图 4－7）：其敏感元件都由半导体材料制成。敏感元件硅条是从硅锭上沿所需的晶轴方向切割出来的，经过腐蚀，减小其截面尺寸后，在硅条的两端用真空镀膜设备再蒸发上一层黄金，然后再将丝栅内引线焊在黄金膜上，经二次腐蚀达到规定截面尺寸后，将其粘贴在酚醛树脂基底上。该片的优点是灵敏度高，频率响应好，可以做成小型和超小型应变片。其缺点是温度系数大，稳定性不如金属丝式应变片。

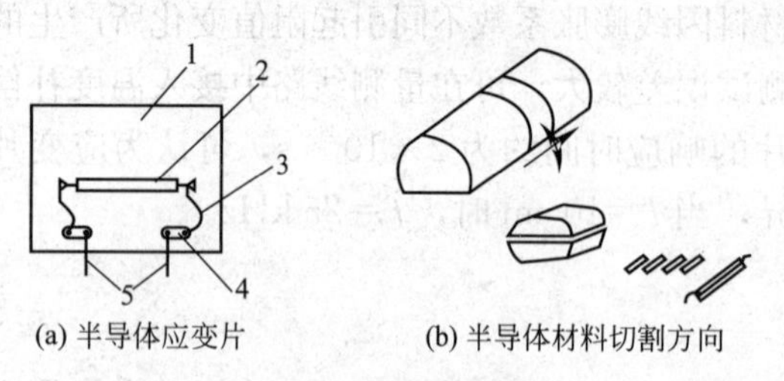

图 4－7　半导体应变片

1—基底；2—硅条；3—内引线；4—焊接电极；5—引出线

（2）按敏感栅结构的形状分类。

敏感栅的结构形状有单轴和多轴之分。单

轴应变片一般是指一片只有一个敏感栅，多用于测量单轴应变；多轴应变片是指一片由几个敏感栅组成，因而也称应变花。如图 4-5（c）～(f) 所示。

(3) 按应变片的工作温度分类。

常温应变片，其工作温度从－30～＋60 ℃；中温应变片，工作温度从＋60～＋350 ℃；高温应变片，工作温度在＋350 ℃以上；低温应变片，工作温度低于－30 ℃。

4. 应变片的粘贴技术

试件的应变值是通过黏结剂将应变传递给电阻应变片的丝栅，因而粘贴质量的好坏将直接影响应变的测量结果。

应变片的粘贴技术包括选片、选黏结剂、粘贴和防水防潮处理等，其具体要求如下。

(1) 选择应变片。选择应变片的规格和形式时，应注意到试件的材料性质和试件的应力状态。由于应变片的应变值代表的是标距范围内的平均应变值，故当匀质材料或应变场的应变变化较大时，应采用小标距应变片。对非均匀性材料（如混凝土、铸铁等）应选用大标距应变片。在混凝土上使用应变片时，其标距应大于混凝土粗骨料最大粒径的 3 倍。处于平面应变状态下的测点应选用应变花。在分选应变片时，应逐片进行外观检查，应变片丝栅应平直，片内无气泡、霉斑、锈点等缺陷，不合格的片应剔除；然后用电桥逐片测定阻值并以阻值分成若干组。同一组应变片的阻值偏差不得超过应变仪可调平衡的允许范围，一般在 0.5 Ω 以内。

(2) 选择黏结剂。黏结剂分为水剂和胶剂两类。选择黏结剂的类型应视应变片基底材料和试件材料的不同而异。一般要求黏结剂具有足够的抗拉强度和抗剪强度，蠕变小和绝缘性能好。目前在匀质材料上粘贴应变片常采用氰基丙烯酸类水剂黏结剂（见表 4-1），如 KH501、KH502 快速胶；在混凝土等非匀质材料上贴片常用环氧树脂胶。

表 4-1 常用贴片黏结剂性能

类型	牌号	主要成分	宜贴应变片	固化条件	使用温度/℃	特 点
氰基丙烯酸酯黏结剂	KH501 KH502	氰基丙烯酸乙酯	纸基片 胶基片 箔式片	室温 24 h	−30～100	操作简便、固化快、常温下几分钟可基本固化。收缩率小、蠕变小、耐潮、耐温差、贮存期短
环氧树脂类黏结剂	914	环氧树脂 固化剂	纸基片 胶基片	室温 24 h	−60～60	黏合强度高，固化时收缩率小。防潮性、耐蚀性和绝缘性好。固化后较脆，耐冲击性差。使用时需现场配制
	—	环氧树脂 二乙烯三胺 二丁酯	纸基片 胶基片 箔式片	室温 48 h	−80～180	

(3) 测点表面清理。为使应变片能牢固地贴在试件表面，应对测点表面进行加工。方法是先用工具或化学试剂清除贴片处的漆层、油污、锈层等污垢，然后用锉刀锉平，再用 0# 砂布在试件表面打成 45°的斜纹，吹去浮尘并用丙酮、四氯化碳等溶剂擦洗干净。

(4) 应变片的粘贴与干燥。选择胶剂，在试件上画出测点的定向标记。用氰基丙烯酸类水剂贴片时，先在试件表面的定向标记处和应变片基底上分别涂一层均匀胶层，待胶层发黏时迅速将应变片按正确位置就位，并取一块聚乙烯薄膜盖在应变片上，用手指稍加压力后即可等待其干燥。在混凝土或砌体等表面贴片时，一般应先用环氧树脂胶做找平层，待胶层完全固化后再用砂纸打磨、擦洗后方可贴片。

当室温高于 15 ℃和相对湿度低于 60%时可采用自然干燥，干燥时间一般为 24～48 h。室温低于 15 ℃和相对湿度高于 60%时应采用人工干燥，但人工干燥前必须先经过 8 h 自然干燥，人工干燥的温度不得高于 60 ℃。

(5) 焊接导线。先在离应变片 3～5 mm 处粘贴接线端子（见图 4-8），然后将引出线焊于接线端子上，最后把测量导线的一端与接线端子焊接，另一端与应变仪测量桥路连接。

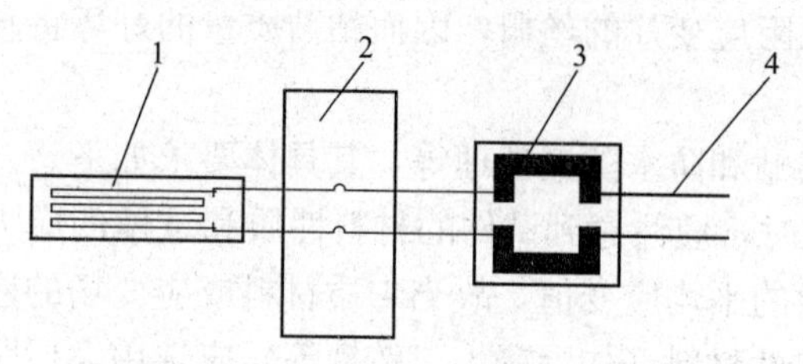

图 4-8　应变片连接导线的固定方法

1—应变片；2—玻璃纸；3—接线端子；4—引出线

(6) 应变片粘贴质量检查。用兆欧表量测应变片的绝缘电阻；观察应变片的零点漂移，若漂移值小于 5 $\mu\varepsilon$（4 min 之内）认为合格；将应变片接入应变仪，检查其工作的稳定性。若漂移值过大，工作的稳定性差，则应铲除重贴。

(7) 防潮和防水处理。防潮措施必须在检查应变片贴片质量合格后立即进行。防潮的简便方法是用松香石蜡合剂或凡士林涂于应变片表面，使应变片与空气隔离达到防潮目的。防水处理一般都采用环氧树脂胶。应变片在钢筋混凝土构件上的贴片方法如图 4-9 所示。常用电阻应变片防潮剂见表 4-2。

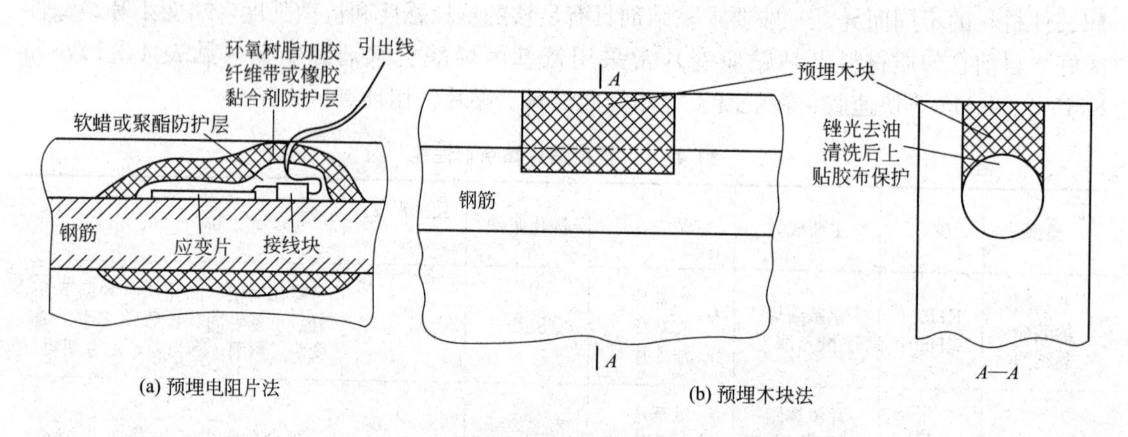

图 4-9　在钢筋混凝土构件的钢筋上的贴片方法

表 4-2　常用电阻应变片防潮剂

序号	种类	配方或牌号	使用方法	固接条件	使用范围
1	凡士林	纯凡士林	加热去除水分，冷却后涂刷	室温	室内，短期<55 ℃
2	凡士林 黄蜡	凡士林 40%～80% 黄蜡 20%～60%	加热去除水分，调匀，冷却后使用	室温	室内，短期<65 ℃
3	黄蜡 松香	黄蜡 60%～70% 松香 30%～40%	加热熔化，脱水调匀，降温至 50 ℃左右使用	室温	室内外，<70 ℃

续表

序号	种类	配方或牌号	使用方法	固接条件	使用范围
4	石蜡涂料	石蜡40%，凡士林20%，松香30%，机油10%	松香研末，混合加热至150℃，搅匀，降温至60℃后涂刷	室温	室内外试验，−50～+70℃
5	环氧树脂类	914环氧黏结剂，A和B组分	按重量A∶B=6∶1，按体积A∶B=5∶1，混合调匀用即可	20℃，5 h 或25℃，3 h	室内外各种试验及防水包扎，−60～+60℃
		E_{44}环氧树脂100，甲苯酚15～20，间苯二胺8～14	树脂加热至50℃左右，依次加入甲苯酚、间苯二胺，搅匀	室温，10 h	室内外各种试验及防水包扎，−15～+80℃
6	酚醛-缩醛类	JSF-2	每隔20～30 min涂一层，共2～3层	70℃，2 h 140℃，1～2 h	室内外各种试验，−60～+180℃
7	橡胶类	氯丁橡胶（88#，G_1G_2等）90%～99%，列克纳胶（聚乙氰酸酯）1%～10%	把涂料先预热至50～60℃，搅拌均匀后分层涂敷，每层涂完晾干后，再涂下一层，直至5 mm左右	室温下硫化	液压下常温防潮
8	聚丁二烯类	聚丁二烯胺	用毛笔蘸胶，均匀涂在应变片上，加温固化	70℃，2 h 130℃，1 h	常温防潮
9	丙烯酸类树脂	P-4	涂刷或包扎	室温5 min内溶剂挥发，24 h完全固化或80℃/min更佳	各种应力分析应变片及传感器防潮与保护，也可固定接线与绝缘。−70～+120℃

4.3.2 电阻应变仪的测量电路

由电阻应变片的工作原理知，当电阻应变片的灵敏系数$K=2.0$，被测量的机械应变为$10^{-6}\sim10^{-3}$时，电阻变化率为$\frac{\Delta R}{R}=K\varepsilon=2\times10^{-6}\sim2\times10^{-3}$，这是一个非常微弱的电信号，用量电器检测是很困难的。所以，必须借助放大器将该弱信号放大，才能推动量电器工作。而电阻应变仪就是电阻应变片的专用放大器及量电器。

1. 电桥基本原理

电阻应变仪采用的测量电路是惠斯登桥路，如图4-10所示。在四个桥臂上分别接入电阻R_1、R_2、R_3和R_4，在A、C端接入电源，B、D端为输出端。

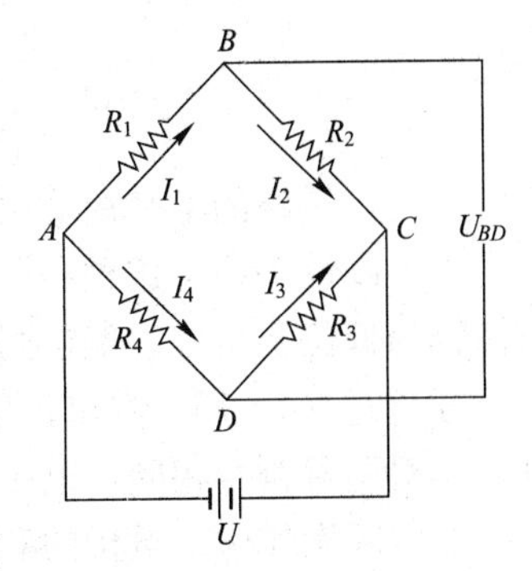

图4-10 电桥原理

电路处于平衡状态时，对角线B点的电压等于D点的电压，即对角线的输出电压降等于零。因此A点到D点的电压降必等于A点到B点的电压降，同理另半个桥臂上两支路电压降也必然相等，故有：

$$I_4R_4=I_1R_1；\ I_3R_3=I_2R_2 \tag{4-8}$$

因为桥路达到平衡时，对角线输出为零，即 $U_{BD}=0$，因此必然有：

$$I_1=I_2；\ I_3=I_4 \tag{4-9}$$

将式（4-9）代入式（4-8），消去电流 I 项，得电桥平衡时的条件为：

$$R_1R_3=R_2R_4 \tag{4-10}$$

采用惠斯登电桥量测应变时，可以只接一个测量应变片（又称“工作应变片”，如 R_1 为工作应变片），这种接法称为 1/4 电桥。当电阻 R_1 变化 ΔR_1 且其他电阻均保持不变时，输出电压为：

$$U_{BD}=U_{AB}-U_{AD}=I_1(R_1+\Delta R_1)-I_4R_4 \tag{4-11}$$

将式（4-9）代入式（4-11），并略去分母中的 ΔR 项得：

$$\begin{aligned}U_{BD}&=\left(\frac{R_1+\Delta R_1}{R_1+\Delta R_1+R_2}+\frac{R_4}{R_3+R_4}\right)U\\&=\frac{R_1R_3-R_2R_4+\Delta R_1R_3}{(R_1+R_2)(R_3+R_4)}U\end{aligned} \tag{4-12}$$

当取 $R_1=R_2=R_3=R_4=R$（称为等臂电桥）时，并将 $\frac{\Delta R}{R}=K\varepsilon$ 代入式（4-12），得：

$$U_{BD}=\frac{\Delta R_1R}{(2R)(2R)}U=\frac{U}{4}\cdot\frac{\Delta R_1}{R}=\frac{U}{4}K\varepsilon_1 \tag{4-13}$$

当电阻 R_1 和 R_2 分别改变 ΔR_1 和 ΔR_2，并取 $R_1=R_2=R_3=R_4$，其对角线输出为：

$$\begin{aligned}U_{BD}&=\left(\frac{R_1+\Delta R_1}{R_1+\Delta R_1+R_2+\Delta R_2}+\frac{R_4}{R_3+R_4}\right)U\\&=\frac{U}{4}\frac{\Delta R_1-\Delta R_2}{R}=\frac{U}{4}(\varepsilon_1-\varepsilon_2)K\end{aligned} \tag{4-14}$$

同理，改变任一桥臂上的电阻值均可得到类似的公式。若四个桥臂上的电阻同时都改变一个微量，则对角线 BD 的输出电压为：

$$\begin{aligned}U_{BD}&=\frac{U}{4}\left(\frac{\Delta R_1-\Delta R_2+\Delta R_3-\Delta R_4}{R}\right)\\&=\frac{U}{4}K(\varepsilon_1-\varepsilon_2+\varepsilon_3-\varepsilon_4)\end{aligned} \tag{4-15}$$

可见，桥路的不平衡输出，与两相对臂上的应变之和呈线性关系，且与两相邻臂上的应变之差呈线性关系。这种利用桥路的不平衡输出进行测量的电桥称为不平衡电桥。这种测量方法称为偏位测定法。偏位测定法适用于动态应变测量。

通过式（4-15）看出，电桥具有和差特性：相邻两臂符号相反，电桥输出具有相减特性；相对两臂符号相同，电桥输出具有相加特性。

在实际操作中，电桥的和差特性有如下用途：提高电桥输出灵敏度；排除不需要的成分；进行温度补偿。

2. 平衡电桥原理

由式(4-15)看出，不平衡电桥的输出中含有电源电压 U 项。当采用城市电网供应的电压，而测试工作又需要延续较长时间时，电源电压的波动将不可避免，其后果必将影响到量测结果的准确性。另外不平衡电桥采用的是偏位法测量，它要求输出对角线上的检测值既要有很高的灵敏度又要有很大的测量范围。为满足这些测试要求，现代的电阻应变仪都改用平衡电桥，即采用零位法进行测量。平衡电桥如图 4-11 所示。R_1 为贴在受力构件上的工作应变片，R_2 为贴在非受力构件上的温度补偿片，R_3 和 R_4 由滑线电阻 ac 代替，触点 D 平分电阻 ac，且使 $R_3=R_4=R''$，$R_1=R_2=R'$。构件受力前，工作电阻没有增量，桥路处于平衡状态，检流计指零，则有 $R_1R_3=R_2R_4$；构件受力变形后，应变片的电阻由 R_1 变为 $R_1+\Delta R_1$，这时桥路失去平衡，检流计指针偏转至某一新的位置，这时如果将触点 D 向右滑动一个距离，可以发现指针有回零的趋势，继续向右移动至 D' 点，这时指针回到零位，也就是桥路又重新恢复了平衡。桥路重新恢复平衡时的条件为：

$$(R_1+\Delta R_1)(R_3-\Delta r)=R_2(R_4+\Delta r) \tag{4-16}$$

$$R_1R''+\Delta R_1R''-R_1\Delta r-\Delta R_1\Delta r=R_1R''+R_1\Delta r$$

$$\frac{\Delta R_1}{R_1}=\frac{2\cdot\Delta r}{R''} \tag{4-17}$$

所以

$$\varepsilon=\frac{2\cdot\Delta r}{KR''} \tag{4-18}$$

可见，只要在滑线电阻上标出应变刻度，即可读取 Δr 的调节幅度。用这种方法进行测量时，检流计仅用来判别电桥平衡与否，故可避免偏位法测定的缺点。由于检流计始终把指针调整至指零位置才开始读数，所以称为零位测定法。零位测定法用于静态电阻应变的测量。

如图 4-11 所示的电桥，只有半个桥臂参与测量工作，另一半是供读数用的。为了使四个桥臂都能参与测量工作，同时也为了进一步提高电桥的输出灵敏度，现代的应变仪把平衡电桥改成了两个桥路，即所谓的双桥路，如图 4-12 所示。

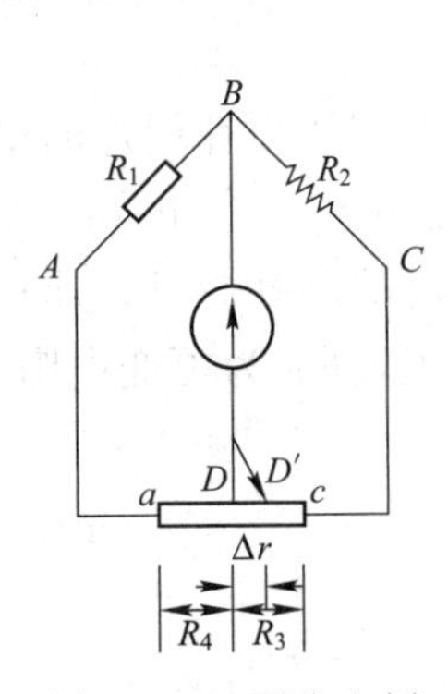

图 4-11　平衡电桥

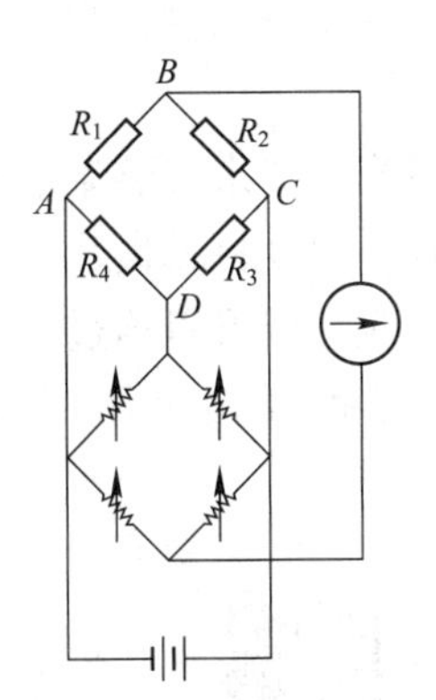

图 4-12　双桥路原理图

双电桥桥路除有一个连接电阻应变片的测量电桥外，还有一个能输出与测量电桥变化相反的读数电桥，读数电桥的桥臂由可以调节的精密电阻组成。当试件发生变形，测量电桥失去平衡，检流计指针发生偏转时，调节读数电桥的电阻，使其产生一个与测量电桥大小相等、方向相反的量，使指针重新指向零。由于测量电桥的 U 与 ε 成正比，因此读数电桥的电阻调整值也必定与 ε 成正比。

3. 温度补偿技术

粘贴在试件测点上的应变计所反映的应变值，除了试件受力变形外，通常还包含试件与应变计受温度影响而产生的变形和由于试件材料与应变计的温度线膨胀系数不同而产生的变形等。这种由于“温度效应”所产生的应变称为“视应变”，它不是荷载效应，结构试验中常采用温度补偿方法加以消除。

温度变化使应变片的电阻值发生变化的原因有两个：一是由于电阻丝温度改变 Δt（℃）时，电阻将随之改变；二是试件材料与应变片电阻丝的线膨胀系数不相等，但两者又黏合在一起，这样温度改变 Δt（℃）时，在应变片中产生了温度应变，引起一个附加变化。因此总的温度应变效应为两者之和，可用电阻增量 ΔR_t 表示。根据桥路输出公式得：

$$U_{BD}=\frac{U}{4}\cdot\frac{\Delta R_t}{R}=\frac{U}{4}K\varepsilon_t \tag{4-19}$$

式中：ε_t 称为视应变。

当应变片的电阻丝为镍铬合金丝时，温度每变动 1 ℃，将产生相当于钢材（$E=2.1\times10^5\ \mathrm{N/mm^2}$）应力为 14.7 $\mathrm{N/mm^2}$ 的示值变动，这个量不能忽视，必须设法加以消除。消除温度效应的方法称为温度补偿。

温度补偿的方法是在电桥的 BC 臂上接一个与测量片 R_1 同样阻值的应变片 R_2，R_2 为温度补偿应变片。测量片 R_1 贴在受力构件上，既受应变作用，又受温度作用，故 ΔR_1 由两部分组成，即 $\Delta R_1=\Delta R_\varepsilon+\Delta R_t$；补偿片 R_2 贴在一个与试件材料相同并置于试件附近，具有同样温度变化，但不受外力的补偿试件上，它只有 ΔR_t 的变化。故由式（4-13）得：

$$\begin{aligned}U_{BD}&=\frac{U}{4}\cdot\frac{\Delta R_1+\Delta R_{1,t}-\Delta R_{2,t}}{R}\\&=\frac{U}{4}\cdot\frac{\Delta R_1}{R}=\frac{U}{4}K\varepsilon_1\end{aligned} \tag{4-20}$$

由此可见，测量结果仅为试件受力后产生的应变值，温度产生的电阻增量（或视应变）自动得到消除。

当找不到一个适当位置来安装温度补偿片，或者工作片与补偿片的温度变动不相等时，应采用温度自补偿片。温度自补偿片是一种单元片，它可由两个单元组成，如图 4-13（a）所示，两个单元的相应效应可以通过改变外电路来调整，如图 4-13（b）所示。其中 R_G 和 R_T 互为工作片和补偿片，R_{LG}和 R_{LT}为各自的导线电阻，R_B 为可变电阻，加以调节可给出预定的最小视应变。

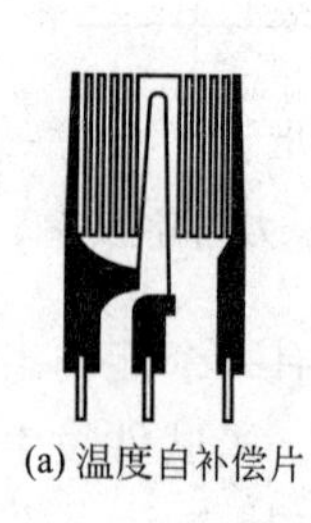
(a) 温度自补偿片

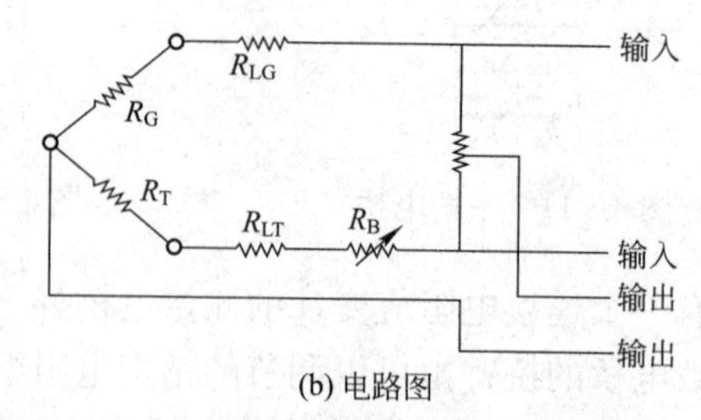

(b) 电路图

图 4-13　温度自补偿电路

一个温度应变计可以补偿一个工作应变计，称为单点补偿；也可以连续补偿多个工作应变计，称为多点补偿。这要根据试验目的要求和试件材料不同而定。如钢结构，材料的导热性较好，应变计通电后散热较快，可以用一个补偿应变计连续补偿 10 个工作应变计；混凝土等材料散热性能差，一个补偿应变计连续补偿的工作应变计不宜超过 5 个，最好使用单点补偿。

4. 多点测量线路

实际进行测量时，测点数往往很多，因而要求应变仪具有多个测量桥，这样就可以进行多测点的测量工作。图 4－14 是实现多点测量的两种线路：工作肢转换法是每次只切换工作片，温度补偿片为公用片；中线转换法每次同时切换工作片和补偿片，通过转换开关自动切换测点而形成测量桥。

当供桥电压改为交流电压时，变成了交流电桥。在交流电桥中，两邻近导体以及导体与机壳之间存在分布电容，测量导线之间也会产生分布电容。分布电容的存在，严重影响电桥的平衡，致使电桥灵敏度大大降低，因此必须在测量前预先将电容调平，即使桥路对角线上的容抗乘积相等（如 $Z_1Z_3=Z_2Z_4$），此时由分布电容引起的对角线输出为零。

电阻应变仪预调平衡的原理如图 4－15 所示。$ABCD$ 组成测量桥路，当 R_1、R_2、R_3、R_4 均为工作片时，组成全桥测量。若用 R_3'、R_4'（仪器内部标准电阻）代替 R_3、R_4 时，则组成半桥测量。其中 R_a 与 R_{ta} 组成电阻预调平衡线路；C_t 与 R_t 组成电容预调平衡线路。这样当 R_t 或 R_{ta} 的触点分别左右滑动时，就可以使电容或电阻达到平衡状态。

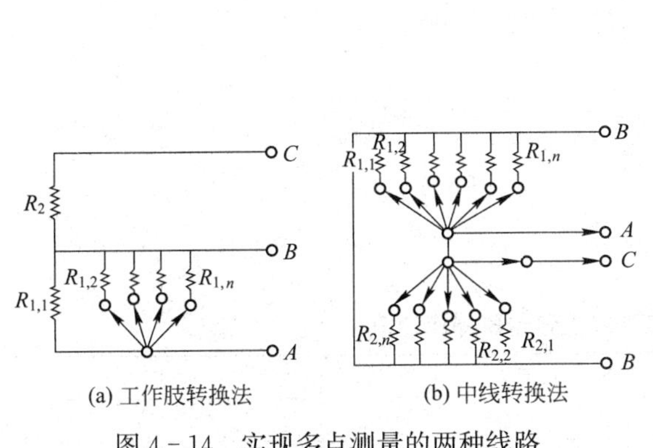

图 4－14　实现多点测量的两种线路

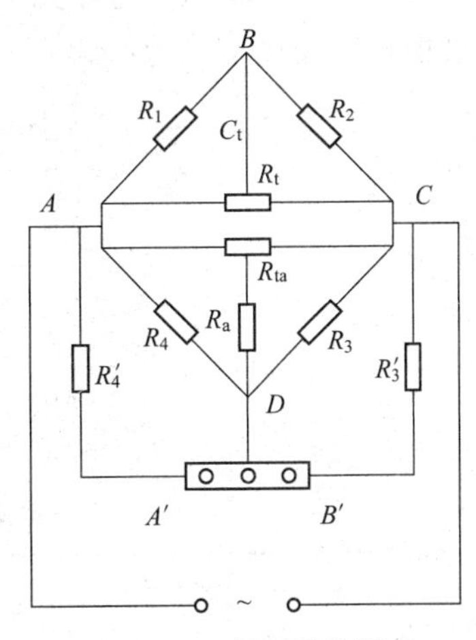

图 4－15　预调平衡原理

4.3.3　实用电路及其应用

式（4－15）建立的应变与输出电压之间的关系，为我们提供了下列三种标准实用的电路。

1. 全桥电路

全桥电路就是在测量桥的四个臂上全部接入工作应变片，如图 4－16 所示。这种接桥法可以提高量测精度，主要用于由应变片作为敏感元件的各种传感器上。其中相邻臂上的工作片兼作温度补偿用。桥路输出为：

$$U_{BD}=\frac{U}{4}K(\varepsilon_1-\varepsilon_2+\varepsilon_3-\varepsilon_4)=\frac{U}{4}K\varepsilon_r \tag{4-21}$$

式中：ε_r 为应变仪读数值，$\varepsilon_r=\varepsilon_1-\varepsilon_2+\varepsilon_3-\varepsilon_4$。

(1) 应变式位移传感器。

图 4-17 是应变式位移传感器应用此类电路的原理示意图。图中高弹性金属梁的截面为矩形。由材料力学可知，梁端点挠度 f 与梁的表面应变 ε（用应变片测量）有如下关系：

$$f=\frac{2}{3}\frac{L^2}{hx}\varepsilon \tag{4-22}$$

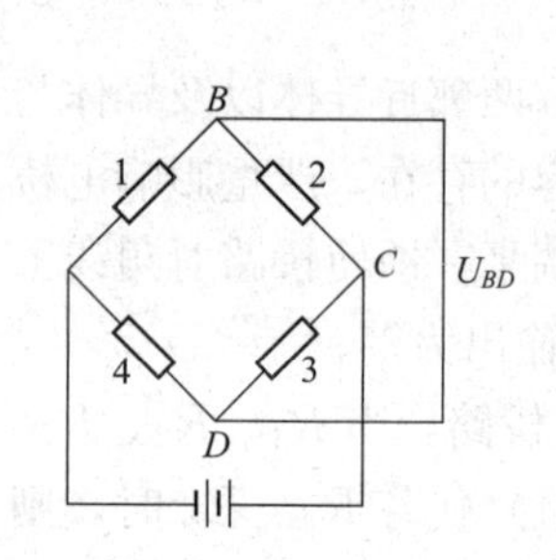

图 4-16　全桥标准实用电路

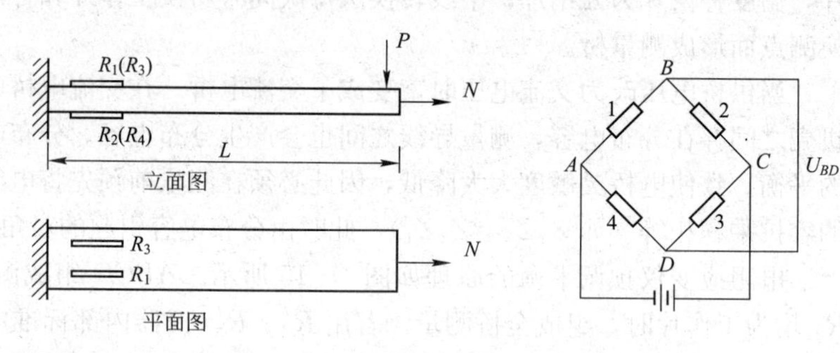

图 4-17　应变式位移传感器测试原理图

图 4-17 中的梁的受力如图中所示时，各应变片所产生的应变变化值如表 4-3 所示，则应变电桥电压输出式为：

$$\begin{aligned}U_{BD}&=\frac{UK}{4}[\varepsilon_1-\varepsilon_2+\varepsilon_3-\varepsilon_4]\\&=\frac{UK}{4}[(\varepsilon_P+\varepsilon_N+\varepsilon_t)-(-\varepsilon_P+\varepsilon_N+\varepsilon_t)+\\&\quad(\varepsilon_P+\varepsilon_N+\varepsilon_t)-(-\varepsilon_P+\varepsilon_N+\varepsilon_t)]\\&=\frac{UK}{4}4\varepsilon_P\end{aligned} \tag{4-23}$$

表 4-3　应变式位移传感器应变值

	垂直力 P	轴向力 N	温度 t
R_1	ε_P	ε_N	ε_t
R_2	$-\varepsilon_P$	ε_N	ε_t
R_3	ε_P	ε_N	ε_t
R_4	$-\varepsilon_P$	ε_N	ε_t

应变仪读数：$\varepsilon_r=4\varepsilon_P$，即灵敏度提高了 4 倍，同时，又消除了温度 ε_t 和轴向力 ε_N 的影响。实际的弯曲应变值 $\varepsilon_P=\varepsilon_r/4$，根据应变值大小所得梁端点位移为：

$$f=\frac{2}{3}\frac{L^2}{hx}\varepsilon_P=\frac{L^2}{6hx}\varepsilon_r \tag{4-24}$$

(2) 应变式倾角传感器。

在倾角传感器的摆杆上贴有四个应变片。其工作原理是：当倾角传感器随试件转动 θ 角度时，应变梁产生弯曲应变 ε_M，当转角较小（0°～5°）时，转角 θ 和应变梁上的弯曲应变 ε_M 呈线性关系，即 $\theta=k\varepsilon_M$。

(3) 应变式测力传感器。

在图 4-18 所示测力传感器的弹性元件上布置 8 个应变片，为了消除因荷载偏心而产生的附加弯曲影响，采用了沿周边和轴向对称粘贴应变片的方式，并将这 8 个应变片接成全桥。

对于弹性元件，力 N 和应力呈线性关系，即 $\sigma=E\varepsilon=\dfrac{N}{A}$，$A$ 是弹性元件的截面面积。严格地说，截面加载后，力 N 和应力有变化（有横向变形），因此是非线性关系，即：

$$\sigma=E\varepsilon=\frac{N}{A}+\frac{2N^2\nu}{A^2E} \tag{4-25}$$

式中：ν 为泊松比；E 为材料弹性模量；N 为作用力；A 为截面面积。

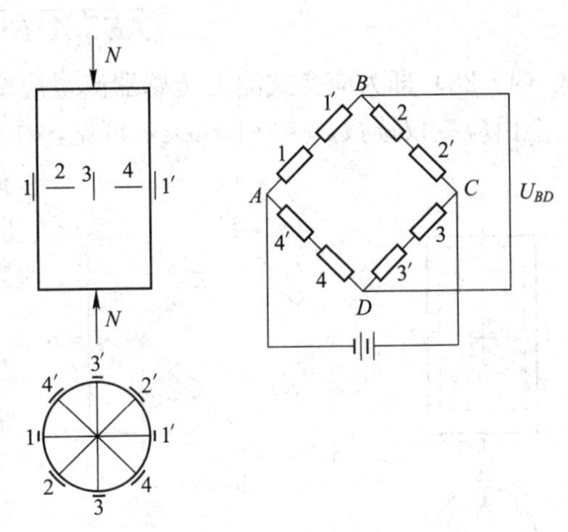

图 4-18　在测力传感器弹性元件上布置的 8 个应变片及桥路

对于如图 4-18 所示的接桥方式，在考虑荷载偏心而产生的附加弯曲影响后，各应变片所产生的应变值见表 4-4，其中，R_1、R_1'、R_3、R_3'为沿着测力传感器轴向即纵向粘贴，R_2、R_2'、R_4、R_4'沿着测力传感器的横向粘贴。其桥路布置如图 4-18 所示。

$$\left.\frac{\Delta R}{R}\right|_{AB}=\frac{\Delta R_1+\Delta R_1'}{R_1+R_1'}=\frac{1}{2}\left(\frac{\Delta R_1}{R}+\frac{\Delta R_1'}{R'}\right) \tag{4-26}$$

表 4-4　应变式测力传感器应变值

	轴向力 N	附加弯曲 M	温度 t
R_1，R_3	ε_N	ε_M	ε_t
R_2，R_4	$-\nu\varepsilon_N$	0	ε_t
R_1'，R_3'	ε_N	$-\varepsilon_M$	ε_t
R_2'，R_4'	$-\nu\varepsilon_N$	0	ε_t

由式（4-26）知，当两片相同的应变片串联在一桥臂中使用时，这一桥臂的电阻变化率为各片电阻变化率的算术平均值，这一结论在多片串联时也适用，则应变电桥电压输出式为：

$$\begin{aligned}
U_{BD}&=\frac{UK}{4}[\varepsilon_1-\varepsilon_2+\varepsilon_3-\varepsilon_4]\\
&=\frac{UK}{4}\Big[\frac{1}{2}[(\varepsilon_N+\varepsilon_M+\varepsilon_t)+(\varepsilon_N-\varepsilon_M+\varepsilon_t)]-\frac{1}{2}[(-\nu\varepsilon_N+\varepsilon_t)+(-\nu\varepsilon_N+\varepsilon_t)]+\\
&\quad\frac{1}{2}[(\varepsilon_N+\varepsilon_M+\varepsilon_t)+(\varepsilon_N-\varepsilon_M+\varepsilon_t)]-\frac{1}{2}[(-\nu\varepsilon_N+\varepsilon_t)+(-\nu\varepsilon_N+\varepsilon_t)]\Big] \qquad (4-27)\\
&=\frac{UK}{4}2(1+\nu)\varepsilon_N
\end{aligned}$$

应变仪读数：$\varepsilon_r=2(1+\nu)\varepsilon_N$，$\varepsilon_N=\varepsilon_r/2(1+\nu)$，代入式（4-25）中，经整理得：

$$\frac{N}{AE}+\frac{2N^2\nu}{A^2E^2}=\varepsilon_N=\frac{\varepsilon_r}{2(1+\nu)} \tag{4-28}$$

式（4-28）即为应变式测力传感器测量应变与轴力关系式。

由应变仪读数 $\varepsilon_r=2(1+\nu)\varepsilon_N$ 可见，在桥路输出式中将输出信号 ε_N 放大了 $2(1+\nu)$ 倍，提高了量测灵敏度，温度补偿也自动完成，并消除了读数中因轴向力偏心引起的附加弯矩 M 的影响。

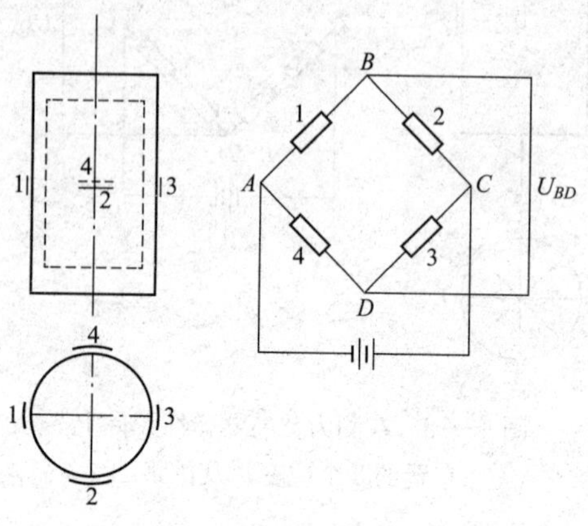

图 4-19　荷载传感器全桥接线

在图 4-19 所示的圆柱体荷重传感器中，在其筒壁的纵向和横向分别贴有 2 片电阻应变片，组成一全桥电路。根据横向应变片的泊松比效应和电桥输出的加减特性，经分析可知，图 4-19 和图 4-18 所示的两种贴片和连接方式的输出均为：

$$U_{BD}=\frac{U}{4}K\cdot 2(1+\nu)\varepsilon \tag{4-29}$$

（4）用全桥的方法测量弯曲与拉（压）复合作用下的轴向拉压应变量。

测量弯曲与拉（压）复合作用的应变量（见图 4-20），R_1、R_3 分别粘贴在悬臂梁固定端受弯截面的上下表面上，R_2、R_4 粘贴在靠近 R_1、R_3 并与之相垂直的方向，感受试件的横向纤维变形。在图 4-20 所示的受力情况下，各应变片所产生的应变值见表 4-5。用全桥的方法测量时，电桥电压输出式为：

$$\begin{aligned} U_{BD}&=\frac{UK}{4}[\varepsilon_1-\varepsilon_2+\varepsilon_3-\varepsilon_4] \\ &=\frac{UK}{4}[(\varepsilon_N+\varepsilon_M+\varepsilon_t)-(-\nu\varepsilon_N+\varepsilon_t)+(\varepsilon_N-\varepsilon_M+\varepsilon_t)-(-\nu\varepsilon_N+\varepsilon_t)] \\ &=\frac{UK}{4}2(1+\nu)\varepsilon_N \end{aligned} \tag{4-30}$$

应变仪读数：$\varepsilon_r=2(1+\nu)\varepsilon_N$

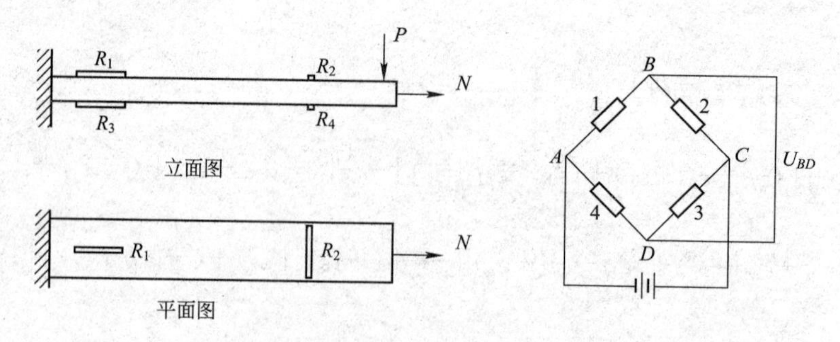

图 4-20　全桥电路在测量弯曲与拉（压）复合作用应变的应用

表 4-5　应变式测应变电路应变值

	轴向力 N	附加弯曲 $M=PL$	温度 t
R_1	ε_N	ε_M	ε_t
R_2	$-\nu\varepsilon_N$	0	ε_t
R_3	ε_N	$-\varepsilon_M$	ε_t
R_4	$-\nu\varepsilon_N$	0	ε_t

2. 半桥电路

半桥电路是由两个工作片和应变仪内部的两个固定电阻组成的接线方式，如图 4-21 所示。下面介绍用半桥电路的方法测量弯曲与拉（压）复合作用下的轴向拉压应变量。

在图 4-22 中，R_1、R_3 分别粘贴在悬臂梁固定端受弯截面的上下表面上，R_2、R_4 粘贴在靠近 R_1、R_3 并与之相垂直的方向，感受试件的横向纤维变形。采用半桥接线的方法，在桥臂 1 和 3 上分别接入应变片 R_1、R_3，而桥臂 2 和 4 上分别接入应变仪内部两个固定电阻，该桥路组成了一个半桥电路。在图 4-22 所示的受力情况下，各应变片所产生的应变值见表 4-5。则电桥电压输出式为：

$$
\begin{aligned}
U_{BD} &= \frac{UK}{4}[\varepsilon_1-\varepsilon_2+\varepsilon_3-\varepsilon_4] \\
&= \frac{UK}{4}[(\varepsilon_N+\varepsilon_M+\varepsilon_t)-(\varepsilon_N-\varepsilon_M+\varepsilon_t)+\varepsilon_t'-\varepsilon_t'] \\
&= \frac{UK}{4}2\varepsilon_M
\end{aligned}
\tag{4-31}
$$

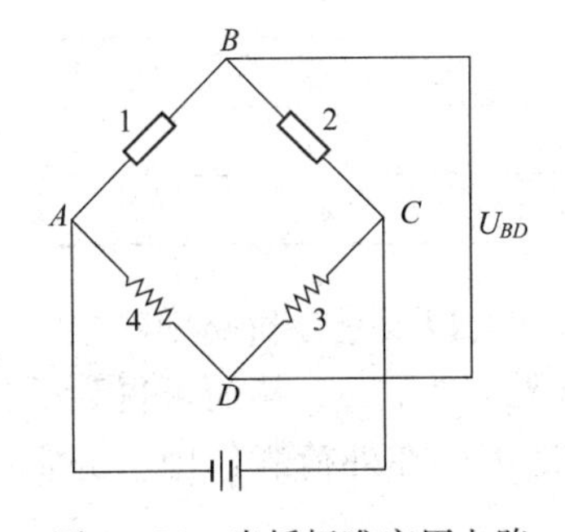

图 4-21　半桥标准实用电路

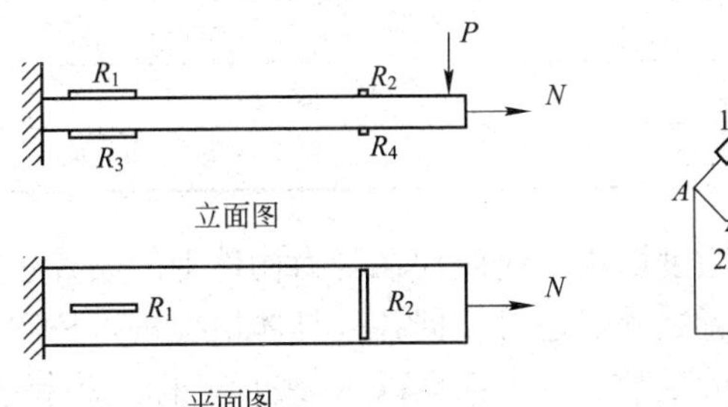

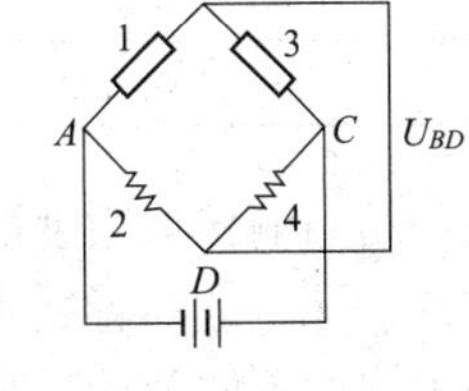

图 4-22　半桥电路在测量弯曲与拉（压）复合作用下的应用

应变仪读数：$\varepsilon_r=2\varepsilon_M$，弯曲应变 $\varepsilon_M=\varepsilon_r/2$。由此看出，图 4-22 和图 4-20 虽然构件受力和贴片方式完全相同，但采用的桥臂接线方式不同，则输出的结果不同。

3. $\frac{1}{4}$桥电路

$\frac{1}{4}$桥电路是由一个工作片和一个补偿片及应变仪内部的两个固定电阻组成的连接方式。$\frac{1}{4}$桥电路常用于测量应力场里的单个应变，标准实用电路如图 4-23 所示。例如，要测量简支梁下边缘的最大拉应变（见图 4-24），这时温度补偿必须用一个补偿应变片 R_2 来完成。

在图 4-24 中，R_1 是工作片，R_2 是补偿片，R_3、R_4 是应变仪内部的两个固定电阻。各应变片所产生的应变值见表 4-6。应变电桥电压输出式为：

$$
\begin{aligned}
U_{BD} &= \frac{UK}{4}[\varepsilon_1 - \varepsilon_2 + \varepsilon_3 - \varepsilon_4] \\
&= \frac{UK}{4}[(\varepsilon_M + \varepsilon_t') - \varepsilon_t' + \varepsilon_t - \varepsilon_t] \\
&= \frac{UK}{4}\varepsilon_M
\end{aligned}
\tag{4-32}
$$

应变仪读数：$\varepsilon_r = \varepsilon_M$。

由此可见，这种接线方式对输出信号没有放大作用。

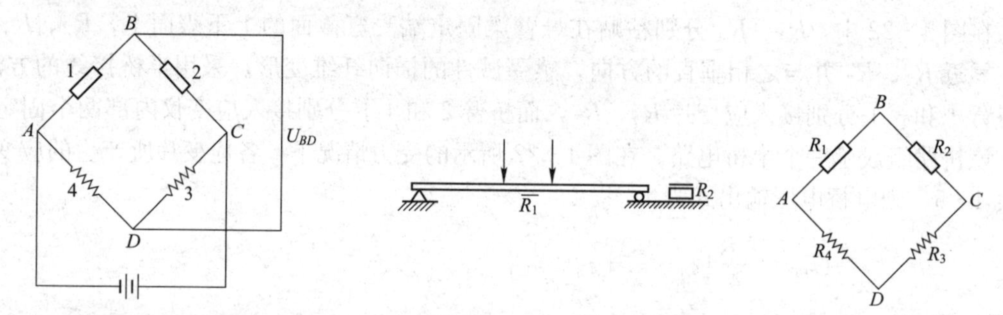

图 4-23　1/4 桥标准实用电路图　　　图 4-24　1/4 桥测量简支梁下边缘拉应变示意图

表 4-6　应变式位移传感器应变值

	弯曲 M	温度 t
R_1	ε_M	ε_t'
R_2	0	ε_t'
R_3	0	ε_t
R_4	0	ε_t

桥路输出灵敏度取决于应变片在受力构件上的贴片位置和方向，以及它在桥路中的接线方式。除上述布置之外，还可根据各种具体情况进行桥路设计（见表 4-7），从而可得到桥路输出的不同放大系数。放大系数以 K' 表示，称之为桥臂系数。因此在外荷载作用下的实际应变值，应该是应变仪读数 ε_r 与桥臂系数 K' 之比，即 $\varepsilon = \frac{\varepsilon_r}{K'}$。

表 4-7　电阻应变计的布置与桥路连接方法

序号	受力状态及贴片方式		量测项目	温度补偿方法	桥路接法		测量桥输出	量测读数 ε_r 与实际应变 ε 的关系	特　点
1	轴向拉压	R_1 R_2	轴力	外设补偿片	半桥	B R1 R2 A C U_{BD} D U	$U_{BD} = \frac{U}{4}K\varepsilon$	$\varepsilon_r = \varepsilon$	用片较少，但不能消除偏心影响，不提高灵敏度

续表

序号	受力状态及贴片方式		量测项目	温度补偿方法	桥路接法		测量桥输出	量测读数 ε_r 与实际应变 ε 的关系	特　点
2	轴向拉压	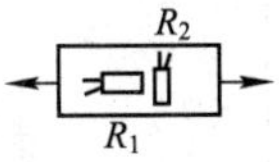	轴力	工作片互补偿	半桥	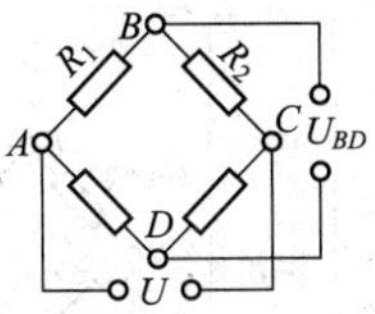	$U_{BD}=\frac{U}{4}K\varepsilon(1+\nu)$ ν—被测材料泊松比	$\varepsilon_r=(1+\nu)\varepsilon$	灵敏度提高至 $(1+\nu)$ 倍，用片较少但不能消除偏心影响
3	轴向拉压	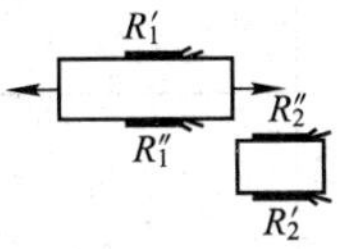	轴力	外设补偿片	半桥	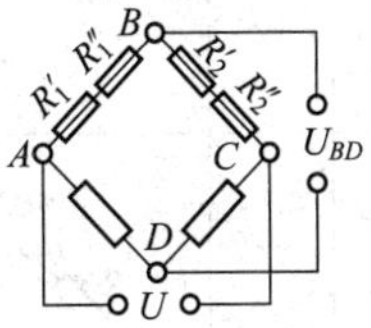	$U_{BD}=\frac{U}{4}K\varepsilon$	$\varepsilon_r=\frac{\varepsilon_1'+\varepsilon_1''}{2}=\varepsilon$	能消除偏心影响，但不提高灵敏度，用片较多
4	轴向拉压	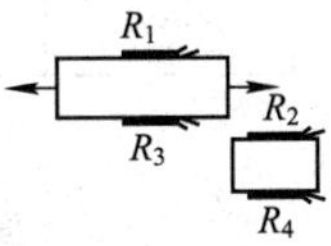	轴力	外设补偿片	全桥	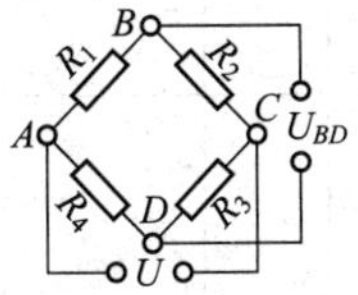	$U_{BD}=\frac{U}{2}K\varepsilon$	$\varepsilon_r=2\varepsilon$	灵敏度提高1倍，可消除偏心影响，但贴片较多
5	轴向拉压	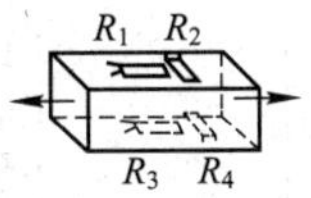	拉压力	工作片互补偿	全桥	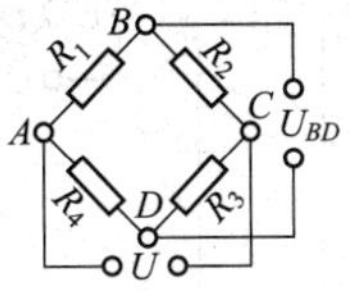	$U_{BD}=\frac{U}{2}K\varepsilon(1+\nu)$	$\varepsilon_r=2(1+\nu)\varepsilon$	灵敏度提高至 $2(1+\nu)$ 倍，可消除偏心影响，但贴片较多
6	径向受拉压	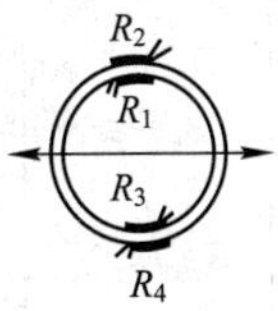	拉压力	工作片互补偿	全桥	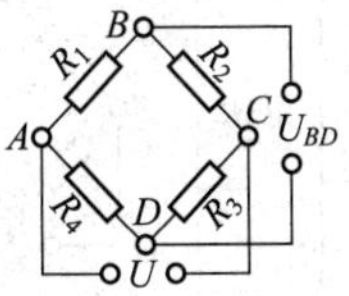	$U_{BD}=UK\varepsilon$	$\varepsilon_r=4\varepsilon$	灵敏度提高4倍
7	弯曲	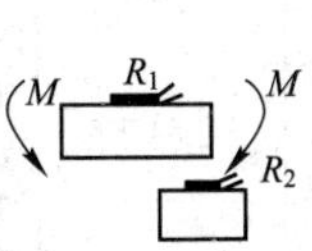	弯曲应变	外设补偿片	半桥	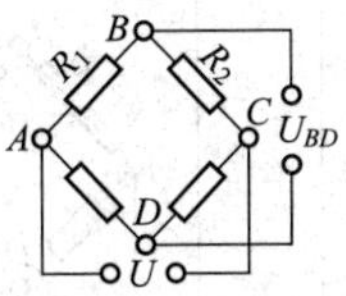	$U_{BD}=\frac{UK\varepsilon}{4}$	$\varepsilon_r=\varepsilon$	只测一面弯曲应变，灵敏度不提高，贴片少

续表

序号	受力状态及贴片方式		量测项目	温度补偿方法	桥路接法		测量桥输出	量测读数 ε_r 与实际应变 ε 的关系	特点
8	弯曲	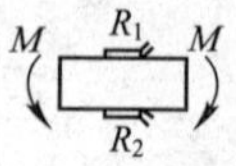	弯曲应变	工作片互补偿	半桥	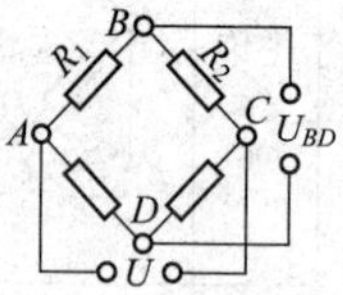	$U_{BD}=\frac{U}{2}K\varepsilon$	$\varepsilon_r=2\varepsilon$	可同时测两面弯曲应变，以便取平均值；灵敏度提高1倍，能消除轴力影响；只适用均质材料，对混凝土等材料不适用；贴片较少
9	弯曲	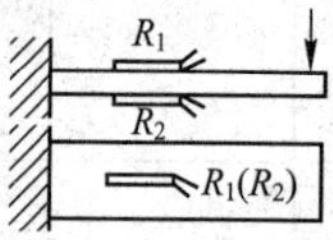	弯曲应变	工作片互补偿	半桥	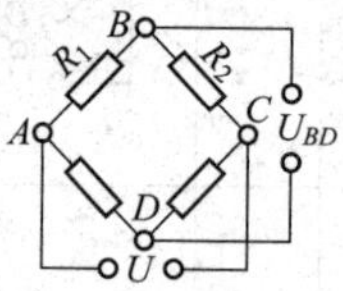	$U_{BD}=\frac{U}{2}K\varepsilon$	$\varepsilon_r=2\varepsilon$	同序号8
10	弯曲	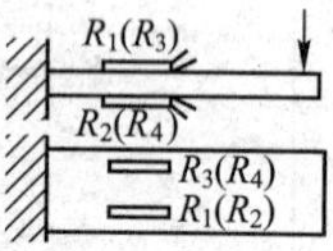	弯曲应变	工作片互补偿	全桥	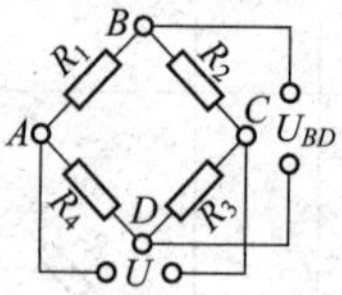	$U_{BD}=UK\varepsilon$	$\varepsilon_r=4\varepsilon$	可同时测两面四点弯曲应变，取平均值；灵敏度提高至4倍；能消除轴力影响；不适用非均质材料（如混凝土等）；贴片较多
11	拉压弯曲复合作用	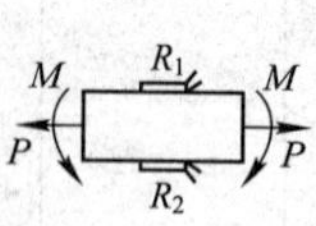	弯曲应变	工作片互补偿	半桥	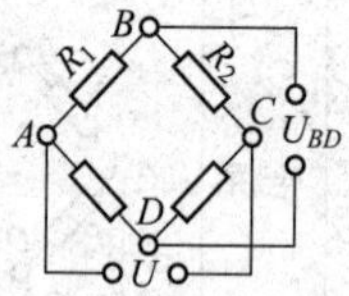	$U_{BD}=\frac{U}{2}K\varepsilon$	$\varepsilon_r=2\varepsilon$	可消除轴力影响，求得M引起的应变；灵敏度提高1倍，不适用非均质材料（如混凝土等）；贴片较少
12	拉压弯曲复合作用	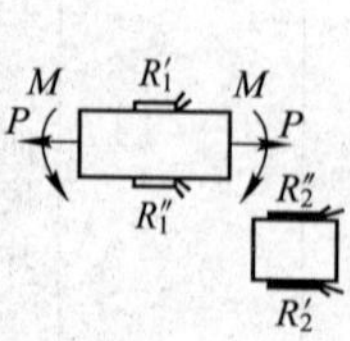	轴力应变	外设补偿片	半桥	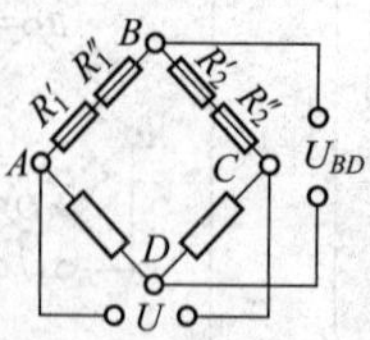	$U_{BD}=\frac{U}{4}K\varepsilon$	$\varepsilon_r=\frac{\varepsilon_1'+\varepsilon_1''}{2}=\varepsilon$	可消除M的影响，求得轴力引起的应变；灵敏度不提高；贴片较多

续表

序号	受力状态及贴片方式		量测项目	温度补偿方法	桥路接法		测量桥输出	量测读数 ε_r 与实际应变 ε 的关系	特　点
13	弯曲	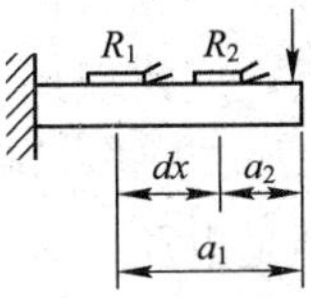	两截面弯曲应力之差	工作片互补偿	半桥	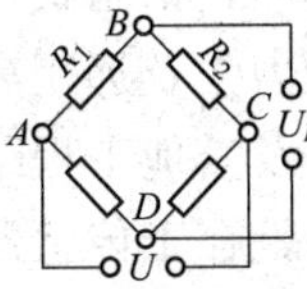	$U_{BD}=\frac{U}{4}K(\varepsilon_1-\varepsilon_2)$	两处弯曲应力差 $\varepsilon_r=\varepsilon_1-\varepsilon_2$	测试剪力专用方法。用片量较少，只能测量一侧弯曲应变，不能提高灵敏度
14	弯曲	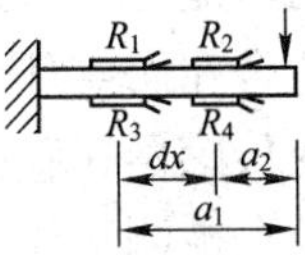	两截面弯曲应力之差	工作片互补偿	全桥	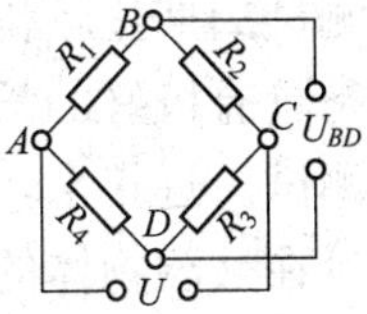	$U_{BD}=\frac{U}{2}K(\varepsilon_1-\varepsilon_2)$	两处弯曲应力差 $\varepsilon_r=2(\varepsilon_1-\varepsilon_2)$ 或 $\varepsilon_r=-2(\varepsilon_3-\varepsilon_4)$	测试剪力专用方法。用片量较多，可测量两侧弯曲应变，提高灵敏度1倍
15	扭转	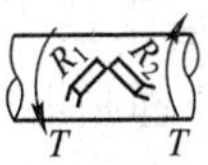	扭转应变	工作片互补偿	半桥	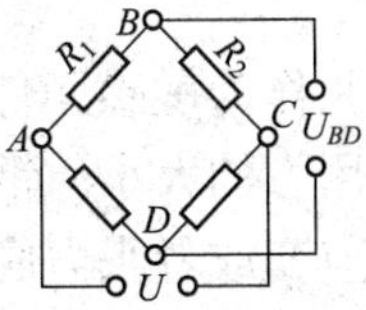	$U_{BD}=\frac{U}{2}K\varepsilon$	$\varepsilon_r=2\varepsilon$	灵敏度提高1倍；可测剪切应变 $\gamma=\varepsilon_r$；也适用于轴力与扭矩复合作用下，求扭转应变
16	轴力扭矩复合作用	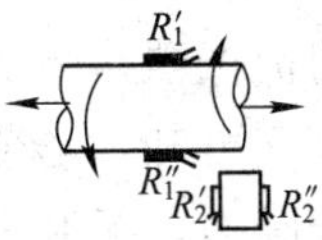	轴力应变	外设补偿片	半桥	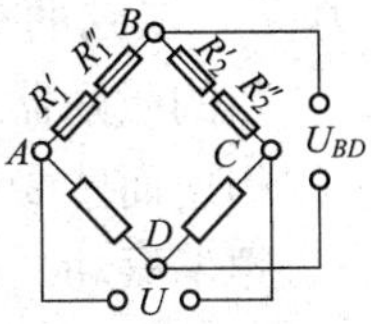	$U_{BD}=\frac{U}{4}K\varepsilon$	$\varepsilon_r=\frac{\varepsilon_1'+\varepsilon_1''}{2}=\varepsilon$	灵敏度不提高，可求得轴力产生的应变，并可消除偏心影响
17	轴力扭矩复合作用	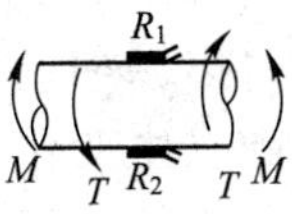	弯曲应变	工作片互补偿	半桥	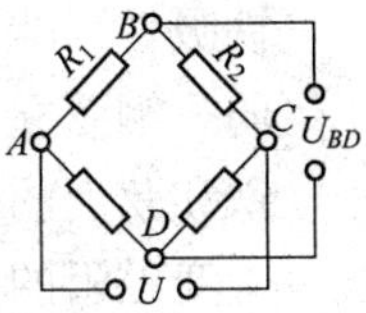	$U_{BD}=\frac{U}{2}K\varepsilon$	$\varepsilon_r=2\varepsilon$	灵敏度提高1倍，消除偏心影响，分解扭弯复合作用，求 ε_M
18	轴力扭矩复合作用	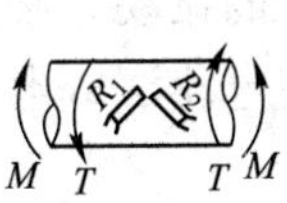	扭转应变	工作片互补偿	半桥	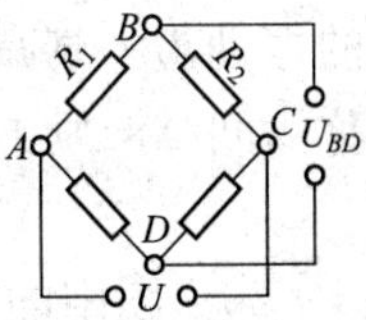	$U_{BD}=\frac{U}{2}K\varepsilon$	$\varepsilon_r=2\varepsilon$	灵敏度提高1倍，分解扭弯复合作用，求得扭转应变

4.4 钢弦式传感器

钢弦式传感器又叫振弦式传感器，最早于1919年得到应用。由于电子技术、测量技术、计算技术和半导体集成电路技术的发展，钢弦式传感器技术日趋完善。钢弦式传感器有体积小、稳定性好、分辨率高、抗干扰能力强及远距离输送误差小等优点，广泛应用于大坝、桥梁、基础、港口、核电站等结构，以及其他工程结构的长期检测中。

钢弦传感器较一般传感器的优点就在于传感器的输出是频率而不是电压。频率可以通过长电缆（>2 000 m）传输，不会因为导线电阻的变化、浸水、温度波动、接触电阻或绝缘改变等而引起信号的明显衰减。缺点是价格贵，一般测读的是频率值，需要换算成应变，体积相对较大，容易受碰撞，且存在测试周期比较长时钢弦出现松弛的可能性。但经过特殊工艺设计和制造后，钢弦式传感器还是具有极好的长期稳定性，特别适合在恶劣环境中的长期监测。适用范围：室外长期的应变测试。近年来，大量的钢弦式应变传感器在我国大型工程项目中得到了广泛使用，既可以埋设在被测物体的表面，又可以埋设在被测物体的内部。

4.4.1 工作原理

钢弦式传感器是以被张紧的钢弦作为敏感元件，利用其固有频率与张拉力的函数关系，根据固有频率的变化来反映外界作用力的大小。钢弦式传感器的工作原理是源于一根张紧的钢弦，其振动的谐振频率与钢弦的应变或者张力成正比。这种基本关系可以用来测量多种物理量，如应力、荷载、压力、温度和倾斜等。

钢弦式传感器的结构及工作原理如图4-25所示。振弦固定在上、下两夹块之间。用固紧螺钉固紧，给弦加一定的初始张力 T。在弦的中间固定着软铁块，永久磁铁和线圈构成弦的激励器，同时又兼作弦的拾振器。下夹块和膜片相连而感受压力 P。从图4-25可知，若使弦按固有频率振动，必须首先给弦以激励力，振弦是依靠线圈中的电流脉冲所产生的电磁吸力来产生激励作用的。当电流脉冲到来时，磁铁的磁性大大增强，钢弦被磁铁吸住。当电流脉冲过去后，磁铁的磁性又大大减弱，钢弦立即脱离磁铁而产生自由振动，并使永久磁铁和弦上的软铁块间的磁路间隙发生变化，从而造成了变磁阻的条件，在兼作拾振器用的线圈中将产生与弦的振动同频率自交变电势输出。这样通过测量感应电势的频率即可检测振弦张力的大小。

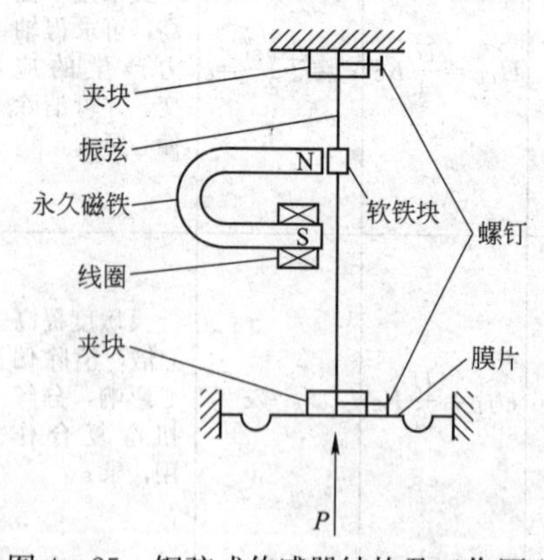

图4-25 钢弦式传感器结构及工作原理

由于空气等阻尼的影响，振弦的振动为一衰减振动。为了维持弦的振动，必须间隔一定时间再次加以激励，此种激励方式称为间歇激励方式。此外，亦可用电流法或电磁法作为连续激励方式。

钢弦式传感器的作用原理见图4-26。图中的振弦为测量电路的一部分，位于磁场中的弦可等效成LC回路。若将其接入一电子放大振荡器中，则可以组成一个力—电耦振荡器。

其振荡频率为：

$$f_0=\frac{1}{2\pi\sqrt{LC}}=\frac{1}{2\pi}\cdot\frac{1}{\sqrt{\frac{B^2l^2}{K}\cdot\frac{m}{B^2l^2}}}=\frac{1}{2\pi}\sqrt{\frac{K}{m}} \tag{4-33}$$

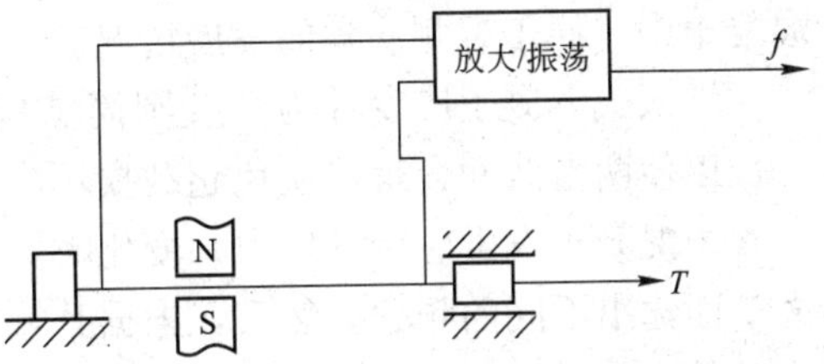

图 4-26 钢弦式传感器作用原理图

式中：f_0 为振荡频率；L 为电路中的等效电感，$L=\frac{B^2l^2}{K}$；C 为电路中的等效电容，$C=\frac{m}{B^2l^2}$；B 为磁场强度；l 为两支点间的钢弦有效长度；m 为钢弦的质量；K 为振弦的横向刚度。

可见，振荡电路的频率，亦即钢弦的振动频率只与钢弦的材料参数及质量大小有关。

由材料力学可知，振弦的横向刚度与弦的张力 T（N）的关系为：

$$K=\frac{\pi^2T}{l} \tag{4-34}$$

令 $\rho=\frac{m}{l}$，代入式（4-33）得：

$$f_0=\frac{1}{2l}\sqrt{\frac{T}{\rho}} \tag{4-35}$$

以 $T=\sigma\cdot s$ 和 $\rho=\frac{m}{l}$ 代入式（4-35）中，有：

$$f_0=\frac{1}{2l}\sqrt{\frac{\sigma\cdot s\cdot l}{m}}=\frac{1}{2l}\sqrt{\frac{\sigma}{\rho'}} \tag{4-36}$$

式中：ρ'为钢弦的体积密度，$\rho'=\frac{m}{V}$；s 为钢弦的横截面面积；V 为钢弦的工作体积；σ 为钢弦的应力，$\sigma=E\cdot\varepsilon_l=E\cdot\frac{\Delta l}{L}$；$\Delta l$ 为钢弦受力后的变形值。

另外，大多数钢弦计内装有热感应电阻，可同时用于温度测量。

4.4.2 钢弦式应变计

钢弦式应变计由于其独特的优点，应用范围十分广泛，既可用于结构物的应变测试，亦可用于荷载、位移等的测试。

将 $\sigma=E\varepsilon_l$ 代入式（4-36）中，得：

$$f_0=\frac{1}{2l}\sqrt{\frac{E\varepsilon_l}{\rho'}} \tag{4-37}$$

可见，当用钢弦频率的变化来反映钢弦应变的变化时，由于钢弦计与被测结构物变形协调，钢弦计应变即为结构物的应变。下面介绍几种常见的钢弦式应变计。

1. 埋入式应变计

埋入式应变计又称埋入式应变传感器，多埋于混凝土、钢筋混凝土等结构物中。主要用于结构物内部的应变（应力）的长期观测；也可用于病害工程，采取凿孔（槽）的方式埋入混凝土中，便于观测病害的发展情况。

埋入式混凝土应变计为薄壁圆筒结构，可根据不同的混凝土标号选用不同规格的应变计，以使两者匹配合理，避免超载损坏应变计或灵敏度太低影响测量精度。

当混凝土发生应变（应力）变化时，埋设在混凝土内的应变计同时变化，它根据应变的大小而输出不同的频率。然后，根据其输出的频率，用下列公式计算混凝土发生的应变（应力）的变化。

压：

$$x=(F^2-f^2-A)K \tag{4-38}$$

拉：

$$x=(f^2-F^2-A)K \tag{4-39}$$

式中：x 为微应变；F 为初始频率，即零点频率（Hz）；f 为输出频率（Hz）；A 为截距；K 为系数。式中 A 值（截距）和 K 值（系数）通过标定确定。

目前，国产的埋入式应变计有 JXH—2 型、MHY—150 型等。其中 JXH—2 型的最大量程可达到 1 500 个微应变，MHY—150 型的最大量程可达到 800 个微应变。

2. *表面式应变计*

表面式应变计安装在结构物的表面，用于结构物的应变或混凝土结构裂缝发展的观测。国产的表面应变计有 JXH—3 型及 JBY—100 型等。JXH—3 型的量程范围为－3 000～1 000 $\mu\varepsilon$，JBY—100 型的量程范围为－500～1 000 $\mu\varepsilon$。VSM—4000 型振弦式应变计见图 4-27。

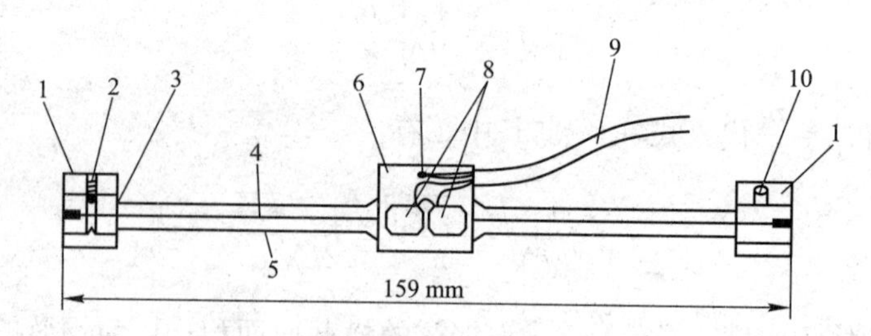

图 4-27　VSM—4000 型振弦式应变计

1—安装块；2—锥尖螺钉；3—端部用“O”形圈密封；4—钢弦；5—保护管；6—线圈外壳；7—热敏电阻；8—线圈（可拆卸）；9—电缆；10—调节螺钉

表面应变计的安装是将应变计固定在与之配套的底座上，底座与结构物之间可用胶黏结、螺栓连接或焊接，生产厂家可根据不同的安装方式提供相应的底座。安装表面式应变计时，首先在结构物表面预定位置固定应变计的两块底座。为确保两底座之间的距离与应变计的标距一致，并在同一轴线上，须用与底座配套的定位标准杆定位。应变计安装完成后，应使其初始频率与出厂标定的初始频率值一致。具体方法是先将应变计的一端紧固在底板上，调整另一端的微调螺母，使应变计的初频值与原出厂标定的初频值一致，然后扭紧固定螺钉。

为保护表面应变传感元件的稳定性，应变计应避免较大的冲击。表面式应变计的数据处理方法与埋入式应变计相同。

3. *钢筋应力计*

钢筋应力计也称钢筋应力传感器。常用于量测钢筋混凝土结构中的钢筋应力，亦可将其串接起来用于量测隧道及地下结构锚杆的应力分布。常见品牌有 JXG—1 型、JXG—2 型、GY—80 型等。其中 JXG—1 型的量测范围为－100～200 MPa（负值表示压应力），JXG—2

型的量测范围为$-170\sim350$ MPa，GY—80 型的量测范围为$-100\sim200$ MPa。钢筋应力计常见规格有 $\phi12$、$\phi14$、$\phi16$、$\phi18$、$\phi20$、$\phi22$、$\phi25$、$\phi28$、$\phi30$、$\phi32$、$\phi36$ 等。

钢筋应力计埋设时，应将钢筋应力计两端的拉杆焊接在被测钢筋上。焊接面积应不小于钢筋的有效面积，亦可采用两根短头钢筋夹在焊点两侧并焊牢。焊接时必须对钢筋应力计进行水冷却，以免由于焊接时的高温传到应力计上，损坏应力计内部的电器元件。焊接前后应分别对钢筋应力计的初始频率进行测试，测试结果应与标定表的零点频率相同。

钢筋应力计测试数据的处理方法与埋入式应变计相同。

4.5 应变的其他量测方法

1. 手持应变仪

手持应变仪如图 4-28 所示。它是一台自成套的应变仪，主要由两片弹簧钢片连接两个刚性骨架组成，两个骨架可做无摩擦的相对移动。骨架两端附带有锥形插轴，进行测量时将锥形插轴插入结构表面预定的空穴里。结构表面的预定空穴应按照仪器插轴之间的距离进行设置，这个距离就是仪器的标距。试件的伸长或缩短量由装在骨架上的千分表来测读。

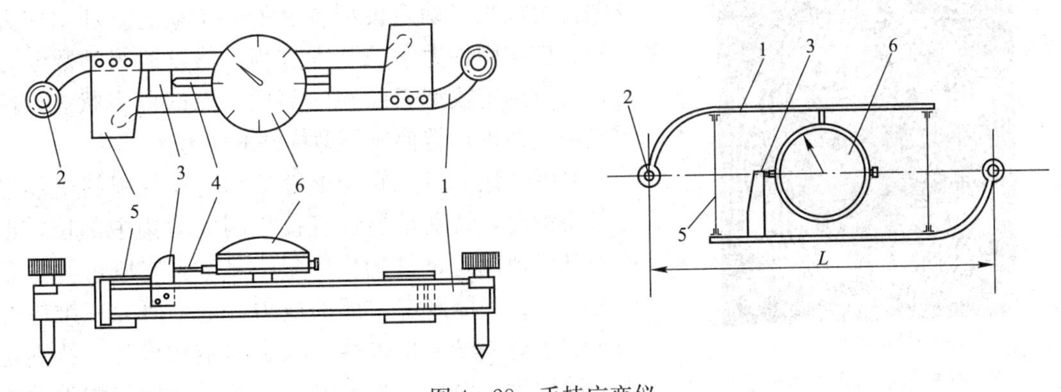

图 4-28　手持应变仪

1—刚性骨架；2—插轴；3—骨架外突缘；4—千分表测杆；5—薄钢片；6—千分表

手持应变仪常用于现场测量，适用于测量实际结构的应变，标距为 50～250 mm。国产手持应变仪有 200 mm 和 250 mm 两种。由于标距不同，其上千分表每一刻度代表的应变值也不相同。一般大标距适于量测非匀质材料的应变。

手持应变仪的工作原理是：在标距两端黏结两个脚标（每边各一个），通过测量结构变形前后两个脚标之间距离的改变，求得标距内的平均应变。

手持应变仪的操作步骤为：①根据试验要求确定标距，在标距两端黏结两个脚标（每边各一个）；②结构变形前，用手持应变仪先测读一次；③结构变形后，再用手持应变仪测读；④变形前后的读数差即为标距两端的相对位移，由此可求得标距范围内的平均应变。

手持应变仪的主要优点是：仪器不需要固定在测点上，因而一台仪器可进行多个测点的测量；其缺点是每测读一次要重新变更一次位置，这样很可能引入较大的误差。因此，为减小测量误差，在整个测试过程中，最好每个操作者固定一台仪器，并保持读数方法和测试条件前后一致，这样读数误差可以降至最低。尽管手持应变仪的测量误差偏大，但当用于测量混凝土构件的长期应变（徐变）、墙板的剪切变形以及在大标距范围内进行其他类似的应变测量时，手持应变仪还是相当方便的。

2. 单杠杆应变仪

单杠杆应变仪由刚性杆（一端带固定刀口）、杠杆（一端带菱形活动刀口）和千分表组成。构件变形后活动刀口绕支点转动，经杠杆放大后由千分表测出。这种仪器的标距有 20 mm、100 mm 等，放大倍数与杠杆臂长度有关。使用时请查阅有关产品说明。这种仪器的优点是构造简单、重复使用性好、价廉、能满足一般精度要求。

3. 光测法

应变的光测法主要包括光弹性法、云纹法、全息干涉法、激光散斑干涉法等。它们各自具有独特的功能，形成了近代应变光测技术。

（1）光弹性法是一种应用光学原理对试件进行应力分析的实验应力分析方法。它用光弹性材料按一定比例制成与实物相似的模型，在载荷作用下形成光学各向异性体，并具有如同天然晶体的双折射性质。当用偏振光照射时，模型上呈现出与应力相关联的条纹图，如图 4－29 所示。根据观测到的条纹图，可以直接确定模型各点处的主应力差和主应力方向，应用弹性力学的基本方程，辅以适当的数学分析，可以确定模型表面和内部任一点的应力状态，然后应用相似理论转换成原型构件的应力。

(a) 纯弯曲梁

(b) 受压圆环

图 4－29　纯弯曲梁和受压圆环的等差线

光弹性法的特点在于能够给出直观性强的全场应力分布情况，特别是能够直接检测应力集中部位，迅速而准确地确定试件的应力集中系数。它既可测定表面的应力，又能测定内部的应力，也是研究三维应力分布的主要手段。光弹性法在工程结构设计，特别是工程结构优化设计的方案论证以及复杂形状构件的应力分析中得到了广泛应用。

（2）云纹法是一种直接获取位移信息的光测方法。它将两块透光与不透光相间的栅线组成的栅板重叠在一起，利用栅线间光的几何干涉效应测量受力构件的位移场和应变场。其主要特点是量程大，试验设备简单；缺点是灵敏度较低。

（3）全息干涉法是利用全息照相技术进行干涉计量的光测方法。它的发展使力学测试技术提高到一个新的水平。这是一种非接触式高灵敏度的全场测试方法，灵敏度在波长量级。全息干涉法可用于位移测量和振动分析。若采用脉冲激光光源，还可以测量瞬态位移。此外，全息干涉法在疲劳和断裂研究中也得到了应用。总之，这种方法是一种有发展前途的实验应力分析方法。

（4）激光散斑干涉法是 1968 年出现的一种新的干涉计量法。它利用散斑现象，对比物体变形前后散斑的变化，测定物体平面内的位移和平面外的位移。它与全息干涉法类似，有非接触和无损的优点。其测量灵敏度高，设备操作简单，根据所采用的分析技术可以给出逐点的或全场的信息。与激光全息干涉法配合，能很快给出物体表面三个方向的位移。使用脉冲激光器，还可用于瞬态问题的研究。总之，这种方法是研究物体位移和变形的一种较理想的方法。近二十年来，白光散斑得到了迅速发展。由于这种方法不用激光作光源，可用于现场测试，所以日益受到人们的重视。

光测法多应用于构件或结构的局部应力分析。

4.6 光纤光栅法

一般来说，光纤光栅传感系统主要由光纤光栅传感器、传输信号用的光纤和光纤光栅解调设备组成。光纤光栅传感器主要用于获取温度、应变、压力、位移等物理量的值。

光纤（光栅）应变传感器的优点有：①高精度、大容量、体积小；绝对测量，寿命长；②传输损耗低，容易实现对被测信号的远距离检测，实现遥测网和光纤传感网；③抗电磁干扰、电绝缘、耐腐蚀。缺点主要是价格昂贵。特别适用于：室外、大型结构（如桥梁、公路、水坝等）的应变测试即安全检测。

1. 光纤（光栅）传感器的原理

光纤（光栅）传感器的原理，是通过拉伸和压缩光纤光栅，或者改变温度，就可以改变光纤光栅的周期和有效折射率，从而达到改变光纤光栅的反射波长的目的，而反射波长和应变、温度、压力、压强等物理量呈线性关系。光纤光栅传感器的工作原理如图 4 - 30 所示。当光栅粘贴或埋入结构的待测位置后，一宽带光源入射光栅时，光栅将反射一中心波长的窄带光。如果光栅周围应变、应力等发生物理变化，导致光栅栅距 A 变化，使窄带光发生变化，通过测量窄带光中心波长的变化，便能知道光栅处的应变情况。

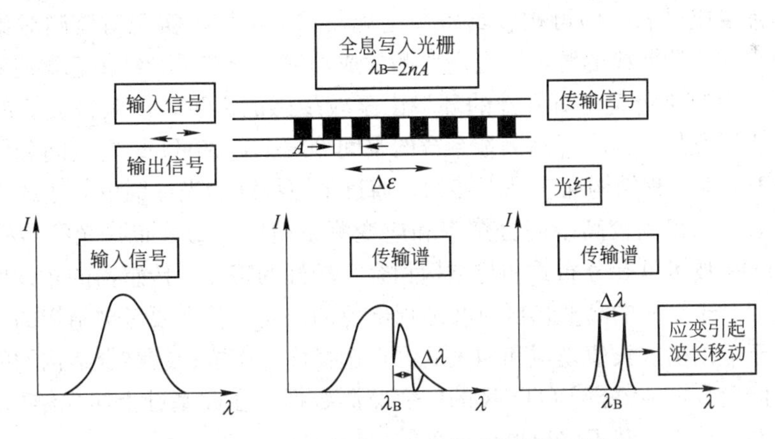

图 4 - 30　光纤光栅应变传感器工作原理示意图

2. 光纤光栅传感器构造形式

光纤光栅传感器作为一种新型应变传感器，为适应不同部位的测量需要，构造有多种形式，如图 4 - 31 所示。

3. 分布式布里渊光纤传感技术

分布式布里渊光纤传感技术就是运用光纤作为数据采集和传输的手段，近几年来在土木工程健康监测领域有了较快的发展。光纤传感器自 20 世纪 70 年代问世以来，得到了广泛的

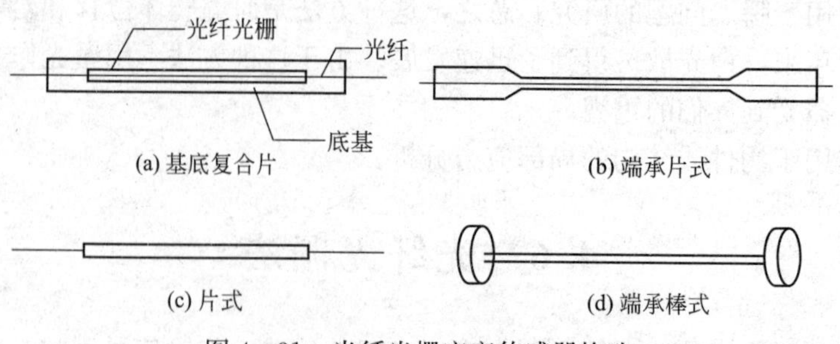

图 4-31　光纤光栅应变传感器构造

关注，特别是近几年来，光纤传感器的工程应用研究发展迅速。与传统的差动电阻式和振弦式传感器相比，光纤传感器具有如下优点：①光纤传感器采用光信号作为载体，光纤的纤芯材料为二氧化硅，该传感器具有抗电磁干扰、防雷击、防水、防潮、耐高温、抗腐蚀等特点，适用于水下、潮湿、有电磁干扰等一些条件比较恶劣的环境，与金属传感器相比具有更强的耐久性；②灵敏度和分辨率高，响应速度快；③体积小，质量小，结构简单灵活，外形可定制，安装方便；④现代的大型或超大型结构通常为数公里、数十公里甚至上百公里，要通过传统的监测技术实现全方位的监测是相当困难的，而且成本较高，但是通过布设具有分布式特点的光纤传感器，光纤既作为传感器又作为传输介质，就可以比较容易地实现长距离、分布式监测；⑤稳定性好，可用于长期测试。此外，将其埋入结构物中不存在匹配的问题，对埋设部位的材料性能和力学参数影响较小。

分布式布里渊光纤传感技术（BOTDR）除了具有以上特点外，其最显著的优点就是可以准确地测出光纤沿线任一点上的应力、温度、振动和损伤等信息，无须构成回路。如果将光纤纵横交错铺设成网状，即可构成具备一定规模的监测网，实现对监测对象的全方位监测，克服传统点式监测漏检的弊端，提高监测的成功率。分布式光纤传感器应铺设在结构易出现损伤或者结构的应变变化对外部的环境因素较敏感的部位，以获得良好的健康监测结果。需要进一步研究的是：①提高测量系统的空间分辨率，BOTDR 的空间分辨率目前可以达到 1 m，对于土木工程结构而言是不够的，通过采用特殊的光纤铺设方法或者对布里渊频谱进行再分析，可以得到较高空间分辨率和应变测量精度；②分布式光纤传感器的优化布置，由于 BOTDR 技术具有分布式和与结构相容性较好的特点，传感器的布设要比点式传感器容易得多，但对于结构的高变形区以及易损部位的监测，就需要考虑结构的受力特点合理布设光纤，甚至可以引入数值模拟和相关的测点选择优化布置；③结合结构物的特征、受荷特点以及环境因素合理地解析 BOTDR 的应变监测数据，在此基础上实现结构损伤的识别、定位和标定，并对结构的健康状况提出合理的评估。

4.7　力和应力的量测方法

力分外力和内力。外力是指各种外加荷载和支承反力，一般用传感器直接测得。内力都是通过截面上的应力求得，如轴向力 $N=\sigma A$，弯矩 $M=\sigma W$ 等。构件截面上的拉、压应力、弯曲应力、剪应力及扭转应力等，都是应变的导出量，因而测定内力实际上是对构件的应变进行测定。在此重点叙述外力和内部应变的测定方法。

1. 荷载和反力测定

荷重传感器可以量测荷载、反力以及其他各种外力。根据荷载性质不同，荷重传感器的形式有三种，即拉伸型、压缩型和通用型。各种荷重传感器的外形相同，其构造如图 4-32 所示。它是一个厚壁筒，壁筒的横截面取决于材料允许的最高应力。在壁筒上贴有电阻应变片以便将机械变形转换为电量。为避免在储存、运输和试验期间损坏应变片，设有外罩加以保护。为便于设备或试件连接，使用时，可在筒壁两端加工有螺纹。荷重传感器的负荷能力最高可达 1 000 kN。

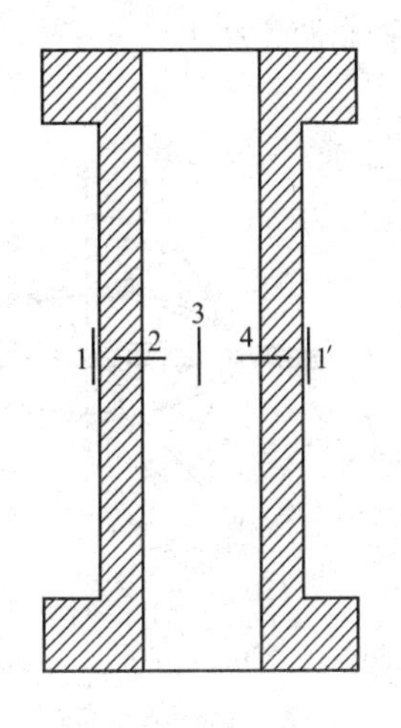

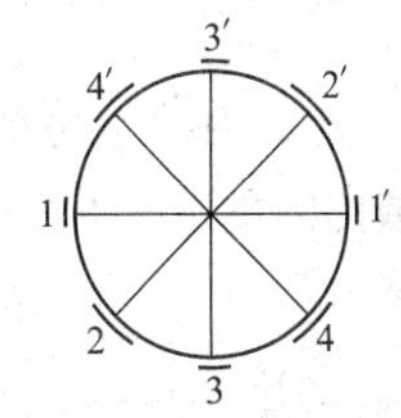

图 4-32　荷重传感器应变片布置图

若按图 4-32，在筒壁的轴向和横向布片，并按全桥接入应变仪电桥中，见图 4-18，根据桥路输出特性可求得：

$$U_{BD}=\frac{U}{4}K\varepsilon_{\mathrm{r}} \tag{4-40}$$

式中：$\varepsilon_{\mathrm{r}}=2(1+\nu)\varepsilon$。令 $K_1=2(1+\nu)$，K_1 为电桥桥臂输出放大系数，以提高其量测灵敏度。

荷重传感器的灵敏度可表达为每单位荷重下的应变值，因此灵敏度与设计的最大应力成正比，而与荷重传感器的最大负荷能力成反比。即灵敏度 K' 为

$$K'=\frac{\varepsilon_{\mathrm{r}}}{P}=\frac{K_1\varepsilon}{P}=\frac{K_1\sigma}{PE} \tag{4-41}$$

式中：P、σ 分别为荷重传感器的设计荷载和设计应力；K_1 为桥臂输出放大系数；E 为荷重传感器材料的弹性模量。

因而对于一个给定的设计荷载和设计应力，传感器的最佳灵敏度由桥臂输出放大系数 K_1 的最大值和 E 的最小值来确定。

荷重传感器的构造极为简单，用户可根据实际需要自行设计和制作。但应注意，必须选用力学性能稳定的材料作筒壁，选择稳定性好的应变片及黏结剂。传感器投入使用后，应当定期标定以检查其荷载—应变的线性性能和标定常数。

2. 拉力和压力测定

在工程结构试验中，测定拉力和压力的仪器有多种测力计。测力计的基本原理是利用钢制成的弹簧、环箍或簧片在受力后产生弹性变形，将其变形通过机械放大后，用指针度盘来表示或借助位移计来反映，通过位移计读数求出力的数值。

最简单的拉力计就是弹簧式拉力计，它可以直接由螺旋形弹簧的变形求出拉力值。拉力与变形的关系预先经过标定，并在刻度尺上示出。

在结构试验中，用于测量张拉钢丝或钢丝绳拉力的环箍式拉力计如图 4-33 所示。它由两片弓形钢板弹簧组成一个环箍。在拉力作用下，环箍产生变形，通过一套机械传动放大系统后带动指针转动，指针在度盘上的示值即为外力值。

图 4-34 是另一种环箍式拉、压测力计。它用粗大的钢环作“弹簧”，钢环在拉、压力作用下的变形，经过杠杆放大后推动位移计工作。位移计示值与环箍变形关系应预先标定，根据力—变形关系曲线求出力值。这种测力计大多只能用于测定压力。国产的环箍式测力计

(称标准测力计)有 100 N 到 1 000 kN 等多种。

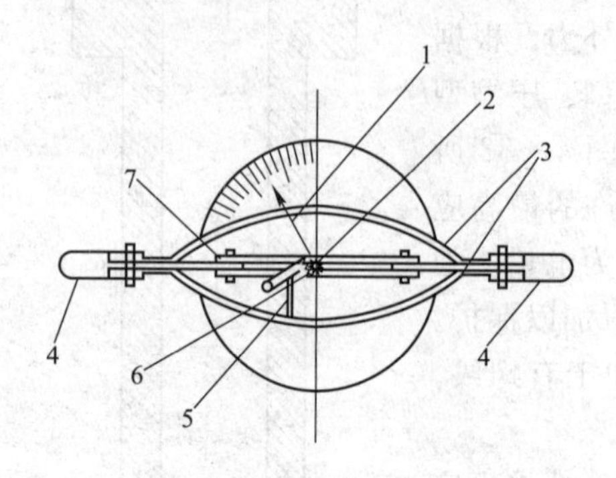

图 4-33 环箍式拉力计

1—指针;2—中央齿轮;3—弓形钢板弹簧;4—耳环;5—连杆;6—扇形齿轮;7—可动接板

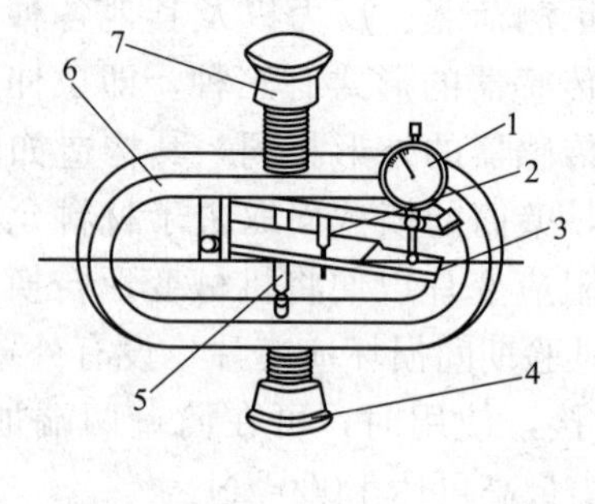

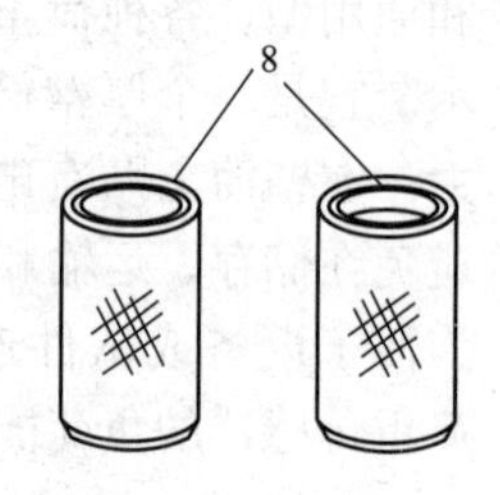

图 4-34 环箍式拉、压测力计

1—位移计;2—弹簧;3—杠杆;4、7—下、上压头;5—顶杆;6—钢环;8—拉力夹头

3. 结构内部应力测定

结构内部应力可通过埋入式应力栓测定(见图 4-35)。它由混凝土或砂浆制成,埋入试件后便置换了一小块混凝土。在应力栓上贴有两片电阻应变片。

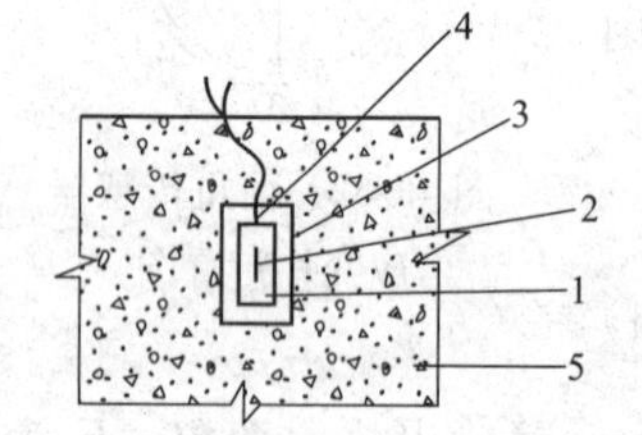

图 4-35 内埋式应力栓

1—与试件同材料的应力栓;2—应变片;3—防水层;4—引出线;5—试件

应力栓和混凝土的应力—应变关系由虎克定律知:

$$\sigma_c = E_c \varepsilon_c \qquad (4-42)$$

$$\sigma_m = E_m \varepsilon_m \qquad (4-43)$$

由此可得

$$\sigma_m = \sigma_c (1 + C_s);\ \varepsilon_m = \varepsilon_c (1 + C_\varepsilon) \qquad (4-44)$$

式中:C_s、C_ε 分别是应力栓的应力集中系数和应变增大系数。

对于特定的应力栓,C_s、C_ε 为常数,但由于混凝土和应力栓的物理性能不完全匹配,因此,增大系数基本上属于在测量结果中所引入的误差。例如,混凝土材料的弹性模量、泊松比和热膨胀系数的差异所产生的误差。通过适当的标定方法和尽可能减小不匹配因素,可使误差降低至最小。试验证明,最小误差可控制在 0.5%以下。在室温下,一年内的漂移量很小,可以忽略不计。

图 4-36 为内埋式差动电阻应变计。它主要用于测定各种大型混凝土结构的应变、裂缝或钢筋应力等。使用时直接将其埋入混凝土内,两端凸缘与混凝土或钢筋相连。试件受力后,两端的凸缘随之发生相对移动,使电阻 R_1 和 R_2 分别产生大小相等、方向相反的电阻增量,将其接入应变电桥便可测得应变值。国内的定型产品大多用于测量水工结构的应变值。

振动丝应变计如图 4-37 所示。它依靠改变受拉钢弦的固有频率进行工作。钢弦密封在金属管内,在钢弦中部用激励装置拨动钢弦,再用同样的装置接受钢弦产生的振动信号,并将其传送至记录仪。把应变计上的圆形端板浇注在混凝土中,因而混凝土发生任何应变都将引起端板的相对移动,从而导致钢弦的原始张力发生改变。这样,钢弦振动频率的变化就等效地变成了钢弦的长度变化,然后再换算为有效应变值。

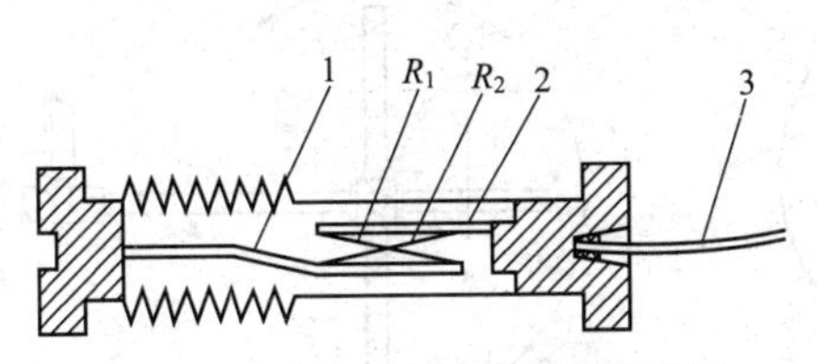

图 4-36 内埋式差动电阻应变计

1、2—刚性支架；3—引出线

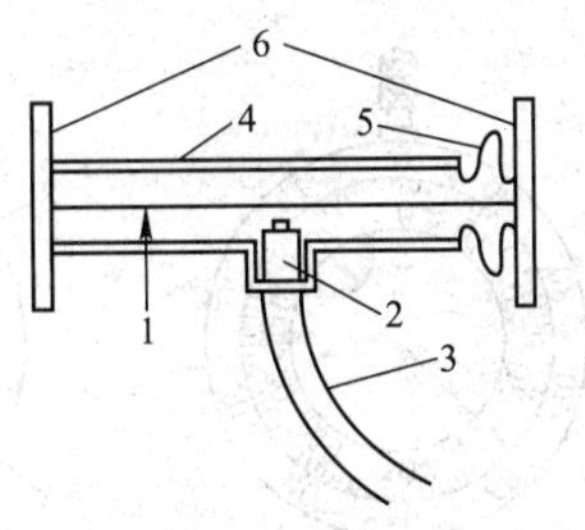

图 4-37 振动丝应变计

1—钢弦；2—激振丝圈；3—引出线；
4—管体；5—波纹管；6—端板

这种振动丝应变计，可用于测量预应力混凝土原子反应堆容器的内部应力。它的工作稳定性好，分辨率高达 0.1 个微应变，室温下年漂移量为 1 个微应变。

4.8 位移测量

4.8.1 线位移测量

线位移传感器（简称位移传感器）可用来测量结构的位移，包括结构的反应和对结构的作用、支座位移等，它测到的位移是某一点相对另一点的位移，即测点相对于位移传感器支架固定点的位移。通常把传感器支架固定在试验台或地面的不动点上，这时所测到的位移表示测点相对于试验台座或地面的位移。

常用的位移传感器有机械式百分表、电子百分表、滑阻式传感器和差动电感式传感器，见图 4-38。其工作原理是用一可滑动的测杆去感受线位移，然后把这个位移量用各种方法转换成表盘读数或各种电量。如机械式百分表，是用一组齿轮等把测杆的滑动（即位移）转换成指针的转动即表盘读数，如图 4-38（a）所示；电子百分表是通过弹簧把测杆的滑动转变为固定在表壳上的悬臂小梁的弯曲变形，再用应变计把这个弯曲变形转变成应变输出，如图 4-38（b）所示；滑阻式传感器是通过可变电阻把测杆的滑动转变成两个相邻桥臂的电阻变化，与应变仪等接成惠斯登电桥，把位移转换成电压输出，如图 4-38（c）所示；差动式传感器是把测杆的滑动变成滑动铁芯和线圈之间的相对位移，并转换成电压输出，如图 4-38（d）所示。当位移值较大、测量要求不高时，还可用水准仪、经纬仪及直尺等进行测量。

1. 接触式位移计

接触式位移计为机械式仪表。它主要由测杆、齿轮、指针和弹簧等机械零件组成。测杆的功能是感受试件变形；齿轮是将感受到的变形加以放大或变换方向；测杆弹簧是使测杆紧跟试件的变形，并使指针自动返回原位。扇形齿轮和螺旋弹簧的作用是使齿轮相互之间只有单面接触，以消除齿隙所造成的无效行程。

接触式位移计根据刻度盘上最小刻度值所代表的量，分为百分表（刻度值为 0.01 mm）、千分表（刻度值为 0.001 mm）和挠度计（刻度值为 0.05 或 0.01 mm），见图 4-38（a）。

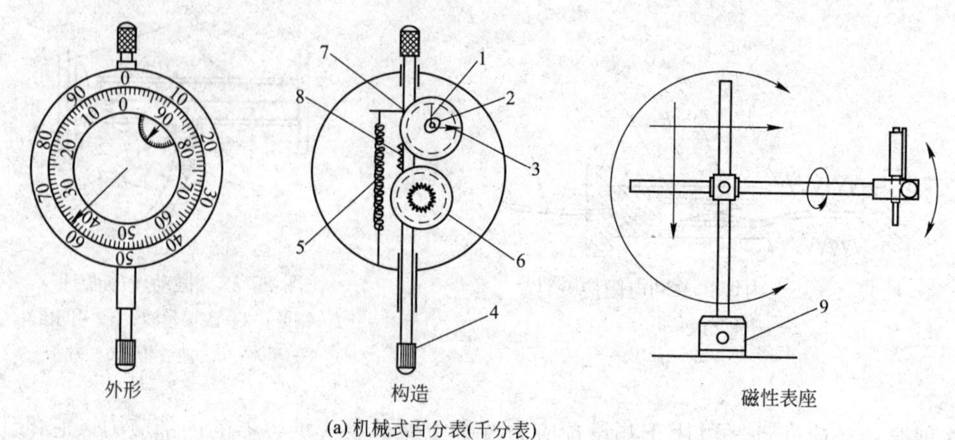

(a) 机械式百分表(千分表)

1—短针；2—齿轮弹簧；3—长针；4—测标；5—测杆弹簧；6、7、8—齿轮；9—表座

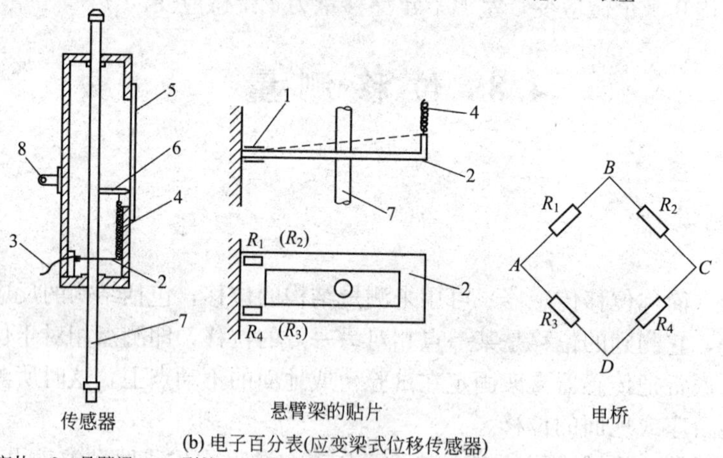

(b) 电子百分表(应变梁式位移传感器)

1—应变片；2—悬臂梁；3—引线；4—弹簧；5—标尺；6—标尺指针；7—测杆；8—固定环

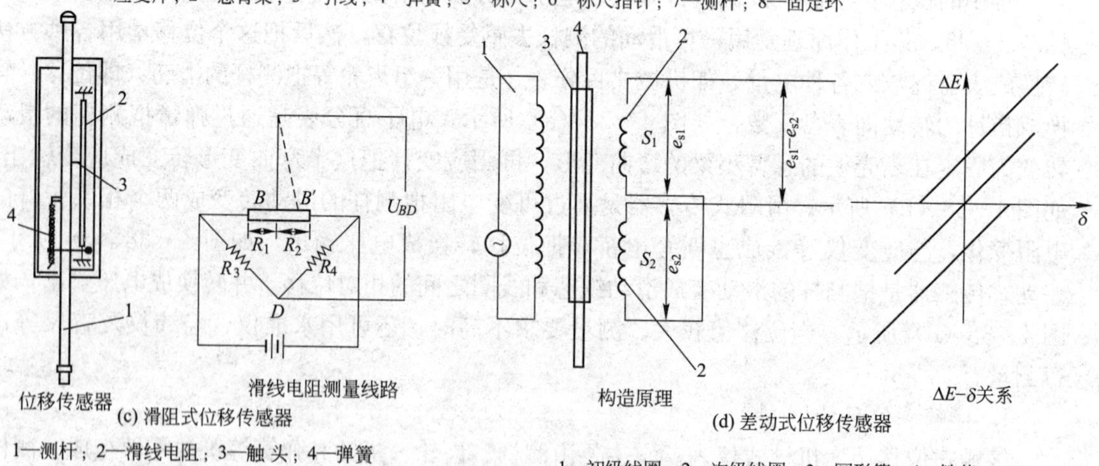

(c) 滑阻式位移传感器

1—测杆；2—滑线电阻；3—触 头；4—弹簧

(d) 差动式位移传感器

1—初级线圈；2—次级线圈；3—圆形筒；4—铁芯

图 4 - 38 常用位移传感器

接触式位移计的度量性能指标有刻度值、量程和允许误差。一般百分表的量程为5 mm、10 mm、30 mm，允许误差0.01 mm；千分表的量程为1 mm，允许误差0.001 mm；挠度计量程为50 mm、100 mm，允许误差0.05 mm。

使用时，将位移计安装在磁性表架上，用表架横杆上的颈箍夹住位移计的颈轴，并将测杆顶住测点，使测杆与测面保持垂直。表架的表座应放在一个不动点上，并打开表座上的磁性开关以固定表座。

机电复合式电子百分表，其构造原理和应变梁式位移传感器相同。

2. *应变梁式位移传感器*

位移传感器的主要部件是一块弹性好、强度高的铍青铜制成的悬臂弹性簧片，簧片固定在仪器外壳上，见图 4-38（b）。在簧片固定端粘贴 4 个应变片，组成全桥或半桥线路，簧片的另一端固定有拉簧，拉簧与指针固结。当测杆随位移而移动时，通过传力弹簧使簧片产生挠曲，即簧片固定端产生应变，通过电阻应变仪即可测得应变与试件位移间的关系。

这种位移传感器的量程可为 30～150 mm，读数分辨率达 0.01 mm。由材料力学得知，位移传感器的位移量 δ 为：

$$\delta=\varepsilon C \tag{4-45}$$

式中：ε 为铍青铜梁上的应变量，由应变仪测定；C 为与拉簧材料性能有关的刚度系数。

梁上粘贴的 4 片应变片，按图示贴片位置和接线方式，各应变片所产生的应变值见表 4-3，则桥路对角线输出为：

$$\begin{aligned}U_{BD}&=\frac{U}{4}K(\varepsilon_1-\varepsilon_2-\varepsilon_3+\varepsilon_4)\\&=\frac{U}{4}K[\varepsilon-(-\varepsilon)-(-\varepsilon)+\varepsilon]\\&=\frac{U}{4}K\varepsilon\cdot 4\end{aligned} \tag{4-46}$$

由此可见，采用全桥接线且贴片符合图中位置时，桥路输出灵敏度达到最高，并把应变值放大到了 4 倍。

3. *滑线电阻式位移传感器*

滑线电阻式位移传感器由测杆、滑线电阻和触头等组成，如图 4-38（c）所示。滑线电阻固定在表盘内，触点将电阻分成 R_1 和 R_2。工作时将电阻 R_1 和 R_2 分别接入电桥桥臂，预调平衡后输出等于零。当测杆向下移动一个位移 δ 时，R_1便增大 ΔR_1，R_2 将减小 ΔR_1。由相邻两臂电阻增量相减的电桥输出特性得知：

$$U_{BD}=\frac{U}{4}\cdot\frac{\Delta R_1-(-\Delta R_1)}{R}=\frac{U}{4}\cdot\frac{\Delta R}{R}\cdot 2=\frac{U}{4}K\varepsilon\cdot 2 \tag{4-47}$$

采用这样的半桥接线，其输出量与电阻增量（或与应变增量）成正比，亦即与位移成正比。其量程可达 10～1 000 mm 或更大。

4. *差动变压器式位移传感器*

差动变压器式位移传感器由一个初级线圈和两个次级线圈分内外两层同绕在一个圆形筒

上，圆筒内放一只能自由地上下移动的铁芯，如图 4－38（d）所示。当初级线圈通入激磁电压时，通过互感作用将使次级线圈产生感应电势。当铁芯居中时，感应电势 $e_{s1}-e_{s2}=0$，无输出信号。铁芯向上移动一个位移 $+\delta$，这时 $e_{s1}\neq e_{s2}$，输出的感应电势 $\Delta E=e_{s1}-e_{s2}$。铁芯向上移动的位移愈大，ΔE 也愈大。反之，当铁芯向下移动时，e_{s1} 减小而 e_{s2} 增大，所以 $e_{s1}-e_{s2}=-\Delta E$。因此其输出量与位移成正比。由于输出量为模拟量，当需要知道它与位移的关系时，应通过率定来确定。

以上所述的各种位移传感器，主要用于测量沿传感器测杆方向上的位移。因而在安装位移传感器时，使测杆的方向与测点位移的方向保持一致是非常关键的。

4.8.2 角位移测量

在工程结构中，无论是超静定结构，或者是静定结构，其结构整体、杆件和节点的角变位对结构的受力分析与计算都具有一定的意义。实际工程中测量倾角的仪器有下列几种类型。

1. 水准式倾角仪

水准式倾角仪的结构原理如图 4－39 所示。它是以零位法来测量倾角的仪器。仪器的指零装置是高灵敏度的水准管 1，水准管的中心距 L，即为仪器的基距。以此基距与螺杆旋转所带动的水准管升距 d 之比值，即为预测角的正切。故：

$$\theta=\arctan\frac{d}{L} \tag{4-48}$$

在使用中，当所测试件受外力作用而发生角变位时，水泡将偏离原来的位置，拧动旋钮将水泡调至正中位置，然后记下度盘的读数，此读数与初读数之差，即为角变位的大小。

2. 表式倾角仪

表式倾角仪与水准式倾角仪的工作原理一样，但它的读数装置改用百分表。这种仪器可以自制，读数也较方便。图 4－40 为表式倾角仪的构造图。若要测量大转角，则可用大量程百分表；若要测量小转角，则可用千分表。

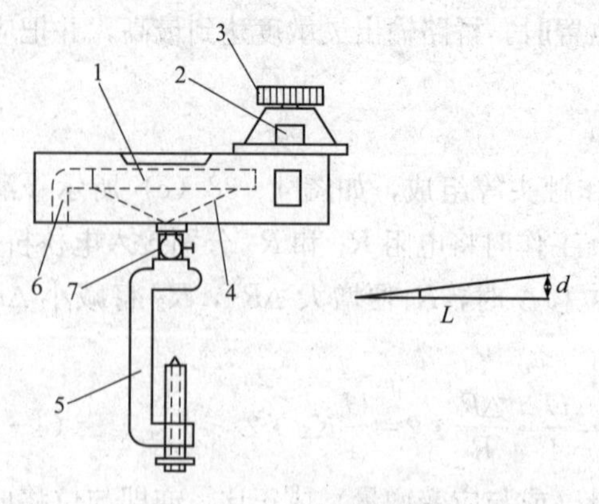

图 4－39 水准式倾角仪

1—水准管；2—刻度盘；3—微调螺丝；4—弹簧片；5—夹具；6—基座；7—活动铰

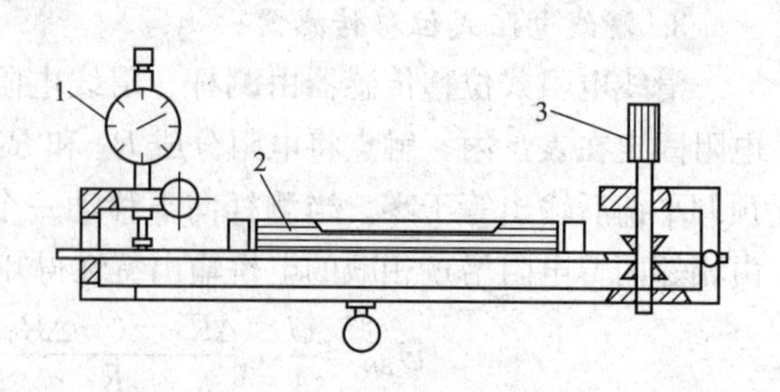

图 4－40 表式倾角仪的构造

1—百分表；2—水准管；3—调整螺丝

3. 电子倾角仪

电子倾角仪是电子倾角传感器的简称。它的基本原理是：一个盛有高稳定性导电液体的圆形玻璃容器，其内固定三根间隔相等的垂直电极。液面始终保持水平。当传感器处于水平位置时，三根电极浸入液内的长度 l 相等，如图 4-41 所示，则极间电阻 R_1 等于极间电阻 R_2。当容器发生微小的倾角之后，电极浸入深度 l 相应地也发生了变化，A 极浸入深度由 l 变为 $l+\Delta l_1$；B 极浸入深度 l，假定保持不变；C 极浸入深度由 l 变为 $l-\Delta l_2$；这样极间电阻也跟着发生了变化，A 与 B 极间电阻变为 $R_1-\Delta R$，B 与 C 极间电阻变为 $R_2+\Delta R$。

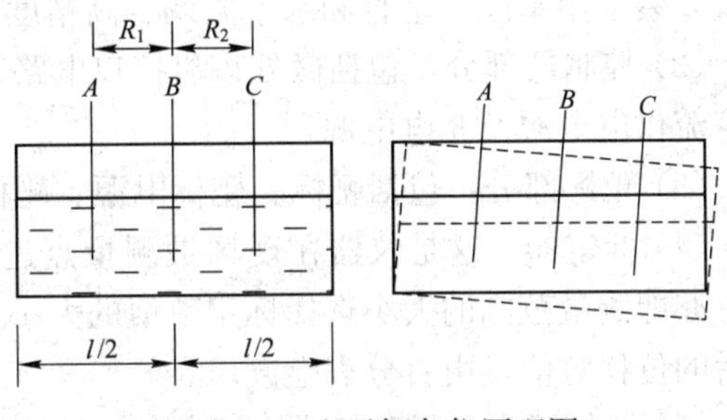

图 4-41　电子倾角仪原理图

ΔR 这一变化量，可以由设计控制，使得电阻变化的增量与倾角的变化成正比关系，即 $\Delta R=K\Delta\theta$。根据这一函数关系，只要测得 ΔR，则 $\Delta\theta$ 就可求得。关于 ΔR 的测量，可采用惠斯登电桥电路。

4.9　光电挠度计

以上是最常用的测试位移的一些仪器，随着科学技术的发展，近年来又出现了一些新的测量位移的仪器，比如在桥梁结构等检测试验中，光电挠度计因为其特有的优点，被越来越广泛地运用，下面就来介绍这种新的测量位移的仪器在检测桥梁挠度中的具体运用。

光电挠度计是一种光电图像式桥梁挠度检测仪，不仅解决了以往桥下有水和交通繁忙地段桥下无净空的桥梁挠曲度检测的要求，且检测结构的频率范围达到 0～20 Hz，每秒采样达 40～200 个点。所以，它是桥梁工程检测工作中用来检测挠度、位移、变形的一种新型仪器。下面特做详细介绍。

1. 工作原理

光电挠度计采用光电图像法检测，不仅大大提高了量程，而且能满足各种大跨桥梁低频大位移的挠度测量。

其工作原理为：在桥梁结构的测点上安装一个测试靶，在靶上制作一个光学标志点，即安装一个红外光学靶标。在桥下或远离桥梁的适当位置安置检测仪器，调整其方位，使靶标成像在检测头的成像面上。当桥上有车辆荷载通行时，靶标随梁体而振动的信息通过红外线传回检测头的成像面上，由专门设计的光学解析光路将该成像分解为竖直和水平两个方向的变化，分别成像在两个光电接收器件上；再由单片机将此振动和位移的两维信息传到笔记本计算机或微机之中记录下来，从而完成一次桥梁两维挠曲度的检测及记录过程。

光电挠度计的优点是：由于设计有窄带滤光系统，使得仪器在白天和夜晚或是雾及小雨天气下均可正常工作；由于采用红外光进行检测和传递振动位移的信息，克服了阳光等杂散光的干扰，且受大气扰动的影响较小。这就为光电挠度计的使用提供了方便，使得检测工作可全天候进行。

2. 仪器组成

光电挠度计由以下几部分组成。

(1) 测试头部分：包括望远成像系统、分束系统、成像系统、CCD 器件及驱动电路，以及安装三角基座、垂直和水平微调、高精度两维机械轴系等部件。

(2) 控制器部分：包括微处理机接口电路、单片机、面板控制键和电源部件（包括控制器直流供电电源及充电电源）。

(3) 靶标部分：包括靶标、靶标电源、靶标支架等。

(4) 标定器：这是仪器在现场被测量点进行测量标定的专用标定装置。根据距离的远近，亦即测量范围的大小选择标定数值的大小，专用标定器装有特定的计量百分表。每次标定后的位移数值，由百分表上读出。

(5) 聚焦镜头：每台仪器均配有专门设计的靶标聚光镜头，以便在测量距离远时将其加在靶标的前面，会聚靶标的光束使其达到最好的测量效果。

(6) 三脚架。

(7) 电缆等附件（包括靶标串口电源、笔记本微机等）。

运用光电挠度计做桥梁工程检测时，其工作流程为：电源→测靶→物镜成像系统→光学分束系统→纵向 CCD 和横向 CCD→单片机→传输采集→微机→输出显示、打印、绘图。

由于桥梁在载荷作用下可能做空间三维运动，因此可以通过光学解析系统把靶标的横向和纵向分量分别检出，传到线阵纵向 CCD 和横向 CCD 之上。这里的 CCD 是电荷耦合固体成像器，它是由大规模硅集成电路工艺制成的模拟集成电路芯片，具有光电转换、电荷储存、传输和读出功能。在驱动电路的作用下，通过光电转换、电荷存储、传输、输出后，对初始信号进行预处理，获得幅度正比于各像素所接收图像光强的电压信号，用作测量的图像信号经过量化编码后，传输到单片机进行运算处理，通过接口把数据传输给笔记本计算机或微机中。该微机首先把从每一个测点上传输来的纵向和横向位移信号储存起来，在一个检测过程结束后，通过专用软件进行数据处理计算，给出被测桥梁在荷载作用下产生的纵向和横向位移及其对时间的响应曲线，结果可由屏幕显示、打印机输出。在此基础上，通过频谱分析可得出桥梁的强迫振动频率和固有频率；通过计算分析可得出桥梁检测所需的冲击系数、横向转角等；通过软件的进一步开发，还可对桥梁结构做动应力及相关分析。

3. 使用步骤

采用光电挠度计做桥梁挠度检测时，其使用步骤如下。

(1) 在桥梁结构上测点处安装标定器靶标，靶标正对测试头，连接电源线并打开开关，点亮靶标。

(2) 在仪器测试处架好三脚架，装上测量头，调整三脚架，使其顶部大致调平。

(3) 将控制器与测试头之间、微机与控制器之间的电缆线连好，接通电源，精调支脚螺钉至测量头水准平衡。

(4) 手扶测头，松开水平及俯仰方位锁紧扳手，调整焦距，使成像清晰，合上小盒。

(5) 设定采样频率。操作者可根据测量距离及动载检测所需的速率两方面进行选择，当数码管显示水平或竖直初始位置的数字不稳定时，说明采光量不足，需通过进一步将靶标灯对准测量头，使光束中心指向检测头或是降低采样频率。

(6) 打开控制器电源，将功能 1 数码拨轮拨到 2，按一下复位键，微调水平微调螺钉和俯仰微调螺钉，使数码管显示一较为稳定的数据，该数据表示光斑在纵向 CCD 上的位置像素数；调整俯仰微调螺钉，使显示像素数为 1 000 左右；当需要的测量范围较大时，可微调至数码管显示稍小于 1 000。

(7) 将控制器面板上功能 1 数码拨轮拨到 4，复位后数码管显示光斑在横向 CCD 上的位置像素数，调整横向螺钉，使显示像素数为 1 000 左右，该数值为水平测量的基线。

(8) 再次将功能 1 数码拨轮拨到 2，复位，确定其显示数字仍稳定在 1 000 左右，表示横向及纵向 CCD 同时接收到信号；否则，微调竖向位置，使其满足要求。此时可开始进行标定。

(9) 将功能数码轮拨到 6，按复位键，此时进入测量且传数状态。

(10) 测量 K 值。打开微机，启动静态测试软件，按提示进行人机对话，测定仪器在该位置的尺值（单位：mm/像素）。

(11) K 值测定完毕，将靶标进一步安装且固定在桥上测点位置，并保证正对测头，重复上述 (4)～(9) 的调整步骤，靶标位置保持不变。

(12) 打开微机，启动相应软件，进行静态或动态检测。

4.10 应变场的应变及裂缝测定

电阻应变片的测量结果代表的是应变片栅长内的平均应变，绝不是栅长中点处的应变。此外在高应变梯度范围内，用不同栅长的应变片量测的平均应变值也绝不会相同。通常长栅长应变片的平均值较小，短栅长应变片的平均值比前者大，但仍小于栅长内某点处的最大应变。如若选用微型应变片，则栅宽相对增大，从而横向效应增大，也不能准确地反映欲测点的应变值。目前在高应变梯度区内测量点应变的方法是遵循一定的贴片规律，借助牛顿插值公式来确定应变值。例如，在高应变梯度区的 x_0，x_1，…，x_n 处贴应变片，测得平均应变值为 $f(x_1)$，$f(x_2)$，…，$f(x_n)$，用牛顿插值公式近似地表示任意 x 处的应变值 $y(x)$ 的公式为：

$$y(x)=f(x_0)+f(x_0,x_1)(x-x_0)+f(x_0,x_1,x_2)(x-x_0)(x-x_1)+\cdots+ f(x_0,x_1,\cdots,x_n)(x-x_0)(x-x_1)\cdots(x-x_{n-1}) \tag{4-49}$$

式中，

$$f(x_0,x_1)=\frac{f(x_0)}{x_0-x_1}+\frac{f(x_1)}{x_1-x_0}$$

$$f(x_0,x_1,x_2)=\frac{f(x_0)}{(x_0-x_1)(x_0-x_2)}+\frac{f(x_1)}{(x_1-x_0)(x_1-x_2)}+\frac{f(x_2)}{(x_2-x_0)(x_2-x_1)}$$

$$\vdots$$

式中：$f(x_0)$，$f(x_1)$，$f(x_2)$，…，$f(x_n)$ 分别为不同栅长应变片测出应变 ε_0，ε_1，ε_2，…，ε_n。应用牛顿插值公式便可求得除 x_0，x_1，x_2，…，x_n 点外的任意 x 处的应变值 y。

1. 应变场内任意点的应变

图 4-42 为一个带圆孔的拉伸试件。要求测定其孔边附近 A 点处的切向应变。

这时可采用以 A 点为中心，沿受力方向重叠贴三片不同栅长的应变片，栅最长的贴在试件上，然后在其上重叠贴中栅长片，最上面贴短栅长片。在荷载作用下依次测出三片应变片的应变 ε_0（短栅长）、ε_1（中栅长）、ε_2（长栅长），利用牛顿插值公式（三片），当 $x=0$ 时，可求得 A 点的应变值为：

$$\varepsilon_A=\varepsilon_0+\left(\frac{\varepsilon_1-\varepsilon_0}{x_0-x_1}\right)x_0+\left[\frac{\varepsilon_0}{(x_0-x_1)(x_0-x_2)}+\frac{\varepsilon_1}{(x_1-x_0)(x_1-x_2)}+\frac{\varepsilon_2}{(x_2-x_0)(x_2-x_1)}\right]\cdot x_0x_1 \tag{4-50}$$

式中：x_0、x_1、x_2 分别为短、中、长应变片的标距（mm）。

重叠贴片法实质上应用了牛顿插值公式的外推原理，如图 4-43 所示。

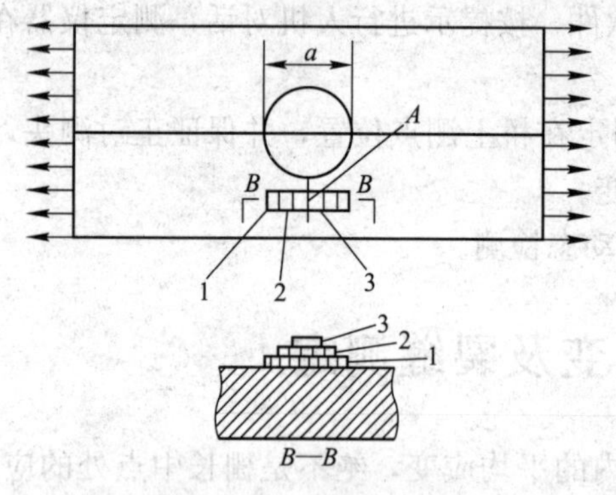

图 4-42　重叠贴片法

1、2、3—不同标距的应变片

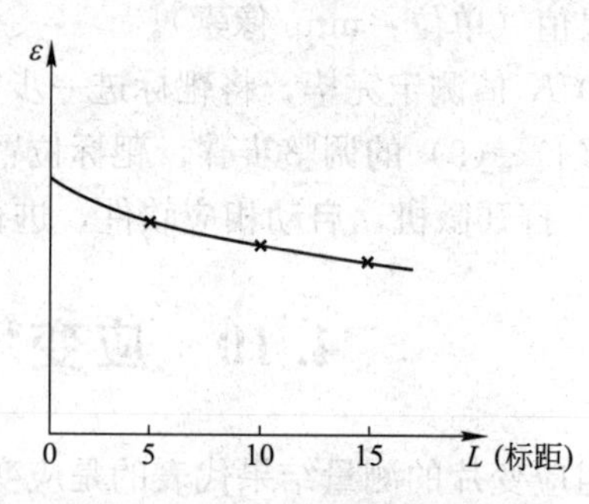

图 4-43　外推法的曲线

2. 应变场的应变分布

欲测量高应变梯度区域的应变分布规律，可以粘贴数组应变片，如图 4-44 中的 A、B、C 三组，每组重叠贴三个不同标距的应变片，可求得沿 x 轴 y 方向上的应变分布规律。

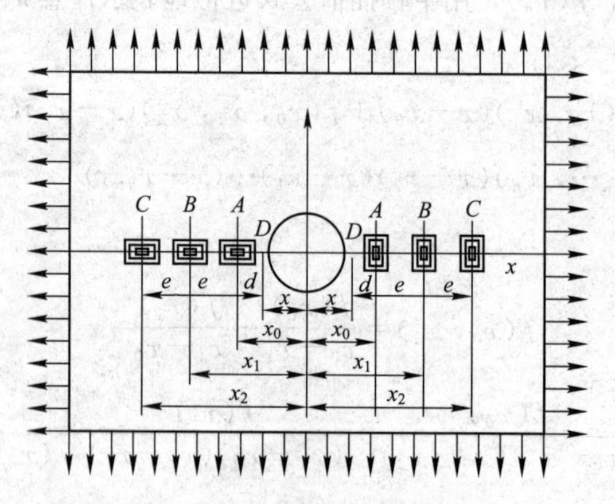

图 4-44　测量应变分布规律

设 A、B、C 三点与坐标原点的距离分别为 x_0、x_1、x_2，先根据前面重叠贴片按牛顿插值公式计算 A、B、C 三点的应变，然后根据式（4-50）找出曲线方程，则任意点 x 处的应变计算式为：

$$\varepsilon_x=\varepsilon_A-\left(\frac{\varepsilon_B-\varepsilon_A}{x_0-x_1}\right)(x-x_0)+\left[\frac{\varepsilon_A}{(x_0-x_1)(x_0-x_2)}+\frac{\varepsilon_B}{(x_1-x_0)(x_1-x_2)}+\frac{\varepsilon_C}{(x_2-x_0)(x_2-x_1)}\right](x-x_0)(x-x_1) \tag{4-51}$$

令 $x_2-x_1=x_1-x_0=e$，则式（4-51）简化为：

$$\varepsilon_x=\varepsilon_A+\left(\frac{\varepsilon_B-\varepsilon_A}{e}\right)(x-x_0)+\left(\frac{\varepsilon_A-2\varepsilon_B+\varepsilon_C}{2e^2}\right)(x-x_0)(x-x_1) \tag{4-52}$$

同理得 D 点应变为：

$$\varepsilon_x=\varepsilon_A-\left(\frac{\varepsilon_B-\varepsilon_A}{e}\right)d+\left(\frac{\varepsilon_A-2\varepsilon_B+\varepsilon_C}{2e^2}\right)d(d+e) \tag{4-53}$$

3. 裂缝检测

混凝土结构是最重要的土木、建筑结构，在社会基础设施中占据举足轻重的地位。然而，由于各种原因（如干燥收缩、温度应力、外荷载、基础变形等），裂缝是混凝土结构中最常见的缺陷或损伤现象。对钢筋混凝土和砖石、砌体等结构，在试验过程中必须测定裂缝的出现与发展。

（1）振弦式裂缝计。

振弦式裂缝计用于测量接缝的开度（见图4-45），如建筑、桥梁、管道、大坝等内部的施工缝，土体内的张拉缝与岩石和混凝土内的接缝。

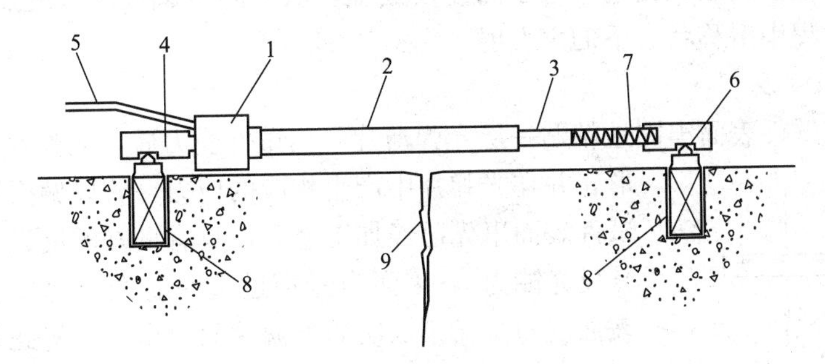

图4-45　锚固安装的振弦式裂缝计

1—线圈和热敏电阻壳体；2—传感器外壳；3—传感器轴；4—球形弯接头；5—仪器电缆；6—开口销；7—螺纹接头；8—膨胀锚杆；9—裂缝

裂缝计包括一个振弦式感应元件，该元件与一个经热处理、应力释放的弹簧相连，弹簧两端分别与钢弦、连接杆相连。仪器完全密封并在高达1.72 MPa的压力下工作。由于连接杆从仪器主体拉出，弹簧拉长引起张力增大并由振弦感应元件感应出。钢弦上的张力直接与伸长成比例。因此，接缝的开度能够通过振弦读数仪测出应力变化而精确地测量出。

（2）裂纹扩展片。

裂纹扩展片的结构如图4-46所示。它由栅体和基底组成，栅体由平行的栅条组成，各栅条的一端互不相连，可用某一栅条的端部及公用端与仪器相连，

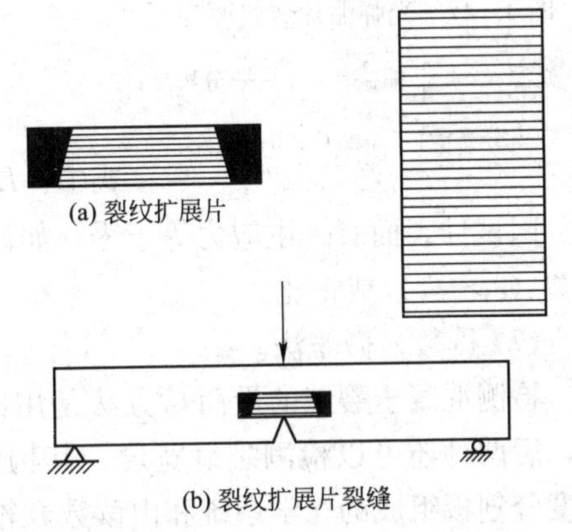

图4-46　裂纹扩展片及应用

以测定裂纹是否已达到该栅条处。

(3) 石灰浆涂层。

目前最常用来发现裂缝的方法是在构件表面刷一薄层石灰浆后借助放大镜用肉眼查找裂缝，白色石灰浆涂层有利于衬托出试件表面的微细裂缝。为便于记录和描述裂缝的发生部位，在构件表面画出 5 cm×5 cm 左右的方格。当需要更精确地确定开裂荷载时，在拉区连续搭接安装应变计监测第一批裂缝的出现。出现裂缝时，跨裂缝的应变计读数就会异常。由于裂缝出现的位置不易确定，往往需要在较大的范围内连续布置应变计，这将占用过多的仪表和提高试验费用。

(4) 导电漆涂层。

近年来发展了用导电漆膜发现裂缝的方法，将一种具有小电阻值的弹性导电漆在经过仔细清理的拉区混凝土表面涂成长 100～200 mm、宽 10～12 mm 的连续搭接条带，待其干燥后接入电路。当混凝土裂缝宽度扩展达 1～5 μm 时，随混凝土一起拉长的漆膜就出现火花直至烧断。也就是说，用导电漆膜可在混凝土裂缝宽度为 1～5 μm 时给出发现裂缝的信号。也可沿截面高度隔一定的间隙涂刷漆膜以确定裂缝长度的发展。

(5) 声发射技术。

声发射法技术的原理是，当混凝土开裂时多会发出极其轻微的声能，用声探测器将此声能转换为电信号，经前置放大器输入电子测量仪处理，从而确定试件的裂缝点及开裂荷载，并可检测在应变过程中滑移状态下的声发射。

(6) 光弹贴片。

光弹贴片是在试件表面牢固地粘贴一层光弹薄片，当试件受力后，光弹片同试件共同变形，并在光弹片中产生相应的应力。若以偏振光照射，由于试件表面事先已经加工磨光，具有良好的反光性（加银粉增其反光能力），因而当光穿过透明的光弹薄片后，经过试件表面反射，又第二次通过薄片而射出，若将此射出的光经过分析镜，最后可在屏幕上得到应力条纹。其试验装置如图 4-47所示。由广义虎克定律知，主应力与主应变的关系为：

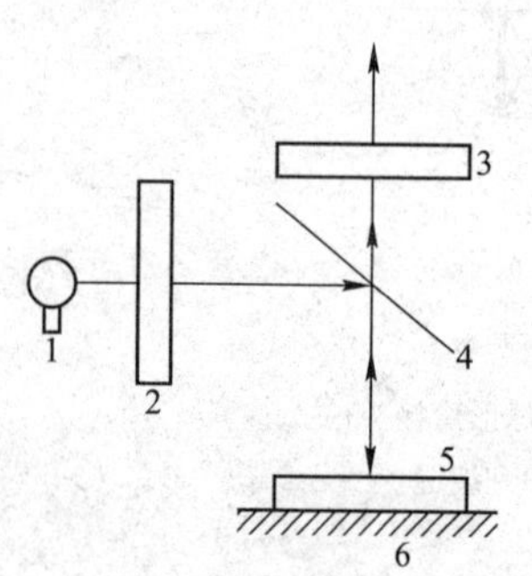

图 4-47　光弹贴片装置原理

1—光源；2—$\frac{\lambda}{4}$偏振片；3—$\frac{\lambda}{4}$分析片；4—分光镜；5—贴片；6—试件

$$E\varepsilon_1=\sigma_1-\nu(\sigma_2+\sigma_3) \tag{4-54}$$

$$E\varepsilon_2=\sigma_2-\nu(\sigma_1+\sigma_3) \tag{4-55}$$

$$\sigma_1-\sigma_2=\frac{E}{1+\nu}(\varepsilon_1-\varepsilon_2) \tag{4-56}$$

式中：E 和 ν 分别为试件的弹性模量和泊松比。

因试件表面有一主应力等于零（如设 $\sigma_3=0$），所以试件表面主应力差（$\sigma_1-\sigma_2$）与主应变差（$\varepsilon_1-\varepsilon_2$）成正比。

(7) 读数显微镜法。

检测混凝土裂缝的最简易方法是用肉眼或放大镜、刻度放大镜和读数显微镜等检测仪器，后两种还可以检测裂缝宽度，其构造如图 4-48 (a) 所示。它主要是由物镜、目镜、刻度分划板组成的光学系统和由读数鼓轮、微调螺丝组成的机械系统构成。试件表面的裂缝经物镜在刻度分划板上成像，然后经过目镜进入肉眼。为了提高量测精度，可用增加微调读数鼓轮等机械系统的方法，还可在光学系统中相应增加一个可动的下分划板，由微调螺丝和分划板弹簧共同调整刻度长线的位置。由于微调螺丝的螺距和上分划板的分划值均为1 mm，所以读数鼓轮转动一圈，下分划板上的长线相对上分划板也移动一刻度值。读数鼓轮分成100 刻度，每一刻度值等于 0.01 mm。读数显微镜的量程为 3～8 mm。

读数显微镜的优点是精度高；缺点是每读一次都要调整焦距，测读速度比较慢。较简便的方法是用印有不同裂缝宽度的裂缝宽度对比卡（见图 4－48（b）），用对比卡上的线条与裂缝对比来估计裂缝的宽度。

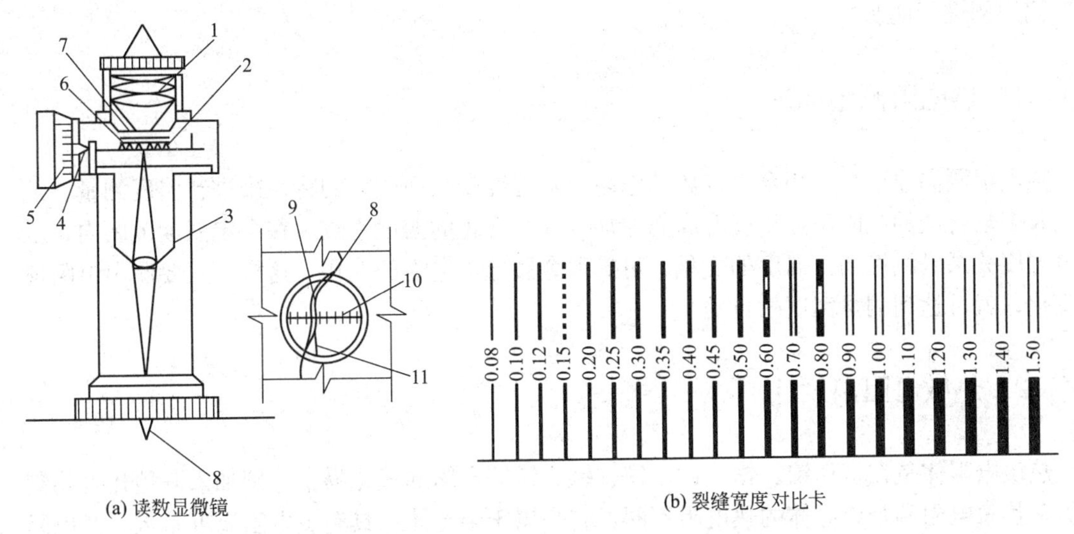

(a) 读数显微镜　　(b) 裂缝宽度对比卡

图 4－48　读数显微镜和裂缝宽度对比卡

1—目镜组；2—分划板弹簧；3—物镜；4—微调螺丝；5—微调鼓轮；6—可动下分划板；7—上分划板；8—裂缝；9—放大后的裂缝；10—上分划板刻度线；11—下分划板刻度长线

（8）电子裂缝宽度测量仪。

电子裂缝宽度测量仪（见图 4－49）采用现代电子成像技术，将被测结构裂缝原貌成像于主机显示屏幕上，通过屏幕上高精度激光刻度尺，读出真实可靠的裂缝宽度数据。这种仪器广泛应用于桥梁、隧道、墙体、混凝土路面、金属表面等裂缝宽度的定量检测。

电子裂缝宽度测量仪由带刻度线的 LCD 显示屏、显微测量头、VPS 连接电缆和校验刻度板组成。显示屏与测量头之间通过连接电缆相连，构成 40 倍以上的放大显示系统。校验板上刻有间距分别为 0.02 mm、0.1 mm、0.2 mm、1.0 mm 的刻度线用于校验仪器的放大倍数。用电子裂缝宽度测量仪测出的裂缝宽度的估测精度可以达到 0.01 mm。

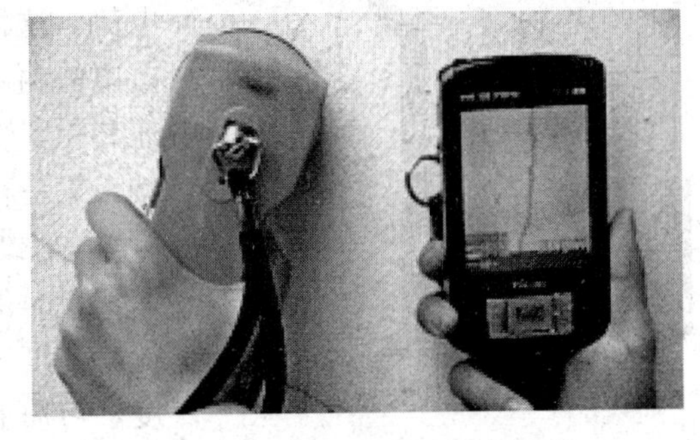

图 4－49　电子裂缝宽度测量仪

（9）图像显示自动判读的裂缝宽度测试仪。

该类仪器的最大特点是对裂缝深度的自动判读，即通过摄像头拍摄裂缝图像并放大显示在显示屏上，然后对裂缝图像进行图像处理和识别，执行特定的算法程序自动判读出裂缝宽度，这类测量仪器具备了摄取裂缝图像并自动判读以及显示、记录和存储功能，测试实时快速准确，代表了裂缝宽度测量仪器的发展方向。

4.11 测温元件

桥梁结构的内力及线型常常随着温度的变化而变化。温度测试是桥梁工程检测中的一项重要内容，用于桥梁结构温度测试的常见元件有热电阻、热敏电阻、热电偶等。本节主要以热电偶为例进行说明。

4.11.1 热电阻测温原理

热电阻测温原理是利用金属导体的电阻值随温度变化而改变的特性来进行温度测量。纯金属及多数合金的电阻率随温度升高而增加，即具有正的温度系数。在一定温度范围内，电阻—温度关系是线性的。温度的变化，可导致金属导体电阻的变化。这样，只要测出电阻值的变化，就可达到测量温度的目的。

4.11.2 热敏电阻温度计

热敏电阻体是在锰、镍、钴、铁、锌、钛、镁等金属的氧化物中分别加入其他化合物制成的。热敏电阻和金属导体的热电阻不同，它是属于半导体，具有负电阻温度系数，其电阻值是随温度的升高而减小，随温度的降低而增大，虽然温度升高粒子的无规则运动加剧，引起自由电子迁移率略为下降，然而自由电子的数目随温度的升高而增加得更快，所以温度升高其电阻值下降。

4.11.3 热电偶的工作原理

热电偶是利用物理学中的塞贝克效应制成的温度传感器。它具有构造简单、使用方便、具有较高的准确度和良好的敏感度等特点，因而被广泛用于温度量测中。

如图 4-50 所示，当两种不同导体 A 和 B 串接成闭合回路时，若 A、B 导体两端节点温度不同，则回路中将产生电流，相应的电势称为热电势，这种装置称为热电偶。热电势由接触电势和温差电势两部分组成，其大小不仅和两端点的温差有关，还和材料特性有关。实验和理论都表明：在 A、B 间接入第三种材料 C，只要节点 2、3 温度相同，则和 2、3 直接联结时的热电势一样。这一点很重要，它为热电偶测量时加引线带来方便。热电偶的热电势一般与两端点温度 T、T_0 都有关。但若让 T_0 为给定的恒定温度，习惯上采用 0 ℃，则热电势仅为一端温度 T 的单值函数：$E_{AB}(T, T_0)=\phi(T)$。

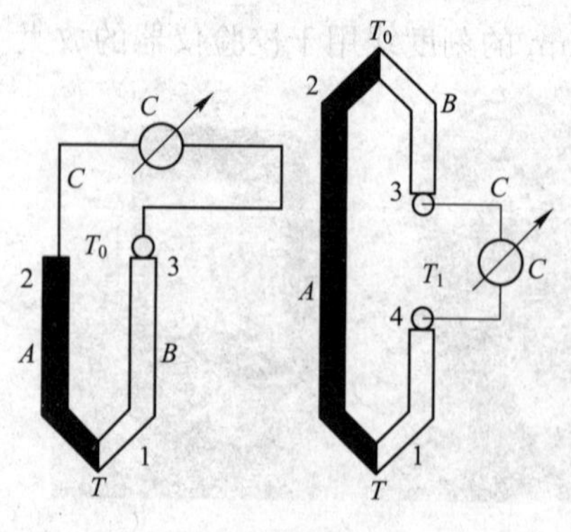

图 4-50 热电偶结构示意图

热电偶可按工业标准化进行生产。标准化热电偶工艺成熟、性能优良稳定、能成批生产，同一型号可以互换。适用于桥梁工程温度测量的标准化热电偶主要有：镍铬-镍硅（或镍铬-镍铝）热电偶及铜-康铜热电偶。

（1）镍铬-镍硅（镍铬-镍铝）热电偶。这种热电偶属于贵重金属热电偶中最稳定的一种，用途很广，可在 0～1 000 ℃下使用，其线性较好，但是不易做得均匀。

（2）铜-康铜热电偶。这种热电偶用于较低的温度（0～400 ℃），具有较好的稳定性，尤其是在 0～100 ℃范围内，误差小于 0.1 ℃，其热电势-温度关系式为：

$$E=at+bt^2 \tag{4-57}$$

式中：a 和 b 为系数，可通过比较铂电阻温度确定。

4.11.4 热电偶的制作及标定

对于热电偶的制作，兼顾元件的测试精度和元件的经济性。通常采用铜-康铜（60％Cu＋40％Ni）组成的热电偶。此热电偶可测 300℃以下温度而且价格低廉，可产生较大的热电势（每 100 ℃温差约 4.2 mV）。铜和康铜接点采用锡焊，焊接节点长度为 1～2 mm，注意在焊接处打磨光滑，杜绝虚焊。焊接时因为微小焊点表面各点温度均一致，从而不会因为有焊料的加入而影响热电偶中的热电势。

为了使焊接点牢固、防潮绝缘，可在焊接处涂一层绝缘材料，如环氧树脂、704 黏结剂等。制作后的热电偶要注意防止绝缘层或包丝被破坏。

对于热电偶的标定，采用抽样的办法。具体是从不同批次制成的热电偶中任抽几支（$N\geqslant10$）保持冷端温度恒定（一般为 0 ℃），率定其工作端温度和热电势的关系，取其平均值绘制标定曲线或表格。

4.11.5 热电偶测温仪器及方法

利用热电偶测温时，与之配套使用的仪表有动圈式仪表、自动电子电位差计、直流电位差计及数字式测温仪等。电位差计用于测试热电偶的输出电势，根据热电偶的标定表即可确定热电偶工作端的温度即被测物体温度。数字式测温仪可直接显示热电偶工作端的温度变化。

根据测量温度的要求不同，可将热电偶接成不同的线路形式，如图 4－51 所示。

在现场测温时，由于热电偶长度有限，冷端温度直接受到被测介质和周围环境的影响，不仅很难保持在 0 ℃，而且经常是波动的。这一问题可采用冷端延长线（或称冷端补偿导线）来解决。所谓延长线，就是把一定温度范围内（一般为 0～100 ℃）与热电偶具有相同热电特性的两种较长金属导线与热电偶配接，如图 4－52 所示。延长线的作用是将热电偶冷端移至离热源较远且环境温度较稳定的地方，从而消除冷端温度变化带来的影响，即该补偿导线产生的热电势等于工作热电偶在此温度范围内产生的热电势。

为了避免恒温端温度变化的影响，可用电子补偿电路进行恒温补偿，如图 4－53 所示。当热电偶接入电子线路使用时，接在输入接线端的测温铜电阻构成电桥的一个桥臂。若冷端输入接线板的温度给定为 0 ℃时，电桥达到平衡，电桥输出为零。若输入端工作时不为 0 ℃，则测温电阻值发生变化，电桥输出一个与冷端温度相应的电压，经放大后在 5 Ω 电阻

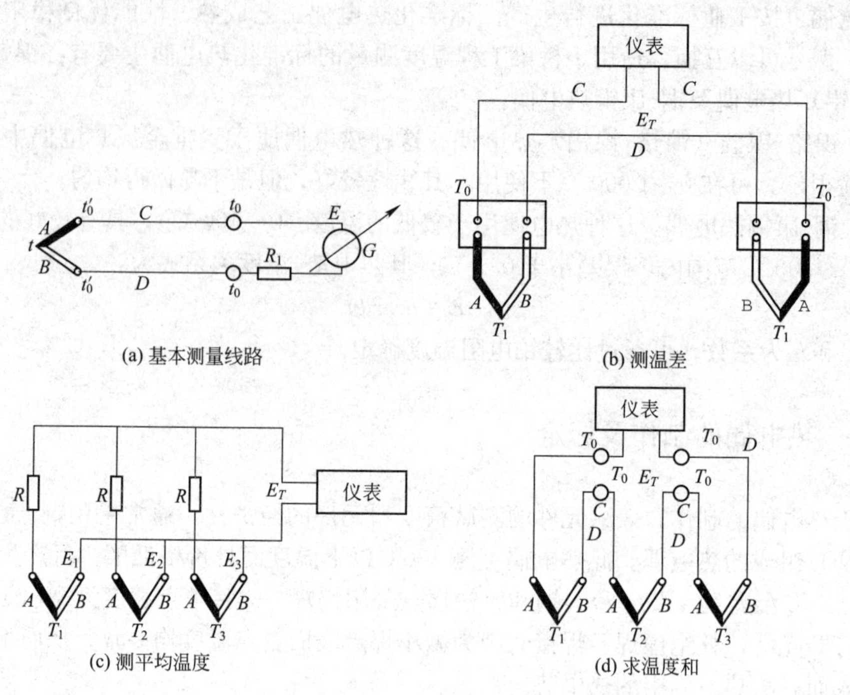

图 4－51　热电偶的接线形式

两端形成与热电偶的温差电势相对应的直流电压，补偿电压被串联到热电偶电路中，就可获得需要的电势。

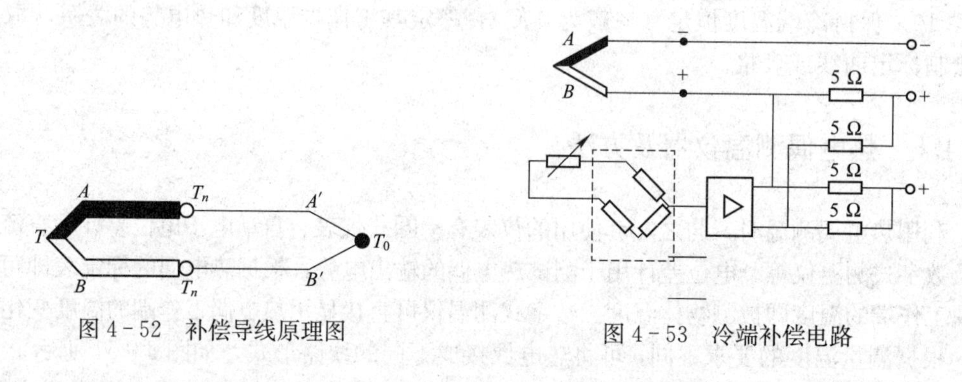

图 4－52　补偿导线原理图

图 4－53　冷端补偿电路

4.12　测振传感器

测振传感器又称为拾振器，是将机械振动信号变换成电参量的一种敏感元件。其种类繁多，按测量参数可分为位移式、速度式和加速度式；按构造原理可分为磁电式、压电式、电感式和应变式；从使用角度出发又可分为绝对式（或称惯性式）和相对式、接触式和非接触式等。

4.12.1　惯性式拾振器原理

振动具有传递作用，测振时很难在振动体附近找到一个静止的基准点作为固定的参考系来安装仪器。为此，往往需要在仪器内部设法构成一个基准点，其构成方法是在仪器内部设置“弹簧质量体系”，这样的拾振器叫惯性拾振器。其工作原理如图 4-54 所示。主要由质量块 m、弹簧、阻尼器和外壳等组成。使用时将仪器外壳紧固在振动体上，当振动体发生振动时，拾振器随之一起振动。质量块 m 的运动微分方程为：

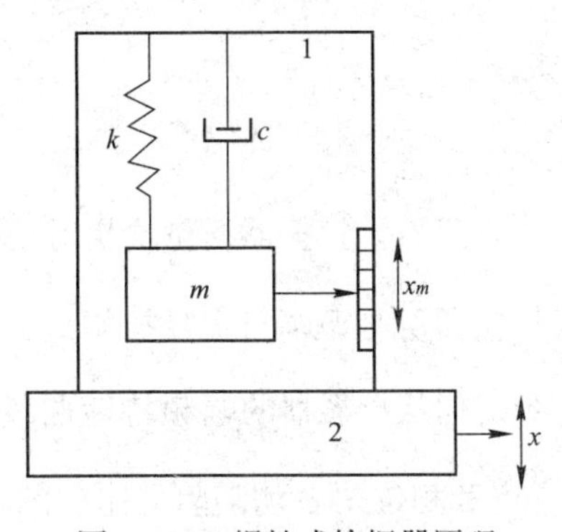

图 4-54　惯性式拾振器原理

1—拾振器；2—振动体

$$m(\ddot{x}+\ddot{x}_m)+c\dot{x}_m+kx_m=0 \tag{4-58}$$

$$x=x_0\sin\omega t \tag{4-59}$$

式中：x 为振动体相对于固定参考坐标的位移；x_0 为振动体的振幅；ω 为振动体的振动频率；x_m 为质量块相对于仪器外壳的位移；c、k 为弹簧质量系统的阻尼系数和弹簧系数，$c=2\eta m$（ζ 为阻尼比，$\zeta=\frac{c}{c_c}$，$c_c=2m\omega_n$ 为临界阻尼系数，η 为衰竭系数）；ω_n 为拾振器的固有频率，$\omega_n=\sqrt{\frac{k}{m}}$。

将 $x=x_0\sin\omega t$ 和 $k=m\omega_n^2$，$c=2\eta m$ 代入式（4-58）得：

$$\ddot{x}_m+2\eta\dot{x}_m+\omega_n^2x_m=x_0\omega^2\sin\omega t \tag{4-60}$$

求解可得：

$$x_m=Ae^{-\eta t}\sin(\omega t-\varphi)+\frac{\left(\frac{\omega}{\omega_n}\right)^2x_0}{\sqrt{\left[1-\left(\frac{\omega}{\omega_n}\right)^2\right]^2+\left[2\zeta\frac{\omega}{\omega_n}\right]^2}}\sin(\omega t-\varphi) \tag{4-61}$$

式（4-61）描述的是振动体做简谐振动 $x=x_0\sin\omega t$ 时质量块 m 相对于外壳的运动规律，其中第一项称“通解”，代表的是随着时间的增长而衰减的有阻尼自由振动。振动系统的阻尼力愈大，振动幅值衰减得愈快。因此，这部分振动分量实际存在的时间十分短促，只要振动系统存在阻尼，这部分振动分量很快就会消失。式中第二项称“特解”，是由外界干扰力迫使振动体产生的强迫振动分量，因而当振动系统中自由振动分量消失后就进入稳定状态的振动，其稳态解即为式（4-61）中的第二项，可简写作：

$$x_m=x_{0m}\sin(\omega t-\varphi) \tag{4-62}$$

可见，质量块相对于仪器外壳的振动规律 x_m 与振动体的振动规律 x 是一致的，只是前者滞后一个相位角 φ。式（4-62）中的幅值：

$$x_{0m}=\frac{\left(\frac{\omega}{\omega_n}\right)^2x_0}{\sqrt{\left[1-\left(\frac{\omega}{\omega_n}\right)^2\right]^2+\left[2\zeta\frac{\omega}{\omega_n}\right]^2}} \tag{4-63}$$

所以有：

$$\frac{x_{0m}}{x_0}=\frac{\left(\frac{\omega}{\omega_n}\right)^2}{\sqrt{\left[1-\left(\frac{\omega}{\omega_n}\right)^2\right]^2+\left[2\zeta\frac{\omega}{\omega_n}\right]^2}} \tag{4-64}$$

$$\varphi=\arctan\frac{2\zeta\frac{\omega}{\omega_n}}{1-\left(\frac{\omega}{\omega_n}\right)^2} \tag{4-65}$$

显然，拾振器质量块相对于振动体的位移幅值 x_{0m} 与振动体的位移幅值 x_0 成正比，即拾振器所测振幅与实际振幅成正比。在实际试验测试工作中，要求$\frac{x_{0m}}{x_0}$和相位角 φ 保持常数。但从拾振器的幅频特性曲线（见图 4－55）和相频特性曲线（见图 4－56）可以看出，$\frac{x_{0m}}{x_0}$和相位角 φ 均随阻尼比 ζ 的不同而变化，仪器的阻尼取决于构造、连接、摩擦等不稳定因素，在试验过程中会发生变化。为使$\frac{x_{0m}}{x_0}$和相位角 φ 在试验期间为常数，必须限制$\frac{\omega}{\omega_n}$值。当取不同频率比$\frac{\omega}{\omega_n}$和阻尼比 ζ 时，拾振器将输出不同的振动参数。

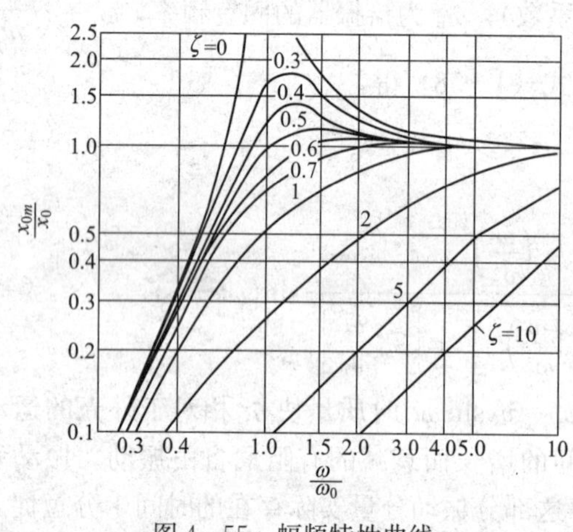

图 4－55　幅频特性曲线

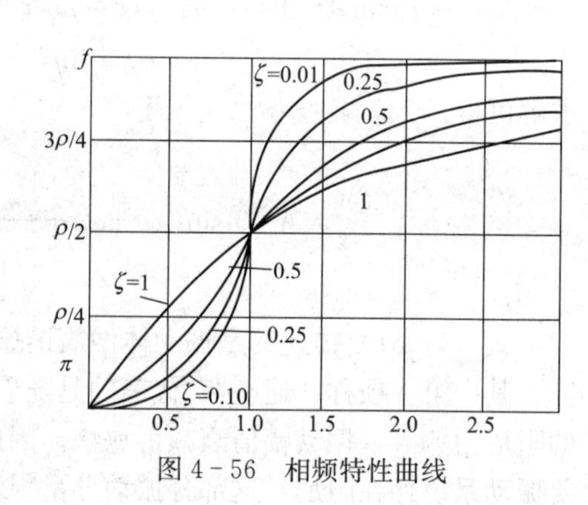

图 4－56　相频特性曲线

（1）当$\frac{\omega}{\omega_n}\gg1$，$\zeta<1$ 时，由式（4－64）得：

$$\frac{\left(\frac{\omega}{\omega_n}\right)^2 x_0}{\sqrt{\left[1-\left(\frac{\omega}{\omega_n}\right)^2\right]^2+\left[2\zeta\frac{\omega}{\omega_n}\right]^2}}\rightarrow1 \tag{4-66}$$

所以 $x_{0m}=x_0$。这表明，质量块 m 相对于仪器外壳的最大振幅近似等于被测物体相对于固定参考坐标的最大振幅，即仪器示值近似等于振动体的振幅。满足此条件的测振仪称为“位移计”。这时幅频特性曲线趋于平直，而$\frac{x_{0m}}{x_0}$与相位角 φ 基本无关。实际使用中，当测定位移的精度要求较高时，频率比可取上限，即$\frac{\omega}{\omega_n}>10$；对于精度为一般要求的振幅测定，可取$\frac{\omega}{\omega_n}=5\sim10$，此时，仍可近似地认为$\frac{x_{0m}}{x_0}=1$，但具有一定误差。幅频特性曲线平直部分的频率下限与阻尼比有关。对无阻尼或小阻尼的频率下限可取$\frac{\omega}{\omega_n}=4\sim5$。当$\zeta=0.6\sim0.7$时，频率比下限可放宽到2.5左右，此时幅频特性曲线有最宽的平直段，也就是有较宽的频率使用范围。但当被测振动体有阻尼时，仪器对不同振动频率呈现出不同的相位差，如图4-55所示。如果振动体的运动不是简单的正弦波，而是两个频率ω_1和ω_2的叠加，由于仪器对相位差的反应不同，测出的叠加波形将失真。所以，应该注意波形畸变的限制。

应该注意，一般工业与民用建筑的第一自振频率为2～3 Hz，高层建筑为1～2 Hz，高耸结构（如塔架、电视塔、烟囱等柔性结构）、大跨结构（如体育馆结构、桥梁结构等）的第一自振频率更低。这就要求拾振器具有更低的自振频率。为降低ω_n必须加大惯性质量，因此一般位移拾振器的体积较大且较重，使用时对被测系统有一定影响，特别对于一些质量较小的振动体就不太适用，必须寻求另外的解决办法。

(2) 当$\frac{\omega}{\omega_n}\approx1$，$\zeta\gg1$时，由式（4-64）得：

$$\frac{\left(\frac{\omega}{\omega_n}\right)^2}{\sqrt{\left[1-\left(\frac{\omega}{\omega_n}\right)^2\right]^2+\left[2\zeta\frac{\omega}{\omega_n}\right]^2}}\rightarrow\frac{\omega}{2\zeta\omega_n} \tag{4-67}$$

所以

$$x_{0m}\approx\frac{\omega}{2\zeta\omega_n}=\frac{1}{2\zeta\omega_n}\dot{x}_0$$

这时拾振器的示值与振动体的速度成正比，故称为“速度计”。$\frac{1}{2\zeta\omega_n}$为比例系数，阻尼比ζ愈大，拾振器输出灵敏度愈低。设计速度计时，由于要求的阻尼比ζ很大，相频特性曲线的线性度就很差，因而对含有多频率成分波形的测试失真也较大。同时，速度拾振器的有用频率范围非常狭窄，因而工程中很少使用。

(3) 当$\frac{\omega}{\omega_n}\ll1$，$\zeta<1$时，由式（4-63）得：

$$\frac{1}{\sqrt{\left[1-\left(\frac{\omega}{\omega_n}\right)^2\right]^2+\left[2\zeta\frac{\omega}{\omega_n}\right]^2}}\rightarrow1 \tag{4-68}$$

所以

$$x_{0m}\approx\frac{\omega^2}{\omega_n^2}x_0=\frac{1}{\omega_n^2}\ddot{x}_0$$

这时，拾振器反应的位移与振动体的加速度成正比，比例系数为$\frac{1}{\omega_n^2}$。这种拾振器用来测量加速度，故称为“加速度计”。加速度幅频特性曲线如图4-57所示。由于加速度计用于频率比$\frac{\omega}{\omega_n}\ll1$的范围内，故相频特性曲线仍可用图4-56表示。从图4-56看出，相位超前于被测频率0°～90°。这种拾振器当阻尼比ζ为0时，没有相位差，因此测量复合振动不会发生波形失真。但拾振器总是设有阻尼器的，当加速度计的阻尼比ζ在0.6～0.7之间时，由于相频曲线接近于直线，所以相位差与频率比成正比，波形不会出现畸变。若阻尼比不符合要求，将出现与频率比呈非线性关系的相位差。

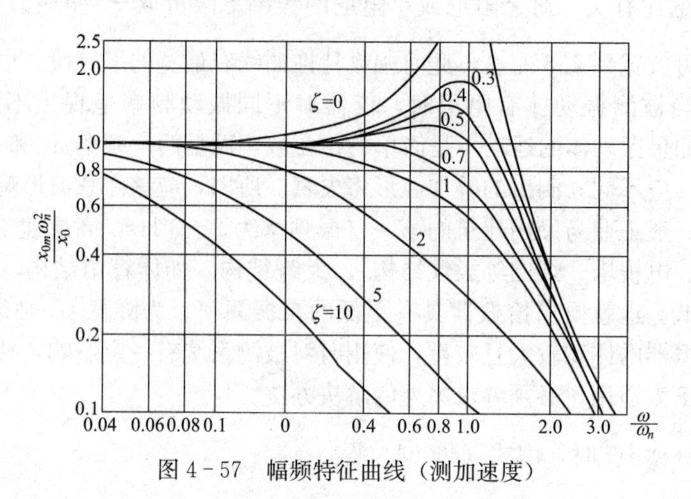

图 4-57　幅频特征曲线（测加速度）

综上所述，位移计适用于频率比$\frac{\omega}{\omega_n}\gg1$的情况，这时相位滞后一个角度；而加速度计适用于频率比$\frac{\omega}{\omega_n}\ll1$的情况，其相位超前于被测频率。应当注意：拾振器的理论分析是根据单自由度体系受迫振动理论得出的，而在分析过程中又将系统的自由振动分量忽略，只考虑了强迫振动部分。因此，这种分析只适用于稳态的周期性振动的测量。对于受冲击和暂态运动测量系统，自由振动部分不应忽略。

4.12.2　相对式机械接收原理

由于机械运动是物质运动的最简单的形式，因此人们最先想到的是用机械方法测量振动，从而制造出了机械式测振仪（如盖格尔测振仪等）。传感器的机械接收原理就是建立在此基础上的。相对式测振仪的工作接收原理是在测量时，把仪器固定在不动的支架上，使触杆和被测物体的振动方向一致，并借弹簧的弹性力和被测物体表面相接触，当物体振动时，触杆跟随它一起运动，并推动记录笔杆在移动的纸带上描绘出振动物体的位移随时间的变化曲线，根据这个记录曲线可以计算出位移的大小及频率等参数。

由此可知，相对式机械接收部分所测得的结果是被测物体相对于参考体的相对振动，只有当参考体绝对不动时，才能测得被测物体的绝对振动。这样就发生一个问题，当需要测的是绝对振动，但又找不到不动的参考点时，这类仪器就无用武之地。例如，在行驶的内燃机车上测试内燃机车的振动，在地震时测量地面及楼房的振动，都不存在一个不动的参考点。在这种情况下，必须用另一种测量方式的测振仪进行测量，即利用惯性式测振仪。

4.12.3　拾振器的换能原理

在惯性式拾振器中，质量弹簧系统将振动参数转换成质量块相对于仪器外壳的位移，使拾振器可以正确反映振动体的位移、速度和加速度。但由于测试工作的需要，拾振器除应正确地反映振动体的振动外，尚应不失真地将位移、速度及加速度等振动参量转换为电量，以便用量电器量测。转换方法有多种，如利用磁电感应原理，压电晶体材料的压电效应原理，机电耦合伺服原理，以及电容、电阻应变、光电原理等。其中磁电式拾振器能线性地感应振动速度，通常又称“感应式速度传感器”。它适用于实际结构的振动量测。因为压电晶体式拾振器体积较小，质量小，自振频率高，故适用于模型结构试验。以下介绍两种常用的拾振器换能原理。

1. 磁电式拾振器及其换能原理

磁电式速度传感器是根据电磁感应原理制成的，其特点是灵敏度高，性能稳定，输出阻抗低，频率响应范围有一定宽度，能调整质量、弹簧和阻尼系统的动力参数，可以使传感器既能测量非常微弱的振动，也能测量比较强的振动。

磁电式拾振器的换能原理是以导线在磁场中运动切割磁力线产生电动势为基础的，如图 4-58 所示。由永久磁铁和导磁体组成磁路系统，在磁钢间隙中放一工作线圈，当线圈在磁场中运动时，由于线圈切割磁力线，根据电磁感应定律在线圈中就有感应电动势产生，其大小正比于切割磁力线的线圈匝数和通过此线圈中的磁通量的变化率。如果以振动的速度表示感应电动势的大小，则可表达为：

$$E=BL_{\phi}nv\times10^{-8} \qquad (4-69)$$

当仪器结构定型后，磁感应强度 B、线圈匝数 n、每匝线圈的平均长度 L_{ϕ} 均为常数。因此，感应电动势 E 和线圈对磁钢相对运动的线速度 v 成正比。若把磁钢和线圈分别固定在仪器外壳和惯性质量上，这个速度就反映了仪器外壳的线速度。可见，测量感应电动势就可以得到振动速度的大小。如果用来测量位移，只要对输出信号进行积分，或在仪器输出端加一个积分线路就可以达到目的。

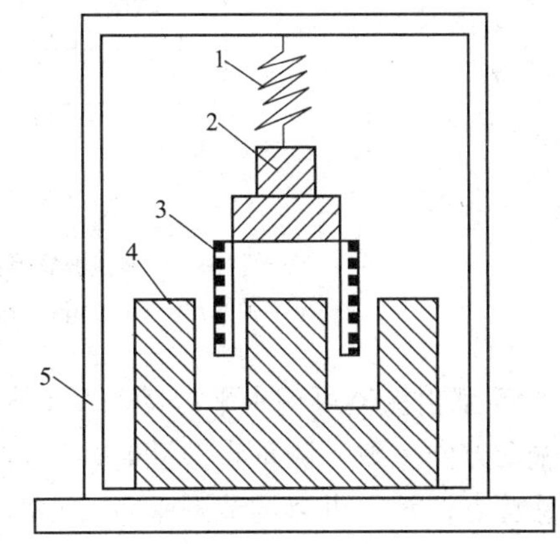

图 4-58　磁电式拾振器换能原理

1—弹簧；2—质量块；3—线圈；4—磁铁；5—仪器外壳

磁电式测振传感器的主要技术指标如下。

(1) 传感器质量弹簧系统的固有频率。它直接影响传感器的频率响应。固有频率取决于质量的大小和弹簧的刚度。

(2) 灵敏度。即传感器在测振方向受到一个单位振动速度时的输出电压。

(3) 频率响应。当所测振动的频率变化时，传感器的灵敏度、输出的相位差等也随之变化，这个变化的规律称为传感器的频率响应。对于一个阻尼值，只有一条频率响应曲线。

(4) 阻尼。传感器的阻尼与频率响应有很大关系，磁电式测振传感器的阻尼比通常设为 0.5～0.7。

磁电式速度传感器输出的电压信号一般比较微弱，需要用电压放大器进行放大。

根据可用频率的范围和振幅大小，磁电式拾振器有不同的型号，其中 65 型和 701 型拾振器是广泛用于振动测量的仪器。

65 型拾振器主要用于测量微弱振动。由于它适用于低频振动，且灵敏度高，所以在建筑结构振动测量中应用较多。其构造和工作原理如图 4-59 所示。它主要由摆系统和换能器两部分组成。重锤4和线圈架5等部件组成的摆通过十字弹簧片7与机壳悬挂连接，以形成振动系统。线圈6与磁钢3组成换能机构。当底座与振动体一起振动（当 $\omega \gg \omega_n$ 时，摆系统趋于静止状态）时，线圈与磁钢之间产生相对运动并切割磁力线，使线圈输出一个与振动速度成正比的感应电势。

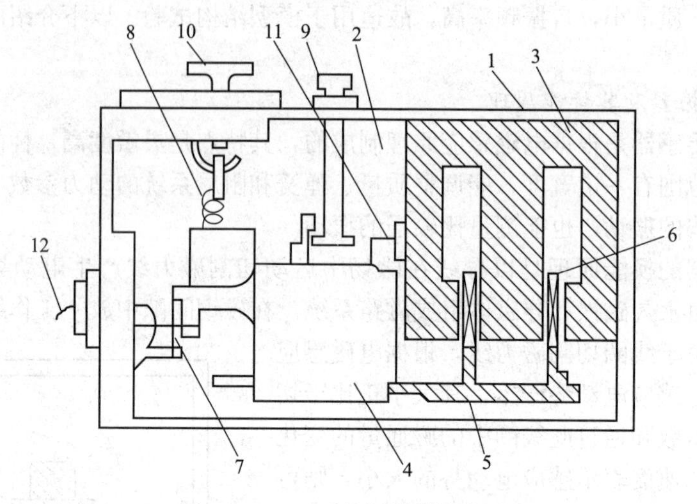

图4-59　65型拾振器的构造原理

1—外壳；2—有机玻璃盖；3—磁钢；4—重锤；5—线圈架；6—线圈；7—十字弹簧片；8—弹簧；9—锁紧弹簧片；10—握手；11—指针；12—输出线

65型拾振器可测水平振动和垂直振动，区别在于仪器放置的位置，应使摆的方向与被测振动方向一致。测垂直振动时，注意放平仪器并利用弹簧8来支持摆的重量。改变弹簧8的悬挂点位置，可以调节测垂直振动时仪器的固有频率。测水平振动时，先将弹簧8落入弹簧支架中，并使弹簧挂钩处于圆环中（不相碰），再将仪器转过90°，使有底脚螺丝的一面放置调平。改变底脚螺丝的高低，可调节摆的平衡位置和自振周期。

65型拾振器的固有频率为1 Hz，使用频率范围为1～80 Hz，最大可测单振幅值为0.5 mm，速度的灵敏度为3.7 V/(cm/s)，自重为50 N。

701型拾振器既可以测量微小振动，也可以测量振幅达数毫米的大位移振动。测量大位移时应在线圈两端并联一个电容器，以延长系统的自振周期，使被测的频率下限展宽，并缩小放大倍数以增大低频的被测幅度。此外，拾振器内部已加上积分电路，可直接输出与位移成正比的电压信号。701型拾振器配合放大器和光线示波器可用于建筑结构以及桥梁、水坝等低频振动测量。

701型拾振器包括测水平振动和竖向振动的两种仪器。拾振器的自振频率为1.5～100 Hz（小位移挡）和0.5～10 Hz（大位移挡），灵敏度为200 mV/mm（小位移挡）和12 mV/mm（大位移挡），最大位移±0.6 mm（小位移挡）和±6 mm（大位移挡）。

磁电式拾振器还有很多型号，如CZ—SⅠ和CZ—SⅡ型、CD—2和CD—4型、BYD—11型、SZQ—4型等位移和速度拾振器，还有各种型号工程强振仪等。每种拾振器都有各自的可用频率范围和振幅值，选用时应查阅有关生产厂家产品目录。另外应注意拾振器必须与放大器、记录仪匹配使用，不同的拾振器有不同的放大器，选购时必须注意配套使用。

2. 压电式加速度计及其换能原理

从物理学知道，一些晶体材料当受到压力并产生机械变形时，在其相应的两个表面上出现异号电荷，当外力去掉后，晶体又重新回到不带电的状态，这种现象称为压电效应。压电式加速度传感器是利用晶体的压电效应而制成的，其特点是稳定性高，机械强度高，能在很宽的温度范围内使用，但灵敏度较低。压电式加速度计具有较大的动态范围，频率范围也较宽，而且体积小，质量小。因此被广泛地用于测量结构振动加速度，尤其对于宽带随机振动和瞬态冲击振动是一种比较理想的测振仪器。

压电晶体在三轴方向上的性能不同，x 轴为电轴线，y 轴为机械轴线，z 轴为光轴线。若垂直于电轴切取晶片且在电轴线方向施加外力 F，当晶片受到外力而产生压缩或拉伸变形时，内部就会出现极化现象，同时在其相应的两个表面上出现异号电荷，形成电场。当外力去掉后，又重新回到不带电的状态。这种将机械能转变为电能的现象，称为正压电效应。若晶体不是在外力而是在电场作用下产生变形，则称为逆压电效应。

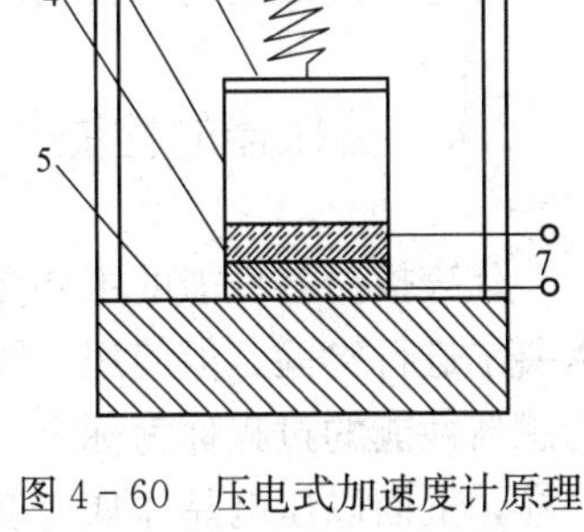

图 4-60 压电式加速度计原理
1—外壳；2—弹簧；3—质量块；4—压电晶体片；5—基座；6—绝缘体；7—输出端

图 4-60 为压电式加速度计的构造原理图。将质量块 3 放在两块圆形压电晶片 4 上，质量块由一硬弹簧 2 预先压紧，整个组件装在具有厚基座的金属壳体内，压电晶体片和惯性质量块一起构成振动系统。当被测振动体的频率远低于振动系统的固有频率时，惯性质量块相对于基座的振幅近似地与被测振动体的加速度峰值成正比。若晶片受到的力 F 为交变压力，则产生的电荷 Q 也为交变的电荷，这时电荷与被测振动体的加速度成正比，即：

$$Q=CF=Cma=S_Qa \tag{4-70}$$

$$U=\frac{Q}{C}=\frac{S_Qa}{C}=S_Ua \tag{4-71}$$

由于压电式加速度计既可被认为是一个电压源，又可被认为是电荷源，因此它具有两种灵敏度，即电荷灵敏度和电压灵敏度。电荷灵敏度 $S_Q=\frac{Q}{a}$，是单位加速度的电荷量；电压灵敏度 $S_U=\frac{U}{a}$，是单位加速度的电压量。电压灵敏度同电压放大器匹配使用，而电荷灵敏度同电荷放大器匹配使用。

压电式加速度计的电压输出 U 与电容量 C 的关系为 $U=\frac{Q}{C}$，其中 C 包括加速度计的内部电容 C_a、电缆电容 C_c和阻抗变换器的输入电容 C_i，即 $C=C_a+C_c+C_i$，所以加速度计的电压灵敏度总是带配套电缆和配套的阻抗变换器一起进行标定。

如果因某种原因使用了不同的电缆时，加速度计的电压灵敏系数必须进行换算或重新标定；而电荷输出与电容量无关。

压电式加速度传感器的主要技术指标如下。

(1) 灵敏度。压电式加速度传感器有两种形式的灵敏度：电荷灵敏度和电压灵敏度（分别是单位加速度的电荷和电压）。传感器灵敏度取决于压电晶体材料特性和质量的大小。质量块愈大，灵敏度愈大，但使用的频率愈窄；反之，质量块减小，灵敏度也减小，但使用频率范围加宽。选择压电式加速度传感器时，要根据测试要求综合考虑。

（2）安装谐振频率。传感器牢固地安装在一个有限质量体上（目前国际上公认的标准是取体积为1立方英寸，质量为180 g）的谐振频率。压电式加速度传感器本身有一个固有谐振频率，但是传感器总是要通过一定的方式安装在振动体上，这样谐振频率就要受安装条件的影响。传感器的安装谐振频率与传感器的频率响应有密切关系，不好的安装方法会显著影响试验测试的质量。

（3）频率响应。根据对测试精度的要求，通常取传感器安装谐振频率的1/10～1/5为测量频率的上限，而测量频率的下限可以很低，所以压电式加速度传感器的工作频率很宽。

（4）横向灵敏度比。即传感器受到垂直于主轴方向振动时的灵敏度与沿主轴方向振动的灵敏度之比。在理想的情况下，传感器的横向灵敏度比应等于零。

（5）幅值范围。即传感器灵敏度保持在一定误差大小（通常在5%～10%）时的输入加速度幅值的范围，也就是传感器保持线性的最大可测范围。

压电式加速度传感器用的放大器有电压放大器和电荷放大器两种。

4.12.4　拾振器的性能与标定

代表拾振器性能的主要参数有灵敏度、频率特性、线性范围等，在仪器出厂前都要按技术要求进行检验。但使用一段时间后，必须对主要技术指标进行校准试验。用试验方法确定传感器性能的过程称为标定。由于各种传感器的原理和结构构造都不同，所以标定方法也不一样，下面以压电晶体加速度计和磁电式拾振器为例加以说明。

1. 拾振器的灵敏度标定

压电晶体加速度计的灵敏度，是指在压电晶片片轴方向承受单位加速度振动时输出的电压或电荷值，即：

电荷灵敏系数：
$$S_Q=\frac{Q}{a} \tag{4-72}$$

电压灵敏系数：
$$S_U=\frac{U}{a} \tag{4-73}$$

以下根据此定义说明对压电晶体加速度计灵敏度的标定。灵敏度的标定方法有绝对法标定和比较法标定。

比较法标定是以标准加速度计作为参考，图4-61为比较法标定的原理。图中标准加速度计和标定加速度计背靠背地固定在振动台台面上，以感受同样的振动加速度值，放大器Ⅰ和Ⅱ预先校准，使其具有相同的特性。当振动台接受标定振级时，被测加速度计和标准加速度计分别与4（Ⅰ）、4（Ⅱ）相接，调节放大器Ⅰ和Ⅱ的增益使电压表的指示都为10 mV/g或100 mV/g。标定时，将振动台调到所要标定的频率和振级，选择开关接通放大器Ⅰ，记下数字电压表的读数

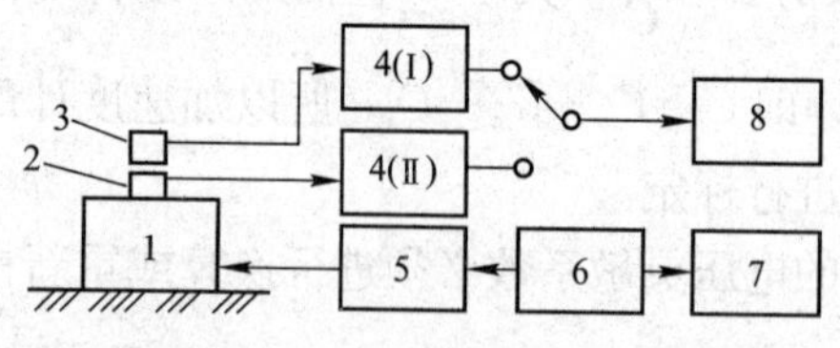

图4-61　比较法标定的原理图

1—振动台；2—标准加速度计；3—标定加速度计；4—放大器；5—功率放大器；6—信号源；7—频率计；8—数字电压计

U_1，选择开关再接到放大器Ⅱ，同样记下数字电压表读数 U_2，此时被测加速度计的灵敏度 S'_U 为：

$$S'_U=\frac{U_2}{U_1}S_U \tag{4-74}$$

电谐标定法是一种简便并有一定精度的标定方法，用一台标准信号发生器和毫伏表即可进行。例如，65 型拾振器的灵敏度为 3.7 V/(cm/s)，这个灵敏度出厂前已经过标定，主要取决于线圈匝数和磁场强度，只要妥善保管，正确使用，灵敏度在短期内一般不会发生变化，但也应每隔一两个月标定一次。因此，标定被测拾振器时可直接由标准信号发生器输出一个 3.7 V 简谐振动信号给放大器后继部分，这就相当于 65 型拾振器从振动台上感受了一个 1 cm/s 简谐运动速度，则其位移值可由下式求得：

$$A=\frac{V}{2\pi f} \tag{4-75}$$

式中：f 为标准信号发生器输出信号的频率；V 为电压；A 为位移值。

绝对法标定是用激光干涉法进行的。

2. 拾振器频率特性标定

加速度拾振器频率特性标定原理如图 4-62 所示。将频率自动控制仪发生的扫频信号，经过功率放大器放大后推动振动台作扫频振动，其输出信号的幅值需受标准加速度计控制（标准加速度计用以监视振动台使之保持按恒定加速度振动）。标定加速度计的输出电压经放大后送入电平记录仪，频率自控仪的频率扫描也受电平记录仪控制，使频率扫描与记录仪同步，当频率自控仪的输出频率在需要标定的频率范围内从低到高扫描一次时，电平记录仪即画出被测加速度计的频率响应曲线。

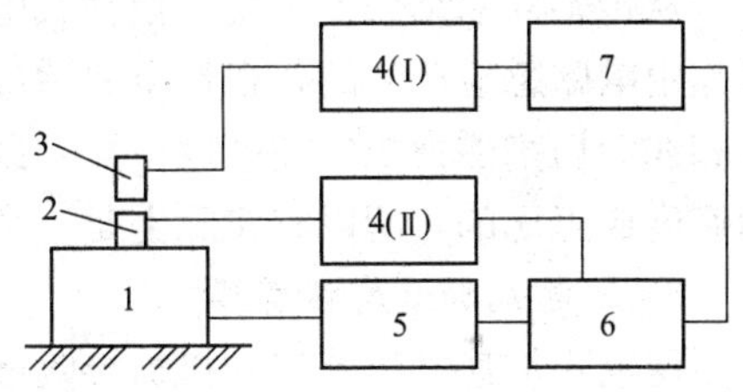

图 4-62　加速度计频率特性标定框图

1—振动台；2—标准加速度计；3—标定加速度计；4—放大器；5—功率放大器；6—功率自控仪；7—电平记录仪

加速度计的频率特性与安装技术有很大关系，如安装表面不光滑、使用的绝缘垫圈刚度不够、使用软胶固定等都将使加速度计的频率特性变差。

4.12.5　常用的几种振动传感器

1. 相对式电动传感器

电动式传感器基于电磁感应原理，即当运动的导体在固定的磁场里切割磁力线时，导体两端就感生出电动势，因此利用这一原理而生产的传感器称为电动式传感器。

相对式电动传感器从机械接收原理来说，是一个位移传感器，由于在机电变换原理中应用的是电磁感应电律，其产生的电动势同被测振动速度成正比，所以它实际上是一个速度传感器。

2. 电涡流式传感器

电涡流式传感器是一种非接触式传感器，它是通过传感器端部和被测物体之间的距离变化来测量物体的振动位移或幅值的。电涡流传感器具有频率范围宽（0～10 kHz），线性工作范围大、灵敏度高以及非接触式测量等优点，主要应用于静位移的测量、振动位移的测量、旋转机械中监测转轴的振动测量。

3. 电感式传感器

依据传感器的相对式机械接收原理，电感式传感器能把被测的机械振动参数的变化转换成为电参量信号的变化。因此，电感传感器有两种形式：一是可变间隙；二是可变导磁面积。

4. 电容式传感器

电容式传感器一般分为两种类型，即可变间隙式和可变公共面积式。可变间隙式可以测量直线振动的位移。可变面积式可以测量扭转振动的角位移。

5. 惯性式电动传感器

惯性式电动传感器由固定部分、可动部分以及支承弹簧部分组成。为了使传感器工作在位移传感器状态，其可动部分的质量应该足够大，而支承弹簧的刚度应该足够小，也就是让传感器具有足够低的固有频率。

根据电磁感应定律，感应电动势为：

$$E=BlV$$

式中：B 为磁通密度；l 为线圈在磁场内的有效长度；V 为线圈在磁场中的相对速度。

从传感器的结构上来说，惯性式电动传感器是一个位移传感器。然而由于其输出的电信号是由电磁感应产生的，根据电磁感应电律，当线圈在磁场中做相对运动时，所感生的电动势和线圈切割磁力线的速度成正比。因此就传感器的输出信号来说，感应电动势是同被测振动速度成正比的，所以它实际上是一个速度传感器。

6. 压电式加速度传感器

压电式加速度传感器的机械接收部分利用的是惯性式加速度机械接收原理，机电部分利用的是压电晶体的正压电效应。其原理是某些晶体（如人工极化陶瓷、压电石英晶体等，不同的压电材料具有不同的压电系数，一般都可以在压电材料性能表中查到）在一定方向的外力作用下或承受变形时，其晶体面或极化面上将有电荷产生，这种从机械能（力，变形）到电能（电荷，电场）的变换称为正压电效应。而从电能（电场，电压）到机械能（变形，力）的变换称为逆压电效应。

因此利用晶体的压电效应，可以制成测力传感器，在振动测量中，由于压电晶体所受的力是惯性质量块的牵连惯性力，所产生的电荷数和加速度大小成正比，所以压电式传感器是加速度传感器。

7. 压电式力传感器

在振动试验中，除了测量振动，还经常需要测量对试件施加的动态激振力。压电式力传感器具有频率范围宽、动态范围大、体积小和质量小等优点，因而获得广泛应用。压电式力传感器的工作原理是利用压电晶体的压电效应，即压电式力传感器的输出电荷信号和外力成正比。

8. 阻抗头

阻抗头是一种综合性传感器。它集压电式力传感器和压电式加速度传感器于一体，其作用是在力传递点测量激振力的同时测量该点的运动响应。因此阻抗头由两部分组成，一部分是力传感器，另一部分是加速度传感器，其优点是保证测量点的响应就是激振点的响应。使用时将小头（测力端）连向结构，大头（测量加速度）和激振器的施力杆相连。从“力信号输出端”测量激振力的信号，从“加速度信号输出端”测量加速度的响应信号。

注意，阻抗头一般只能承受轻载荷，因而只可以用于轻型的结构、机械部件以及材料试样的测量。无论是力传感器还是阻抗头，其信号转换元件都是压电晶体，因而其测量线路均应是电压放大器或电荷放大器。

9. 电阻应变式传感器

电阻式应变式传感器是将被测的机械振动量转换成传感元件电阻的变化量。实现这种机电转换的传感元件有多种形式，其中最常见的是电阻应变式的传感器。

4.12.6 放大器和记录仪

1. 放大器

测振放大器是振动测试系统中的中间环节，它的输入特性需与拾振器的输出特性相匹配，而其输出特性又必须满足记录及显示设备的要求。选用时还应注意其频率范围。常用的测振放大器有电压放大器和电荷放大器两种。前者结构简单、可靠性好，但当它与压电式拾振器联用时，对导线的电容变化极敏感。后者的输出电压与导线电容的变化无关，这对远距离测试带来很大的方便。在实际测试中，压电式加速度计常与电荷放大器配合使用。

2. 记录仪

数据采集时，为了把数据（各种电信号）保存、记录下来以备分析处理，必须使用自动记录仪。自动记录仪把这些数据按一定的方式记录在某种介质上，需要时可以把这些数据读出或输送给其他分析处理仪器。

数据的记录方式有两种：模拟式和数字式。从传感器（或通过放大器）传送到记录器的数据一般都是模拟量，模拟式记录就是把这个模拟量直接记录在介质上，数字式记录则是把这个模拟量转换成数字量后再记录在介质上。模拟式记录的数据一般都是连续的，数字式记录的数据一般都是间断的。记录介质有普通记录纸、光敏纸、磁带和磁盘等，采用何种记录介质与仪器的记录方法有关。常用的自动记录仪有 $X-Y$ 记录仪、光线示波器、磁带记录仪和磁盘驱动器等。

1) $X-Y$ 记录仪

$X-Y$ 记录仪是一种常用的模拟式记录器，它用记录笔把试验数据以 $X-Y$ 平面坐标系中的曲线形式记录在纸上，得到的是两个试验变量之间的关系曲线，或某个试验变量与时间的关系曲线。

图 4-63 为 $X-Y$ 记录仪的工作原理，X、Y 轴各有一套独立的，以伺服放大器、电位器和伺服马达组成的系统驱动滑轴和笔滑块；用多笔记录时，将 Y 轴系统作相应增加，则可同时得到若干条试验曲线。试验时，将试验变量 1（如某一个位移传感器）接通到 X 轴方向，将试验变量 2（如荷载传感器）接通到 Y 轴方向，试验变量 1 的信号使滑轴沿 X 轴方向移动、试验变量 2 的信号使笔滑块沿 Y 轴方向移动，移动的大小和方向与信号一致，由此带动记录笔在坐标纸上画出试验变量 1 与试验变量 2 之间的关系曲线。如果在 X 轴方向输入时间信号，或使滑轴在坐标纸沿 X 轴按规律匀速运动，就可以得到某一试验变量与时

间的关系曲线。

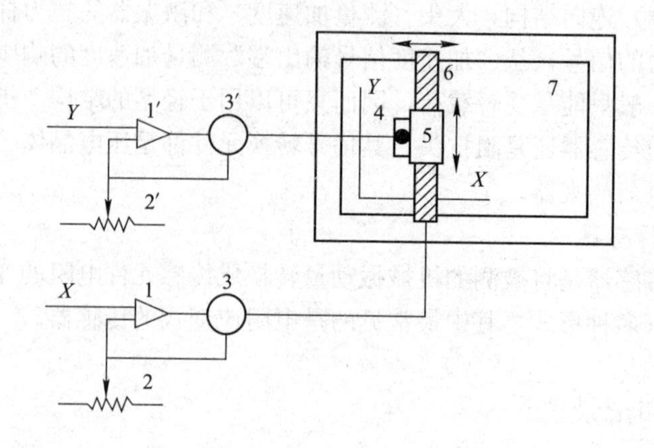

图 4-63　X-Y 记录仪工作原理

1、1′—伺服放大器；2、2′—电位器；3、3′—伺服马达；4—笔；
5—笔滑块；6—滑轴；7—坐标纸

对 X-Y 记录仪记录的试验结果进行数据处理，通常需要先把模拟量的试验结果数字化，用直尺直接在曲线上量取大小，根据标定值按比例换算得到代表试验结果的数值。

由于 X-Y 函数记录仪采用了零位法测量，准确性（误差为 0.2%～0.5%）和灵敏度高，记录笔振幅大（可达 200～300 mm）。线数为 1～3 线，响应时间长（0.25～1 s），故只适用于低频参量的记录。

2）光线示波器

光线示波器也是一种常用的模拟式记录器，主要用于振动测量的数据记录，它将电信号转换为光信号并记录在感光纸或胶片上，得到的是试验变量与时间的关系曲线。

光线示波器由振动子系统、光学系统、记录传动系统和时标指示系统等组成。它是将电信号转换为光信号，将光点信号记录在感光纸或胶片上的一种记录仪器，仪器利用了具有很小惯性的振子作为量测参数的转换元件，这种振子元件有较好的频率响应特性，可记录 0～5 000 Hz 频率的动态变化。

图 4-64 为光线示波器的构造原理。光线示波器的振子系统实质是一个磁电式电流计（见图 4-64（a）），其核心部分是一个弹簧质量体系。质量元件为线圈和镜片，弹簧为张线，其运动为扭摆运动。当信号（电流）通过线圈时，通电线圈在磁场作用下将使整个活动部分绕张线轴转动，直到被活动部分的弹性反力矩平衡为止。这时反射镜片也转动一定角度，变化过程经过光学系统反射和放大后，将镜片的角度变化转换为光点在记录纸上移动的距离，从而反映出振动波形。

光学系统的作用，是将光源发出的光聚焦成为极小的小光点，经振子上的反射镜反射至记录纸上，同时进行光杠杆放大；传动系统是使记录纸带按不同的速度匀速运行的机构；时标系统给出不同频率的时间信号以作为时间基准。

为了分辨记录信号的量值，光线示波器的光学系统有三条独立的光路，即振动子光路、时间指标光路和分格栅光路。有了这三条光路，才能记录图 4-64（b）所示的波形、时间和振幅值。

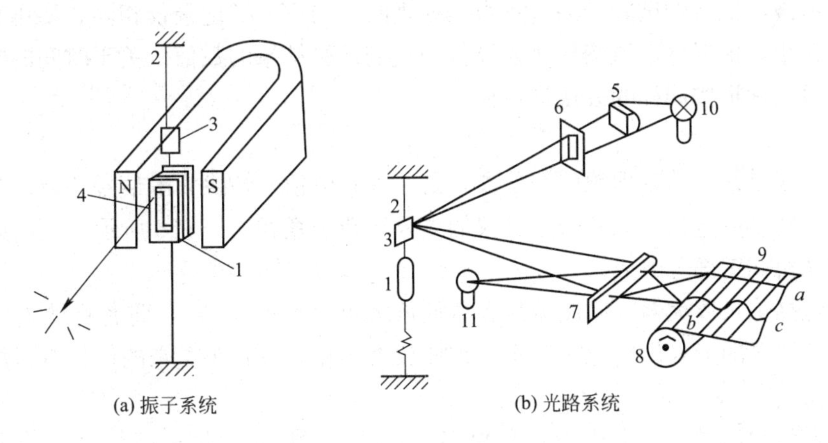

图 4-64　光线示波器构造原理

1—线圈；2—张线；3—反光镜；4—软铁柱；5、7—棱镜；
6—光栅；8—传动装置；9—线带；10、11—光源

磁电式笔录仪的构造原理与光线示波器相同，只是没有光路系统，它只需要在振子线圈的张线上端固定一个记录笔，当电信号通过线圈时，因磁电作用使线圈绕垂直张线而转动，固定在张线上的笔就开始记录出振动波形。

在实际使用中，应注意这两种仪器的振子特性和选用问题。因为它们都用于记录动态过程，其特性主要由振子系统决定，所以振子的动态特性和阻抗匹配关系是实际操作应用中的一个关键问题。

振子在动态记录过程中的特点在于，输入给线圈的信号是随时间而变化的量，而振子的活动部分又是一个具有一定质量的扭摆振动系统，所以由于有惯性作用而不能完全真实地反映快速变化过程。例如，振子对正弦信号的响应可表示为：

$$y=U\cdot y_{\mathrm{m}}\cdot\sin(\omega t-\varphi) \tag{4-76}$$

可见，振子在正弦信号作用下，振幅和相位均产生了畸变。振幅相差一个畸变因素 U，相位滞后 φ。U 是频率比和阻尼比的函数，由于电信号的频率往往是变化的，所以振幅的误差总会产生。从振子振幅随频率变化的特性（幅频特性）曲线图 4-65 可看出，阻尼比对振幅畸变有很大的影响，且所取 $\frac{\omega}{\omega_0}$ 的比值越大，振幅误差也越大。若欲减小振幅误差，就要求振子在合适的频率范围内工作，即 $\frac{\omega}{\omega_0}\to 1$。由图 4-65可知，阻尼比 $\zeta=0.6\sim0.7$ 时，工作频带最宽，所以振子的阻尼比总是要设法调整在 0.6～0.7 之间。如果实测位移允许误差为 5%，则振子的工作频率一般为固有频率的 60%（对电磁阻尼型振子）或 40%～45%（对油阻尼型振子），超过此界限必然产生很大误差。因而，必须根据实际情况合理地选用振子。

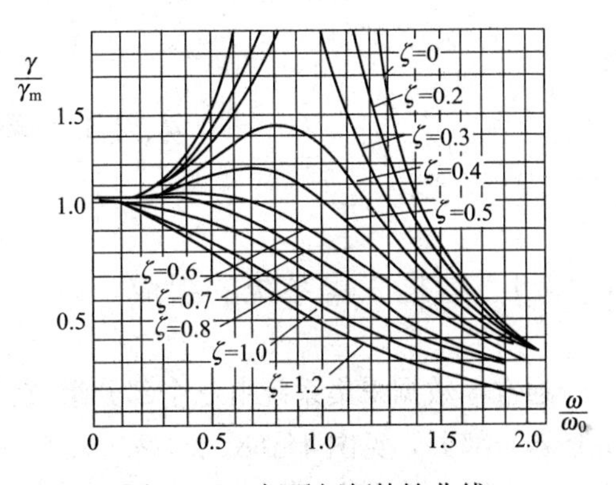

图 4-65　振子幅频特性曲线

对光线示波器记录的试验结果进行数据处理时，与 $X-Y$ 记录仪相同，要用直尺直接在曲线上量取大小，根据标定值按比例换算得到代表试验结果的数值。关于时间的数值，可用记录纸上的时间标记按同样的方法进行换算。

3）磁带记录仪

磁带记录仪是常用的较理想的记录器，是一种将电信号转换为磁信号的记录装置，同时又可将磁信号转换成电信号。磁带记录仪的主要构造示意如图 4-66 所示。它由放大器、磁头和磁带传动机构三部分组成。

放大器包括记录放大器（调制器）和重放放大器（反调制器），前者将输入信号放大并变换成最适于记录的形式供给记录磁头；重放放大器将重放磁头送来的信号进行放大和变换为电信号后输出。

磁带记录仪的记录方式有模拟式和数字式两种，对记录数据进行处理应采用不同的方法。用模拟式记录的数据，可通过重放，把信号输送给 $X-Y$ 记录仪或光线示波器等，用前面所提到的方法，得到相应的数值；或者把信号输送给其他分析仪器进行转换，得到相应的数值。用数字式记录的数据，可直接输送给计算机，或输送到打印机打印输出。

选择记录仪应该注意可用频率范围（见图 4-67）和可记录信号的大小。由于数据处理的方法不同，对记录仪提出了不同的要求。当数据处理分析量大时，往往需要采用专用电子计算机或频谱分析仪等设备，此时，要求记录方式和分析手段相匹配，比如采用频谱分析仪或计算机处理数据信息时，都应该采用磁带记录系统储存数据信息。

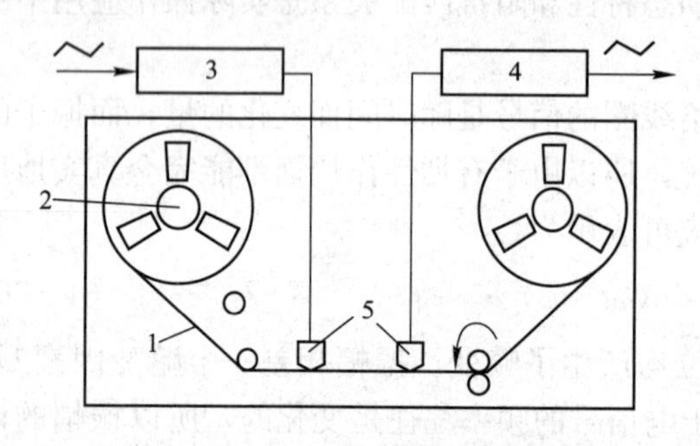

图 4-66　磁带记录仪的构造原理

1—磁带；2—磁带传动机构；3—记录放大器；4—重放放大器；5—磁头

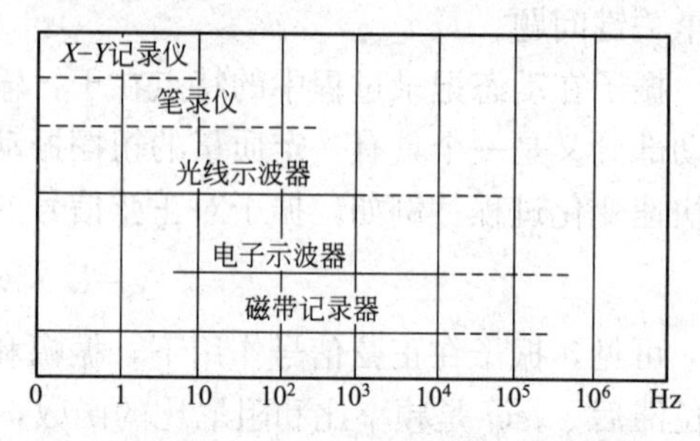

图 4-67　记录仪的可用频率范围

4.13　数据采集系统

4.13.1　数据采集系统的组成

通常，数据采集系统由三个部分组成：传感器部分、数据采集仪部分和计算机（控制与分析器）部分，见图 4-68。

（1）传感器部分。包括各种电测传感器。传感器的作用是感受各种物理量，如力、线位

图 4-68　数据采集系统的组成

移、角位移、应变和温度等，并把这些物理量转变为电信号。一般情况下，传感器输出的电信号可以直接输入到数据采集仪。如果某些传感器的输出信号不能满足数据采集仪的输入要求，还要加上放大器或其他设备。

(2) 数据采集仪部分包括：

① 接线模块和多路开关，作用是与传感器连接，并对各个传感器进行扫描采集；

② 模数转换器，将扫描得到的模拟量转换成数字量；

③ 主机，按照事先设置的指令控制整个数据采集仪，进行数据采集；

④ 储存器，可以存放指令、数据等；

⑤ 其他辅助部件，如外壳、I/O 接口等。

数据采集仪的作用是对所有的传感器通道进行扫描，把扫描得到的电信号进行数字转换，转换成数字量，再根据传感器特性对数据进行传感器系数换算（如把电压换算成应变或温度等），然后将这些数据传送给计算机，或者将这些数据打印输出、存入磁盘。

(3) 计算机部分包括主机、显示器、存储器、打印机、绘图仪和键盘等。计算机的主要作用是作为整个数据采集系统的控制器，控制整个数据采集过程。在采集过程中，通过数据采集程序的运行，计算机对数据采集仪进行控制；计算机还可以对数据进行计算处理，实时打印输出和图像显示及存入磁盘。计算机的另一个作用是在试验结束后，对数据进行处理。

数据采集系统可以对大量数据进行快速采集、处理、分析、判断、报警、直读、绘图、储存、试验控制和人机对话等，还可以进行自动化数据采集和试验控制，它的采样速度可高达每秒几万个数据或更多。目前国内外数据采集系统的种类很多，按其系统组成模式大致可分为以下几种。

① 大型专用系统将采集、分析和处理功能融为一体，具有专门化、多功能和高档次的特点。

② 分散式系统由智能化前端机、主控计算机或微机系统、数据通信及接口等组成，其特点是前端可靠近测点，消除了长导线引起的误差，并且稳定性好、传输距离长、通道多。

③ 小型专用系统以单片机为核心，小型、便携、用途单一、操作方便、价格低，适用于现场试验时的测量。

④ 组合式系统是一种以数据采集仪和微型计算机为中心，按试验要求进行配置组合成的系统，它适用性广、价格便宜，是一种比较容易普及的形式。

4.13.2 数据采集的过程

采用上述数据采集系统进行数据采集，数据的流通过程见图 4－69。数据采集过程的原始数据是反映试验结构或试件状态的物理量，如力、应变、线位移、角位移和温度等。这些物理量通过传感器被转换成为电信号；通过数据采集仪的扫描采集进入数据采集仪；再通过数字转换变成数值量；通过系数换算变成代表原始物理量的数值，然后，把这些数据打印输出、存入磁盘，或暂时存放在数据采集仪的内存中；通过连接采集仪和计算机的接口，储存在数据采集仪内存中的数据进入计算机；计算机再对这些数据进行计算处理，如把位移换算成挠度、把力换算成应力等，计算机把这些数据存入文件、打印输出，并可以选择其中部分数据显示在屏幕上，如位移与荷载的关系曲线等。

数据采集过程是由数据采集程序控制的。数据采集程序主要由两部分组成：第一部分的作用是数据采集的准备；第二部分的作用是正式采集。程序的运行有六个步骤：①启动数据采集程序；②进行数据采集的准备工作；③采集初读数；④采集待命；⑤执行采集（一次采集或连续采集）；⑥终止程序运行。数据采集过程结束后，所有采集到的数据都存在磁盘文件中，数据处理时可直接从这些文件中读取数据。数据采集程序的主框图见图 4－70。

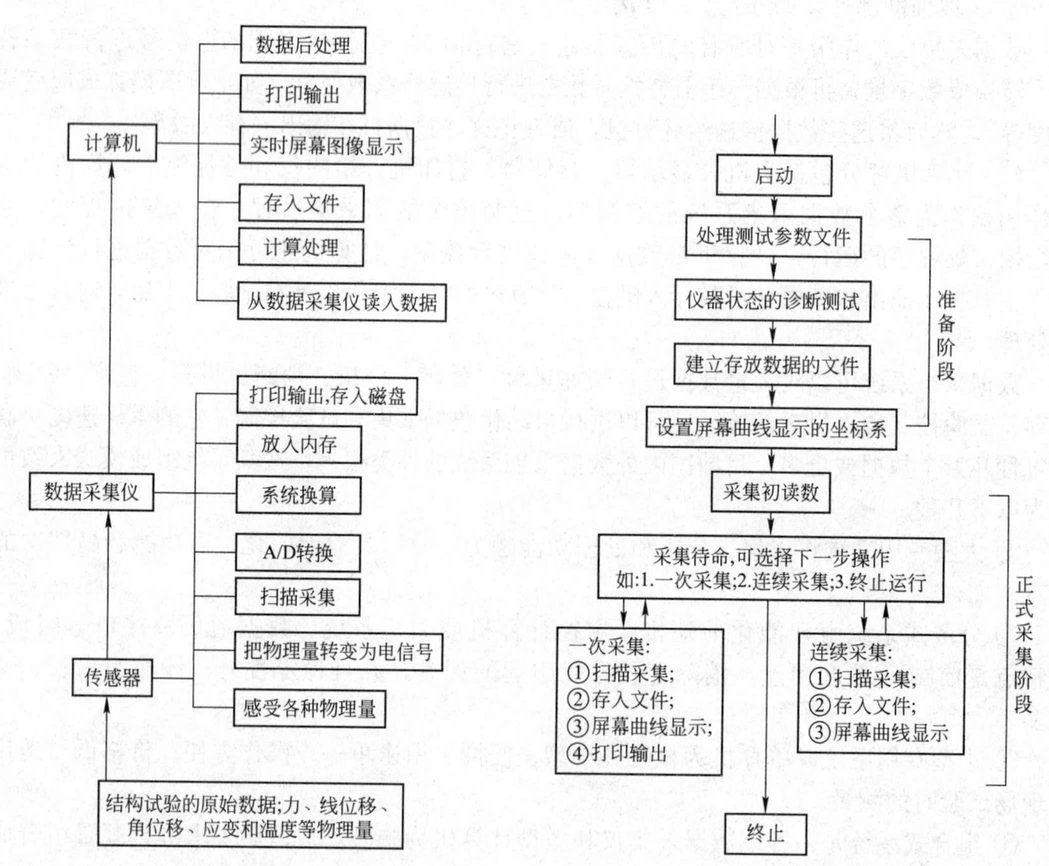

图 4－69　数据采集系统及流通过程　　图 4－70　数据采集程序的主框图

各种数据采集系统所用的数据采集程序有：

(1) 生产厂商为该采集系统编制的专用程序，常用于大型专用系统；

(2) 固化的采集程序，常用于小型专用系统；

(3) 利用生产厂商提供的软件工具，用户自行编制的采集程序，主要用于组合式系统。

思　考　题

一、选择题

1. 在选择仪器的量程时，要求最大被测值宜在仪器满量程的（　　）。

A. 1/5～1/3　　B. 1/3～2/5　　C. 1/5～2/3　　D. 2/5～2/3

2. 薄壳结构都有侧边构件，为了测量垂直和水平位移，需在侧边构件上布置（　　）。

A. 应变计　　B. 速度计　　C. 挠度计　　D. 温度计

3. 在电测仪器中，能够将信号放大，并能使电路与传感器、记录器和显示器相匹配的仪器称为（　　）。

A. 显示器　　B. 示波器　　C. 传感器　　D. 放大器

4. 在惠斯顿电桥中，通过测量可变电阻调节值来测量应变的方法称为（　　）。

A. 零位读数法　　B. 直接读数法　　C. 偏位读数法　　D. 差位读数法

5. 在结构实验中，任何一个测点的布置都应该是有目的的，应该服从于结构分析的需要，不应错误地为了追求数量而不切实际地盲目（　　）。

A. 提高精度　　B. 设置测点　　C. 增加项目　　D. 选择仪器

6. 仪器的量程应该满足最大变形的需要，对于结构伪静力试验，要求最大被测值不宜大于选用仪器最大量程的（　　）。

A. 50%　　B. 60%　　C. 70%　　D. 80%

7. 一般情况下，在试验室内进行建筑结构应变测量时，为了节省试验经费通常采用（　　）桥路。

A. 半桥测量　　B. 全桥测量

C. 半桥测量或全桥测量　　D. 1/4 桥测量

8. 为测量较大跨度梁的挠度曲线，测点应为 5～7 个，并沿梁的跨间（　　）布置。

A. 分散　　B. 集中　　C. 对称　　D. 均匀

9. 结构试验中为了测读方便，减少观测人员，测点的布置宜适当（　　）。

A. 分散　　B. 集中　　C. 加密　　D. 稀疏

10. 在利用电阻应变仪测量混凝土构件应变时，由于混凝土材质的非均匀性，应变仪的标距至少应大于骨料粒径的（　　）。

A. 1～2 倍　　B. 2～3 倍　　C. 3～4 倍　　D. 4～5 倍

11. 手持式应变仪常用于现场测量，适用于测量实际结构的应变，且适用于（　　）。

A. 持久试验　　B. 冲击试验　　C. 动力试验　　D. 破坏试验

12. 用应变计测量试件应变时，为了得到准确的应变测量结果，应该使应变计与被测物体变形（　　）。

A. 不一致　　B. 不相仿　　C. 相仿　　D. 一致

13. 当试验初期加载位移很小时，拟动力试验中采用的位移传感器，宜采用小量程高灵敏度的传感器或改变位移传感器的标定值，提高（　　）。

A. 灵敏感　　B. 分辨率　　C. 稳定性　　D. 信噪比

14. 为了使所测到的位移表示测点相对于试验台座或地面的位移，通常把传感器支架固定在（　　）。

A. 试件上　　B. 任意表面上

C. 绝对不动点上　　D. 试验台或地面的不动点上

15. 结构试验中，目前较多采用的传感器是（　　）。

A. 机械式传感器　　B. 光学传感器　　C. 电测式传感器　　D. 光电式传感器

16. 测试仪器的选择要求最大被测值宜在仪器满量程的范围内，一般最大被测值不宜大于选用仪器最大量程的（　　）。

A. 70%　　B. 80%　　C. 90%　　D. 100%

17. 下列哪个不是电阻应变计的主要技术指标（　　）。

A. 频率响应　　B. 电阻值　　C. 标距　　D. 灵敏度系数

18. 电阻应变片的灵敏度系数 K 指的是（　　）。

A. 应变片电阻值的大小　　B. 单位应变引起的应变片相对电阻值变化

C. 应变片金属丝的截面积的相对变化　　D. 应变片金属丝电阻值的相对变化

19. 在用电阻应变片测量应变时，是利用下列哪种形式进行温度补偿？（　　）

A. 热胀冷缩　　B. 试验后进行对比

C. 应变测量电桥的特性　　D. 电阻应变片的物理特性

二、填空题

1. 有些仪器和方法可以直接测量应变，另一些仪器和方法只能测量__________，需要通过换算得到应变。

2. 振动参数有位移、速度和加速度，测量这些振动参数的__________有许多种类。

3. 液压加载是目前结构试验中应用比较普遍和理想的一种加载方法，特别对于大型结构构件试验，当要求荷载点数多、__________时更合适。

4. 数据采集过程中的同时性原则要求一次采集得到的所有数据是同一时刻受到的__________与试件的反应。

5. 在结构试验中，光测法可以用于测量平面应变，较多应用于节点或构件的__________分析。

6. 数据采集时传感器的主要作用是__________物理量的变化，并把该物理量的变化转换成电量形式。

7. 质量、弹簧和阻尼系统是测振传感器的__________部分。

8. 通常采用黏结剂把应变计粘贴在被测物体上，粘贴的好坏对测量结果影响__________。

9. 应变测量试验时，试件处在一定的温度环境中，试件材料的__________一般都会随温度的变化而发生变化。

10. 电阻应变计的主要技术指标是__________、__________和__________。

11. 手持应变仪的原理是用两点之间的__________来近似地表示两点之间的__________。

12. 用电阻应变仪测量____________________时，电阻应变仪中的电阻和电阻应变计共同组成__________电桥。

三、简答题

1. 量测技术包括哪三部分？工程结构试验的主要量测内容有哪些？

2. 量测仪表的基本组成是什么？各部分的作用是什么？

3. 什么是零位读数法及直读法（或偏位法）？

4. 量测仪表的主要性能指标有哪些？

5. 量测仪表的选用原则是什么？

6. 何为仪表的率定？

7. 电阻应变片的工作原理是什么？

8. 根据哪几项技术指标选用应变计？

9. 电阻应变片如何分类？

10. 电阻应变片的粘贴方法和步骤有哪些？

11. 什么是视应变？如何消除视应变？

12. 对下列不同测试情况分别选择应变片观测应变：

(1) 钢筋混凝土梁做短期测试，混凝土的粗骨料最大粒径 40 mm；

(2) 钢桁架做长期测试。

13. 什么是全桥接法及半桥接法？电桥输出信号的含义是什么（即电桥的和差特性是什么）？

14. 钢弦式传感器的工作原理是什么？

15. 常见的钢弦式应变计有哪几种？如何应用？

16. 外力和内部应变如何测定？

17. 常用的线位移传感器有哪几种？它们的工作原理是什么？

18. 角位移测量的常用仪器及其原理是什么？

19. 数据采集系统由哪几部分组成？各组成部分的作用是什么？

20. 有一根钢筋试件，$E=2.1\times10^5$ MPa，其中间部位用 $R=120\ \Omega$、$K=2.02$ 的应变片沿受拉方向粘贴，当试件上应变为 1 000 $\mu\varepsilon$ 时，应变片的阻值是多少？试件的应力是多少？

21. 有一试件受弯矩和轴力的复合作用，采用什么样的桥路连接方式，才能测出弯矩 M 或轴力 N 引起的应变值？若在不同的桥路连接情况时，应变仪示值 $\varepsilon_{仪}=2\ 000\ \mu\varepsilon$，问弯矩 M 和轴力 N 所引起的应变值各是多少？上、下边缘的合应变是多少？

22. 有一轴向受力试件（$\nu=0.17$），其上纵、横两方向上粘贴 $R=120\ \Omega$ 的应变片，已知连接仪器的导线电阻 8 Ω，加上某级荷载时，应变仪的读数 $\varepsilon_{仪}=-500\ \mu\varepsilon$，问这两应变片的应变各是多少？

23. 现采用规范 GB/T 50081—2002 的方法，测试某试件尺寸为 100 mm×100 mm×300 mm 混凝土试件的抗压弹性模量，测得棱柱体的平均抗压荷载为 476.4 kN，试件的标距为 100 mm，两侧使用千分表测量变形，由初始 0.5 MPa 开始加载至 1/3 轴心抗压荷载时，两侧变形的平均值由 2 变化到 42。试求该混凝土的弹性模量（保留三位有效数字）。

24. 根据电阻应变仪桥路测量原理，测定图示悬臂梁的弯曲应变，测试时在被测试件图示的上下表面分别粘贴应变片，采用半桥接线方式，试推导应变仪读数和上表面弯曲应变的关系。

25. 直径为 10 mm 的Ⅰ级钢筋，在精度为±1.5%的万能试验机上进行拉伸试验，测定该钢筋的弹性模量，用 0.02 mm 的游标卡尺测量其直径，用精度为±2%的电阻应变仪测量应变，当加载至 23.55 kN 时的应变值 ε 为 1 429 $\mu\varepsilon$，求该钢筋的弹性模量、相对误差、绝对误差及弹性模量的范围。

26. 在轴向拉伸试件（a）及纯弯曲试件（b）的上下两面相对地粘贴着应变片，此时两应变片应变大小均为 2 000 $\mu\varepsilon$，灵敏系数均为 $K=2$，电阻值均相等。现采用半桥双臂接法的电桥，供桥电压 $U=5$ V，若要两种情况下都有较大输出，那么：（1）试画出两种试件的接桥接线图，并标注电阻符号 R_1，R_2，R_3，R_4；（2）计算两电桥的输出电压。

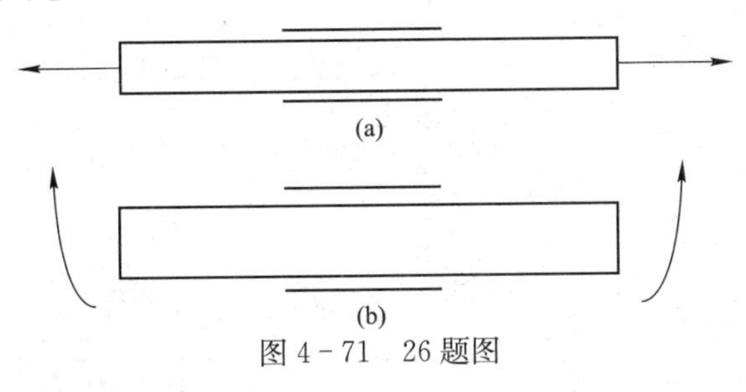

图 4-71　26 题图

27. 测力装置由传感器和测量仪组成，传感器的灵敏度 $K_1=10$ pC/kgf，测量仪的灵敏度 $K_2=5$ mV/pC，求该装置的总灵敏度。若测量仪读数为 $y=4$ mV，问此时被测力有多大？

28. 结合本章表 4-7 中序号 1～18 电阻应变计的布置与桥路连接方法，试设计其桥路，并写出计算式（用 ΔU 表示），要求画出桥路连接图，写出计算过程。

29. 在应变测量中，若应变片的阻值 R_g 为 120.5 Ω，灵敏系数 K 为 1.90，如图 4-72 所示，用来标定电阻应变仪测量系统，即在工作应变片 R_g 的两端并联一已知阻值 R_g 为 390 000 Ω 的电阻，当开关 K 闭合时，使得工作臂 1 的电阻产生一个小的变化，即相当于工作应变片受到某一应变的作用，此应变称为当量应变。试计算当量应变为多少？

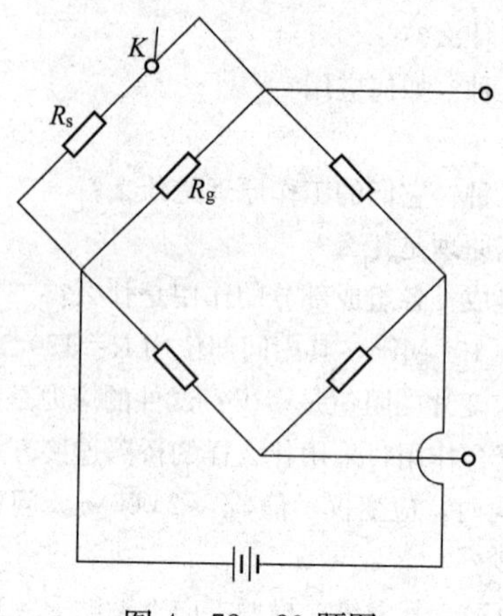

图 4 - 72　29 题图

30. 证明在扭力轴上粘贴应变片时，如按图 4 - 73 所示的方向布置并接成全桥，读数可不受轴向或弯曲应力的影响。

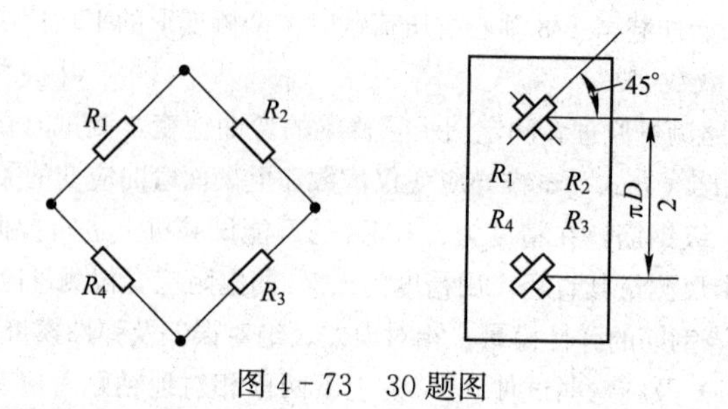

图 4 - 73　30 题图

第5章　工程结构静载试验

结构静载试验是测定结构在静荷载作用下的反应，是分析、判定结构的工作状态与受力情况的重要手段。拟订切实可行的加荷方案和准确量测反映结构工作状态与受力情况的各种参数是结构静载试验的关键。

5.1　概　　述

5.1.1　结构静载试验的任务与目的

任何结构都可以看作一个系统，作用在结构上的外界作用（如各种静荷载、动荷载、强迫位移、特定的温度场等）可以看作系统的输入，而由外界引起结构的位移、应力、应变、振动等可以看作系统的输出，根据安全和使用要求提出的对位移、应力等的限制称为约束。

在进行结构设计时，一般先根据经验选择适当的材料，假定结构各部分的尺寸，然后进行结构分析。因此结构分析的任务是给定系统（系统特性是已知的），已知输入，求输出。如果输出满足所有的约束条件则设计通过，否则要修改设计，即改变系统特性，使输出满足约束条件。

结构试验的任务是：对给定系统（系统特性可以是已知的也可以是未知的），已知输入，用测试的手段求得输出。在测得输出后，可以直接将测试值与分析值进行比较，以检验分析方法的合理性、正确性。另外，在系统特性未知的情况下，还可以根据系统的输入和输出反求系统的特性，以便判断系统的实际特性是否符合设计要求。其任务归纳如下。

(1) 确定新建结构的承载能力和使用条件。对于重要的结构在建成竣工后，通过试验考察该结构的施工质量与结构性能，判定结构实际承载能力，为竣工验收、投入使用提供科学依据。

(2) 评估既有结构的使用性能与承载能力。对于既有结构，在使用期间，因受自然灾害而损伤，或因设计施工不当而产生缺陷，或因荷载大幅度增长而严重超过设计荷载的，通过荷载试验，评估既有结构的承载能力和使用性能，为既有结构养护、加固、改建等提供科学依据。

(3) 结构施工控制能保证结构施工质量。结构施工控制的主要任务就是要确保在施工过程中结构的内力和变形始终处于容许的安全范围内，确保符合设计要求。其主要工作内容包括几何（变形）控制、应力控制、稳定控制和安全控制。

(4) 结构长期监测与健康诊断。该项技术的应用将起到确保结构使用安全、延长结构使用寿命的作用，同时能够较早地发现结构病害以利于及时维修、养护，降低结构的维修费用，并避免结构破坏所引起的重大损失。

(5) 研究结构（构件）的受力行为，总结结构受力行为的一般规律。对新材料、新工艺的结构进行研究性试验，为设计、施工及规范修改起指导作用。

结构试验的目的是：通过荷载试验，了解结构在试验荷载作用下的实际工作状况，判断结构的安全承载能力和使用条件。对某些在理论上难以计算的部位，通过试验分析可达到直接了解其受力状态、应力分布规律的目的。通过结构试验还常常有助于发现在一般性检查中难以发现的隐蔽病害，通过试验也可检验结构的设计与施工质量的优劣。

结构的静载试验是一项复杂而细致的工作，应根据试验目的进行认真的调查，必要时进行相关的理论分析，在此基础上周密地制订试验方案，对于所有可能出现的问题都要认真考虑并做出处理预案，提出切实可行的试验计划。

5.1.2 结构静载试验的主要内容

结构静载试验的主要工作内容有：

(1) 试验的准备工作；

(2) 加载方案设计；

(3) 测点设置与测试；

(4) 加载控制与安全措施；

(5) 试验结果分析与承载力评定；

(6) 试验报告编写。

桥梁结构的考察与试验准备是桥梁检测顺利进行的必要前提。桥梁结构检测与桥梁结构的设计、施工和理论计算的关系十分密切，现代桥梁的发展对于结构试验技术、试验组织与准备工作提出了更高的要求。准备工作包括技术资料的收集、桥梁现状检查、理论计算、试验方案制订、现场准备等一系列工作。

加载试验与观测是整个检测工作的中心环节。这一阶段的工作是在各项准备工作就绪的基础上，按照预定的试验方案与试验程序，利用适宜的加载设备进行加载，运用各种测试仪器，对结构加载后的各种反应如挠度、应变、裂缝宽度等进行观测和记录。需要强调的是：对于静载试验，应根据当前所测得的各种指标与理论计算结果进行现场分析比较，以判断受力后结构行为是否正常，是否可以进行下一级加载，以确保试验结构、仪器设备及试验人员的安全，这对于存在病害的既有桥梁尤为重要。

分析总结阶段是对原始测试资料进行综合分析的过程。原始测试资料包括大量的观测数据、文字记载和图片等，受各种因素的影响，原始测试数据常常会有某些杂乱的表现，应对它们进行科学的分析处理，去伪存真、去粗取精，进行综合分析比较，从中找出有价值的规律。在分析手段上，需要运用数理统计的方法并遵照有关规程进行分析，有的还要依靠专门的分析仪器和分析软件进行处理。测试数据经分析处理后，按照相关规范或规程以及检测的目的、要求，对检测对象做出科学的判断与评价。

5.2 试验准备

5.2.1 试验对象的考察

在确定试验方案之前，必须对试验结构进行实地考察和了解，做到情况清楚、心中有数。

1. 技术文件和资料的收集

收集工程结构的设计资料，如设计标准、设计主要荷载类型、结构特点、计算书及设计原始资料；收集施工资料，如材料性能试验报告、隐蔽工程验收资料、施工观测记录、阶段施工质量检查验收记录、事故记录及竣工图纸等；收集桥梁结构的使用资料，如养护情况、运营情况及结构损伤与破损阶段报告。

对于桥梁工程结构，除了收集对桥梁本身有关的资料以外，还要了解和掌握近期通过该桥的车辆流量、类型、载重（特别是最大车辆载重）、今后交通运输发展趋势等，为桥梁承载能力的确定提供切合实际的依据。

在收集上述资料的基础上，还应考虑气候、水流、侵蚀物质、意外灾害、事故等因素对桥梁的影响。

2. 结构现状调查

用直观或量测的方法确定出结构各部分的几何形状及相互位置偏差，确定墩台的空间位置和距离，记录有无沉降、隆起、倾斜和转动等；观察圬工体的外表质量；考察现有的损伤、裂缝、蜂窝、麻面、钢筋外露、混凝土保护层厚度不够的地方，漏水的地方等；用非破损检验的方法确定结构或构件混凝土实际强度是否与设计文件相符。

在桥梁实地考察工作中，重点应考察混凝土的强度、墩台和上部结构的裂缝；混凝土保护层厚度不够的地方；钢筋外露和锈蚀的区段；易发生应力集中的部位；圬工桥梁注意测量拱圈尺寸、拱轴线位置以及拱圈上有无横向裂缝等。

考察支座的位置、尺寸，有无损伤，活动支座是否灵活，排水是否符合要求，伸缩缝工作情况是否良好。

实测结构材料的实际强度及弹性模量等重要的物理力学性能指标。可以通过原配合比制作的试件实测，或从结构非重要部位挖取试件实测，也可以用非破损法进行实测。

5.2.2 试验准备工作

1. 试验孔的选择

试验孔的选择应结合桥梁调查与检算工作一并进行。对多孔结构中跨径相同的桥孔（或墩）可选择 1～3 个具有代表性的桥孔进行荷载试验。选择时应综合考虑以下条件：

(1) 该孔（或墩）计算受力最不利；

(2) 该孔（或墩）施工质量较差，缺陷较多或病害较严重；

(3) 该孔（或墩）便于搭设脚手架及设置测点或试验加载实施。

2. 观测脚手架搭设及测点附属设施设置

脚手架的搭设要因地制宜，牢固可靠、方便布置安装观测仪表，同时要保证不影响仪表和测点的正常工作，且不干扰测点附属设施。在不便搭设固定脚手架的情况下，可考虑采用轻便灵活的吊架、挂篮或专用的桥梁检查设备（检查车、检查架等）。

在安装挠度、沉降、水平位移等测点的观测仪表时，一般需要设置木桩、支架等测点附属设施。测点附属设施除要满足仪表的安装要求外，还应保证其自身不受被测试结构变形、位移的影响，并能承受试验时可能产生的其他外界干扰，如试验人员行走等。

对阳光直射的应变测点，应设置遮挡阳光的设施，以减少温度变化造成的观测误差。

观测脚手架与测点附属设施应分开搭设、互不影响。观测脚手架及测点附属设施应有足够的强度、刚度和稳定性，以保证测试人员的安全和测试结果准确可靠。

3. 静荷载试验加载位置的放样与卸载位置的安排

静荷载试验前应在桥面上对加载位置进行放样，以便加载试验的顺利进行。如加载程序较少、时间允许，可在每程序加载前临时放样；如加载程序较多，则应预先放样，且用不同颜色的标志区别不同加载程序时的荷载位置。

静荷载试验荷载卸载的安放位置应预先安排。卸载位置的选择既要考虑加卸载方便，离加载位置近一些，又要使安放的荷载不影响试验孔（或墩）的受力，一般可将荷载安放在桥台后一定距离处。对于多孔桥，如有必要将荷载停放在桥孔上，一般应停放在距试验孔较远处，以不影响试验观测为准。

5.2.3 试验人员的组织与分工

(1) 桥梁的荷载试验是一项技术性较强的工作，应由有资质的桥梁检测机构或专门的桥梁试验队伍来承担。

(2) 桥梁试验队伍一般由桥梁结构工程师、专业技术测试人员、仪器仪表工程师等不同专业、不同层次的人员组成。

(3) 试验时应根据每个试验人员的特长进行分工，每人分管的仪表数目除考虑便于进行观测外，应尽量使每人对分管仪表进行一次观测所需要的时间大致相同。

(4) 所有参加试验的人员应能熟练掌握所分管的仪器设备，否则应在正式开始试验前进行演练。

(5) 为使试验有条不紊地进行，应设试验总指挥 1 人，其他人员的配备可根据具体情况考虑。

5.2.4 其他准备工作

如加载试验的安全措施、供电照明设施、通信联络设施、桥面交通管制等应根据试验的需要提前进行准备。若采用汽车车辆作为试验荷载，应提前租用汽车并确定载重物及装载方法，按试验要求对车辆型号、轴距、轴重力等参数进行测试并记录。

5.3 加载方案设计

5.3.1 构件搁置位置

进行结构试验时，构件在试验时搁置的空间位置，原则上应符合实际使用时的工作状态。但有时因设备等试验条件限制，当按实际使用工作状态搁置有困难时，也允许在不影响试验目的和要求的前提下，采用不同于实际工作状态的搁置方式。试验时构件的空间位置方案有两种，即正位试验和异位试验。

（1）正位试验。正位试验是指试验时构件搁置位置与实际工作时的位置一致。比如梁、板的正位试验是指跨中的受压区在上、受拉区在下，自重和外荷载作用在同一平面内。检验性试验，应优先采用正位试验，即与实际工作状态完全一致的方案。

（2）异位试验。异位试验是指试验时构件搁置位置与实际工作时的位置不一致。如梁可以平卧，也可以倒过来使跨中的受拉区在上，受压区在下。前者叫卧位试验，后者称为反位试验。采用反位试验时，由于受拉区朝上，便于观察裂缝，故适合于进行构件抗裂和裂缝宽度试验。应当注意的是，反位试验的外荷载，只有在抵消构件自重后才能起到外加荷载的作用。对于自重较大的梁、柱，跨度大而矢高高的屋架、桁架等重型构件，当不便于吊装运输和进行量测时，可在现场就地采用卧位试验，这样能大幅度降低试验装置的高度，便于布置量测仪表和读数测量，既安全又经济。在采用卧位试验时，为减少构件变形及支承面间的摩擦阻力和自重弯矩，应将试件平卧在滚轴上或平台车上，且使其保持水平状态，如图 5－1 所示。

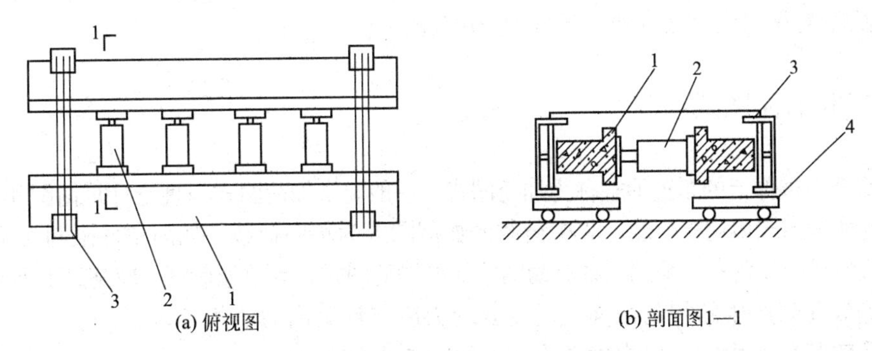

图 5－1　吊车梁成对、卧位试验示意图

1—试件；2—千斤顶；3—箍架；4—滚动平车

用两个试件同时进行试验称为成对试验。如屋架、桁架及大型梁等，仅做刚度、抗裂和裂缝宽度试验时常采用成对试验。图 5－1 为重型吊车梁的卧位成对试验，因为这种构件跨度大，荷载也大，一般反力架的承载力难以满足要求，采用图 5－1 所示加载时，只要在两个构件支座处以拉杆联结，互为依托，对顶加载，可较容易地完成构件的性能试验。图 5－2是对两榀屋架采用的并列正位试验方法，在安放屋面板（或檩条）和水平支撑后进行加载。图 5－3 是轻型桁架的成对试验，它采用导链和分配梁施加外力。

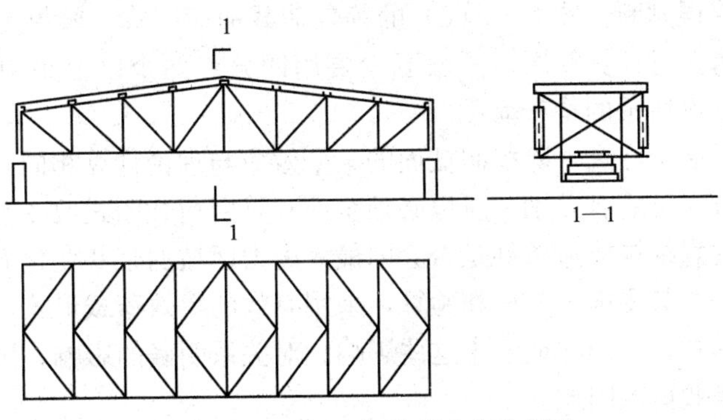

图 5－2　屋架正位并列试验示意图

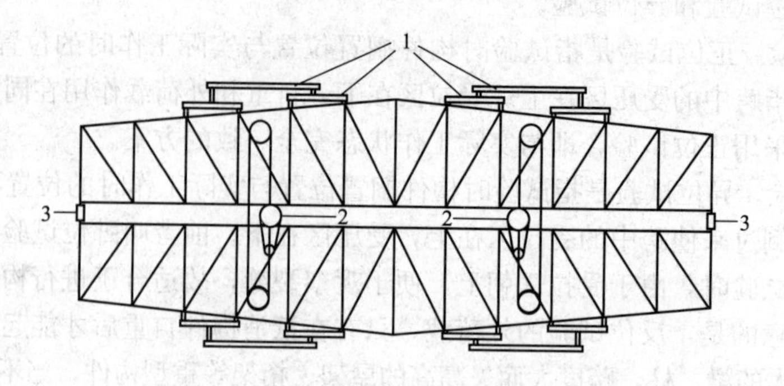

图 5-3 轻型桁架卧位、导链加载示意图

1—荷载分配梁；2—导链；3—支座

成对试验的优点是：可同时进行两个结构的试验，简化了平面外支撑系统，可以采用比较简单的试验装置完成加载任务，适于现场试验。

5.3.2 试验加荷图式

试验荷载在试件上的布置形式称为加荷图式。一般要求加荷图式与理论计算简图相一致，即均布荷载的加荷图式为均布荷载，集中荷载的加荷图式为集中荷载。如因条件限制无法实现时，应根据试验的目的和要求，采用与计算简图等效的加荷图式。等效加荷图式应满足下列条件：

(1) 等效荷载产生的控制截面上的主要内力应与计算内力值相等；

(2) 等效荷载产生的主要内力图形与计算内力图形相似；

(3) 由于等效荷载引起的变形差别，应给予适当修正；

(4) 控制截面上的内力等效时，其次要截面上的内力（如受弯构件的剪力）应与设计值接近。

例如，图 5-4 (a) 为某受弯构件的设计内力图，当采用等效荷载图 5-4 (b) 代替时，除跨中截面弯矩等效外，其余截面的弯矩偏小，而跨中的剪力又偏大，所以一般不允许采用图 5-4 (b) 的加荷方案。图 5-4 (c) 的等效荷载加荷图式，跨中截面的弯矩值与实际相同且偏于保守（弯矩图面积比实际大），但剪力值有较大差别，某些截面的剪力值与计算值相差一倍，这对于抗剪能力较差的薄肋构件，可能会导致抗剪破坏先于抗弯破坏，从而导致对构件抗弯性能作出错误判断。图 5-4 (d) 的等效荷载加荷图式，效果更接近计算要求。所以荷载点越多结果越接近计算简图，一般至少要用四分点两个以上集中荷载（偶数集中荷载）加荷图式等效本例所示的均布荷载。

采用等效荷载时必须注意，除控制截面的某个效应与理论计算相同外，该截面的其他效应和非控制截面的效应可能有差别，所以必须全面验算因荷载图式改变对试验结构构件的各种影响；必须特别注意结构构造条件是否会因最大内力区域的某些变化而影响承载性能。对杆件不等强的结构，尤其要细加分析和验算，采用有效的等效荷载形式，如上例，可采用增加集中荷载个数的形式，来消除或缩小这些影响。对关系明确的影响，试验结果则可加以修正，否则不宜采用等效荷载图式。

对于具有特殊荷载作用的受弯构件，应采用设计图纸上规定的加荷图式。如吊车梁，承

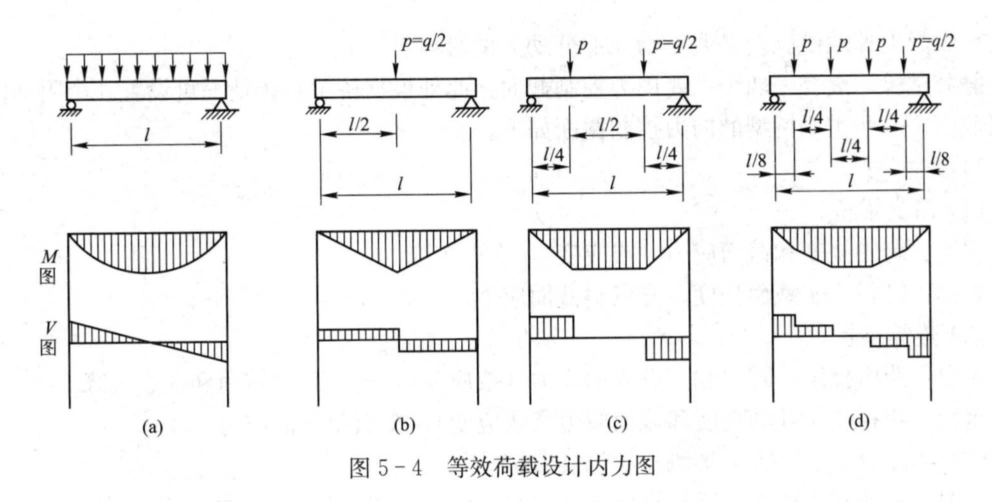

图 5－4　等效荷载设计内力图

受的主要荷载是往复运动的吊车轮压，则试验的加载点应根据最大弯矩或最大剪力的最不利位置布置来确定。

当采用一种加荷图式不能反映试验所要求的几种极限状态时，应采用几种不同的加荷图式分别在几个截面上进行试验。例如，对梁不仅要做正截面抗弯承载力极限状态试验，还要求进行斜截面抗剪承载力极限状态试验。若只采用一种加荷图式，往往因这种极限状态首先破坏，而另一种极限状态不能得到反映。又如拱的某些截面，承受半跨荷载作用比全跨荷载更不利，因而对拱做半跨荷载试验是必需的。壳体结构试验时，必须根据壳体形状和计算方法等因素选择加荷图式。在多数情况下，除半跨、全跨荷载试验外，还需要进行局部均布荷载试验。

一般情况下，一个试件上只允许用一种加荷图式。只有对第一种加荷图式试验后的构件采取补强措施，并确保对第二种加荷图式的试验结果不会带来任何影响时，才可在同一个试件上先后进行两种不同加载图式的试验。

5.3.3　试验荷载计算

《工程结构可靠度设计统一标准》和其他结构设计规范，均将结构功能的极限状态分为两大类，即承载能力极限状态和正常使用极限状态。同时还规定结构构件应按不同的荷载效应组合设计值进行承载力计算及组合标准值稳定、变形、抗裂和裂缝宽度验算。因此在进行结构试验前，首先应确定相应于各种受力状态的试验荷载。当进行承载力极限状态试验时，应确定承载力的试验荷载值。对构件的刚度、裂缝宽度进行试验时，应确定正常使用极限状态的试验荷载值。当试验混凝土构件的抗裂性时，应确定构件的开裂试验荷载值。

正常使用极限状态的荷载又可分为短期荷载和长期荷载。当进行短期荷载试验时，在长期荷载下的允许变形值应换算为短期荷载下的变形值。

5.3.4　加载实施与控制

1. 加载试验项目的确定

在满足鉴定桥梁承载能力的前提下，加载项目的安排应抓住重点，不宜过多。在一般情况下只做静力加载试验，必要时增加部分动力试验项目。

静载试验一般有一两个主要内力控制截面，此外根据桥梁具体情况可设置几个附加内力控制截面。一些主要桥型的内力控制截面如下。

1）梁桥

（1）简支梁桥。

主要：跨中挠度和截面应力（或应变），支点沉降。

附加：跨径 1/4 截面挠度，支点斜截面应力。

（2）连续梁桥。

主要：跨中挠度，跨中和支点截面应力（或应变），支点截面转角和支点沉降。

附加：跨径 1/4 处的挠度和截面应力（或应变），支点斜截面应力。

（3）悬臂梁桥（包括 T 形刚构桥的悬臂部分）。

主要：悬臂端的挠度，固端根部或支点截面的应力和转角，墩顶的变位（水平与垂直位移、转角），T 形刚构墩身控制截面的应力。

附加：悬臂跨中挠度，牛腿部分局部应力。

2）拱桥

主要：跨中、跨径 1/4 和 3/8 截面的挠度和应力，拱脚截面的应力，墩台顶的变位和转角。

附加：跨径 1/8 截面的挠度和应力，拱上建筑控制截面的变位和应力。

3）刚架桥（包括框架、斜腿刚架和刚架—拱式组合体系）

主要：跨中截面的挠度和应力，节点附近截面的应力、变位和转角。

附加：柱脚截面的应力、变位和转角，墩台顶的变位和转角。

4）悬索结构（包括斜拉桥和上承式悬吊桥）

主要：主梁的最大挠度，偏载扭转变位和控制截面应力，索塔顶部的水平位移，拉（吊）索拉力（应力）。

附加：钢索和梁连接部位的挠度，塔柱底截面的应力，锚索的拉力。

上述各种桥梁体系的主要部位是检验桥梁承载能力试验时必须观测的部位。此外，对桥梁施工中的薄弱截面或缺陷修补后的截面，或者旧桥结构损坏部位、比较薄弱的桥面结构，是否设置内力控制截面及安排加载项目可根据桥梁调查和验算情况决定。

2. 确定试验荷载

（1）控制荷载的确定。

为了保证荷载试验的效果，必须先确定试验的控制荷载。桥梁需要鉴定承载能力的荷载主要分为以下几种：汽车和人群（标准设计荷载）；挂车或履带车（标准设计荷载）；需通行的特殊重型车辆。

分别计算以上几种荷载对结构控制截面产生的内力（或变形）的最不利值，进行比较，取其中最不利者对应的荷载作为控制荷载。因为挂车和履带车不计冲击力，所以动载试验以汽车荷载作为控制荷载。荷载试验应尽量采用与控制荷载相同的荷载。由于客观条件的限制，实际采用的试验荷载与控制荷载有所差别，为了保证静载试验效果，在选择试验荷载的大小和加载位置时采用静载试验效率 η_q 进行控制。按理论计算或检测的控制截面的最不利工作条件布置荷载，使控制截面达到最大试验效率。

（2）静载试验效率。

静载试验荷载效率为试验荷载作用下被检测部位的内力（或变形的计算值）与包括动力扩大效应在内的标准设计荷载作用下，同一部位的内力（或变形计算值）的比值，以 η_q 表示。

$$\eta_q=\frac{S_t}{S_d\ (1+\mu)} \tag{5-1}$$

式中：S_t 为试验荷载作用下被检测部位变形或内力的计算值；S_d 为控制荷载作用下，检测部位变形或内力的计算值；μ 为设计取用的冲击系数。

按荷载效率 η_q，荷载试验分为基本荷载试验（$1\geqslant\eta_q>0.8$）、重荷载试验（$\eta_q>1.0$，其上限按具体结构情况和所通行特型荷载来定）、轻荷载试验（$0.8\geqslant\eta_q>0.5$）。当 $\eta_q\leqslant0.5$ 时，试验误差较大，不易充分发挥结构的效应和整体性。

一般的静载试验 η_q 值可采用 0.8～1.05。当桥梁的调查、检算工作比较完善而又受加载设备能力所限时，η_q 值可采用低限；当桥梁的调查、检算工作不充分，尤其是缺乏桥梁计算资料时，η_q 值应采用高限。一般情况下 η_q 值不宜小于 0.95。

荷载试验宜选择在温度稳定的季节和天气进行。当温度变化对桥梁结构内力影响较大时，应选择在温度内力较不利的季节进行荷载试验，否则应考虑适当增大静载试验效率 η_q，以弥补温度影响对结构控制截面产生的不利内力。

当控制荷载为挂车或履带车而采用汽车荷载加载时，考虑到汽车荷载的横向应力增大系数较小，为了使截面的最大应力与控制荷载作用下的截面最大应力相等，可适当增大静载试验效率 η_q。

3. 加载分级与控制

加载应严格按计划程序进行。采用重物加载时按荷载分级逐级施加，每级荷载堆放位置准确、整齐稳定。荷载施加完毕后，逐级卸载。采用车辆加载时，先由零载加至第一级荷载，卸载至零载；再由零载加至第二级荷载，卸至零载……直至所有荷载施加完毕（有时为了确保试验结果准确无误，每一级荷载重复施加 1～2 次），每一级荷载施加次序为纵向先施加重车，后施加两侧标准车，横向先施加桥中心的车辆，后施加外侧的车辆。

试验荷载载位有两种形式：一种是沿桥轴方向加载，另一种是垂直于桥轴方向加载。设计加载时除注意试验荷载的纵向加载位置外，同时还要注意荷载横向加载图，横向加载图有对称和偏心加载两种方式。

为了加载安全，了解结构应变与变位随荷载增加的变化关系，桥梁静荷载试验的各荷载工况的加载应分级进行，分级控制的原则如下：

（1）当加载分级较为方便时，可按最大控制截面内力荷载工况均分为 4 级；

（2）使用载重车加载，车辆称重有困难时也可分成 3 级加载；

（3）如果桥梁的调查和验算工作不充分，或桥况较差，应尽量增加加载分级，使车辆荷载逐辆缓缓驶入预定加载位置，以确保试验安全；

（4）在安排加载等级时，应注意加载过程中其他截面内力亦应逐渐增加，且最大内力不应超过控制荷载作用下的最不利的内力值。

最好每级加载后卸载，也可逐级加载，达到最大荷载后再逐级卸载。车辆荷载加载分级的方法可采用先上轻车后上重车，逐渐增加加载车数量；加载车分次装载重物；加载车位于内力影响线的不同部位。

加载试验时间以 22：00 至 6：00 为宜，如采用车辆等加卸载迅速的试验方法，也可安排在白天试验，但进行加载试验时每一加卸载周期所花费的时间不宜超过 20 min。

4. 加载稳定时间控制

为控制加卸载稳定时间，应选择两个控制观测点（如简支梁为跨中挠度或应变测点），在每级加载（或卸载）后立即测读一次，计算其与加载前（或卸载前）测读值之差值 S_g，然后每隔 2 min 测读一次，计算 2 min 前后读数的差值 ΔS，并计算出相对读数差值 m 为

$$m=\Delta S/S_g$$

当 m 值小于 1%或小于量测仪的最小分辨值时即认为结构基本稳定，方可进行各观测点读数。主要控制截面最大内力荷载工况对应的荷载在桥上稳定时间不少于 5 min，对尚未投入营运的新桥应适当延长加载稳定时间。

有些桥测点观测值稳定时间较长，如结构的实测变位（或应变）值远小于计算值时，可将加载稳定时间定为 20～30 min。

5. 终止加载控制条件

发生下列情况应终止加载：

(1) 控制测点应力值已达到或超过用弹性理论按规范安全条件反算的控制应力值；

(2) 控制测点变位（或挠度）超过规范允许值；

(3) 由于加载，使结构裂缝的长度、缝宽急剧增加，新裂缝大量出现，缝宽超过允许值的裂缝大量增多，对结构使用寿命造成较大的影响；

(4) 拱桥加载时沿跨长方向的实测挠度曲线分布规律与计算值相差过大或实测挠度超过计算值过多；

(5) 发生其他损坏，影响桥梁承载能力或正常使用。

6. 加载设备的选择

静载试验加载设备可根据加载要求及具体条件选用，一般有以下两种加载方式。

(1) 可行驶车辆。可选用装载重物的汽车或平板车，也可就近利用施工机械车辆。选择装载的重物时要考虑车内能否容纳得下，装载是否方便。装载的重物应放置稳妥，以避免车辆行驶时因摇晃而改变重物的位置。当试验所用的车辆规格不符合设计标准车辆荷载图时，可根据桥梁设计控制截面的内力影响线，换算为等效的试验车辆荷载（包括动力系数和人群荷载的影响）。

采用车辆加载的优点很多，如便于调运和加载布置，加卸载迅速等。采用汽车荷载既能做静载试验又能做动载试验。这是较常采用的一种方法。

(2) 重物直接加载。一般可按控制荷载的着地轮迹先搭设承载架，再在承载架上堆放重物或设置水箱进行加载。如加载仅为满足控制截面内力要求，也可采取直接在桥面堆放重物或设擐水箱的方法进行加载。

重物直接加载准备工作量大，加卸载所需周期一般较长，交通中断时间亦较长，且试验时温度变化对测点的影响较大，因此宜安排在夜间进行试验，并严格避免加载系统参与结构的作用。

7. 加载重物的称量

可根据不同的加载方法和具体条件，选用以下方法，对所加荷载进行称量。

（1）称量法。当采用重物直接在桥上加载时，可将重物化整为零称重后逐级加载，要求分堆置放，以便加载取用。当采用车辆加载时，可将车辆逐辆开上称重台进行称重。如没有现成可供利用的称重台，可自制专用称重台进行称重。

（2）体积法。如采用水箱加载，可通过测量水的体积来换算水的质量。

（3）综合法。根据车辆出厂规格确定空车轴重（注意考虑车辆零配件的更换和添减，汽油、冒水、乘员的变化）。再根据装载重物的重力及其重心将其分配至各轴。装载物最好采用规则外形的物体整齐码放或采用松散均匀材料在车厢内摊铺平整，以便准确确定其重心位置。

无论采用何种确定加载物重力的方法，均应做到准确可靠，其称量误差最大不得超过5%。

5.4　观测方案设计

5.4.1　确定观测项目

静荷载试验的基本观测内容如下。

（1）结构的最大挠度和扭转变位，包括桥梁上、下游两侧的挠度差及水平位移等。

（2）结构控制截面最大应力（或应变），包括混凝土表面应力和最外缘钢筋应力等。

（3）支点沉降、墩台位移与转角，活动支座的变位等。

（4）桁架结构支点附近杆件及其他细长杆件的稳定性。

（5）裂缝的出现和扩展，包括初始裂缝的出现，裂缝的宽度、长度、间距、位置、方向和形状，以及卸载后的闭合状况。

（6）温度变化对结构控制截面测点应力和变位的影响。

根据桥梁调查和检算的深度，综合考虑结构特点和桥梁技术现状等，可适当增加以下观测内容。

（1）桥跨结构挠度沿桥长或沿控制截面桥宽的分布。

（2）结构构件控制截面应变分布图，要求沿截面高度分布不少于5个应变测试点，包括最边缘和截面突变处的测点。

（3）控制截面的挠度、应力（或应变）的纵向和横向影响线。

（4）行车道板跨中和支点截面挠度或应变影响面。

（5）组合构件的结合面上、下缘应变。

（6）支点附近结构斜截面的主拉应力。

（7）控制断面的横向应力增大系数。

5.4.2　测点的选择和布置

静载试验的测点布设应满足分析和推断结构工作状况最低的需要，测点的布设不宜过多，但要保证观测质量。主要测点的布设应能控制结构最大应力（应变）和最大挠度（位移）。对重要的测点宜采用两种测试方法校对测量值。

1. 挠度测点的布置

一般情况下，对挠度测点的布设要求能够测量结构的竖向挠度、侧向位移和扭转变形，应能给出受检跨及相邻跨的挠曲线和最大挠度。每跨一般需布设3～5个测点。挠度测试结果应考虑支点下沉修正，应观测支座下沉量、墩台的沉降、水平位移与转角、连拱桥多个墩台的水平位移等。对于整体式梁桥，一般对称于桥轴线布置，截面设单测点时，布置在桥轴线上；对于多梁式桥，可在每梁底布置一个或两个测点。有时为了验证计算理论，需要实测控制截面挠度的纵向和横向影响线。对较宽的桥梁或偏载应取上下游平均值或分析扭转效应。

2. 结构应变测点的布设

应力应变测点的布设应测出内力控制截面沿竖向、横向的应力分布状态。对组合构件应测出组合构件的结合面上、下缘应变。梁的每个截面的竖向测点沿截面高度应不少于5个测点，包括上、下缘和截面突变处，应能说明平截面假定是否成立。横向截面抗弯应变测点应布设在截面横桥向应力可能分布较大的部位，沿截面上、下缘布设，横桥向布设一般不少于3处，以控制最大应力的分布，宽翼缘构件应能给出剪力滞效应的大小。对于箱形断面，顶板和底板测点应布设“十”字应变花，而腹板的测定应布设45°应变花，T形断面下翼缘可用单向应变片。

此外，还应实测控制断面的横向应力增大系数。当结构横向联系构件质量较差，联结较弱时则必须测定控制断面的横向应力增大系数。简支梁跨中截面横向应力增大系数的测定，既可采用观测跨中沿桥宽方向应变变化的方法，也可采用观测跨中沿桥宽方向挠度变化的方法来进行计算，或用两种方法互相校验。

3. 混凝土结构应变测点的布设

对于预应力混凝土结构，应变测点可用长标距（5×150 mm）应变片构成应变花贴在混凝土表面，而对部分预应力或钢筋混凝土结构，受拉区则应用小标距应变片测受拉钢筋的拉应变，可凿开混凝土保护层直接在钢筋上设置拉应力测点，但在试验后必须修复保护层。

当采用测定混凝土表面应变的方法来确定钢筋混凝土结构中钢筋承受的拉力时，考虑到混凝土表面已经和可能产生的裂缝对观测的影响，可用测定与钢筋同高度的混凝土表面上一定间距的两点间的平均应变来确定钢筋的拉应力。选择这两点的位置时，应使其标距大致等于裂缝的间距或裂缝间距的倍数。可以根据结构受力后的三种情况进行选择。

（1）预计混凝土加载后不会产生裂缝情况时，可以任意选择测定位置及标距，但标距不应小于4倍混凝土最大粒径。

（2）加载前未产生裂缝，加载后可能产生裂缝的情况时，如图5-5（a）所示选择相连的20 cm、30 cm两个标距。当加载后产生裂缝时可分别选用20 cm、30 cm或20 cm+30 cm标距的测点读数来适应裂缝间距。

（3）加载前已经产生裂缝，为避免加载后产生新裂缝的影响，可根据裂缝间距选择测点位置及间距。图5-5（b）为用手持式应变仪时的测点布置图。为提高测试精度，也可增大标距，跨越两条以上的裂缝，但测点在裂缝间的相对位置仍不变。

4. 剪切应变测点的布设

对于剪切应变测点一般采取设置应变花的方法进行观测。为方便起见，对于梁桥的剪应

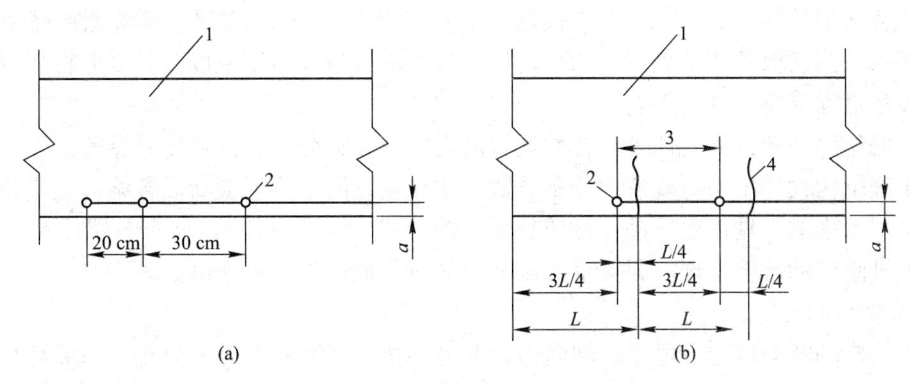

图 5－5　混凝土结构应变点布置示意图

1—梁体；2—千分表；3—标距；4—裂缝

力也可在截面中性轴处主应力方向设置单一应变测点来进行观测。梁桥的实际最大剪应力截面应设置在支座附近而不是支座上。具体位置：从梁底支座中心起向跨中作与水平线成 45°斜线，此斜线与截面中性轴高度线的交点即为梁最大剪应力位置。可在这一点沿最大压应力或最大拉应力方向设置应变测点，距支座最近的加载点则应设置在 45°斜线与桥面的交点上。

5. 温度测点的布设

在与大多数测点较接近的部位设置 1～2 处气温观测点。此外，根据需要可在结构主要控制截面布置结构温度测点，以观测结构温度变化对测点应力和变位的影响。布设于结构上的温度测点应能反映结构温度的内外表面差异、向阳与背阴面差异、迎风面与背风面差异以及上面与下面的差异。

6. 常用桥梁的主要测点布置

主要测点的布设应能控制结构的最大应力（应变）和最大挠度（或位移），测点的布设不宜过多，但要保证观测质量，几种常用桥梁体系的主要测点布设如下。

(1) 简支梁桥：跨中挠度，支点沉降，跨中截面应变。

(2) 连续梁桥：跨中挠度，支点沉降，跨中和支点截面应变。

(3) 悬臂梁桥：悬臂端部挠度，支点沉降，支点截面应变。

(4) 拱桥：跨中与 $L/4$ 处挠度，拱顶、$L/4$ 和拱脚截面应变。

挠度观测测点一般布置在桥中轴线位置。截面抗弯应变测点应设置在截面横桥向应力可能分布较大的部位，沿截面上下缘布设，横桥向测点设置一般不少于 3 处，以控制最大应力的分布。

根据桥梁调查和检查工作的深度，综合考虑结构特点和桥梁状况等可按需要加设测点。

5.4.3　仪器的选择与测读原则

1. 位移的测量

一般的梁、板、拱、桁架结构的位移测定，主要是指挠度及其变形曲线的测定。

挠度的测试断面，一般在 1/2 跨、1/4 跨、1/8 跨、3/4 跨、7/8 跨等位置布设测点，以便测出挠度变形的特征曲线。对梁或板宽大于或等于100 cm的构件，应考虑在横截面两侧都布设测点，测值取两侧仪表读数的平均值。为了求得最大挠度值以及其变形特征曲线，测试中要设法消除支座沉降的影响。

常用的位移测量仪器、仪表有各种类型的挠度计、百分表、位移传感器等。

在工程结构设计中的荷载横向分布系数，往往是以测定桥梁横断面各梁（或梁肋）挠度的方法推算出来的。具体做法是在特征断面（跨中或1/4跨断面），所有各梁或梁肋布点测挠度，经过简单的数据处理，即可得到该断面的荷载横向分布特征值。

2. 应变的测量

试验结构的断面内力（弯矩、轴向力、剪力、扭矩）和断面应力分布，一般都是通过应变测定来反映的，所以，应变值的正确测定是非常重要的。

应变的测量分为以下两种情况。

(1) 已知工程结构主应力方向。

对承受轴向力的结构，如桁架中的杆件，测点应在平行于结构轴线的两个侧面，每处不少于两点。

对承受弯矩和轴向力共同作用的结构，如拱式结构的拱圈等，应在弯矩最大的位置处，平行轴线的两侧布点，每处不少于4点。

对承受弯矩作用的结构，如梁式结构，应在弯矩最大的位置处，沿截面上、下边缘布点或沿侧面梁高方向布点，每处不少于2点。

(2) 未知工程结构的主应力方向。

在受弯构件中正应力和剪应力共同作用的区域、截面形状不规则或者有突变的位置，这些部位的主应力、剪应力的大小和方向都是未知的，当测定这些部位的平面应力状态时，一般按一定的$x-y$坐标系均匀布点，每点按3个方向布设成一个应变花形式。再按此测出的应变确定主应力的大小和方向。

应变测试常用的仪器、仪表有千分表、杠杆引伸仪、手持应变仪、电阻应变仪等。

3. 裂缝的观测

对于钢筋混凝土梁，加载后在受拉区及时发现第一条裂缝是十分重要的。测定裂缝的仪器、仪表有刻度放大镜、塞尺、应变计、电阻应变仪等。

刻度放大镜可用来测定混凝土裂缝的宽度。最小刻度值为0.01～0.1 mm，量程为3～8 mm。使用时将放大镜的物镜对准需要测定的裂缝，经过目测即可读出裂缝的宽度。

塞尺的用途是测定混凝土裂缝的深度，它由一些不同厚度的薄钢片组成。按裂缝宽度选择合适的塞尺厚度并插入裂缝中。根据塞尺插入的深度即可测得裂缝的深度。

用应变测量仪测量裂缝的出现或开裂荷载时，应在结构内力最大的受拉区，沿受力主筋方向连续布置电阻应变片或应变计，连续布置的长度不小于2～3个计算的裂缝间距或不小于30倍的主筋直径。在裂缝没有出现时，仪表的读数是有规律的，若在某级荷载作用下开裂，则跨越裂缝的仪表读数骤增，而相邻的其他仪表读数很小或出现负值。

在每级荷载下出现的裂缝或原有裂缝的开展，都要在结构上标明，用软铅笔在离裂缝1～3 mm处平行地描出裂缝的走向、长度和宽度，并注明荷载吨位。试验结束时，根据结构上的裂缝分布，绘出裂缝开展图。

在加载过程应对结构控制点位移（或应变）、结构整体行为或薄弱部位破损实行监控，并随时向指挥人员汇报。要随时将控制点实测数值与计算结果进行比较，如实测值超过计算值较多时，应暂停加载，查明原因后再决定是否继续加载。加载过程中应指定人员随时观察结构各部位（尤其是薄弱部位）可能产生的新裂缝，结构是否产生不正常的响声，加载时墩台是否发生摇晃现象等，如有这些情况应及时报告试验指挥人员，以便采取相应的措施。

加载试验中裂缝观测的重点是结构承受拉力较大的部位及原有裂缝较长、较宽的部位。在这些部位应量测裂缝长度、宽度，并在混凝土表面沿裂缝走向进行描绘。加载过程中观测裂缝长度及宽度的变化情况，可直接在混凝土表面进行描绘记录，也可采用专门的表格记录。加载至最不利荷载及卸载后应对结构的裂缝进行全面检查，尤其应仔细检查是否产生新的裂缝，并将最后检查情况填入裂缝观测记录表。

4. 在选择测试仪器、仪表时注意事项

(1) 所用仪器、仪表数据采集设备应是经过计量检定的。

(2) 选择仪器仪表应从试验的实际需要出发，选用的仪器仪表应满足测试精度的要求，一般要求不大于预计测量值的5%。

(3) 在选用仪器仪表时，既要注意环境条件，又要避免盲目地追求精度，应根据实际情况慎重选择和比较，采用符合要求又简易的量测装置。

(4) 量测仪器仪表的型号、规格，在同一试验中的种类越少越好，尽可能选用同一类型或规格的仪器仪表。

(5) 仪器仪表应当有足够的量程，以满足测试的需要。

静荷载试验常用的仪器仪表的使用精度和测量范围见表5-1。

表5-1　静荷载试验常用仪表及适用范围

量测内容	仪表名称	最小分划值	适用量测范围	备注
应变	千分表 杠杆引伸仪 手持应变仪 电阻应变仪	2×10^{-6} 2×10^{-6} 5×10^{-6} 1×10^{-6}	$(50\sim2\,000)\times10^{-6}$ $(50\sim200)\times10^{-8}$ $(100\sim20\,000)\times10^{-6}$ $(50\sim5\,000)\times10^{-6}$	需配附件 需配附件 需配表脚 需贴电阻片
位移或挠度	千分表 百分表 百分表（长标距） 挠度计 精密水平仪 电阻应变位移计 经纬仪	0.001 mm 0.01 mm 0.01 mm 0.1 mm 0.1 mm 0.01 mm 0.5 mm	0.1～0.8 mm 0.3～8 mm 0.3～25 mm >1 mm >2 mm 0.3～25 mm >2 mm	需配表座及吊架 需配表座及吊架 需配表座及吊架 需配表座及钢丝 需配特制水准尺 需配表座 需配短尺
倾角	水准式倾角仪	2.5″	20″～1°	需固定支架
裂缝	刻度放大器	0.05 mm	0.05～5 mm	

5. 仪器仪表的检查与安装调试

试验需用的所有仪器仪表均应在测试前进行检查，并按其本身的要求进行标定和必要的误差修正。各级仪器要逐一开机，从整机到通道，一一调试；各类表具要逐个检查，要保证带到现场去的仪器设备质量的完好。并对所有仪器设备进行系统标定，逐个编号。对第一次使用的仪器设备或第一次要做的测试内容，先要进行模拟测试，使测试人员熟悉测试过程和仪器操作。

采用电阻应变仪进行应变测试时，粘贴电阻片的人员应具有一定的经验，要根据现场温度、湿度等条件选择贴片及防潮工艺，尽量选用与观测应变部位相同的材料制作温度补偿片。补偿片应尽量靠近工作应变片进行设置。

采用千分表观测结构表面应变时，在不影响观测的前提下，应尽量使千分表轴线靠近结构表面，以减小测试误差。

仪表、设备容易受到碰撞扰动的部位应加保护设施、系保险绳或设置醒目的标志，以保证仪表正常工作。

根据测点和测站位置，备齐备足测量导线，每根导线都要逐一检查并使其完好。如连接应变计的导线可以预先焊好锡，以减少现场工作量。

仪表安装工作一般应在加载试验前完成，但亦不应安装过早，以免仪器受损和遗失。注意仪表安装位置和方法的正确与否。安装完毕后应由有测试经验的人员进行检查，有时可利用过往车辆来观察仪表工作是否正常。

仪表安装完毕后，一般在加载试验之前应对各测点进行一段时间的温度稳定观测。中间可每隔 10min 读数一次，观测时间应尽量选择与加载试验相同的气候条件或选择加载试验前夕。这一观测成果用于衡量加载试验时外界气候条件对观测造成的误差影响范围或用于测点的温度影响修正。

仪器仪表设备的完善配备，某种程度上是建立在从事试验的单位和人员平时对仪器的性能熟悉并正确维护的基础之上的，要十分认真地对待这项工作。

6. 试验观测与记录

采用人工读表时，仪表的测读应准确、迅速，并记录在专门的表格上，以便于资料的整理和计算。记录者应对所有测点量测值变化情况进行检查，看其变化是否符合规律，尤其应着重检查第一次加载时量测值变化的情况。对工作反常的测点应检查仪表安装是否正确，并分析其他可能影响其正常工作的原因，及时排除故障。对于控制测点应在故障排除后，再重复一次加载测试项目。

采用计算机自动采集系统读数记录时，应利用系统适时监测功能对控制点的应变或位移进行监控，对测试结果异常现象应及时查明原因并采取补救措施。

5.5 常见结构静载试验

5.5.1 受弯构件的试验

1. 试件的安装和加载方法

单向板和梁是受弯构件中的典型构件，也是土木工程中的基本承重构件。预制板和梁等受弯构件一般都是简支的，在试验安装时多采用正位试验，其一端采用铰支承，另一端采用滚动支承。为了保证构件与支承面的紧密接触，在支墩与钢板，钢板与构件之间应用砂浆抹平，对于板一类宽度较大的试件，要防止支承面产生翘曲。

板一般承受均布荷载，试验加载时应将荷载施加均匀。梁所受的荷载较大，当施加集中荷载时可以用杠杆重力加载，更多的则采用液压加载器通过分配梁加载，或用液压加载系统控制多台加载器直接加载。

构件试验时的荷载图式应符合设计规定和实际受载情况。为了试验加载的方便或受加载条件限制时，可以采用等效加载图式，使试验构件的内力图形与实际内力图形相等或接近，并使两者最大受力载面的内力值相等。

在受弯构件试验中经常利用几个集中荷载来代替均布荷载。如能采用如图 5－4（d）所示的四个集中荷载来加载试验，则会得到更为满意的结果。采用等效荷载试验能较好地满足弯矩 M 与剪力 V 值的等效，但试件的变形（刚度）不一定满足等效条件，应考虑修正。

对于吊车梁的试验，由于主要荷载是吊车轮压所产生的集中荷载，试验加载图式要按抗弯抗剪最不利的组合来决定集中荷载的作用位置分别进行试验。

2．试验项目和测点布置

钢筋混凝土梁板构件的生产鉴定性试验一般只测定构件的承载力、抗裂度和各级荷载作用下的挠度及裂缝开展情况。

对于科学研究性试验，除了承载力、抗裂度、挠度和裂缝观测外，还需测量构件某些部位的应变，以分析构件中应力的分布规律。

1）挠度的测量

梁的挠度值是量测数据中最能反映其综合性能的一项指标，其中最主要的是测定梁跨中最大挠度值 f_{max}及弹性挠度曲线。

为了求得梁的真正挠度 f_{max}，必须注意支座沉陷的影响。对于图 5－6（a）所示的梁，试验时由于荷载的作用，其两个端点处的支座常常会有沉陷，以致使梁产生刚性位移。因此，如果跨中的挠度是相对地面进行测定的话，则同时还必须测定梁两端支撑面相对同一地面的沉陷值，所以最少要布置三个测点。

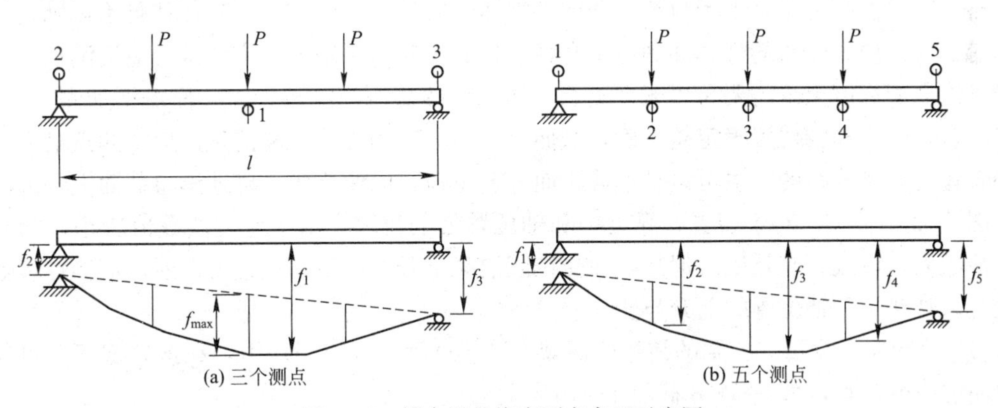

图 5－6　简支梁的挠度测点布置示意图

值得注意的是，支座下的巨大作用力可能或多或少地引起周围地基的局部沉陷。因此，安装仪器的表架必须离支座墩子有一定距离。只有在永久性的钢筋混凝土台座上进行试验时，上述地基沉陷才可以不予考虑。但此时两端部的测点可以测量梁端相对于支座的压缩变形，从而可以比较正确地测得梁跨中的最大挠度 f_{max}。

对于跨度较大（大于 6 m）的梁，为了保证量测结果的可靠性，并求得梁在变形后的弹性挠度曲线，测点应增加至 5～7 个测点，并沿梁的跨间对称布置，如图 5－6（b）所示。

对于宽度较大的（大于 0.6 m）梁，必要时应考虑在截面的两侧布置测点，所需仪器的数量也就需要增加一倍，此时各截面的挠度取两侧仪器读数之平均值。如欲测定梁平面外的水平挠度曲线，可按上述同样的原则进行布点。

对于宽度较大的单向板，一般均需在板宽的两侧布点，当有纵肋的情况下，挠度测点可按测量梁挠度的原则布置于肋下。对于肋形板的局部挠曲，则可相对于板肋进行测定。

对于预应力混凝土受弯构件，量测结构整体变形时，尚需考虑构件在预应力作用下的反拱值。

2）应变（或应力）测量

梁是受弯构件，试验时要量测由于弯曲产生的应变，一般在梁承受正负弯矩最大的截面或弯矩有突变的截面上布置测点。对于变截面梁，有时也需在截面突变处设置测点。

如果只要求测量弯矩引起的最大应力，则只需在截面上、下边缘纤维处安装应变计即可。为了减少误差，在上下纤维上的仪表应设在梁截面的对称轴上［图 5－7（a）］，或是在对称轴的两侧各设一个仪表，取其平均应变量。

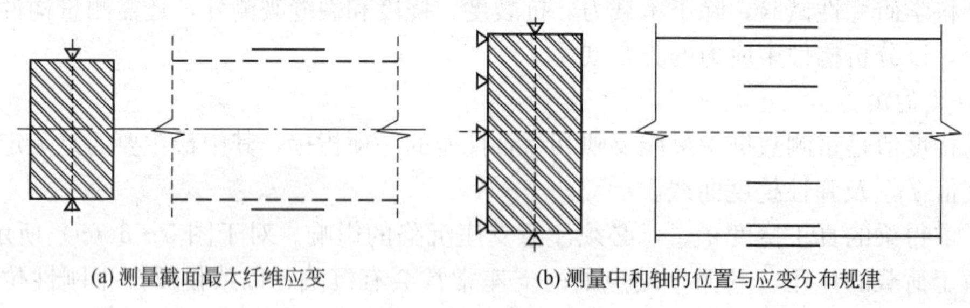
(a) 测量截面最大纤维应变　(b) 测量中和轴的位置与应变分布规律

图 5－7　测量梁截面应变分布的测点布置示意图

对于钢筋混凝土梁，由于材料的非弹性性质，梁截面上的应力分布往往是不规则的。为了求得截面上应力分布的规律和确定中和轴的位置，就需要增加一定数量的应变测点，一般情况下沿截面高度至少需要布置五个测点，如果梁的截面高度较大时，尚需增加测点数量。测点越多，则中和轴位置确定越准确，截面上应力分布的规律也越清楚。应变测点沿截面高度的布置可以是等距的，也可以是不等距而外密里疏，以便比较准确地测得截面上较大的应变［图 5－7（b）］。对于布置在靠近中和轴位置处的仪表，由于应变读数值较小，相对误差可能较大，以致不起效用。但是，在受拉区混凝土开裂以后，经常可以通过该测点读数值的变化来观测中和轴位置的上升与变动。

（1）单向应力测量。在梁的纯弯曲区域内，梁截面上仅有正应力，在该处截面上可仅布置单向的应变测点，如图 5－8 截面 1—1 所示。

钢筋混凝土梁受拉区混凝土开裂以后，由于该处截面上混凝土部分退出工作，此时布置在混凝土受拉区的仪表就丧失其量测的作用。为了进一步探求截面的受拉性能，常常在受拉区的钢筋上也布置测点以便量测钢筋的应变。由此可获得梁截面上内力重分布的规律。

（2）平面应力测量。在荷载作用下的梁截面 2—2 上（图 5－8）既有弯矩作用，又有剪力作用，为平面应力状态，为了求得该截面上的最大主应力及剪应力的分布规律，需要布置直角应变网络，通过三个方向上应变的测定，求得最大主应力的数值及作用方向。

抗剪测点应设在剪应力较大的部位。对于薄壁截面的简支梁，除支座附近的中和轴处剪

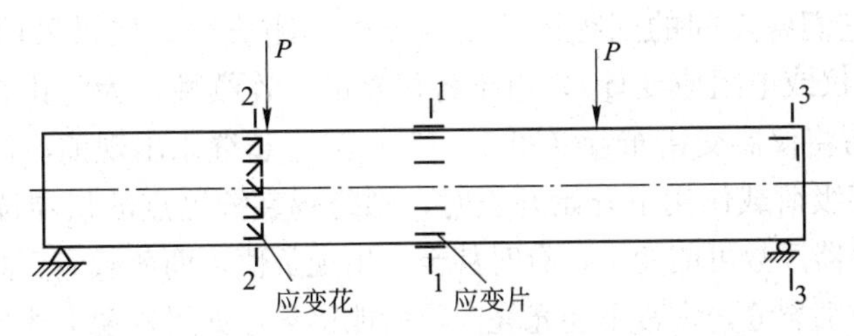

图 5-8 钢筋混凝土测量应变的测点布置图

应力较大外，还可能在腹板与翼缘的交接处产生较大的剪应力或主应力，这些部位宜布置测点。当要求测量梁沿长度方向的剪应力或主应力的变化规律时，则在梁长度方向宜分布较多的剪应力测点。有时为测定沿截面高度方向剪应力的变化，则需沿截面高度方向设置测点。

(3) 钢箍和弯筋的应力测量。对于钢筋混凝土梁来说，为研究梁斜截面的抗剪机理，除了混凝土表面需要布置测点外，通常在梁的弯起钢筋或箍筋上布置应变测点（图 5-9）。这里较多的是用预埋或试件表面开槽的方法来解决设点的问题。

(4) 翼缘与孔边应力测量。对于翼缘较宽较薄的 T 型梁，其翼缘部分受力不一定均匀，以致不能全部参加工作，这时应该沿翼缘宽度布置测点，测定翼缘上应力分布情况（图 5-10）。为了减轻结构自重，有时需要在梁的腹板上开孔，众所周知，孔边应力集中现象比较严重，而且往往应力梯度较大，严重影响结构的承载力，因此必须注意孔边的应力测量。以图 5-11 空腹梁为例，可以利用应变计沿圆孔周边连续测量几个相邻点的应变，通过各点应变迹线求得孔边应力分布情况。经常是将圆孔分为 4 个象限，在每个象限的周界上连续均匀布置 5 个测点，即每隔 22.5°有一测点。如果能够估计出最大应力在某一象限区内，则其他区内的应变测点可减少到三点。因为孔边的主应力方向已知，故只需布置单向测点。

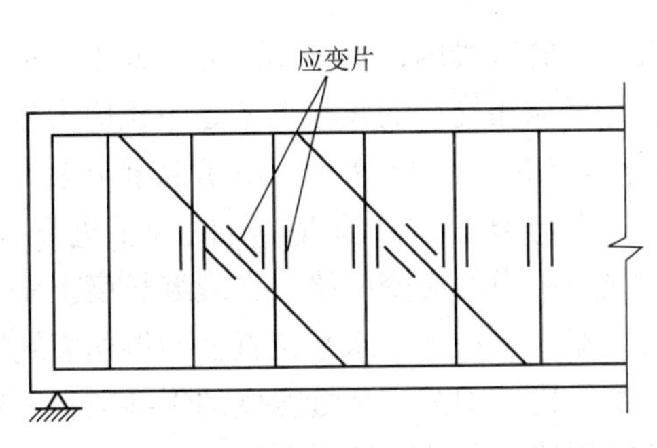

图 5-9 钢筋混凝土梁的弯起钢筋和钢箍上的应变测点布置图

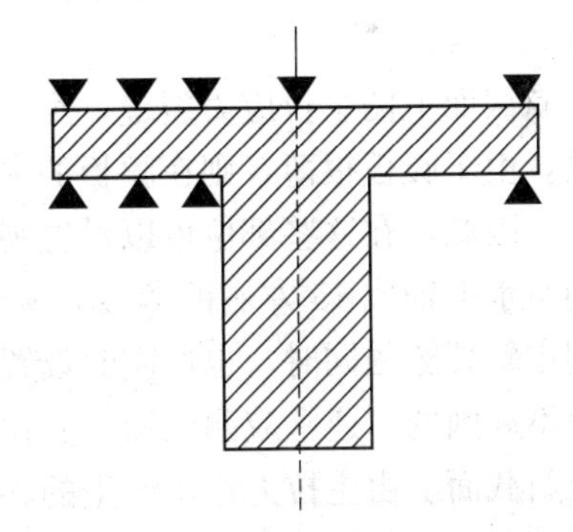

图 5-10 T 型梁翼缘的应变测点布置图

(5) 校核测点。为了校核试验的正确性及便于整理试验结果时进行误差修正，经常在梁的端部凸角上的零应力处设置少量测点（见图 5-8 截面 3—3），以检验整个量测过程是否正常。

3) 裂缝测量

在钢筋混凝土梁试验时，经常需要测定其抗裂性能。一般垂直裂缝产生在弯矩最大的受拉区段，因此在这一区段连续布置测点，如图 5-12 (a) 所示。这对于选用手持式应变仪量测时最为方便，它们各点间的间距按选用仪器的标距决定。如果采用其他类型的应变仪（如千分表杠杆应变仪或电阻应变计），由于各仪器的不连续性，为防止裂缝正好出现在两个仪器的间隙内，经常将仪器交错布置（图 5 - 12（b））。裂缝未出现前，仪器的读数是逐渐变化的；如果构件在某级荷载作用下开始开裂时，则跨越裂缝测点的仪器读数将会有较大的跃变，此时相邻测点仪器读数可能变小，有时甚至会出现负值，而荷载应变曲线会产生突然转折的现象。混凝土的微细裂缝，常常不能光凭肉眼所能察觉，如果发现上述现象，即可判明已开裂。至于裂缝的宽度，则可根据裂缝出现前后两级荷载所产生的仪器读数差值来表示。

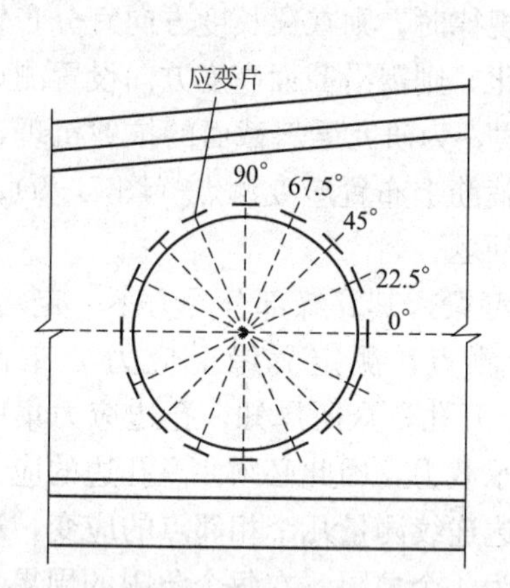

图 5 - 11　梁腹板圆孔周边的应变测点布置图

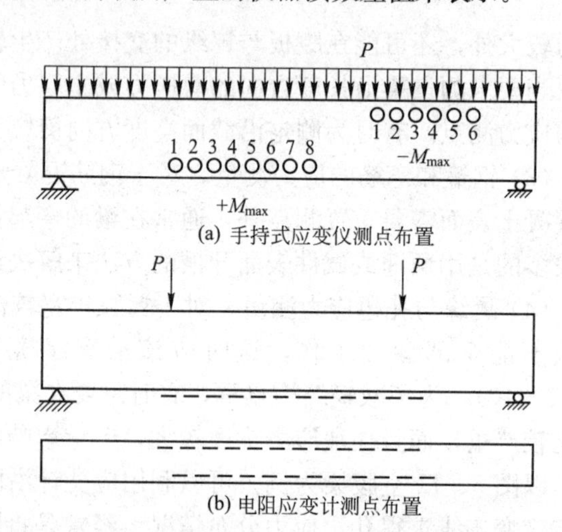

图 5 - 12　钢筋混凝土受拉区抗裂测点布置图

当裂缝用肉眼可见时，其宽度可用最小刻度为 0.01 mm 及 0.05 mm 的读数放大镜测量。

斜截面上的主拉应力裂缝，经常出现在剪力较大的区段内；对于箱形截面或工字形截面的梁，由于腹板很薄，则在腹板的中和轴或腹板与翼缘相交接的腹板上常是主拉应力较大的部位，因此，在这些部位可以设置观察裂缝的测点，如图 5 - 13 所示。由于混凝土梁的斜裂缝约与水平轴成 45°左右的角度，则仪器标距方向应与裂缝方向垂直。有时为了进行分析，在测定斜裂缝的同时，也可同时设置测量主应力或剪应力的应变网络。在裂缝长度上的宽度是很不规则的，通常应测定构件受拉面的最大裂缝宽度、在钢筋水平位置上的侧面裂缝宽度以及斜截面上由主拉力作用产生的斜裂缝宽度。每一构件中测定裂缝宽度的裂缝数目一般不少于 3 条，包括第一条出现的裂缝以及开裂最宽的裂缝。凡选用测量裂缝宽度的部位应在试件上标明并编号，在各级荷载下的裂缝宽度数据应记在相应的记录表格上。

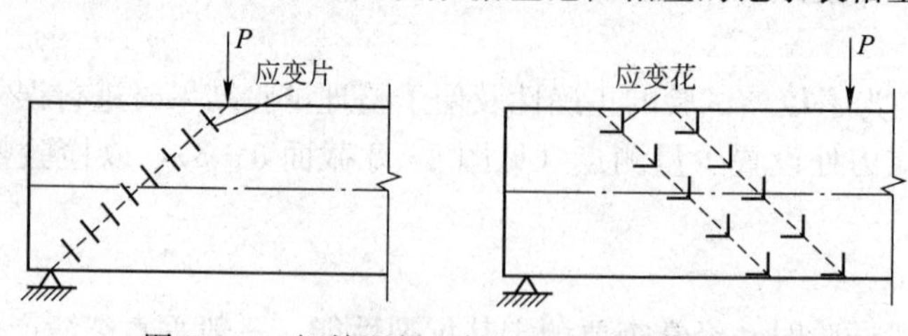

图 5 - 13　钢筋混凝土斜截面裂缝测点布置图

对每级荷载下出现的裂缝均须在试件上标明，即在裂缝的尾端注出荷载级别或荷载数量。以后每加一级荷载后裂缝长度扩展，需在裂缝新的尾端注明相应的荷载。由于卸载后裂缝可能闭合，所以应紧靠裂缝的边缘 1～3 mm 处平行画出裂缝的位置走向。

试验完毕后，根据上述标注在试件上的裂缝绘出裂缝开展图。

5.5.2 压杆和柱的试验

柱也是工程结构中的基本承重构件，在实际工程中钢筋混凝土柱大多数属偏心受压构件。

1. 试件安装和加载方法

对于柱和压杆试验可以采用正位或卧位试验的安装加载方案。有大型结构试验机条件时，试件可在长柱试验机上进行试验，也可以利用静力试验台座上的大型荷载支承设备和液压加载系统配合进行试验。但对高大的柱子正位试验时安装和观测均较费力，这时改用卧位试验方案则比较安全，但安装就位和加载装置往往比较复杂，同时在试验中要考虑卧位时结构自重所产生的影响。

在进行柱与压杆纵向弯曲系数的试验时，构件两端均应采用比较灵活的可动铰支座形式。一般采用构造简单效果较好的刀口支座。如果构件在两个方向有可能产生屈曲时，应采用双刀口铰支座。也可采用圆球形铰支座，但制作比较困难。

中心受压柱安装时一般先对构件进行几何对中，将构件轴线对准作用力的中心线。几何对中后再进行物理对中，即加载达 20%～40%的试验荷载时，测量构件中央截面两侧或四个面的应变，并调整作用力的轴线，以达到各点应变均匀为止。对于偏压试件，也应在物理对中后，沿加力中线量出偏心距离，再把加载点移至偏心距的位置上进行试验。对钢筋混凝土结构，由于材质的不均匀性，物理对中一般比较难于满足，因此实际试验中仅需保证几何对中即可。

要求模拟实际工程中柱子的计算图式及受载情况时，试件安装和试验加载的装置将更为复杂，图 5 - 14 所示为跨度 36 m、柱距 12 m、柱顶标高 27 m 具有双层桥式吊车重型厂房斜腹杆双肢柱的 1/3 模型试验柱的卧位试验装置。柱的顶端为自由端，柱底端用两垂直螺杆与静力试验台座固定，以模拟实际柱底固接的边界条件。上下层吊车轮产生的作用 P_1、P_2 作用于牛腿，通过大型液压加载器（1 000～2 000 kN 的油压千斤顶）和水平荷载支承架进行加载。在柱端用液压加载器及竖向荷载支承架对柱子施加侧向力。在正式试验前先施加一定数量的侧向力，用以平衡和抵消试件卧位后的自重和加载设备重量产生的影响。

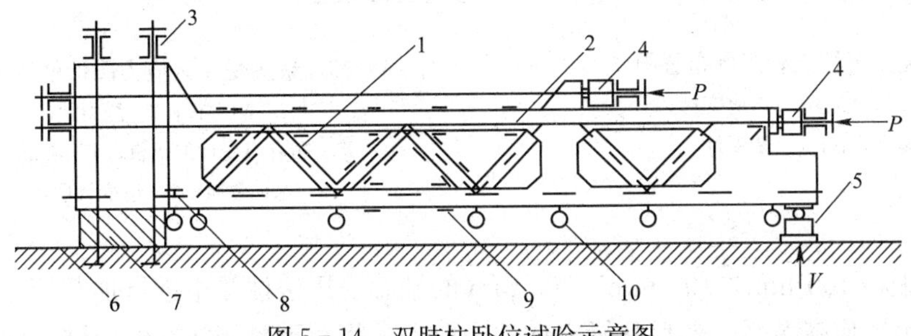

图 5 - 14　双肢柱卧位试验示意图

1—试件；2—水平荷载支承架；3—竖向支承架；4—水平加载器；5—垂直加载器；
6—试验台座；7—垫块；8—倾角仪；9—电阻应变计；10—挠度计

2. 试验项目和测点设置

压杆与柱的试验一般要观测其破坏荷载、各级荷载下的侧向挠度值及变形曲线；控制截面或区域的应力变化规律及裂缝开展情况。图 5-15 所示为偏心受压短柱试验时的测点布置。试件的挠度由布置在受拉边的百分表或挠度计进行量测，与受弯构件相似，除了量测中点最大挠度值外，可用侧向五点布置法量测挠度曲线。对于正位试验的长柱其侧向变位可用经纬仪观测。

受压区边缘布置应变测点，可以单排布点于试件侧面的对称轴线上或在受压区截面的边缘两排对称布点。为验证构件平截面变形的性质，沿压杆截面高度布置 5～7 个应变测点。受拉区钢筋应变同样可以用内部电测方法进行。

为了研究偏心受压构件的实际压区应力图形，可以利用环氧水泥—铝板测力块组成的测力板进行直接测定，见图 5-16。测力板用环氧水泥块模拟有规律的“石子”组成。它由四个测力块和八个填块用 1∶1 水泥砂浆嵌缝做成，尺寸为 100 mm×100 mm×200 mm。测力块是由厚度为 1 mm 的Ⅱ型铝板浇注在掺有石英砂的环氧水泥中制成，尺寸为 22 mm×25 mm×30 mm，事先在Ⅱ型铝板的两侧粘贴 2 mm×6 mm 规格的应变计两片，相距13 mm，焊好引出线。填充块的尺寸、材料与制作方法与测力块相同，但内部无应变计。

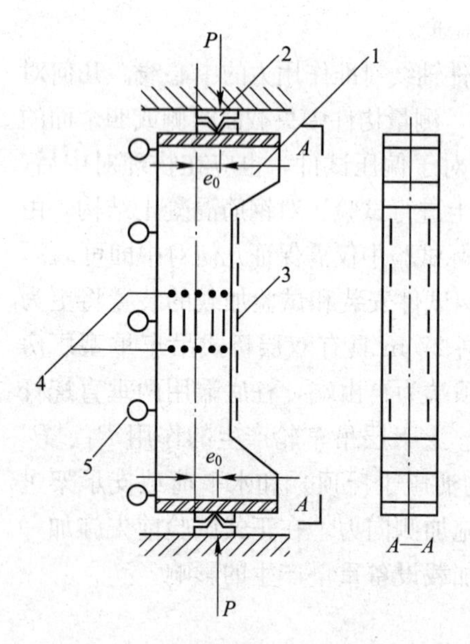

图 5-15　偏压短柱试验测点布置图

1—试件；2—铰支座；3—应变计；

4—应变仪测点；5—挠度计

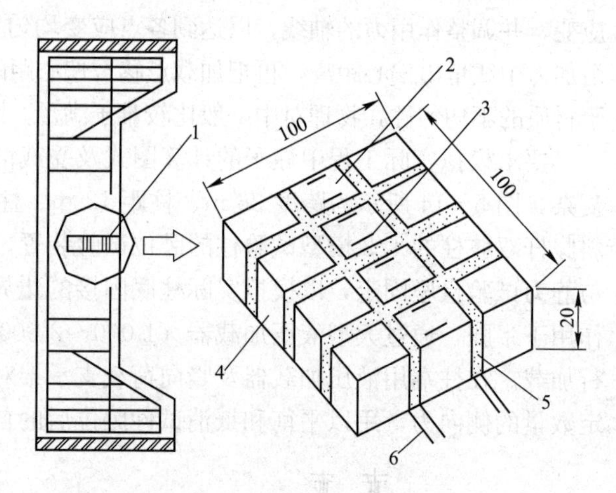

图 5-16　量测受压区应力图形的测力示意图

1—测力板；2—测力块；

3—贴有应变计的铝板；4—填充块；

5—水泥砂浆；6—应变计引出线

测力板先在 100 mm×100 mm×300 mm 的轴心受压棱柱体中进行加载标定，得出每个测力块的应力—应变关系，然后从标定试件中取出，将其重新浇注在偏压试件的内部，测量中部截面压区应力分布图形。

5.5.3 屋架试验

屋架是建筑工程中常见的一种承重结构。其特点是跨度较大，但只能在自身平面内承受荷载，而平面外的刚度很小。在建筑物中要依靠侧向支撑体系相互联系，形成足够的空间刚度。屋架主要承受作用于节点的集中荷载，因此大部分杆件受轴力作用。当屋架上弦有节间荷载作用时，上弦杆受压弯作用。对于跨度较大的屋架，下弦一般采用预应力拉杆，因而屋架在施工阶段就必须考虑到试验的要求，配合预应力张拉进行量测。

1. 试件的安装和加载方法

屋架试验一般采用正位试验，即在正常安装位置情况下支承及加载。由于屋架平面外刚度较弱，安装时必须采取专门措施，设置侧向支撑，以保证屋架上弦的侧向稳定。侧向支撑点的位置应根据设计要求确定，支撑点的间距应不大于上弦杆出平面的设计计算长度，同时侧向支撑应不妨碍屋架在其平面内的竖向位移。

图 5-17（a）是一般采用的屋架侧向支撑方式。支撑立柱可以用刚性很大的荷载支承架，或者在立柱安装后用拉杆与试验台座固定，支撑立柱与屋架上弦杆之间设置轴承，以便于屋架受载后能在竖向自由变位。

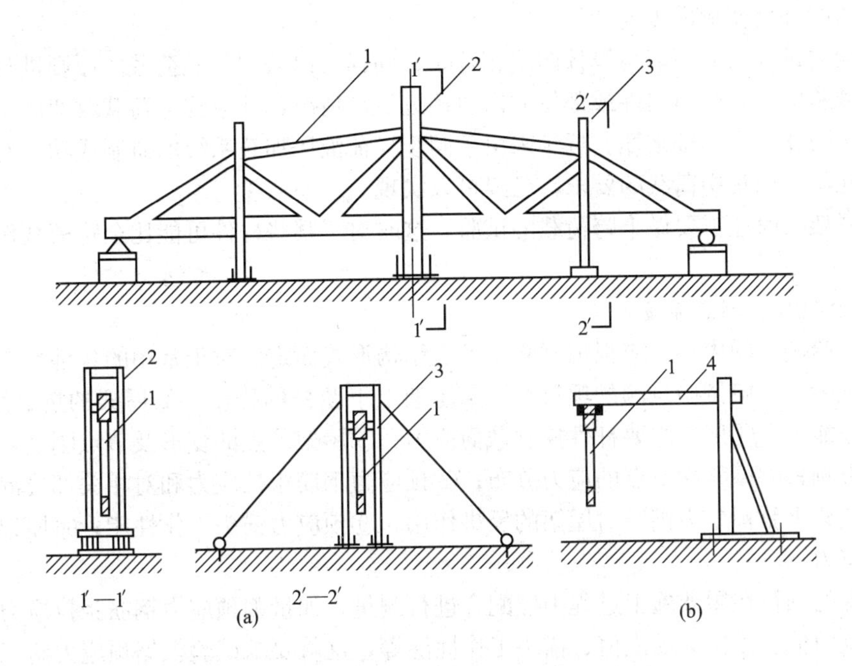

图 5-17　屋架试验时侧向支撑形式示意图

1—试件；2—荷载支承架；3—拉杆式支撑的立柱；4—水平支撑杆

图 5-17（b）是另一种设置侧向支撑的方法，其水平支撑杆应有适当长度，并能够承受一定压力，以保证屋架能竖向自由变位。

在施工现场进行屋架试验时可以采用两榀屋架对顶的卧位试验。此时屋架的侧面应垫平并设有相当数量的滚动支承，以减少屋架受载后产生变形时的摩擦力，保证屋架在平面内自由变形。有时为了获得满意的试验效果，必须对用作支承平衡的一榀屋架做适当的加固，使其在强度与刚度方面大于被试验的屋架。卧位试验可以避免试验时高空作业和便于解决上弦杆的侧向稳定问题，但自重影响无法消除，同时屋架贴近地面的侧面观测困难。

屋架进行非破坏性试验时，在现场也可采用两榀同时进行试验的方案，这时平面外稳定问题可用图 5-2 的 K 形水平支撑体系来解决。当然也可以用大型屋面板做水平支撑，但要注意不能将屋面板三个角焊死，防止屋面板参加工作。成对屋架试验时可以在屋架上铺设屋面板后直接堆放重物。

屋架试验时支承方式与梁试验相同，但屋架端节点支承中心线的位置对屋架节点局部受力影响较大，应特别注意。由于屋架受载后下弦变形伸长较大，以致滚动支座的水平位移往往较大，所以支座上的支承垫板应留有充分余地。

屋架试验的加载方式可以采用重力直接加载（当两榀屋架成对正位试验时），由于屋架大多是在节点承受集中荷载，一般借助杠杆重力加载。为使屋架对称受力，施加杠杆吊篮应使相邻节点荷载相间地悬挂在屋架受载平面前后两侧。由于屋架受载后的挠度较大（特别当下弦钢筋应力达到屈服时），因此在安装和试验过程中应特别注意，以免杠杆倾斜太大产生对屋架的水平推力和吊篮着地而影响试验的继续进行。在屋架试验中由于施加多点集中荷载，所以采用同步液压加载是最理想的试验方案，但也需要液压加载器活塞有足够的有效行程，适应结构挠度变形的需要。

当屋架的试验荷载不能与设计图式相符时，同样可以采用等效荷载的原则进行代替，但应使需要试验的主要受力构件或部位的内力接近设计情况，并应注意荷载改变后可能引起的局部影响，防止产生局部破坏。近年来由于同步异荷液压加载系统的研制成功，对于屋架试验中要加几组不同集中荷载的要求，已经可以实现。

有些屋架有时还需要做半跨荷载的试验，这时对于某些杆件可能比全跨荷载作用时更为不利。

2. 试验项目和测点布置

屋架试验测试的内容，应根据试验要求及结构形式而定。对于常用的各种预应力钢筋混凝土屋架试验，一般试验量测的项目有：①屋架上下弦杆的挠度；②屋架的抗裂度及裂缝；③屋架承载能力；④屋架主要杆件控制截面应力；⑤屋架节点的变形及节点刚度对屋架杆件次应力的影响；⑥屋架端节点的应力分布；⑦预应力钢筋张拉应力和对相关部位混凝土的预应力；⑧屋架下弦预应力钢筋对屋架的反拱作用；⑨预应力锚头工作性能；⑩屋架吊装时控制杆件的应力。

其中有的项目在屋架施工过程中应配合进行测量，如量测预应力钢筋张拉应力及对混凝土的预压应力值、预应力反拱值、锚头工作性能等，这就要求试验根据预应力施工工艺的特点作出周密的考虑，以期获得比较完整的数据来分析屋架的实际工作。

1）屋架挠度和节点位移的测量

屋架跨度较大，测量其挠度的测点宜适当增加。如屋架只承受节点荷载时，测定上下弦挠度的测点只要布置在相应的节点之下；对于跨度较大的屋架，其弦杆的节间往往很大，在荷载作用下可能使弦杆承受局部弯曲，此时还应测量该杆件中点相对其两端节点的最大位移。当屋架的挠度值较大时，需用大量程的挠度计或者用米厘纸制成标尺通过水准仪进行观测。与测量梁的挠度一样，必须注意到支座的沉陷与局部受压引起的变位。如果需要量测屋架端节点的水平位移及屋架上弦平面外的侧向水平位移，这些都可以通过水平方向的百分表或挠度计进行量测。图 5－18 为挠度测点布置。

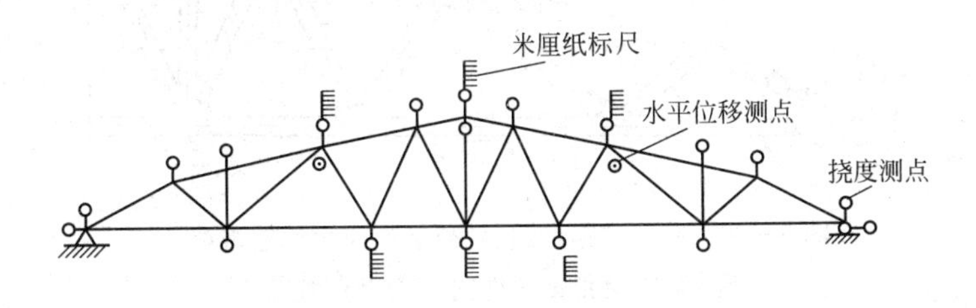

图 5－18　屋架试验挠度测点布置图

2）屋架杆件内力测量

当研究屋架实际工作性能时，常常需要了解屋架杆件的受力情况，因此要求在屋架杆件上布置应变测点来确定杆件的内力值。一般情况下，在一个截面上引起法向应力的内力最多是三个，即轴向力 N、弯矩 M_x 及 M_y，对于薄壁杆件则可能有四个，需再增加扭矩 M_T。

分析内力时，一般只考虑结构的弹性工作。这时，在一个截面上布置的应变测点数量只要等于未知内力数目，就可以用材料力学的公式求出全部未知内力数值。应变测点在杆件截面上的布置位置可见图 5－19。

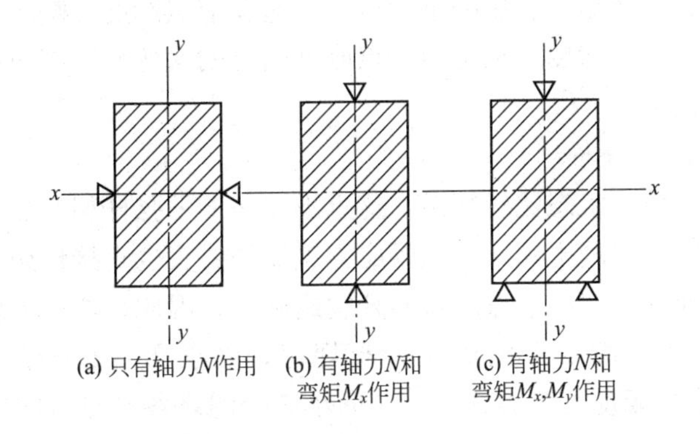

图 5－19　屋架杆件截面上应变测点布置方式示意图

一般钢筋混凝土屋架上弦杆直接承受荷载，除轴向力外，还可能有弯矩作用，属压弯构件，截面内力主要是轴向力 N 和弯矩 M 组合。为了测量这两项内力，一般按图 5－19（b），在截面对称轴上下纤维处各布置一个测点。屋架下弦主要为轴力 N 作用，一般只需在杆件表面布置一个测点，但为了便于核对和使所测结果更为精确，经常在截面的中和轴［图 5－19（a）］位置上成对布点，取其平均值计算内力 N。屋架的腹杆，主要承受轴力作用，布点可与下弦一样。图 5－20为 9 m 柱距、24 m 跨度的预应力混凝土屋架试验测量杆件内力的测点布置。

应该注意，在布置屋架杆件的应变测点时，决不可将测点布置在节点上，因为该处截面的作用面积不明确。图 5－21 所示屋架上弦节点中截面 1—1 的测点是量测上弦杆的内力；截面 2—2 是量测节点次应力的影响；比较两个截面的内力，就可以求出次应力。截面 3—3 是错误布置。

说明：①图 5－20 中屋架杆件上的应变测点用—表示；②在端节点部分屋架上下弦杆上

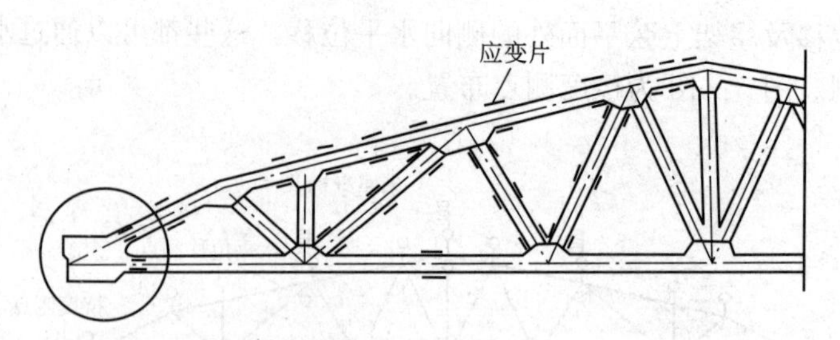

图 5-20　9 m 柱距、24 m 跨度预应力钢筋混凝土屋架试验测量杆件内力测点布置图

的应变测点是为了分析端节点受力需要而布置的；③端节点上应变测点布置如图 5-21 所示；④下弦预应力钢筋上的电阻应变计测点未表明。

如果用电阻应变计测量弹性匀质杆件或钢筋混凝土杆件开裂前的内力，除了可按上述方法求得全部内力值外，还可以利用电阻应变仪测量电桥的特性及电阻应变计与电桥连接方式的不同，使量测结果直接等于某一个内力所引起的应变。

为了正确求得杆件内力，测点所在截面位置应经过选择，屋架节点在设计理论上均假定为铰接，但钢筋混凝土整体浇捣的屋架，其节点实际上是刚接的，由于节点的刚度，以致在杆件中邻近节点处还有次弯矩作用，并由此在杆件截面上产生应力。因此，如果仅希望求得屋架在承受轴力或轴力和弯矩组合影响下的应力并避免节点刚度影响时，测点所在截面要尽量离节点远一些。反之，假如要求测定由节点刚度引起的次弯矩，则应该把应变测点布置在紧靠节点处的杆件截面上。

3）屋架端节点的应力分析

屋架的端部节点，应力状态比较复杂，这里不仅是上下弦杆相交点，屋架支承反力也作用于此，对于预应力钢筋混凝土屋架下弦预应力钢筋的锚头也直接作用在节点端。更由于构造和施工上的原因，经常引起端节点的过早开裂或破坏，因此，往往需要通过试验来研究其实际工作状态。为了测量端节点的应力分布规律，要求布置较多的三向应变网络测点(见图 5-22)，一般由电阻应变计组成。从三向小应变网络各点测得的应变量，通过计算或图解法求得端节点上的剪应力、正应力及主应力的数值与分布规律。为了量测上下弦杆交接处豁口应力情况，可沿豁口周边布置单向应变测点。

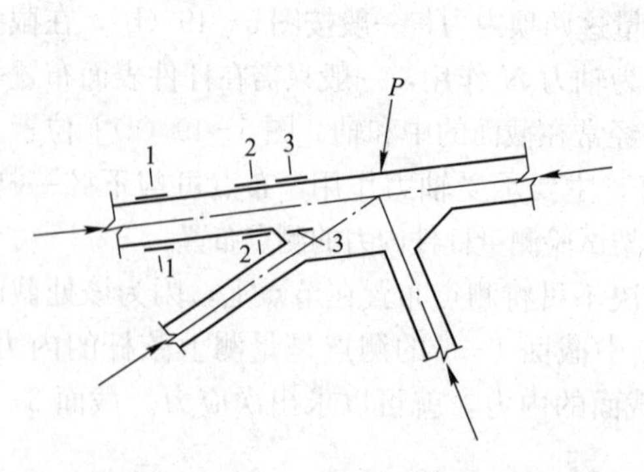

图 5-21　屋架上弦节点应变测点布置图

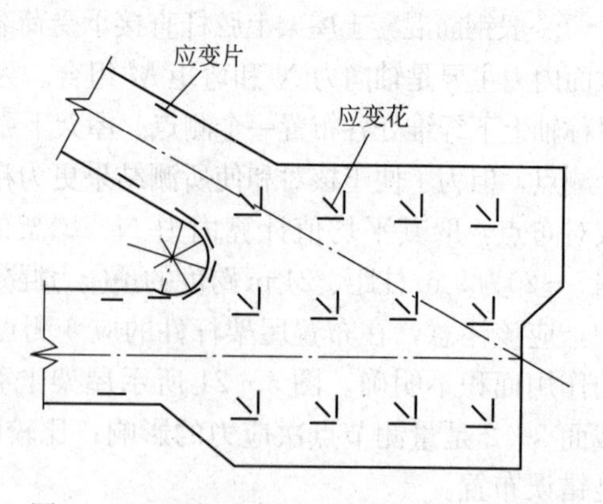

图 5-22　屋架端部节点上应变测点布置图

4）预应力锚头性能测量

对于预应力钢筋混凝土屋架，有时还需要研究预应力锚头的实际工作和锚头在传递预应力时对端节点的受力影响。特别是采用后张自锚预应力工艺时，为检验自锚头的锚固性能与锚头对端节点外框混凝土的作用，在屋架端节点的混凝土表面沿自锚头长度方向布置若干应变测点，量测自锚头部位端节点混凝土的横向受拉变形，见图 5－23 中的横向应变测点。如果按图示布置纵向应变测点时，则同时可以测得锚头对外框混凝土的压缩变形。

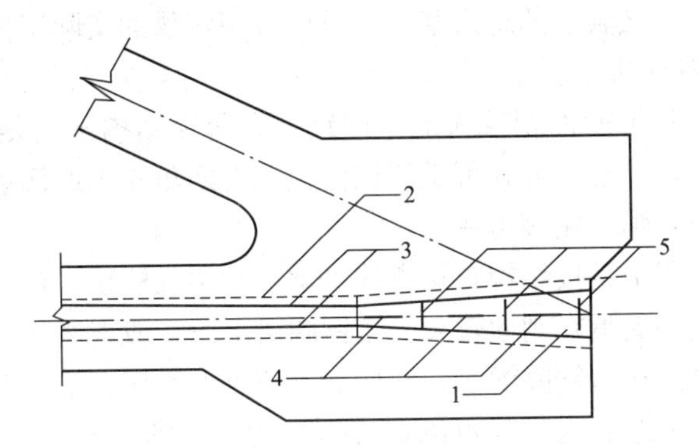

图 5－23　屋架端节点自锚头部位测点布置图

1—混凝土自锚锚头；2—屋架下弦预应力钢筋预留孔；3—预应力钢筋；4—纵向应变测点；5—横向应变测点

5）屋架下弦预应力钢筋张拉应力测量

为量测屋架下弦的预应力钢筋在施工张拉和试验过程中的应力值以及预应力的损失情况，需在预应力钢筋上布置应变测点，测点位置通常布置在屋架跨中及两端部位：如屋架跨度较大时，则在 1/4 跨度的截面上可增加测点；如有需要时预应力钢筋上测点位置可与屋架下弦杆上的测点部位相一致。在预应力钢筋上经常是用事先贴电阻应变计的办法量测其应力变化，但必须注意防止电阻应变计受损。比较理想的做法是在成束钢筋中部放置一段短钢管使贴片的钢筋位置相互固定，这样便可将连接应变计的导线束通过钢筋束中断续布置的短钢管从锚头端部引出。有时为了减少导线在预应力孔道内的埋设长度，可从测点就近部位的杆件预留孔将导线束引出。

如屋架预应力钢筋采用先张法施工时，则上述量测准备工作均需在施工张拉前到预制构件厂或施工现场就地进行。

6）裂缝测量

预应力钢筋混凝土屋架的裂缝测量，通常要实测预应力杆件的开裂荷载值，量测使用状态试验荷载值作用下的最大裂缝宽度及各级荷载作用下的主要裂缝宽度。在屋架中由于端节点的构造与受力复杂，经常会产生斜裂缝，应引起注意。此外腹杆与下弦拉杆以及节点的交汇之处，将会较早开裂。

在屋架试验的观测设计中，利用结构与荷载对称性特点，经常在半榀屋架上考虑测点布置与安装主要仪表，而在另半榀屋架上仅布置若干对称测点，作为校核之用。

5.5.4　薄壳和网架结构试验

薄壳和网架结构是工程结构中比较特殊的结构，一般适用于大跨度公共建筑。近年来，我国各地兴建的体育馆工程，多数采用大跨度钢网架结构。北京火车站中央大厅 35 m×35 m 钢筋混凝土双曲扁壳和大连港运仓库 23 m×23 m 的钢筋混凝土组合扭壳等都是有代表性的薄壳结构。对于这类大跨度新结构的应用，一般都须进行大量的试验研究工作。

在科学研究和工程实践中，这种试验一般用实际尺寸缩小为 1/20～1/5 的大比例模型作为试验对象，但材料、杆件、节点基本上与实物类似，可将这种模型当作缩小到若干分之一的实物结构直接计算，并将试验值和理论值直接比较。

这种方法比较简单，试验出的结果基本上可以说明实物的实际工作情况。

1. 试件安装和加载方法

薄壳和网架结构都是平面面积较大的空间结构。薄壳结构不论是筒壳、扁壳或者扭壳等，一般均有侧边构件，其支承方式可类似双向板，有四角支承或四边支承，这时结构支承可由固定铰、活动铰及辊轴支座等组成。

网架结构在实际工程中是按结构布置直接支承在框架或柱顶，在试验中一般按实际结构支承点的个数将网架模型支承在刚性较大的型钢圈梁上。一般支座均为受压，采用螺栓做成的高低可调节的支座固定在型钢圈梁上，网架支座节点下面焊上带尖端的短圆杆，支承在螺栓支座的顶面，在圆杆上贴有应变计可测量支座反力，如图 5－24（a）所示。由于网架平面体型的不同，受载后除大部分支座受压外，在边界角点及其邻近的支座经常可能出现受拉现象，为适应受拉支座的要求，并做到各支座构造统一，既可受压又能抗拉，在有的工程结构试验中采用了钢球铰点支承形式，如图 5－24（b）所示，钢球安置在特别的圆形支座套内，钢球顶端与网架边节点支座竖杆相连，支座套上设有盖板，当支座出现受拉时可限制球铰从支座套内拔出，同样可以由支座竖杆上的应变计测得支座拉力。圆形支座套下端用螺栓与钢圈梁连接，可以调整高低，使网架所有支座在加载前能统一调整，保证整个网架有良好的接触。图 5－24（c）所示锁形拉压两用支座可安装于反力方向无法确定的支座上，它适应于受压或受拉的受力状态。某体育馆四立柱支承的方形双向正交网架模型试验中，采用了球面板做成的铰接支座，柱子上端用螺杆可调节的套管调整网架高度，这种构造在承受竖向荷载时是可以的，但当有水平荷载作用时就显得太弱，变形较大。如图 5－24（d）所示。

薄壳结构是空间受力体系，在一定的曲面形式下，壳体弯矩很小，荷载主要靠轴向力承受。壳体结构由于具有较大的平面尺寸，所以单位面积上荷载量不会太大，一般情况下可以用重力直接加载，将荷载分垛铺设于壳体表面；也可以通过壳面预留的洞孔直接悬吊荷载（见图 5－25），并可在壳面上用分配梁系统施加多点集中荷载。在双曲扁壳或扭壳试验中可用特制的三脚加载架代替分配梁系统，在三脚架的形心位置上通过壳面预留孔用钢丝悬吊荷重，为适应壳面各点曲率变化，三脚架的三个支点可用螺栓调节高度。

为了加载方便，也可以通过壳面预留孔洞设置吊杆而在壳体下面用分配梁系统通过杠杆加载（见图 5－26）。

在薄壳结构试验中，也可利用气囊通过空气压力和支承装置对壳面施加均布荷载，有条件时可以通过密封措施，在壳体内部用抽真空的方法，利用大气压差，即利用负压作用对壳面进行加载。这时壳面由于没有加载装置的影响，比较便于进行量测和观测裂缝。

如果需要较大的试验荷载或要求进行破坏试验时，则可按图 5－27 所示用同步液压加载器和荷载支承装置施加荷载，以获得较好效果。

在我国建造的网架结构中，大部分是采用钢结构杆件组成的空间体系，作用于网架上的

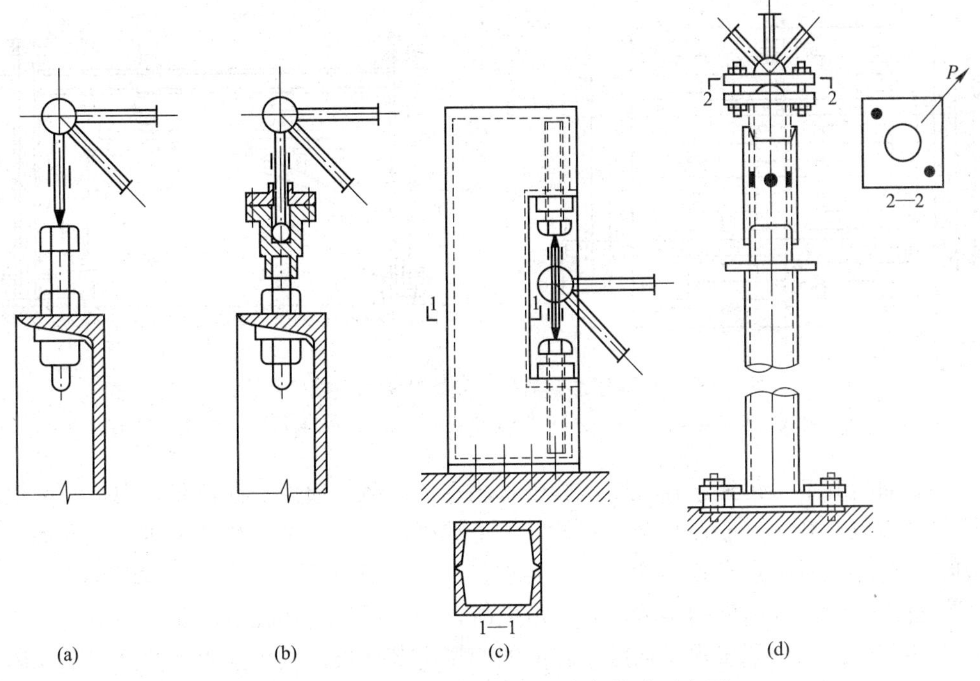

图 5-24 网架试验的支座形式与构造示意图

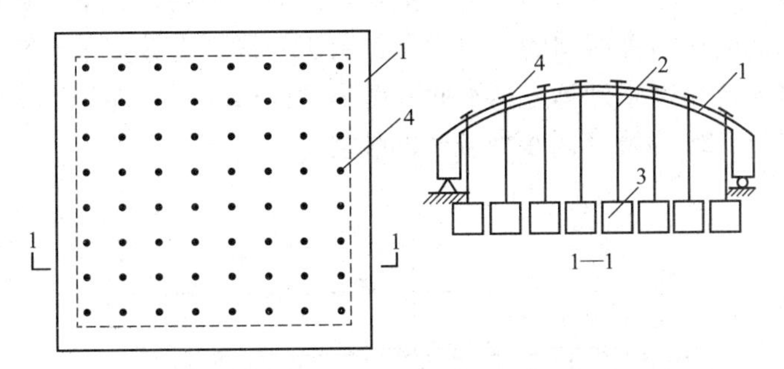

图 5-25 通过壳面用分配梁杠杆加载系统对壳体结构施加荷载示意图

1—试件；2—荷重吊杆；3—荷重；4—壳面预留洞孔

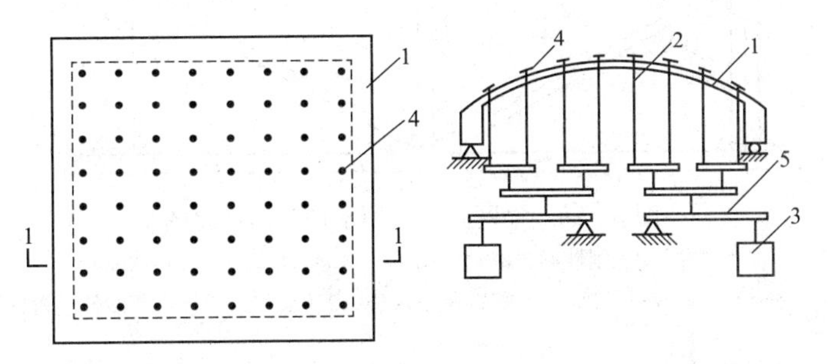

图 5-26 用分配梁杠杆加载系统对壳体结构施加荷载示意图

1—试件；2—荷重吊杆；3—荷重；4—壳面预留洞孔；5—分配梁杠杆系统

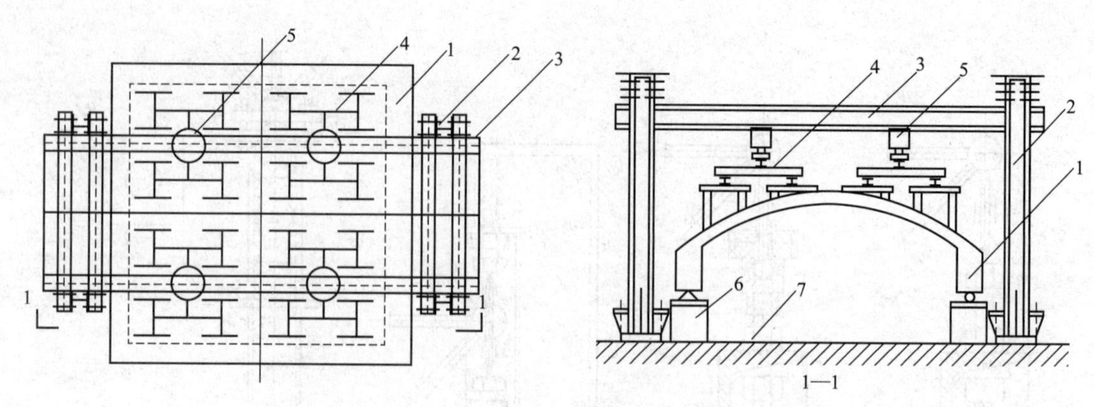

图 5 - 27　用液压加载器进行壳体结构加载试验示意图

1—试件；2—荷载支承架立柱；3—横梁；4—分配梁系统；5—液压加载器；6—支座；7—试验台座

竖荷载主要通过其节点传递。在较多试验中都用水压加载来模拟竖向荷载，为了使网架承受比较均匀的节点荷载，一般在网架上弦的节点上焊以小托盘，上放传递水压的小木板，木板按网架的网格形状及节点布置形状而定，要求该木板互不联系，以保证荷载传递作用明确，挠曲变形自由。对于变高度网架或上弦有坡度时，尚可通过连接托盘的竖杆调节高度，使荷载作用点在同一水平，便于水压加载。在网架四周用薄钢板、铁皮或木板按网架平面体组成外框，用专门支柱支承外框的自重，然后在网架上弦的木板上和四周外框内衬以特制的开口大型塑料袋，这样，当试验加载时，水的重量在竖向通过塑料袋、木板直接经上弦节点传至网架杆件，而水的侧向压力由四周的外框承受，由于外框不直接支承于网架，所以施加荷载的数量直接可由水面的高度来计算，当水面高度为 300 mm 时，即相当于网架承受的竖向荷载为 3 kN/m^2。图 5 - 28 为网壳用水加载时的装置。

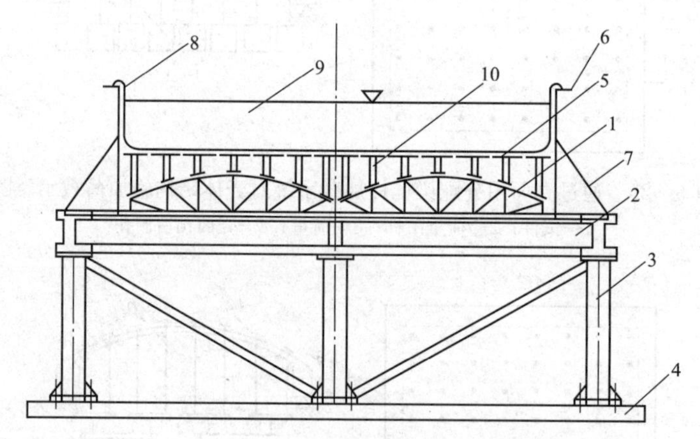

图 5 - 28　钢网壳试验用水加载的装置图

1—试件；2—刚性梁；3—立柱；4—试验台座；5—分块式木板；
6—钢板外框；7—支撑；8—塑料薄膜水袋；9—水；10—节点荷载传递短柱

有些网架试验中，也有用荷载重块通过各种比例的分配梁直接施加于网架下弦节点。一般四个节点合用一个荷重吊篮，有一部分为两个节点合成一个吊篮。按设计计算，中间节点荷载为 P 时，网架边缘节点为 $P/2$，四角节点为 $P/4$，各种不同节点荷载均由同一形式的分配梁组成（见图 5－29）。

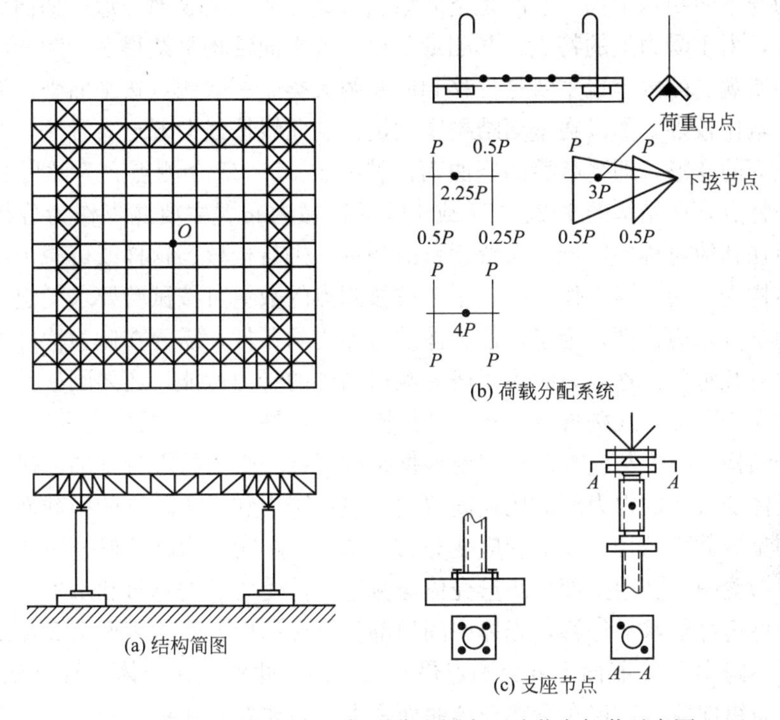

图 5－29　四立柱平板网架用分配梁在下弦节点加载示意图

同薄壳试验一样，当需要进行破坏试验时，由于破坏荷载较大，可用多点同步液压加载系统经支承于网架节点的分配梁施加荷载（见图 5－30）。

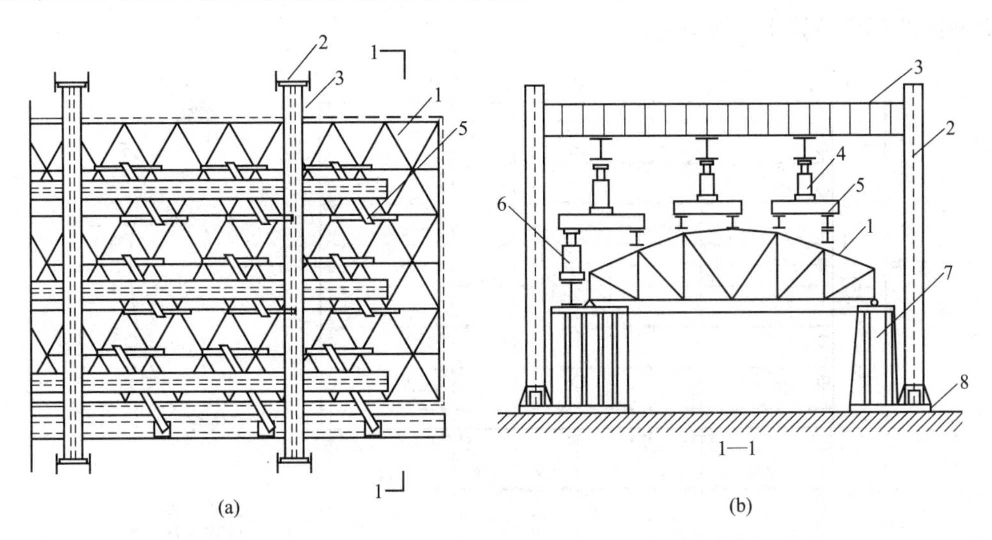

图 5－30　用多点同步液压加载器对网壳加载试验示意图

1—网壳；2—荷载支承架立柱；3—横梁；4—液压加载器；5—分配梁系统；6—平衡加载器；7—支座；8—试验台座

2. 试验项目和测点布置

薄壳结构与平面结构不同，它既是空间结构又具有复杂的表面外形，如筒壳、双曲抛物面壳和扭壳等，由于受力上的特点，其测量要比一般平面结构复杂得多。

壳体结构要观测的内容也主要是位移和应变两大类。一般测点按平面坐标系统布置，所以测点的数量就比较多，如果在平面结构中测量挠度曲线按线向五点布置法，则在薄壳结构中为了量测壳面的变形，即受载后的挠曲面，就需要 $5^2=25$ 个测点。为此可利用结构对称和荷载对称的特点，在结构的 1/2、1/4 或 1/8 的区域内布置主要测点作为分析结构受力特点的依据，而在其他对称的区域内布置适量的测点，进行校核。这样既可减少测点数量，又不影响了解结构受力的实际工作情况，至于校核测点的数量可按试验要求而定。

薄壳结构都有侧边构件，为了校核壳体的边界支承条件，需要在侧边构件上布置挠度计来测量它的垂直及水平位移。有时为了研究侧边构件的受力性能，还要测量它的截面应变分布规律，这时完全可按梁式构件测点布置的原则与方法进行。

对于薄壳结构的挠度与应变测量，要根据结构形状和受力特性分别加以研究决定。

圆柱形壳体受载后的内力相对比较简单，一般在跨中和 1/4 跨度的横截面上布置位移和应变测点，测量该截面的径向变形和应变分布。图 5-31 所示为圆柱形金属薄壳在集中荷载作用下的测点布置图。利用挠度计测量壳体与侧边构件受力后的垂直和水平变位，测试内容主要有侧边构件边缘的水平位移，壳体中间顶部垂直位移以及壳体表面上 2 及 2′处的法向位移。其中以壳体跨中 $L/2$ 截面上五个测点最有代表性，此外应在壳体两端部截面布置测点。利用应变仪测量纵向应力，仅布置在壳体曲面之上，主要布置在跨度中央、$L/4$ 处与两端部截面上，其中两个 $L/4$ 截面和两个端部截面中的一个为主要测量截面，另一个与它对称的截面为校核截面。在测量的主要截面上布置 10 个应变测点，校核截面仅在半个壳面上布置五个测点。在跨中截面上因加载点使测点布置困难（轴线 4—4 和 4′—4′），所以在 $3L/8$ 及 $5L/8$ 截面的相应位置上布置补充测点。

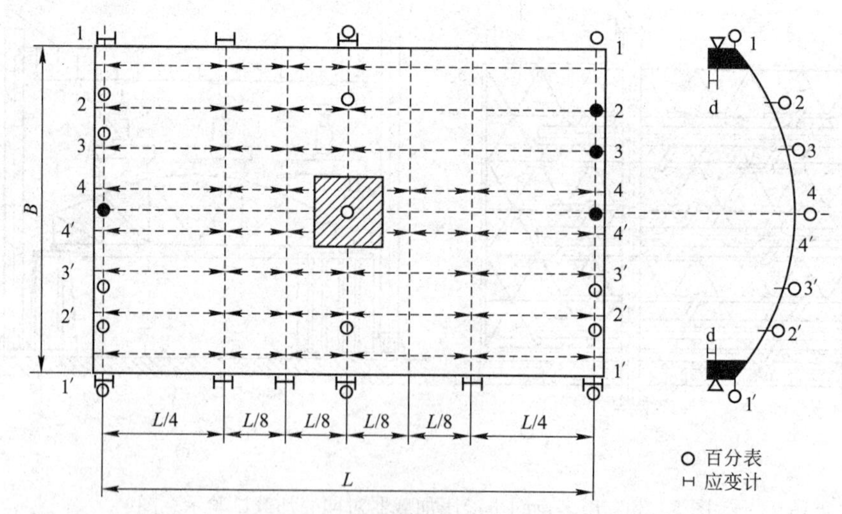

图 5-31　圆柱形金属薄壳在集中荷载作用下的测点布置图

对于双曲扁壳结构的挠度测点除一般沿侧边构件布置垂直和水平位移的测点外，壳面的挠曲可沿壳面对称轴线或对角线布点测量，并在 1/4 或 1/8 壳面区域内布点［图 5-32(a)］。

为了测量壳面主应力的大小和方向，一般均需布置三向应变网络测点。由于壳面在对称轴上的剪应力等于零，主应力方向明确，所以只需布置二向应变测点（见图 5－32）。有时为了查明应力在壳体厚度方向的变化规律，则在壳体内表面的相应位置上也对称布置应变测点。

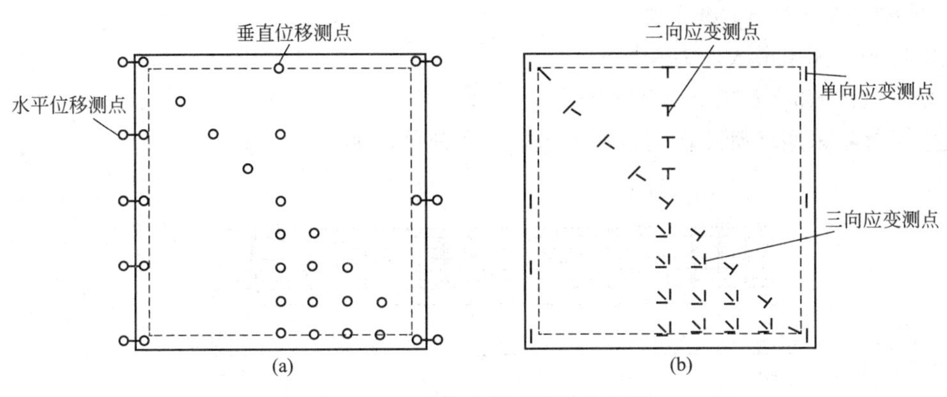

图 5－32　双曲扁壳的测点布置图

如果是加肋双曲壳，还必须测量肋的工作状况，这时壳面挠曲变形可在肋的交点上布置。由于肋主要是单向受力，所以只需沿其走向布置单向应变测点，通过在壳面平行于肋向的测点配合，即可确定其工作性质。

网架结构是由杆件体系组成的空间结构，它的形式多样，有双向正交、双向斜交和三向正交等，由于可看作为桁架梁相互交叉组成，所以其测点布置的特点也类似于平面结构中的桁架。

网架的挠度测点可沿各桁架梁布置在下弦节点。应变测点布置在网架的上下弦杆、腹杆、竖杆及支座竖杆上。由于网架平面体形较大，同样可以利用荷载和结构对称性的特点；对于仅有一个对称轴平面的结构，可在 1/2 区域内布点；对于有两个对称轴的平面，则可在 1/4 或 1/8 区域内布点；对于三向正交网架，则可在 1/6 或 1/12 区域内布点。与壳体结构一样，主要测点应尽量集中在某一区域内，其他区域仅布置少量校核测点（见图 5－33）。

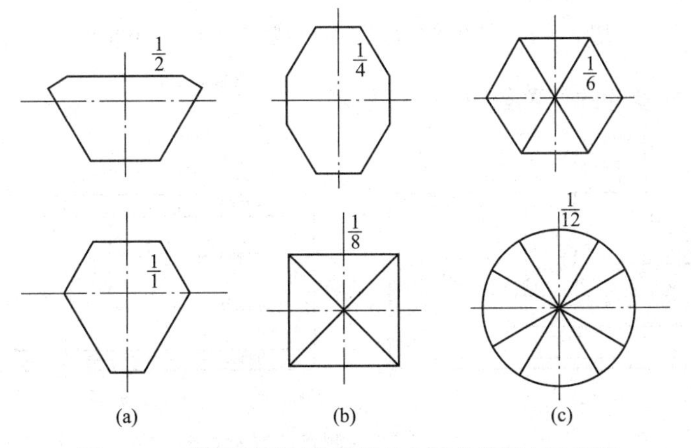

图 5－33　按网架平面体形特点分区布置测点示意图

5.5.5　静载试验示例

1. 试件Ⅰ

1）对称均布荷载（1 组 3 块）

试验目的：测出最大应力和挠度

荷载总重：525 kg（3 m×175 kg/m）

加载布置：采用堆砌砖块的方法，施加均布荷载，如图 5－34 所示。

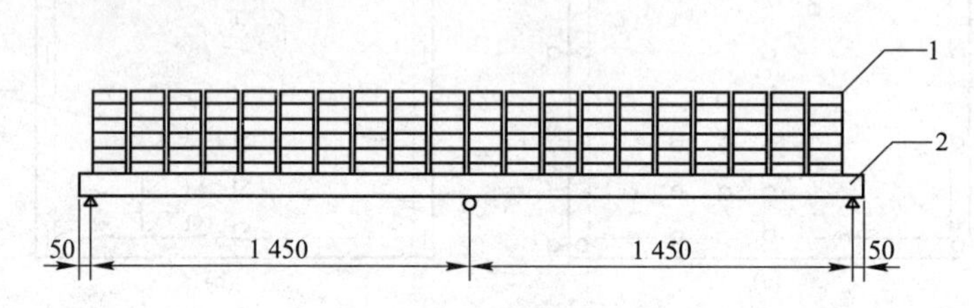

图 5－34　对称均布荷载加载布置图（单位：mm）

1—砖块；2—钢跳板试件

测点布置：如图 5－35 所示，①电阻片为正面 18 片，背面 8 片，总 26 片；②位移传感器为三处支座 6 个，跨中 4 个，总 10 个。

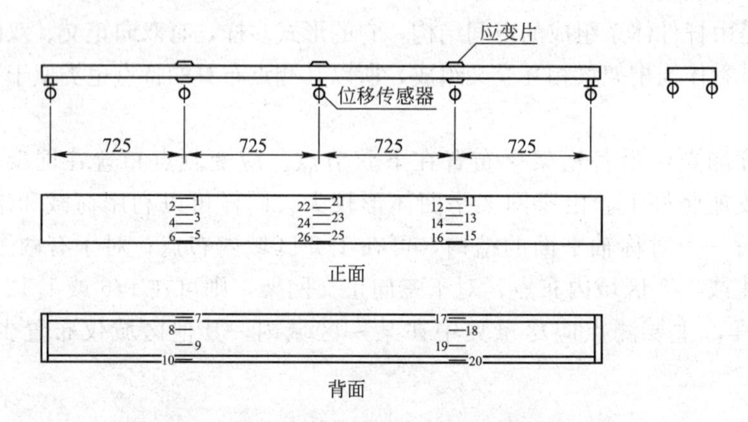

图 5－35　对称均布荷载测点布置图（单位：mm）

应变片位置：应变片的位置如图 5－36 所示。

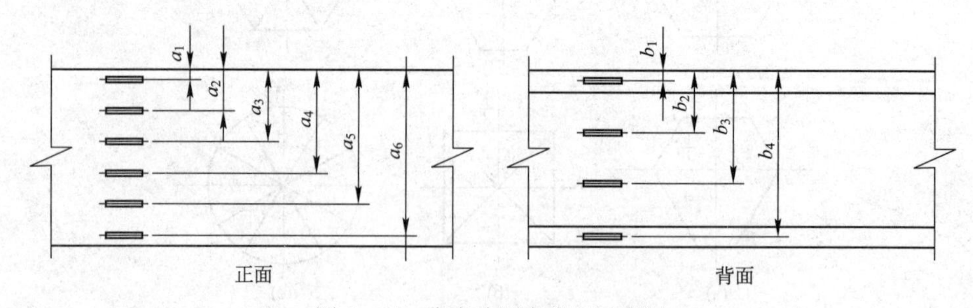

图 5－36　应变片测点位置示意图

加载程序：分六次加载，每次加载后停歇 3 分钟，测量应力和挠度。当加至设计荷载时，恒载 1 小时以上，再卸荷至零，观测残余变形，测量应力和挠度。

超载程序：加载至 1 050 kg，恒载 1 小时后测量应力和挠度。卸荷至零，观察残余变形，测量应力和挠度。

试验结果：在正常使用荷载和超载下的最大挠度和最大应力如表 5－2 所示。

表 5－2　对称均布荷载测试结果

试件编号	正常使用荷载			2 倍使用荷载超载		
	最大挠度/mm	最大应力/MPa		最大挠度/mm	最大应力/MPa	
A1	2.74	90.51	−44.31	5.33	207.90	−91.77
A2	2.45	89.46	−40.95	5.06	203.07	−84.63
A3	2.34	92.61	−43.05	4.76	192.23	−89.04

2) 单边均布荷载（1 组 3 块）

试验目的：测出最大应力和挠度

荷载总重：262.5 kg（1.5 m×175 kg/m）

加载布置：采用堆砌砖块的方法，施加均布荷载，如图 5－37 所示。

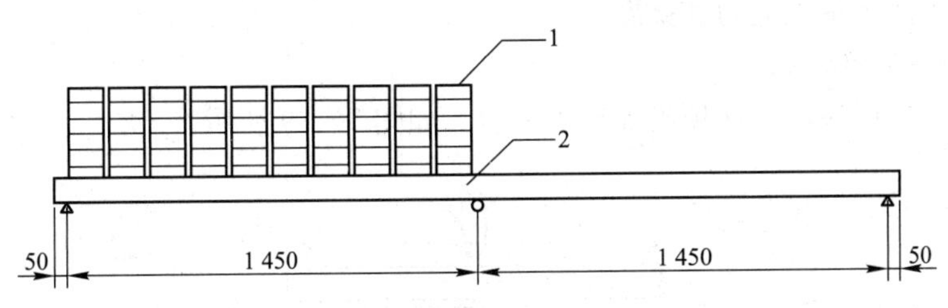

图 5－37　荷载加载布置图（单位：mm）

1—砖块；2—钢跳板试件

测点布置：如图 5－38 所示，①电阻片为正面 6 片，背面 4 片，总 10 片；②位移传感器为三处支座 4 个，跨中 2 个，总 6 个。

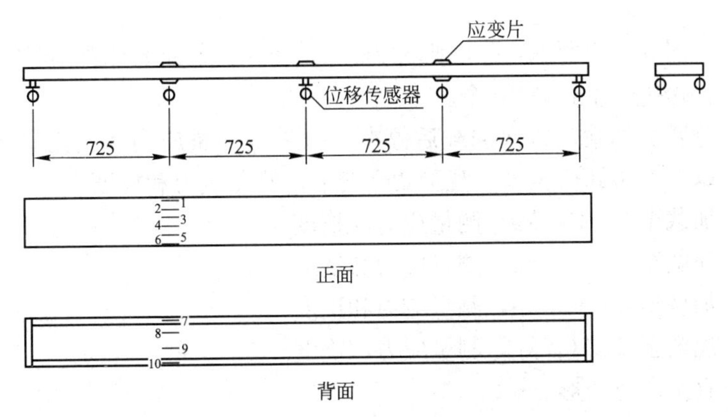

图 5－38　单边均布荷载测点布置图（单位：mm）

加载程序：分五次加载，每次加载后停歇 3 分钟，测量应力和挠度。当加至设计荷载时，恒载 1 小时以上，再卸荷至零，观测残余变形，测量应力和挠度。

超载程序：加载至 525 kg，恒载 1 小时后测量应力和挠度。卸荷至零，观察残余变形，测量应力和挠度。

试验结果：在正常使用荷载和超载下的最大挠度和最大应力如表 5－3 所示。

表 5－3　单边均布荷载测试结果

试件编号	正常使用荷载			2 倍使用荷载超载		
	最大挠度/mm	最大应力/MPa		最大挠度/mm	最大应力/MPa	
D1	3.28	78.75	−55.86	6.42	235.20	−133.98
D2	3.22	95.97	−60.27	6.12	198.66	−126.21
D3	3.00	83.58	−56.91	6.01	202.65	−121.59

2. 试件Ⅱ

1）对称集中荷载（1 组 3 块）

试验目的：测出最大应力和挠度

荷载总重：2×200 kg

加载布置：采用液压千斤顶施加集中荷载，如图 5－39 所示。

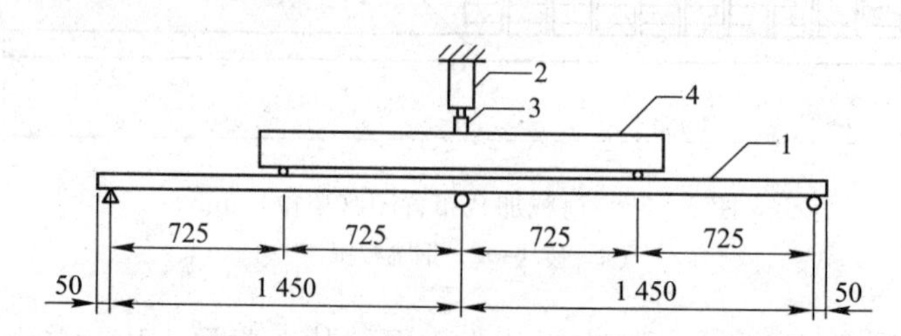

图 5－39　对称集中荷载加载布置图（单位：mm）

1—钢跳板试件；2—液压千斤顶；3—荷载传感器；4—分配梁

测点布置：如图 5－35 所示，①电阻片为正面 18 片，背面 8 片总 26 片；②位移传感器为三处支座 6 个，跨中 4 个，总 10 个。

加载程序：分四次加载，每次加载后停歇 3 分钟，测量应力和挠度。当加至设计荷载时，恒载 1 小时以上，再卸荷至零，观测残余变形，测量应力和挠度。

超载程序：加载至 2×400 kg，测量应力和挠度

加载至 2×500 kg，测量应力和挠度

加载至 2×600 kg，测量应力和挠度

加载至 2×700 kg，测量应力和挠度

直至严重变形

试验结果：在正常使用荷载和超载下的最大挠度和最大应力如表 5－4 所示。

表 5-4　对称集中荷载测试结果

试件编号	正常使用荷载			2倍使用荷载超载		
	最大挠度/mm	最大应力/MPa		最大挠度/mm	最大应力/MPa	
B1	2.49	100.59	−86.94	5.28	247.17	−241.29
B2	2.36	94.08	−92.82	5.39	221.13	−217.35
B3	2.61	89.88	−88.83	5.36	212.52	−193.83

2）单边集中荷载（1组3块）

试验目的：测出最大应力和挠度

荷载总重：200 kg

加载布置：采用液压千斤顶施加集中荷载，如图5-40所示。

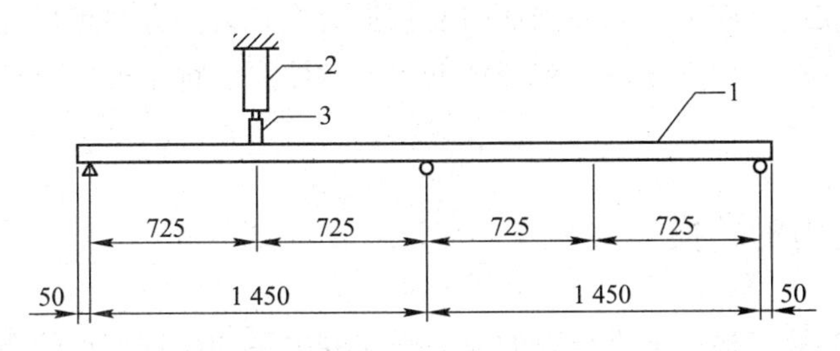

图5-40　单边集中荷载加载布置图（单位：mm）

1—钢跳板试件；2—液压千斤顶；3—荷载传感器

测点布置：如图5-35所示，①电阻片为正面6片，背面4片，总10片；②位移传感器为三处支座4个，跨中2个，总6个。

加载程序：分五次加载，每次加载后停歇3分钟，测量应力和挠度。当加至设计荷载时，恒载1小时以上，再卸荷至零，观测残余变形，测量应力和挠度。

超载程序：加载至400 kg，测量应力和挠度

加载至500 kg，测量应力和挠度

加载至600 kg，测量应力和挠度

加载至700 kg，测量应力和挠度

直至严重变形

试验结果：在正常使用荷载和超载下的最大挠度和最大应力如表5-5所示。

表 5-5　单边集中荷载测试结果

试件编号	正常使用荷载			2倍使用荷载超载		
	最大挠度/mm	最大应力/MPa		最大挠度/mm	最大应力/MPa	
C1	3.25	124.11	−77.70	6.74	331.17	−173.46
C2	3.32	118.02	−59.22	7.30	345.24	−157.29
C3	3.64	117.39	−136.92	8.15	359.94	−358.68

5.6 量测数据整理和换算

量测数据包括在准备阶段和正式试验阶段采集到的全部数据。其中一部分是对试验起控制作用的数据，如最大挠度控制点、最大侧向位移控制点、控制截面上的钢筋应变屈服点及混凝土极限拉、压应变等。这类起控制作用的参数应在试验过程中随时整理，以便指导整个试验过程的进行。其他大量测试数据的整理分析工作，将在试验后进行。

对实测数据进行整理，一般均应算出各级荷载作用下仪表读数的递增值和累计值，必要时还应进行换算和修正，然后用曲线或图表表达。

在原始记录数据整理过程中，应特别注意读数及读数差值的反常情况，如仪表指示值与理论计算值相差很大，甚至有正、负号颠倒的情况，这时应对出现这些现象的规律性进行分析，并判断其原因所在。一般可能的原因有两方面：一方面由于试验结构本身发生裂缝、节点松动、支座沉降或局部应力达到屈服而引起数据突变；另一方面也可能是由于测试仪表工作不正常所造成。凡不属于差错或主观造成的仪表读数突变都不能轻易舍弃，待以后分析时再做判断处理。

5.6.1 应变到内力的转换

应变到应力的换算应根据试件材料的应力—应变关系和应变测点的布置进行，如材料属于线弹性体，可按照材料力学的有关公式（见表 5-6）进行。公式中的弹性模量 E 和泊松比 ν，应先考虑采用实际测定的数值，如没有实际测定值时，也可以采用有关资料提出的数值。

表 5-6 由应变换算应力的计算公式

受力状态	测点布置	主应力 σ_1、σ_2 及 σ_1 和 0°轴线的夹角
单向应力	1	$\sigma_1=E\varepsilon_1$，$\theta=0$
平面应力（主方向已知）	2 1	$\sigma_1=\frac{E}{1-\nu^2}(\varepsilon_1+\nu\varepsilon_2)$，$\sigma_2=\frac{E}{1-\nu^2}(\varepsilon_2+\nu\varepsilon_1)$，$\theta=0$
平面应力	3 45° 2 45° 1	$\sigma_2^1=\frac{E}{2}\left[\frac{\varepsilon_1+\varepsilon_3}{1-\nu}\pm\frac{1}{1+\nu}\sqrt{2(\varepsilon_1-\varepsilon_2)^2+2(\varepsilon_2-\varepsilon_3)^2}\right]$ $\theta=\frac{1}{2}\arctan\left(\frac{2\varepsilon_2-\varepsilon_1-\varepsilon_3}{\varepsilon_1-\varepsilon_3}\right)$
	3 60° 2 60° 1	$\sigma_2^1=\frac{E}{3}\left[\frac{\varepsilon_1+\varepsilon_2+\varepsilon_3}{1-\nu}\pm\frac{1}{1+\nu}\sqrt{2(\varepsilon_1-\varepsilon_2)^2+2(\varepsilon_2-\varepsilon_3)^2+2(\varepsilon_3-\varepsilon_1)^2}\right]$ $\theta=\frac{1}{2}\arctan\left(\frac{\sqrt{3}(\varepsilon_2-\varepsilon_3)}{2\varepsilon_1-\varepsilon_2-\varepsilon_3}\right)$

续表

受力状态	测点布置	主应力 σ_1、σ_2 及 σ_1 和 0°轴线的夹角
平面应力		$\sigma_2^1=\frac{E}{2}\left[\frac{\varepsilon_1+\varepsilon_4}{1-\nu}\pm\frac{1}{1+\nu}\sqrt{(\varepsilon_1-\varepsilon_4)^2+\frac{4}{3}(\varepsilon_2-\varepsilon_3)^2}\right]$ $\theta=\frac{1}{2}\arctan\left[\frac{2(\varepsilon_2-\varepsilon_3)}{\sqrt{3}(\varepsilon_1-\varepsilon_4)}\right]$ 校核公式：$\varepsilon_1+3\varepsilon_4=2(\varepsilon_2+\varepsilon_3)$
		$\sigma_2^1=\frac{E}{2}\left[\frac{\varepsilon_1+\varepsilon_2+\varepsilon_3+\varepsilon_4}{2(1-\nu)}\pm\frac{1}{1+\nu}\sqrt{(\varepsilon_1-\varepsilon_3)^2+(\varepsilon_4-\varepsilon_2)^2}\right]$ $\theta=\frac{1}{2}\arctan\left[\frac{\varepsilon_2-\varepsilon_4}{\varepsilon_1-\varepsilon_3}\right]$ 校核公式：$\varepsilon_1+\varepsilon_3=\varepsilon_2+\varepsilon_4$
三向应力（主方向已知）		$\sigma_1=\frac{E}{(1+\nu)(1-2\nu)}[(1-\nu)\varepsilon_1+\nu(\varepsilon_2+\varepsilon_3)]$ $\sigma_2=\frac{E}{(1+\nu)(1-2\nu)}[(1-\nu)\varepsilon_2+\nu(\varepsilon_3+\varepsilon_1)]$ $\sigma_3=\frac{E}{(1+\nu)(1-2\nu)}[(1-\nu)\varepsilon_3+\nu(\varepsilon_1+\varepsilon_2)]$

受弯矩和轴力等作用的构件，采用平截面假定时，某一截面上的内力和应变分布如图 5-41所示。因为三个不在一条直线上的点可以唯一决定一个平面，所以只要测得构件截面上三个不在一条直线上的点处的应变值，即可求得该截面的应变分布和内力。对矩形截面的构件，常用的测点布置和由此求得的应变分布、内力计算公式见表 5-7。

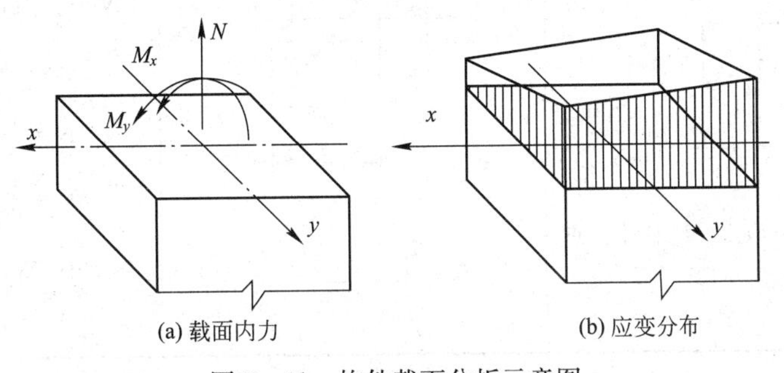

图 5-41 构件截面分析示意图

表 5-7 截面测点布置与相应的应变分布、内力计算公式

测点布置	应变分布和曲率	内力计算公式
只有轴力 N 和弯矩 M_x 两个测点（1，2）	$\varphi_x=\frac{\varepsilon_1-\varepsilon_2}{b}$	$N=\frac{1}{2}(\varepsilon_1+\varepsilon_2)Ebh$ $M_x=\frac{1}{12}(\varepsilon_1-\varepsilon_2)Eb^2h$

续表

测点布置	应变分布和曲率	内力计算公式
只有轴力 N 和弯矩 M_y 两个测点（1，2）	$\varphi_y=\frac{\varepsilon_2-\varepsilon_1}{h}$	$N=\frac{1}{2}(\varepsilon_1+\varepsilon_2)Ebh$ $M_y=\frac{1}{12}(\varepsilon_2-\varepsilon_1)Ebh^2$
只有轴力 N 和弯矩 M_x、M_y 三个测点（1，2，3）	$\varphi_x=\frac{\varepsilon_2-\varepsilon_3}{b}$ $\varphi_y=\frac{1}{h}\left(\frac{\varepsilon_2+\varepsilon_3}{2}-\varepsilon_1\right)$	$N=\frac{1}{2}\left(\varepsilon_1+\frac{\varepsilon_2+\varepsilon_3}{2}\right)Ebh$ $M_x=\frac{1}{12}(\varepsilon_2-\varepsilon_3)Eb^2h$ $M_y=\frac{1}{12}\left(\frac{\varepsilon_2+\varepsilon_3}{2}-\varepsilon_1\right)Ebh^2$
只有轴力 N 和弯矩 M_x、M_y 四个测点（1，2，3，4）	$\varphi_x=\frac{\varepsilon_3-\varepsilon_4}{b}$ $\varphi_y=\frac{\varepsilon_2-\varepsilon_1}{h}$	$N=\frac{1}{4}(\varepsilon_1+\varepsilon_2+\varepsilon_3+\varepsilon_4)Ebh$ 或 $N=\frac{1}{2}(\varepsilon_1+\varepsilon_2)Ebh$ $N=\frac{1}{2}(\varepsilon_3+\varepsilon_4)Ebh$ $M_x=\frac{1}{12}(\varepsilon_3-\varepsilon_4)Eb^2h$ $M_y=\frac{1}{12}(\varepsilon_2-\varepsilon_1)Ebh^2$

5.6.2 梁挠度和转角的计算

1. 简支梁

简支梁的挠度、挠度曲线可由位移测量结果得到，见图 5-42。

梁受力变形后，支座 1 和支座 2 也发生位移 Δ_1 和 Δ_2，从支座 1 距离 x 处的挠度 $f(x)$ 为总位移 $\Delta(x)$ 减去由于支座位移引起在 x 处的位移 Δ。由图 5-42 中的几何关系，可得 Δ 和 $f(x)$ 的计算式如下：

$$\Delta=\Delta_1-(\Delta_1-\Delta_2)x/l \tag{5-2}$$

$$f(x)=\Delta(x)-\Delta=\Delta(x)-\Delta_1+(\Delta_1-\Delta_2)x/l \tag{5-3}$$

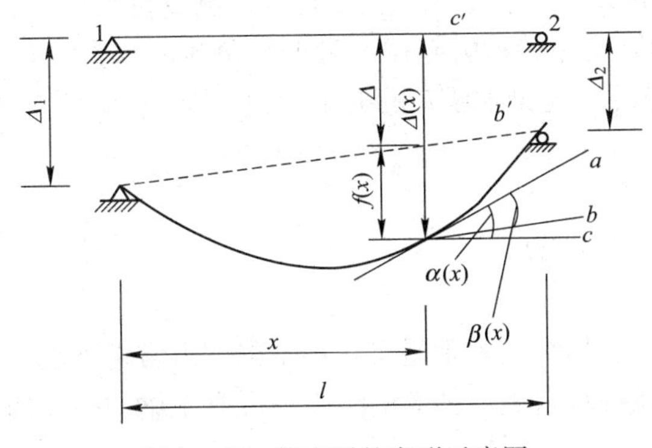

图 5-42　简支梁的变形示意图

当计算跨中挠度时，令 $x/l=1/2$，得：

$$f(x=l/2)=\Delta(l/2)-\frac{1}{2}(\Delta_1+\Delta_2) \tag{5-4}$$

式中：$\Delta(l/2)$ 为跨中位移测量结果；$f(x=l/2)$ 为跨中挠度。

梁的转角可由转角测量结果得到，如图 5-42 所示。图中，直线 c 与梁受力变形前的轴线 c' 平行，直线 b 与梁受力变形后两支座的连线 b' 平行，直线 a 为梁变形后 x 处的切线，直线 a 与直线 b 的夹角 $\beta(x)$ 为梁在 x 处的转角，直线 a 与直线 c 的夹角 $\alpha(x)$ 为转角测量结果。由图 5-42 的几何关系可得：

$$\beta(x)=\alpha(x)-\arctan\left(\frac{\Delta_1-\Delta_2}{l}\right) \tag{5-5}$$

2. 悬臂梁

悬臂梁的挠度和转角可由测量结果得到。如图 5-43 所示。梁受力变形后，支座处也有位移 Δ_1 和转角 α_1，距离支座为 x 处的挠度 $f(x)$ 为总位移 $\Delta(x)$ 减去由于支座移动引起在 x 处的位移 Δ。由图 5-43 中的几何关系，可得到 Δ 和 $f(x)$ 的计算式如下：

$$\Delta=\Delta_1+x\tan\alpha_1 \tag{5-6}$$

$$f(x)=\Delta(x)-\Delta=\Delta(x)-\Delta_1-x\tan\alpha_1 \tag{5-7}$$

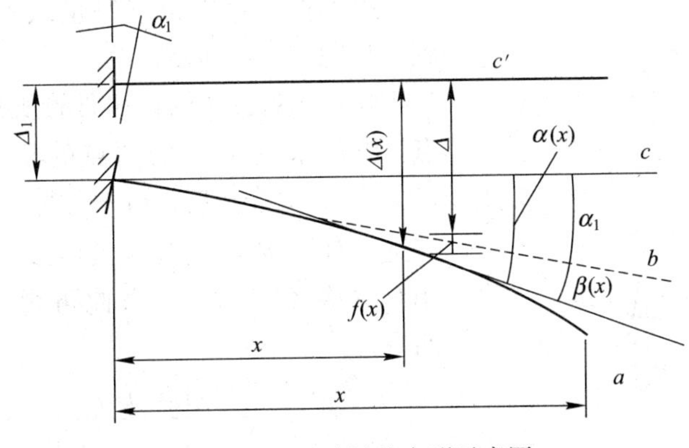

图 5-43　悬臂梁的变形示意图

梁在 x 处的转角可由图 5－43 中几何关系得到。测量得到在 x 处的总转角 $\alpha(x)$（切线 a 与梁原轴线 c' 的夹角），支座转动引起在 x 处的转角为 α_1（直线 b 与直线 c 的夹角），则梁在 x 处的转角 $\beta(x)$（切线 a 与梁轴线 b 的夹角）为：

$$\beta(x) = \alpha(x) - \alpha_1 \tag{5-8}$$

5.6.3　梁的自重挠度的计算

试验时，结构在自重和加载设备重量等作用下的变形常常不能直接测量得到，要由试验得到的荷载与变形的关系推算得到。图 5－44 为一混凝土梁的挠度修正。

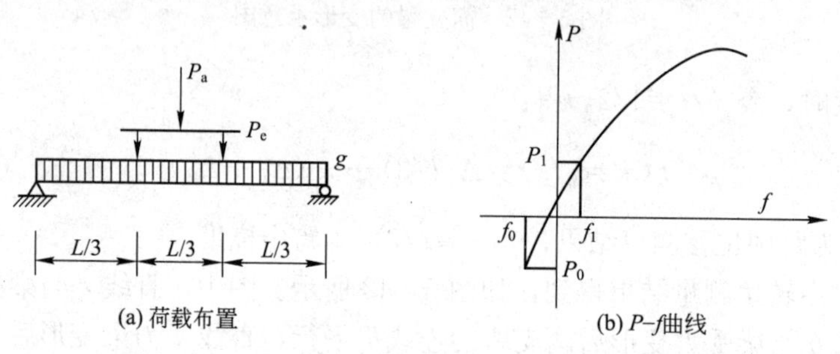

图 5－44　梁受自重和设备重的挠度修正示意图

由试验得到荷载与挠度（$P-f$）关系曲线。图中 P_a 为试验加载，P_e 为设备重，g 为梁自重，P_0 为 P_e 和 g 之和，f_0 为 P_0 作用下的挠度。从（$P-f$）曲线的初始线性段由外插计算自重和设备重量作用下的挠度：

$$f_0 = \frac{f_1}{P_1} P_0 \tag{5-9}$$

式中：P_0 应转换成与 P_a 等效的形式和大小；f_1、P_1 的取值应在初始线性段内，如开裂前。其他构件或结构的情况，可以按同样的方法处理。

5.6.4　梁弯曲曲率的计算

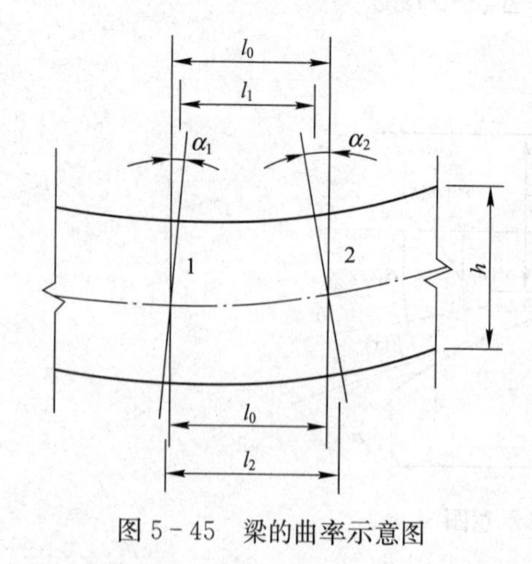

图 5－45　梁的曲率示意图

梁的曲率可由位移测量或转角测量结果计算得到，如图 5－45 所示。

位移测量方法为：在梁的顶面和底面布置位移测点，测量标距为 l_0 的两点的相对位移（l_1-l_0）和（l_2-l_0）；梁变形后，由于弯曲引起梁顶面的两个测点产生相对位移（l_1-l_0），引起梁底面的两个测点产生相对位移（l_2-l_0），由此可得在标距 l_0 内的平均曲率：

$$\varphi = \frac{(l_2-l_0) - (l_1-l_0)}{l_0 h} \tag{5-10}$$

转角测量方法为：在梁高的中间布置两个转角测

点，它们之间的距离为 l_0；梁变形后，由于弯曲引起测点处截面 1 和截面 2 产生转角 α_1 和 α_2，由此可得在标距 l_0 内的平均曲率：

$$\varphi=\frac{\alpha_1+\alpha_2}{l_0} \tag{5-11}$$

上面曲率计算中，所用位移和转角均以图 5－45 中所示的方向为正。当实际位移和转角与此相反时，应以负值代入；当得到曲率为负值时，表示弯曲方向与图示相反。

5.6.5 剪切变形的计算

结构或构件某一平面区域的剪切变形可按图 5－46 的方法测量和计算。

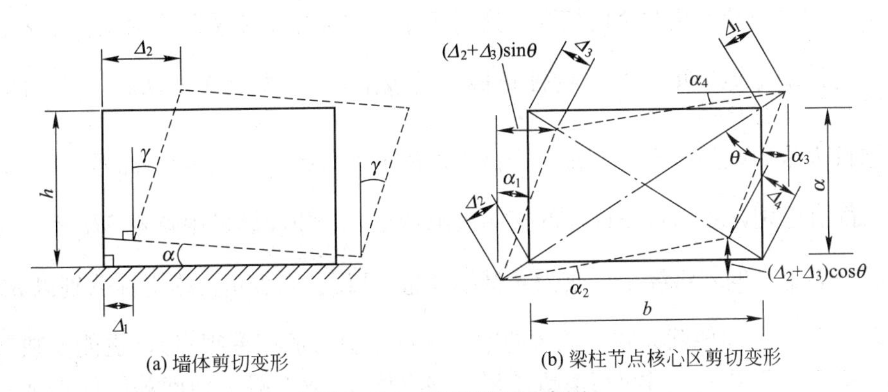

(a) 墙体剪切变形　(b) 梁柱节点核心区剪切变形

图 5－46　剪切变形示意图

图 5－46（a）为墙体的剪切变形，试验时通常把墙体的底部固定，测量墙体顶部和底部的水平位移 Δ_1 和 Δ_2 及墙体底部的转角 α，可得墙体剪切变形：

$$\gamma=\frac{\Delta_2-\Delta_1}{h}-\alpha \tag{5-12}$$

图 5－46（b）为梁柱节点核心区的剪切变形，试验时通过测量矩形区域对角测点的相对位移（$\Delta_1+\Delta_2$）和（$\Delta_3+\Delta_4$），可得到剪切变形：

$$\gamma=\alpha_1+\alpha_2=\alpha_3+\alpha_4 \tag{5-13}$$

或

$$\gamma=\frac{1}{2}(\alpha_1+\alpha_2+\alpha_3+\alpha_4)$$

由图 5－46（b）的几何关系，得：

$$\alpha_1=\frac{\Delta_2\sin\theta+\Delta_3\sin\theta}{a}=\frac{\Delta_2+\Delta_3}{a}\frac{b}{\sqrt{a^2+b^2}} \tag{5-14}$$

$$\alpha_2=\frac{\Delta_2+\Delta_4}{b}\cos\theta=\frac{\Delta_2+\Delta_4}{b}\frac{a}{\sqrt{a^2+b^2}} \tag{5-15}$$

$$\alpha_3=\frac{\Delta_1+\Delta_4}{a}\sin\theta=\frac{\Delta_1+\Delta_4}{a}\frac{b}{\sqrt{a^2+b^2}} \tag{5-16}$$

$$\alpha_4=\frac{\Delta_1+\Delta_3}{b}\cos\theta=\frac{\Delta_1+\Delta_3}{b}\frac{a}{\sqrt{a^2+b^2}} \tag{5-17}$$

把式（5-14）～式（5-17）代入式（5-13），整理得到：

$$\gamma=\frac{1}{2}\ (\Delta_1+\Delta_2+\Delta_3+\Delta_4)\ \frac{\sqrt{a^2+b^2}}{ab} \tag{5-18}$$

5.6.6 试验曲线与图表绘制

图表绘制的方法是，将在各级荷载作用下取得的读数，按一定坐标系绘制成曲线。这样，看起来一目了然，既能充分表达其内在规律，也有助于进一步用统计方法找出数学表达式。

适当选择坐标系将有助于确切地表达试验结果。直角坐标系只能表示两个变量间的关系。有时会遇到因变量不止两个的情况，这时可采用“无量纲变量”作为坐标来表达。例如为了验证钢筋混凝土矩形单筋受弯构件正截面的极限弯矩 $M_u=A_s\sigma_s\left(h_0-\frac{A_s\sigma_s}{2bf_{cu}}\right)$ 的变化规律，需要进行大量的试验研究，而每一个试件的配筋率 $\rho=\frac{A_s}{bh_0}$、混凝土标号 f_{cu}、截面形状和尺寸 bh_0 都有差别，若以每一试件的实测极限弯矩 M_u^0 和计算极限弯矩 M_u^c 逐个比较，就无法用曲线来表示。但若将纵坐标改为无量纲变量，以$\frac{M_u^0}{M_u^c}$来表示，横坐标分别以 ρ 和 f_{cu} 表示（见图 5-47），则即使截面相差较大的梁（其弯矩绝对值相差很多），也能反映其共同的变化规律。图 5-47 说明，当配筋率超过某一临界值 ρ_{cri} 或混凝土强度等级低于某一临界强度 $f_{cu,cri}$ 时，则按上述公式计算极限弯矩 M_u 将偏于不安全。

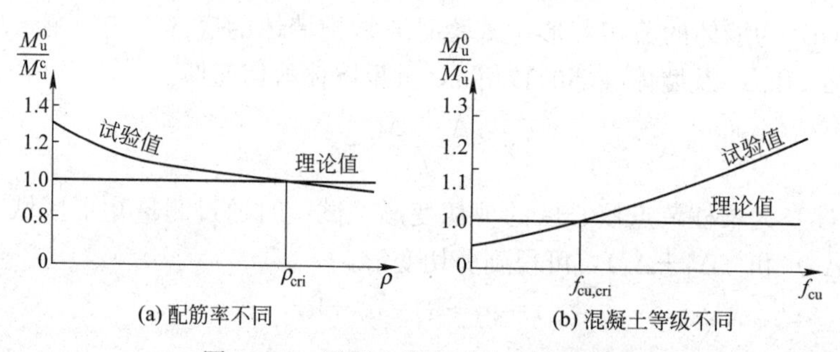

图 5-47　混凝土强度试验曲线示意图

选择试验曲线时，尽可能用比较简单的曲线形式，并应使曲线通过较多的试验点，或使曲线两边的点数相差不多。一般靠近坐标系中间的数据点可靠性更好些，两端的数据可靠性稍差些。下面对常用试验曲线的特征作简要说明。

1. 荷载—变形曲线

荷载—变形曲线有结构构件的整体变形曲线，控制节点或截面上的荷载—转角曲线、铰支座和滑动支座的荷载—侧移曲线，以及荷载—时间曲线、荷载—挠度曲线、反复荷载作用下的荷载位移滞回曲线等。这些曲线的共同特征可归纳为图 5-48 所示的特征：曲线“1”及曲线“2”的 OA 段说明结构处于弹性工作阶段；曲线“2”则表现出结构的弹性和弹塑性工作性质，这是钢筋混凝土结构试验的常见现象，即在加载过程中结构出现裂缝或局部破坏，将在变形曲线上形成转折点（A、B）；曲线“3”为非弹性变形曲线，是卸载后非弹性变形恢复过程中出现的现象，该变形不能回到坐标原点，而留有一定的残余变形。荷载变形曲线能够充分反映出结构实际工作的全过程及基本性质，在整体结构的挠度曲线以及支座侧移图中都会有相应的显示。

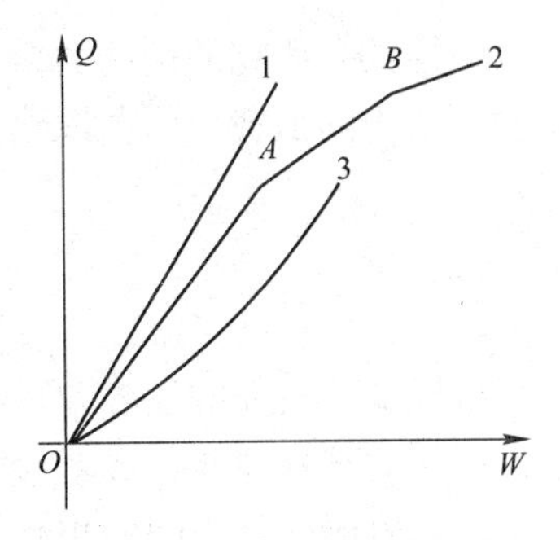

图 5-48　荷载变形曲线的基本类型示意图

变形时间曲线，则表明结构在某一恒定荷载作用下变形随时间增长的规律。变形稳定的快慢程度与结构材料及结构形式等有关，如果变形不能稳定，说明结构有问题。它可能是钢结构的局部构件达到流限，也可能是钢筋混凝土结构的钢筋发生滑动等，具体情况应做进一步分析。

2. 荷载-应变曲线

图 5-49（a）为钢筋混凝土受弯构件试验，要求测定控制截面上的内力变化及其与荷载的关系、主筋的荷载应变及箍筋应力（应变）和剪力的关系等。在绘制截面应变图时，选取控制截面，沿其高度布置测点，用一定的比例尺将某一级荷载下的各测点的应变值连接起来，即为截面应变图。对于非弹性材料，则应按材料的 $\sigma-\varepsilon$ 曲线相应查取应力值。这样通过应力关系可分别计算压区和拉区的合力值及其作用位置。

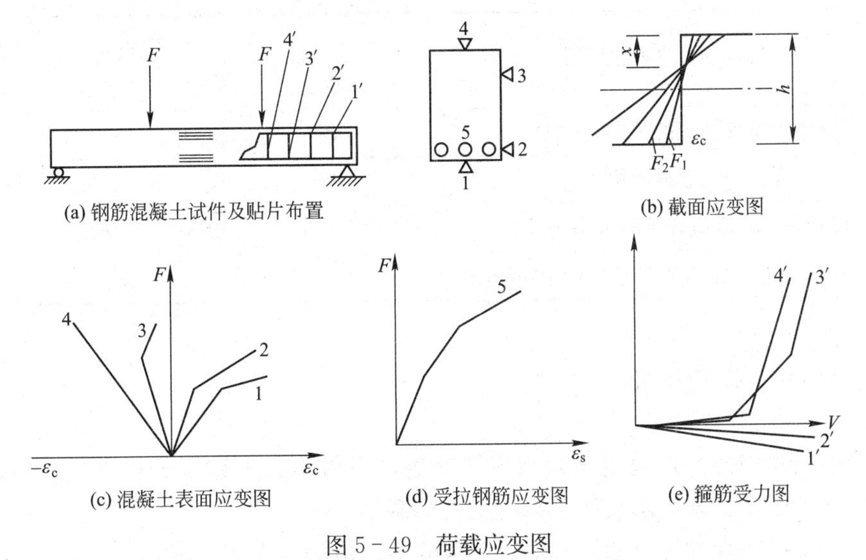

图 5-49　荷载应变图

1～4—混凝土应变测点号；1′～4′—箍筋测点号；5—钢筋应变测点号

若对某一测点描绘各级荷载下的应变图，则可以看出该点应变变化的全过程。

图 5-49 中的（b）可以确定其中和轴位置即受压区的高度 x；图 5-49（c）是跨中截面上混凝土应变与荷载关系曲线；图 5-49（d）为荷载钢筋应变曲线；图 5-49（e）是箍筋应力与剪力的关系曲线。

3. 构件裂缝及破坏特征图

试验过程中，应在构件上按裂缝开展面画出裂缝开展过程，并标注出现裂缝时的荷载等级及裂缝的走向和宽度。待试验结束后，用方格纸按比例描绘裂缝和破坏特征，必要时应照相记录。

根据试验研究的结构类型、荷载性质及变形特点等，还可绘出一些其他的特征曲线，如超静定结构的荷载反力曲线、某些特定结点上的局部挤压和滑移曲线等。

5.7 结构性能评定

根据试验研究的任务和目的的不同，试验结果的分析和评定方式也有所不同：为了探索结构内在的某种规律，或者检验某一计算理论的准确性或适用性，则需对试验结果进行综合分析，找出诸变量之间的相互关系，并与理论计算对比，总结出数据、图形或数学表达式作为试验研究的结论；为了检验某种结构构件的某项性能，应根据对其进行的试验结果，依照国家现行标准规范的要求对所进行的某项结构性能做出评定。

作为结构性能检验的预制构件主要是混凝土构件。被检验的构件必须从外观检查合格的产品中选取。其抽样率为：生产期限不超过 3 个月的构件抽样率为 1/1 000；若抽样构件的结构性能检验连续十批均合格，则抽样率可改为 1/2 000。该抽样率适用于正规预制构件厂。

结构性能检验的方法有两种：一是以结构设计规范规定的允许值做检验依据；二是以构件实际的设计值为依据进行检验。预制构件结构性能检验的项目和检验要求列于表 5 - 8。

表 5 - 8　结构性能检验要求

构件类型及要求	项目			
	承载力	挠度	抗裂	裂缝宽度
要求不出现裂缝的预应力构件	检	检	检	不检
允许出现裂缝的构件	检	检	不检	检
设计成熟、数量较少的大型构件	可不检	检	检	检
同上，并有可靠实践经验的现场大型异型构件	可免检			

5.7.1 构件的承载力检验

为了检验结构构件是否满足承载力极限状态，对做承载力检验的构件应进行破坏性试验，以判定达到极限状态标志时的承载力试验荷载值。

当按混凝土结构设计规范的允许值进行检验时，应满足下式要求：

$$\gamma_u^0 \geqslant \gamma_0 [\gamma_u] \tag{5-19}$$

或

$$S_u^0 \geqslant \gamma_0 [\gamma_u] S$$

式中：γ_u^0 为构件的承载力检验系数实测值；γ_0 为结构构件的重要性系数，按表 5 - 9 采用；$[\gamma_u]$ 为构件的承载力检验系数允许值，与构件受力状态有关，按表 5 - 10 采用。

表 5 - 9　结构重要性系数

结构安全等级	γ_0
一级	1.1
二级	1.0
三级	0.9

表 5-10　承载力检验系数允许值

受力情况	轴心受拉、偏心受拉、受弯、大偏心受压							轴心受压、小偏心受压	受弯构件的受剪	
标志编号	①			②			③	④	⑤	⑥
承载力检验标志	主筋处裂缝宽度达到 1.5 mm 或挠度达到跨度的 1/50			受压区混凝土破坏			受力主筋拉断	混凝土受压破坏	腹部斜裂缝宽度达到 1.5 mm 或斜裂缝末端混凝土剪压破坏	斜截面混凝土斜压破坏或受拉主筋端部滑脱，其他锚固破坏
	Ⅰ—Ⅲ级钢筋、冷拉Ⅰ、Ⅱ级钢筋	冷拉Ⅲ、Ⅳ级钢筋	热处理钢筋、钢丝、钢绞线	Ⅰ—Ⅲ级钢筋、冷拉Ⅰ、Ⅱ级钢筋	冷拉Ⅲ、Ⅳ级钢筋	热处理钢筋、钢丝、钢绞线				
$[\gamma_u]$	1.20	1.25	1.45	1.25	1.30	1.40	1.50	1.45	1.35	1.50

当按构件实配钢筋的承载力进行检验时，应满足下式要求

$$\gamma_u^0 \geqslant \gamma_0 \eta [\gamma_u] \tag{5-20}$$

或

$$S_u^0 \geqslant \gamma_0 \eta [\gamma_u] S$$

式中：η 为构件承载力检验修正系数，

$$\eta = \frac{R(f_c, f_s, A_s^0, \cdots)}{\gamma_0 S}$$

S 为结构构件的作用效应；$R(*)$ 为根据实配钢筋面积 A_s^0 确定的构件承载力计算值，即抗力。

结构承载力的检验荷载实测值是根据各类结构达到各自承载力检验标志时求出的。结构构件达到承载力极限状态的标志，主要取决于结构受力状况和结构构件本身的特性。

(1) 轴心受拉、偏心受拉、受弯、大偏心受压构件。当采用有明显屈服台阶的热轧钢筋时，处于正常配筋的上列构件，其极限标志通常是受拉主筋首先达到屈服，进而受拉主筋处的裂缝宽度达到 1.5 mm，或挠度达到 1/50 的跨度。对超筋受弯构件，受压区混凝土破坏早于受拉钢筋屈服，此时最大裂缝宽度小于 1.5 mm，挠度也小于 1/50 跨度，因此受压区混凝土压坏便是构件破坏的标志。在少筋的受弯构件中，则可能出现混凝土一开裂，钢筋即被拉断的情况，此时受拉主筋被拉断是构件破坏的标志。

当采用无屈服台阶的钢筋、钢丝及钢绞线配筋的构件，受拉主筋拉断或构件挠度达到跨度的 1/50 是主要的极限标志。

(2) 轴心受压或小偏心受压构件。这类构件，主要是指柱类构件，当外加荷载达到最大值时，混凝土将被压坏或被劈裂，因此混凝土受压破坏是承载能力的极限标志。

(3) 受弯构件的剪切破坏。受弯构件的受剪和偏心受压及偏心受拉构件的受剪，其极限标志是腹筋达到屈服，或斜向裂缝宽度达到 1.5 mm 或 1.5 mm 以上，沿斜截面混凝土斜压或斜拉破坏。

(4) 黏结锚固破坏。对于采用热处理钢筋、直径为 5 mm 及 5 mm 以上没有附加锚固措施的碳素钢丝、钢绞线及冷拔低碳钢丝配筋的先张法预应力混凝土结构，在构件的端部钢筋与混凝土可能产生滑移，当滑移量超过 0.2 mm 时，即认为已超过了承载力极限状态，亦即

钢筋和混凝土的黏结发生了破坏。

5.7.2 构件的挠度检验

当按混凝土结构设计规范规定的挠度允许值进行检验时，应满足下式要求

$$a_s^0 \leqslant [a_s] \tag{5-21}$$

或

$$[a_s] = \frac{M_s}{M_f(\theta-1)+M_s}[a_f]$$

$$[a_s] = \frac{Q_s}{Q(\theta-1)+Q_s}[a_f]$$

式中：a_s^0、$[a_s]$ 分别为在正常使用短期检验荷载作用下构件的短期挠度实测值和短期挠度允许值；M_s、M_f 分别为按荷载效应短期组合和长期组合计算的弯矩值；Q_s、Q 分别为荷载短期效应组合值和长期效应组合值；θ 为考虑荷载长期效应组合对挠度增大的影响系数，按现行国家规范有关条文取用；$[a_f]$ 为构件的挠度允许值，按现行国家规范有关规定采用。

当按实配钢筋确定的构件挠度值进行检验，或仅做刚度、抗裂或裂缝宽度检验的构件，应满足下式要求：

$$a_s^0 \leqslant 1.2a_s^c \text{且} \ a_s^0 \leqslant [a_s] \tag{5-22}$$

式中：a_s^c 为在正常使用的短期检验荷载作用下按实配钢筋确定的构件短期挠度计算值。

5.7.3 构件的抗裂检验

在正常使用阶段不允许出现裂缝的构件，应对其进行抗裂性检验。构件的抗裂性检验应符合下式要求：

$$\gamma_{cr}^0 \geqslant [\gamma_{cr}] \tag{5-23}$$

$$[\gamma_{cr}] = 0.95\frac{\gamma f_{tk} + \sigma_{pc}}{f_{tk}\sigma_{sc}}$$

式中：γ_{cr}^0为构件抗裂检验系数实测值，即构件的开裂荷载实测值与正常使用短期检验荷载值之比；$[\gamma_{cr}]$ 为构件的抗裂检验系数允许值；γ 为受压区混凝土塑性影响系数；σ_{sc}为荷载短期效应组合下，抗裂验算截面边缘的混凝土法向应力；σ_{pc}为检验时在抗裂验算边缘的混凝土预压应力计算值，应考虑混凝土收缩徐变造成预应力损失 σ_{15} 随时间变化的影响系数 β，$\beta=\frac{4j}{120+3j}$，j 为施加预应力后的时间，以天计；f_{tk}为检验时混凝土抗拉强度标准值。

5.7.4 构件裂缝宽度检验

对正常使用阶段允许出现裂缝的构件，应限制其裂缝宽度。构件的裂缝宽度应满足下列要求：

$$W_{s,max}^0 \leqslant [W_{max}] \tag{5-24}$$

式中：$W_{s,max}^0$为在正常使用短期检验荷载作用下受拉主筋处最大裂缝宽度的实测值；$[W_{max}]$

为构件检验的最大裂缝宽度允许值，按表 5－11 选用。

表 5－11　裂缝宽度允许值

裂缝控制等级	W_{max}的设计允许值	$[W_{max}]$
三级	0.2 0.3 0.4	0.15 0.20 0.25

5.7.5　构件结构性能评定

根据结构性能检验的要求，被检验构件应按表 5－12 所列项目和标准进行性能检验，并按下列规定进行评定。

（1）当结构性能检验的全部检验结果均符合表 5－12 规定的标准要求时，该批构件的结构性能应评为合格。

（2）当第一次构件的检验结果不能全部符合表 5－12 的标准要求但又能符合第二次检验要求时，可再抽两个试件进行检验。第二次检验时，对承载力和抗裂检验要求降低 5%；对挠度检验提高 10%；对裂缝宽度不允许再做第二次抽样。因为原规定已较松，且可能的放松值就在观察误差范围之内。

（3）对第二次抽取的第一个试件检验时，若都能满足标准要求，则可直接评为合格。若不能满足标准要求，但又能满足第二次检验指标时，则应继续对第二次抽取的另一个试件进行检验，检验结果只要满足第二次检验的要求，该批构件的结构性能仍可评为合格。

应该指出，对每一个试件均应完整地取得三项检验指标。只有三项指标均合格时，该批构件的性能才能评为合格。在任何情况下，只要出现低于第二次抽样检验指标的情况，即当评为不合格。

表 5－12　复式抽样再检的条件

检测项目	标准要求	二次抽样检验指标	相对放宽
承载力	γ_0 $[\gamma_u]$	$0.95\gamma_0$ $[\gamma_u]$	5%
挠度	$[a_s]$	1.10 $[a_s]$	10%
抗裂	$[\gamma_{cr}]$	0.95 $[\gamma_{cr}]$	5%
裂缝宽度	$[W_{max}]$		0

思　考　题

一、选择题

1. 对于混凝土结构静力试验，在达到使用状态短期试验荷载值以前，每级加载值不宜大于其荷载值的（　　）。

A. 5%　　B. 10%　　C. 20%　　D. 30%

2. 结构静力试验预载时的加载值不宜超过该试件开裂试验荷载计算值的（　　）。

A. 60%　　B. 70%　　C. 80%　　D. 90%

3. 对观测数字85.635 8和－97 450分别修约到0.01和3位有效数字，则正确的结果是（　　）。

A. 85.64和－97 400　　B. 85.63和－97 500

C. 85.6 和－97 450

4. 对于混凝土结构试验，在达到使用状态短期试验荷载值以前，每级加载值不宜大于其荷载值的20%，在接近其使用状态短期试验荷载值后，每级加载值不宜大于其荷载值的（　　）。

A. 10%　　B. 20%　　C. 30%　　D. 40%

5. 为得到梁上某截面的最大主应力及剪应力的分布规律，每个测点上要测量几个应变值?（　　）

A. 一个方向　　B. 两个方向　　C. 三个方向　　D. 六个方向

6. 轴心受压钢筋混凝土柱试验在安装时（　　）。

A. 先进行几何对中　　B. 先进行物理对中　　C. 只进行物理对中　　D. 只进行几何对中

7. 钢筋混凝土梁受拉区混凝土开裂后，下列哪种方法可以得到梁截面上内力重分布的规律?（　　）

A. 在受拉区的钢筋上布置测点　　B. 在受压区混凝土上增加测点

C. 在受拉区混凝土上增加测点　　D. 在受压区钢筋上布置测点

8. 在测定屋架的杆件内力时，如果仅希望求得屋架在承受轴力情况下的应力，则测点所在截面（　　）。

A. 可以距离节点很近　　B. 布置在节点上

C. 布置在杆件中间　　D. 与杆件位置无关

9. 结构试验时可根据结构构件在空间就位型式的不同确定其加载方案。当试验结构构件与实际工作状态相差90°时，可设计的加载方案是（　　）。

A. 正位试验　　B. 反位试验

C. 卧位试验　　D. 原位试验

10. 结构静力试验预载所用的荷载一般是分级荷载的（　　）。

A. 1～2倍　　B. 2～3倍　　C. 3～4倍　　D. 4～5倍

11. 在确定结构试验的观测项目时，应首先考虑（　　）。

A. 局部变形　　B. 整体位移　　C. 应变观测　　D. 裂缝观测

二、填空题

1. 结构静力试验前要进行加载设计，其目的是在试验中模拟结构的实际荷载情况，提出与结构的实际荷载相似的________和加载图式。

2. 结构静力试验的加载制度一般采用包括________、设计试验荷载和________共三个阶段的一次单调静力加载。

3. 对于混凝土柱与压杆试验，必要时可在试件受压端增设________，防止局部承压破坏。

4. 结构静力试验中，要求数据采集系统具有足够数量的传感器、采集通道和储存能力，当测点较多时还需要有较快的________。

5. 在进行低周反复加载试验时，当试验对象具有明确的________时，一般都以________的倍数为控制值。

6. 任何一个测点的布置都应该是有目的的，服从于________的需要，而不应错误地为了追求________而不切实际地盲目设置测点。

三、简答题

1. 结构静载试验的任务是什么? 主要内容有哪些?

2. 何为正位试验及异位（卧位和反位）试验?

3. 什么是加载图式和等效荷载? 采用等效荷载时应注意哪些问题?

4. 解释静载试验效率η_q及计算公式中各参数的物理意义?

5. 一般结构静载试验的加载程序分为几个阶段？为什么要采用分级加（卸）载？

6. 为什么每级荷载加完后应有一定的恒载时间？对不同的结构是如何规定的？

7. 测点的选择和布置的原则是什么？

8. 仪器选择应考虑哪些问题？仪器的测读应注意什么？

9. 结构构件裂缝量测分几种情况？构件开裂后测量哪些内容？

10. 在构件开裂时，标距跨越裂缝的应变片和标距不跨越裂缝的应变片在荷载—应变曲线图上有什么现象发生？

11. 钢筋混凝土构件的应变如何进行测量？

12. 柱子试验的观测项目有哪些？其试验有什么特点？

13. 屋架试验中如何分析其内力大小？

14. 结构静载试验要量测哪些数据？数据换算包括哪些内容？

15. 对图示结构布置适当的应变测点测量内力，用符号“—”表示应变片。

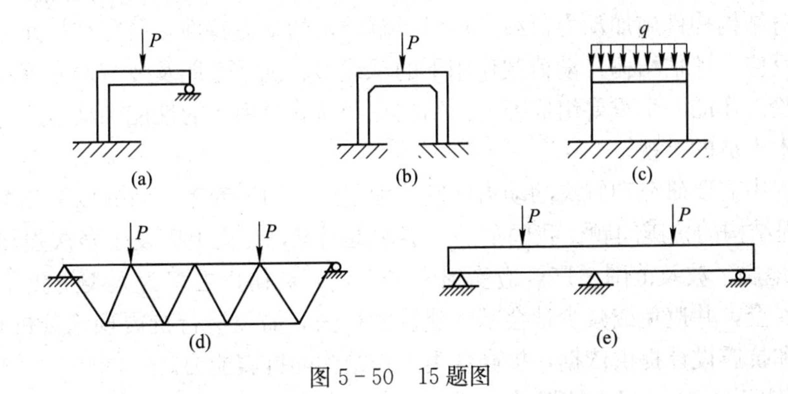

图 5-50　15 题图

第 6 章 工程结构动力试验

6.1 概 述

各种类型的工程结构，在实际使用过程中除了承受静荷载作用外，还常常承受各种动荷载作用。为了了解结构在动荷载作用下的工作性能，一般要进行结构动力试验。通过动力加荷设备直接对结构构件施加动力荷载，可以了解结构的动力特性，研究结构在一定动荷载作用下的动力反应，评估结构在动荷载作用下的承载力、抗震性能及疲劳寿命等特性。动载试验是结构试验工作的一个重要组成部分。结构在动荷载作用下的性能和动力反应问题越来越受到工程技术人员的重视。

土木工程中需要研究和解决的动力问题范围很广，归纳起来大致有以下几个方面。

(1) 工程结构的抗震问题。我国是一个多地震国家，历史上曾发生多次强烈地震。例如1976 年唐山地震，波及范围之广，遭受损失之大，人员伤亡之多为人类历史罕见。为了保障人民生命安全，并避免或减少社会基本建设的损失，需要进行抗震理论分析和试验研究，为地震设防和抗震设计提供依据，提高各类工程结构的抗震能力。

(2) 工业厂房生产过程中的振动问题。设计和建造工业厂房时要考虑生产过程中产生的振动对厂房结构或构件的影响。例如，由于大型机械设备（如锻锤、水压机、空压机、风机、发电机组等）运转产生的振动和冲击影响；由于吊车制动力所产生的厂房横向与纵向振动；多层工业厂房中则需解决由于机床上楼所造成的振动危害等问题。

(3) 高层建筑与高耸构筑物（如电视塔、输电线架空塔架、斜拉桥和悬索桥的塔架等）设计时需要解决风荷载所引起的振动问题。

(4) 桥梁设计与建设中需要考虑车辆运动对桥梁的振动、流水浮冰对桥墩的冲刷和冲击、大雨使斜拉桥的斜拉索产生雨振和索塔产生振动等问题。

(5) 近海结构物设计中需要解决海浪拍击、风暴、浮冰冲击等引起的振动问题。

(6) 国防建设中需要研究建筑物的抗爆问题，研究如何抵抗核爆炸等所产生的瞬时冲击荷载（即冲击波）对结构的影响。

动载试验与静载试验相比，具有一些特殊的规律性。首先，造成结构振动的动荷载是随时间而改变的。其次结构在动荷载的作用下的反应与结构本身动力特性有密切关系。动荷载产生的动力效应，有时远远大于相应的静力效应，甚至一个不大的一个动荷载，也可能使结构遭受严重的破坏。而在另外一些情况下，动力效应却并不比静力效应大，还可能小于相应的静力效应。

结构动力试验分为结构动力特性基本参数（如自振频率、阻尼系数、振型等）和结构动力反应的测定，结构抗震试验，结构疲劳性能试验等。概括起来，结构动载试验通常有如下几项基本内容。

(1) 结构动力特性测试。结构动力特性也称动力特性参数或振动模态参数，是反映结构本身所固有的动力性能，它包括结构的自振频率、阻尼、振型等参数。这些参数取决于结构的形式、刚度和质量的分布、材料特性及构造连接等因素，而与外荷载无关。结构的动力特性是进行结构抗震计算、解决工程共振问题及诊断结构累积损伤的基本依据。因而结构动力参数的测试是结构动载试验的最基本内容。

(2) 振源识别和动荷载特性测定。振源识别就是寻找对结构振动起主导作用且危害最大的主振源，这是振动环境治理的前提。动荷载特性测定是建筑结构进行动力分析和隔振设计所必须掌握的，直接影响到结构的动力反应。动荷载特性测定包括：测定结构动荷载的大小、方向、频率及其作用规律等。

(3) 结构动力反应测试。测定实际结构在实际工作时的振动水平（如振幅、频率）及形状，例如动力机器作用下厂房结构的振动；在移动荷载作用下桥梁的振动，地震时建筑结构的振动反应（强震观测）等。量测得到的这些资料，可以用来研究结构的工作是否正常安全，存在何种问题，薄弱环节在何处。据此对原设计及施工方案进行评价，并为保证结构正常使用提出建议。

(4) 振动台模型试验。地震对结构的作用是由于地面运动引起的一种惯性力。通过振动台对结构输入正弦波或实测地震波，可以比较准确地模拟结构的地震反应。尽管受台面尺寸和台面承载力等因素的限制，振动台模拟地震试验目前还存在一定的局限性，但这种试验对揭示结构的抗震性能和地震破坏机理仍不失为一种比较直观的研究途径。

(5) 结构构件的疲劳试验。此种试验是为了确定结构构件在多次重复荷载作用下的疲劳强度，它是在专门的疲劳试验机上进行的。

为了模拟实际的动力荷载，试验时首先应设计一个符合试验目的要求的振动系统。振动系统由激励和记录两部分组成，如图 6-1 所示。激励装置是使结构产生振动的振源，振源的振动规律可根据试验需要设计为简谐振动或随机振动。

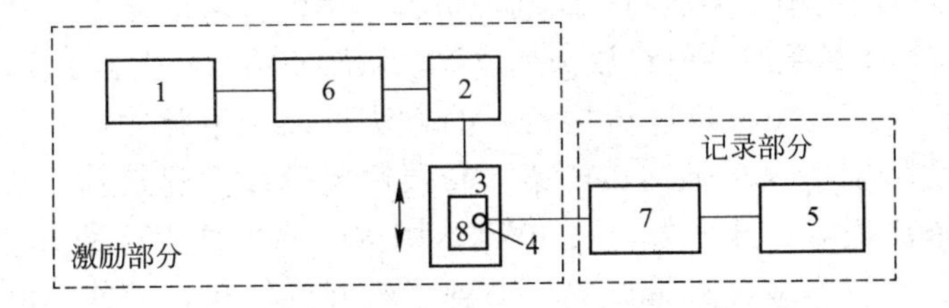

图 6-1　振动试验系统原理

1—信号源；2—激振器；3—振动台；4—拾振器；
5—记录器；6—功率放大器；7—放大器；8—模型

研究工程结构的动态变形和内力是一个十分复杂的问题，它不仅与动力荷载的性质、数量、大小、作用方式、变化规律及结构本身的动力特性有关，还与结构的组成形式、材料性质及细部构造等密切相关。在实际的工程中遇到的问题就更复杂。结构动力问题的精确计算是相当麻烦的，且有较大的出入，因而借助试验实测来确定结构动力特性及动力反应是不可缺少的手段。

6.2 工程结构动力特性试验

结构的动力特性，如自振频率、振型和阻尼系数（或阻尼比）等，是结构本身的固有参数，它们决定于结构的组成形式、刚度、质量分布、材料性质、构造连接等。对于比较简单的动力问题，一般只需量测结构的基本频率。但对于比较复杂的多自由度体系，有时还须考虑第二、第三甚至更高阶的固有频率及相应的振型。结构物的固有频率及相应的振型虽然可由结构动力学原理计算得到，但由于实际结构物的组成和材料性质不同等因素，经过简化计算得出的理论数值一般误差较大。至于阻尼系数则只能通过试验来确定。因此，采用试验手段研究各种结构物的动力特性具有重要的实际意义。

土木工程的类型各异，其结构形式也有所不同。从简单的构件如梁、柱、屋架、楼板到整体建筑物、桥梁等，其动力特性相差很大，试验方法和所用的仪器设备也不完全相同。本节将介绍一些常用的动力特性试验方法。

用试验法测定结构动力特性，首先应设法使结构起振，然后记录和分析结构受振后的振动形态，以获得结构动力特性的基本参数。早期的迫振方法主要有振动荷载法和撞击荷载法两种。地脉动对建（构）筑物引起振动的过程或地震引起建（构）筑物随机振动的过程，是近年发展起来的一种新技术，通过频谱分析即可得到所需要的动力参数。

6.2.1 自由振动法

自由振动法设法使结构产生自由振动，通过记录仪器记下有衰减的自由振动曲线，由此求出结构的基本频率和阻尼系数。

使结构产生自由振动的办法较多，通常可采用突加荷载或突卸荷载的方法。例如对有吊车的工业厂房，可以利用小车突然刹车制动，引起厂房横向自由振动。对体积较大的结构，可对结构预加初位移，试验时突然释放预加位移，从而使结构产生自由振动。

用发射反冲小火箭（又称反冲激振器）的方法可以产生脉冲荷载，也可以使结构产生自由振动。该法特别适宜于烟囱、桥梁、高层房屋等高大建筑物。近年来国内已研制出各种型号的反冲激振器，推力为10～40kN，国内一些单位用这种方法对高层房屋、烟囱、古塔、桥梁、闸门等做过大量试验，得到了较好的结果，但使用时要特别注意安全问题。

在测定桥梁的动力特性时，还可以采用载重汽车越过障碍物的办法产生一个冲击荷载，从而引起桥梁的自由振动。

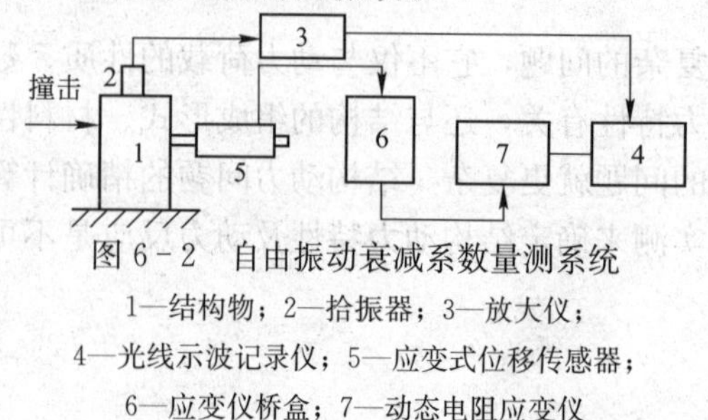

图6-2 自由振动衰减系数量测系统

1—结构物；2—拾振器；3—放大仪；
4—光线示波记录仪；5—应变式位移传感器；
6—应变仪桥盒；7—动态电阻应变仪

采用自由振动法时，拾振器一般布置在振幅较大处，要避开某些杆件的局部振动。最好在结构物纵向和横向多布置几点，以观察结构整体振动情况。自由振动衰减系数量测系统如图6-2所示。记录曲线如图6-3所示。

从实测得到的结构有阻尼自由振动时间历程曲线上，可以根据时间坐标直接测量振动波

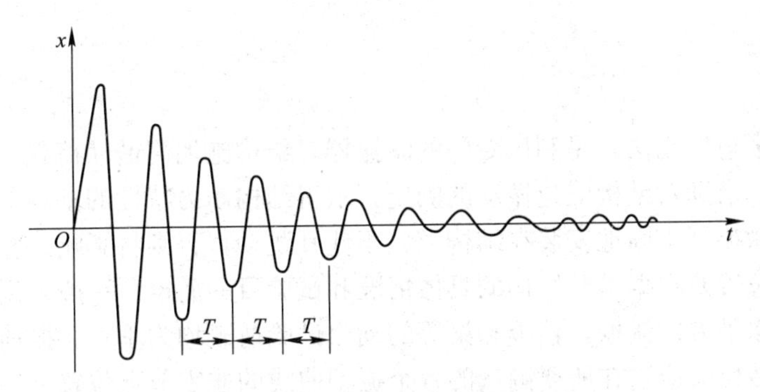

图 6－3　有阻尼自由振动波形图

形的周期，由此求得结构的基本频率 $f=\frac{1}{T}$。为了消除荷载影响，最初的第一、第二两个波一般不用。同时，为了提高准确度，可以取若干个波的总时间除以波数得出平均数作为基本周期，其倒数即为基本频率。

阻尼对振动效应会产生很大影响。结构的阻尼越大，能很快地耗散振动产生的能量，结构的振动响应就会越小。图 6－3 显示出由于阻尼的存在，自由振动时程曲线会发生衰减。阻尼越大，衰减速度就越快，甚至消失。

结构的阻尼特性用阻尼比表示。由于实测得到的结构自由振动时间曲线的波形图一般没有零线，如图 6－4 所示。这样在测量结构阻尼时比较方便，而且较为准确的是采用波形的峰到谷的幅值进行计算，而每个峰到谷之间的时间间隔应为半个周期，即 $T/2$。阻尼比 ζ 的计算公式为：

$$\zeta=\frac{1}{\pi K}\ln\frac{a_n}{a_{n+K}} \tag{6-1}$$

式中：a_n 和 a_{n+K} 分别为图 6－4 中第 n 个峰到谷的幅值和第 $n+K$ 个峰到谷的幅值。

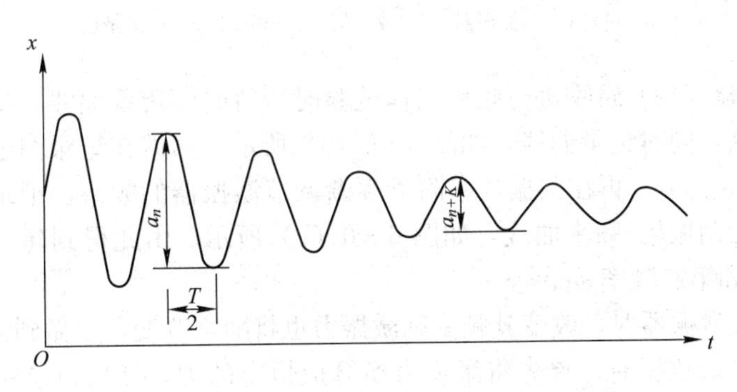

图 6－4　无零线的有阻尼自由振动波形图

自由振动法一般只能测到少数的低阶固有频率，但对某些特殊结构，只要冲击激励位置与传感器安装位置选择恰当，也可以激发出并测到较多阶的固有频率。最典型的是拉索的索力测试，将传感器安装在拉索端部不远处，并在离传感器一定距离的位置敲击，采集拉索自由振动的曲线，可以获得不错的测试效果。

6.2.2　共振法

共振法又称强迫振动法，是利用专门的激振器对结构施加简谐动荷载，使结构产生稳态的强迫简谐振动，借助对结构受迫振动的测定，求得结构动力特性的基本参数。

试验时需将激振器牢固地安装在结构上，不使其跳动，否则将影响试验结果。激振器的激振方向和安装位置要根据试验结构的具体情况和试验目的而定。一般来说，整体结构的动荷载试验都是在水平方向激振，楼板和梁等的动力试验荷载均为垂直激振荷载。激振器沿结构高度方向的安装位置应选在所要测量的各个振型曲线的非零节点位置上，因而试验前最好先对结构进行初步动力分析，做到对所测量的振型曲线形式有所估计。

激振器的频率信号由信号发生器产生，经过功率放大器放大后推动激振器激励结构振动。当激励信号的频率与结构自振频率相等时，结构发生共振，这时信号发生器的频率就是试验结构的自振频率，信号发生器的频率由频率计来监测。只要激振器的位置不落在各阶振型的节点位置上，随着频率的增高即可测得一阶、二阶、三阶及更高阶的自振频率。在理论上，结构有无限阶自振频率，但频率越高输出越小，由于受检测仪表灵敏度的限制，一般仅能测到有限阶的自振频率。另外，对结构影响较大的是前几阶，而高阶的影响较小。

其基本原理如图 6-5 所示。

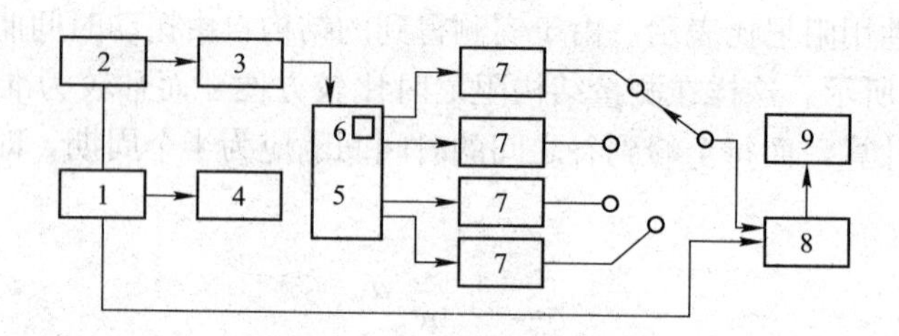

图 6-5　强迫振动测量原理

1—信号发生器；2—功率放大器；3—激振器；4—频率仪；
5—试件；6—拾振器；7—放大器；8—相位计；9—记录仪

图 6-6 是对建（构）筑物进行频率扫描试验时所得时间历程曲线。试验时，首先逐渐改变频率从低到高，同时记录曲线，如图 6-6（a）所示；然后在记录图上找到建（构）筑物共振峰值频率 ω_1、ω_2，再在共振频率附近逐渐调节激振器的频率，记录这些点的频率和相应的振幅值，绘制振幅-频率曲线，如图 6-6（b）所示。由此得到建（构）筑物的第一频率（基频）ω_1 和第二频率 ω_2。

当采用偏心式激振器时，改变其频率则激振力也将随之改变，要做到力恒定不变比较困难。因此一般在分析数据时，首先将激振力换算成恒定的力，然后再绘制曲线。换算方法为：由于激振力与激振器频率 ω 的平方成正比，因而可将振幅换算为在相同激振力作用下的振幅，即$\frac{A}{\omega^2}$，用$\frac{A}{\omega^2}$作纵坐标和 ω 作横坐标绘制共振曲线。曲线上峰值对应的频率值即为结构的固有频率。

从共振曲线上也可以得到结构的阻尼系数（见图 6-7），具体做法如下：在纵坐标最大值 x_{max} 的 0.707 倍处作一水平线与共振曲线相交于 A 和 B 两点（称为半功率点），其对应横

坐标是 ω_1 和 ω_2，则阻尼比 ζ 为：

$$\zeta=\frac{\omega_1-\omega_2}{2\omega_0} \tag{6-2}$$

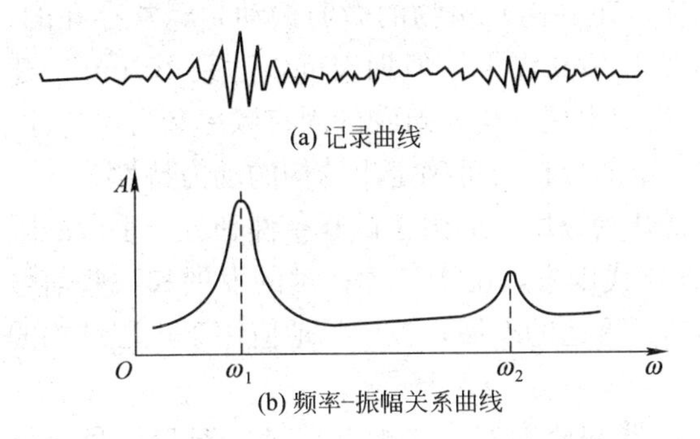

图 6－6　共振时的振动图形和共振曲线

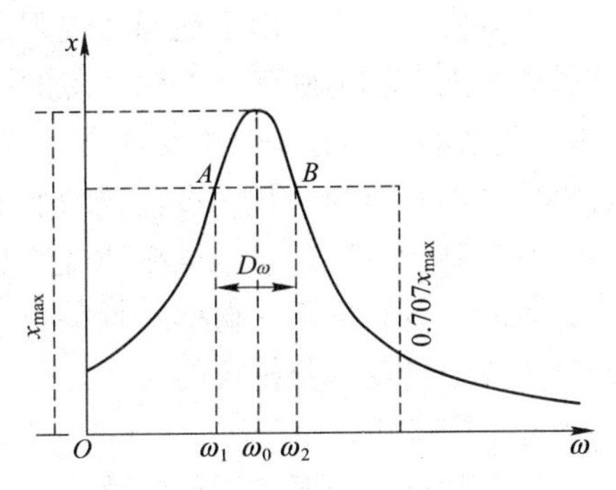

图 6－7　由共振曲线求阻尼比

用共振法测量振型时，要将若干个拾振器布置在结构的若干部位。当激振器使结构发生共振时，同时记录下结构各部位的振动图，通过比较各点的振幅和相位，即可给出该频率的振型图。图 6－8（a）为拾振器和激振器的布置，图 6－8（b）为共振时记录下的振动曲线图，图 6－8（c）为振型曲线。绘制振型曲线图时，要规定位移的正负值。在图 6－8 上规定顶层的拾振器 1 的位移为正，凡与它相位相同的为正，反之则为负。将各点的振幅按一定的比例和正负值画在图上即是振型曲线。

拾振器的布置数目及其位置由研究的目的和要求而定。测量前，可根据结构动力学原理初步分析或估计振型的大致形式，然后在控制点（变形较大的位置）布置仪器。例如，对图 6－9所示框架，在横梁和柱子的中点、四分之一处、柱端点可布置 1～6 个测点。这样便可较好地连成振型曲线。测量前，要对各通道进行相对校准，使之具有相同的灵敏度。

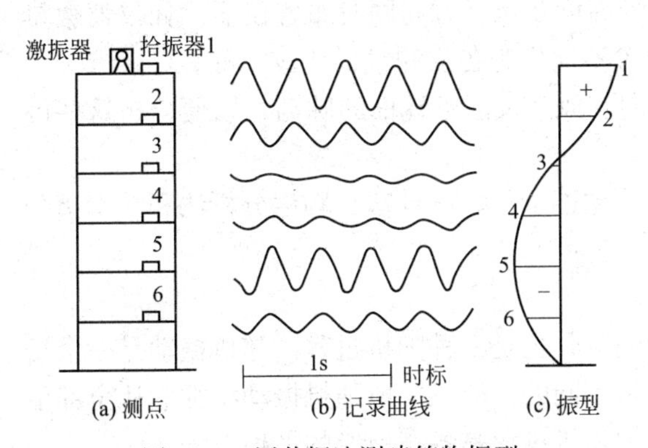

图 6－8　用共振法测建筑物振型

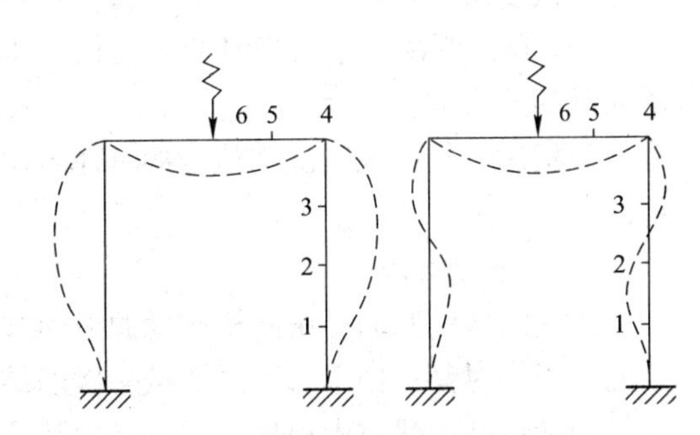

图 6－9　测框架振型时的测点布置

有时由于结构形式比较复杂，测点数超过已有拾振器数量或记录装置能容纳的点数。这时，可以逐次移动拾振器，分几次测量，但是必须有一个测点作为参考点。各次测量中位于参考点的拾振器不能移动，而且各次测量的结果都要与参考点的曲线比较相位。参考点应选在不是节点的部位。

6.2.3 脉动法

在日常生活中，由于地面不规则运动的干扰，建（构）筑物的微弱振动是经常存在的，这种微小振动称为脉动。一般房屋的脉动振幅在 10 μm 以下，但烟囱可以达到 10 mm。建（构）筑物的脉动有一个重要性质，就是明显地反映出建（构）筑物的固有频率和自振特性。若将建（构）筑物的脉动过程记录下来，经过一定的分析便可确定出结构的动力特性。

脉动测量方法，我国早在 20 世纪 50 年代就开始应用。但由于试验条件和分析手段的限制，一般只能获得第一振型及频率。20 世纪 70 年代以来，由于计算技术的发展和一些信号处理机或结构动态分析仪的应用，这一方法得到了迅速的发展，被广泛地应用于工程结构的动力分析研究中。

测量脉动信号要使用低噪声、高灵敏的拾振器和放大器，并配有记录仪器和信号分析仪。用这种方法进行实测，不需要专门的激振设备，而且不受结构形式和大小的限制。脉动法在结构微幅振动条件下所得到的固有频率比用共振法所得要偏大一些。

从分析结构动力特性的目的出发，应用脉动法时应注意下列几点。

(1) 工程结构的脉动是由于环境随机振动引起的，这就可能带来各种频率分量，为得到正确的记录，要求记录仪器有足够宽的频带，使需要的频率分量不失真。

(2) 根据脉动分析原理，脉动记录中不应有规则的干扰或仪器本身带进的杂音，因此观测时应避开机器或其他有规则的振动影响，以保持脉动记录的“纯洁”性。

(3) 为使每次记录的脉动均能反映结构物的自振特性，每次观测应持续足够长的时间并且重复几次。

(4) 为使高频分量在分析时能满足要求的精度，减小由于时间分段带来的误差，记录仪的纸带应有足够快的速度，而且可变，以适应各种刚度的结构的测量。

(5) 布置测点时应将结构视为空间体系，沿高度及水平方向同时布置仪器，如仪器数量不足可做多次测量，这时应有一台仪器保持位置不动作为各次测量的比较标准。

(6) 每次观测应记下当时的天气状况及风向、风速及附近地面的脉动，以便分析这些因素对脉动的影响。

分析建（构）筑物脉动信号的具体方法有：主谐量法、统计法、频谱分析法和功率谱分析法。

1. 模态分析法

工程结构的脉动是由随机脉动源所引起的响应，也是一种随机过程。随机振动是一个复杂的过程，对某一样本每重复测试一次的结果是不同的，所以一般随机振动特性应从全部事件的统计特性的研究中得出，并且必须认为这种随机过程是各态历经的平稳过程。

如果单个样本在全部时间上所求得的统计特性与在同一时刻对振动历程的全体所求得的统计特性相等，则称这种随机过程为各态历经的。另外由于工程结构脉动的主要特征与时间的起点选择关系不大，它在时刻 t_1 到 t_2 这一段随机振动的统计信息与 $t_1+\tau$ 到 $t_2+\tau$ 这一段的统计信息是相关的，并且差别不大，即具有相同的统计特性，因此，工程结构脉动又是一种平稳随机过程。实践证明，对于这样一种各态历经的平稳随机过程，只要我们有足够长的记录时间，就可以用单个样本函数来描述随机过程的所有特性。

与一般振动问题相类似，随机振动问题也要讨论系统的输入（激励）、输出（响应）及系统的动态特性三者之间的关系。假设 $x(t)$ 是脉动源为输入的振动过程，结构本身称之为系统，当脉动源作用于系统后，结构在外界激励下就产生响应，即结构的脉动反应 $y(t)$，称为输出的振动过程，这时系统的响应输出必然反映了结构的特性。图 6－10 反映了输入、系统与输出三者的关系。

图 6－10　输入、系统与输出的关系

在随机振动中，由于振动时间历程是明显的非周期函数，用傅立叶积分的方法可知这种振动有连续的各种频率成分，且每种频率有它对应的功率或能量，把它们的关系用曲线表示，称为功率在频率域内的函数，简称功率谱密度函数。

在平稳随机过程中，功率谱密度函数给出了某一过程的“功率”在频率域上的分布方式，可用它来识别该过程中各种频率成分能量的强弱，以及对于动态结构的响应效果。所以功率谱密度是描述随机振动的一个重要参数，也是在随机荷载作用下结构设计的一个重要依据。

在各态历经平稳随机过程的假定下，脉动源的功率谱密度函数 $S_x(\omega)$ 与结构反应功率谱密度函数 $S_y(\omega)$ 之间存在以下关系：

$$S_y(\omega)=|H(j\omega)|^2\cdot S_x(\omega) \tag{6-3}$$

式中：$H(j\omega)$ 称为“传递函数”；ω 为“圆频率”（Hz）。

由随机振动理论可知：

$$H(j\omega)=\frac{1}{\omega_0^2\left[1-\left(\frac{\omega}{\omega_0}\right)^2+2j\zeta\left(\frac{\omega}{\omega_0}\right)\right]} \tag{6-4}$$

由以上关系可知，当已知输入、输出时，即可得到传递函数。

在测试工作中，通过测振传感器测量地面自由场的脉动源 $x(t)$ 和结构反应的脉动信号 $y(t)$，将这些符合平稳随机过程的样本由专用信号处理机（频谱分析仪）通过使用具有传递函数功率谱程序进行计算处理，即可得到结构的动力特性—频率、振幅、相位等。运算结果可以在处理机上直接显示，也可用 $X—Y$ 记录仪将结果绘制出来。图 6－11 是利用专用计算机把时程曲线经过傅立叶变换，由数据处理结果得到的频谱图。在频谱曲线上用峰值法很容易定出各阶频率。在结构固有频率处必然会出现突出的峰值，一般在基频处非常突出，而在第二、第三频率处也有较明显的峰值。

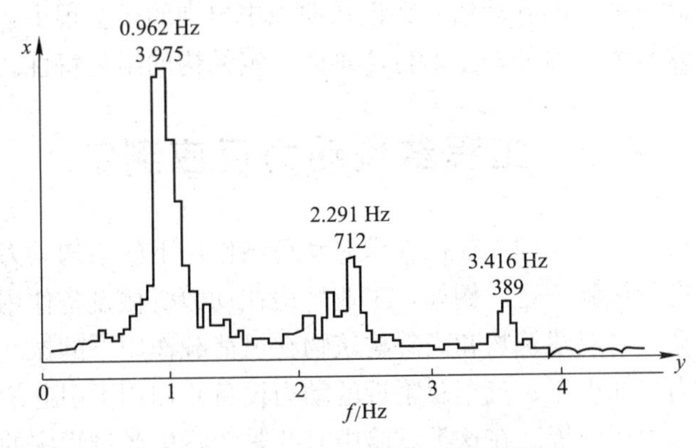

图 6－11　经数据处理得到的频谱图

2. 主谐量法

利用模态分析法可以由功率谱得到工程结构的自振频率。如果输入功率谱是已知的，还可以得到高阶频率、振型和阻尼，但用上述方法研究工程结构动力特性参数需要专门的频谱分析设备及专用程序。

在实践中人们从记录得到的脉动信号图中可以明显地发现它反映出的结构的某种频率特性。由环境随机振动法的基本原理可知，既然工程结构的基频谐量是脉动信号中最主要的成分，那么在记录里就应有所反映。事实上在脉动记录里常常出现酷似“拍”的现象，在波形光滑之处“拍”的现象最显著，振幅最大。凡有这种现象之处，振动周期大多相同。这一周期往往就是结构的基本周期，如图 6-12 所示。

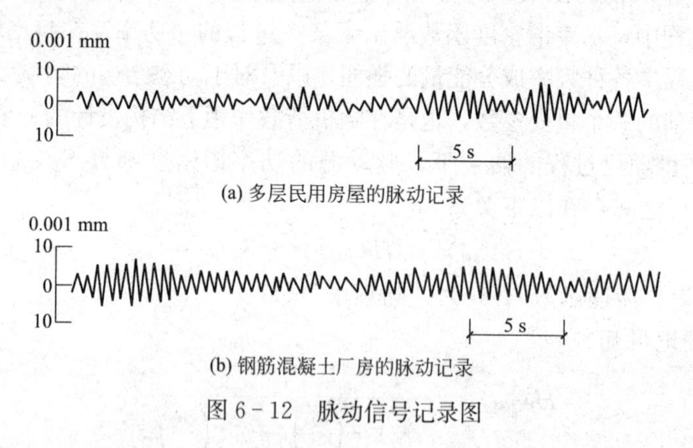

(a) 多层民用房屋的脉动记录

(b) 钢筋混凝土厂房的脉动记录

图 6-12　脉动信号记录图

在结构脉动记录中出现这种现象是不难理解的，因为地面脉动是一种随机现象。它的频率是多种多样的。当这些信号输入到具有滤波器作用的结构时，由于结构本身的动力特性，使得远离结构自振频率的信号被抑制，而与结构自振频率接近的信号则被放大。这些被放大的信号恰恰揭示了结构的动力特性。

在出现“拍”的瞬时，可以理解为在此刻结构的基频谐量处于最大，其他谐量处于最小，因此表现有结构基本振型的性质。利用脉动记录读出该时刻同一瞬间各点的振幅，即可以确定结构的基本振型。

对于一般工程结构，用环境随机振动法确定基频与主振型比较方便，有时也能测出第二频率及相应振型，但高阶振动的脉动信号在记录曲线中出现的机会很少，振幅也小，这样测得的结构动力特性误差较大。另外，主谐量法难以确定结构的阻尼特性。

6.3　工程结构动力反应测定

生产和科研中提出的一些问题，往往要求对动荷载作用下的结构动力反应（动应变、动挠度和动力系数等）进行试验测定。例如，工业厂房在动力机械设备作用下的振动；桥梁在列车通过时引起的振动；高层建筑物和高耸构筑物在风荷载作用下的振动；有防震要求的设备及厂房在外界干扰力（如火车、汽车及附近的动力设备）作用下引起的振动；结构在地震作用或爆炸作用下的动力反应等。在这类试验中有些是实际生产过程中的动荷载，也有的是用专门设备产生的模拟动荷载。

6.3.1 动应变测定

由于动应变是一个随时间而变化的函数，对其进行测量时，也要把各种仪器组成测量系统，如图 6-13 所示。应变传感器感应的应变通过测量桥路和动态应变仪的转换、放大、滤波后送入各种记录仪进行记录。最后将记录到的动应变随时间的变化过程送入频谱分析仪或数据处理机中进行数据处理和分析。

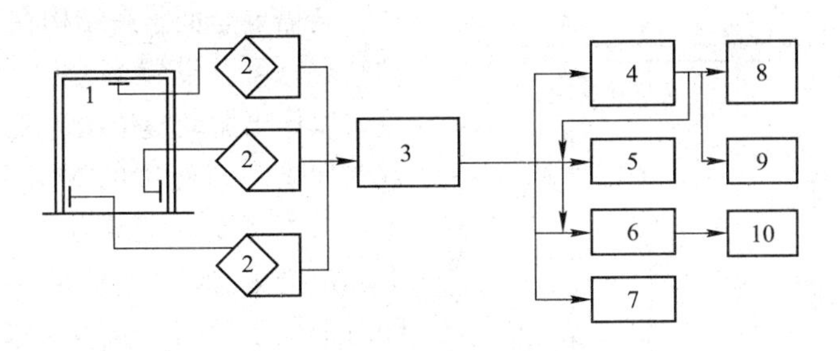

图 6-13 动应变测量系统

1—应变传感器；2—测量桥；3—动态应变仪；4—磁带记录仪；5—光线示波器；6—电子示波器；7—录笔仪；8—频谱分析仪；9—数据处理计算机；10—照相机

测定动应变时，要选用有足够疲劳寿命的应变片，纸基片和丝绕片则不宜使用。对于高频应变测量，为了获得较高的动态响应，应选用小标距应变片。连接应变片的导线应捆扎成束，牢固定位，否则导线之间或导线与大地之间分布电容的变动将引起较大的测量误差，仪器的工作频率范围必须大于被测动应变信号的频率，否则将会引起非线性失真。

图 6-14 为结构动应变随时间而变化的时程曲线。ε_1、ε_2、ε_3 和 ε_4 是利用动态应变仪内标定装置标定的应变标准值，或称"标准应变 ε_0"。其值取测量前、后两次标定值的平均值，即取：

$$\varepsilon_{01}=\frac{\varepsilon_1+\varepsilon_3}{2} \text{或} \varepsilon_{02}=\frac{\varepsilon_2+\varepsilon_4}{2} \tag{6-5}$$

则曲线上任一时刻的实际应变 ε_i 可近似按线性关系推出：

$$\left.\begin{aligned}\varepsilon_{1i}=c_1h_{1i}=\frac{2\varepsilon_{01}}{H_1+H_3}h_{1i}\\ \varepsilon_{2i}=c_2h_{2i}=\frac{2\varepsilon_{02}}{H_2+H_4}h_{2i}\end{aligned}\right\} \tag{6-6}$$

式中：ε_{01}、ε_{02}分别为正应变和负应变标准值；c_1、c_2分别为正应变和负应变的标定常数。动应变测定后，即可根据结构力学知识求得结构的动应力和动内力。

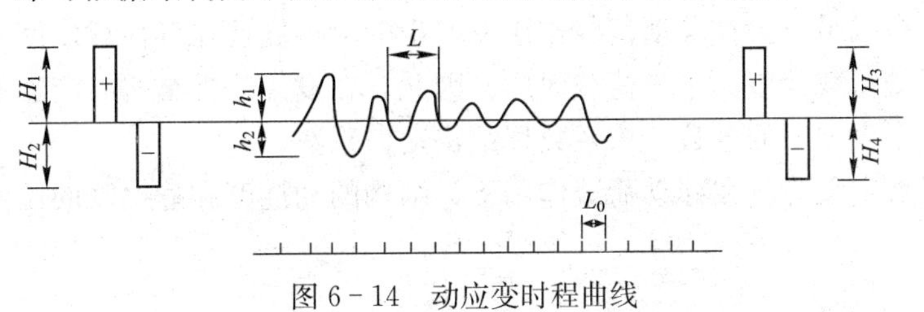

图 6-14 动应变时程曲线

动应变的频率可直接在图上确定，或利用时间标志和应变频率的波长来确定，即：

$$f=\frac{L_0}{L}f_0 \tag{6-7}$$

式中：L_0、f_0 分别为时间标志的波长和频率；L、f 分别为应变的波长和频率。

6.3.2 动位移测定

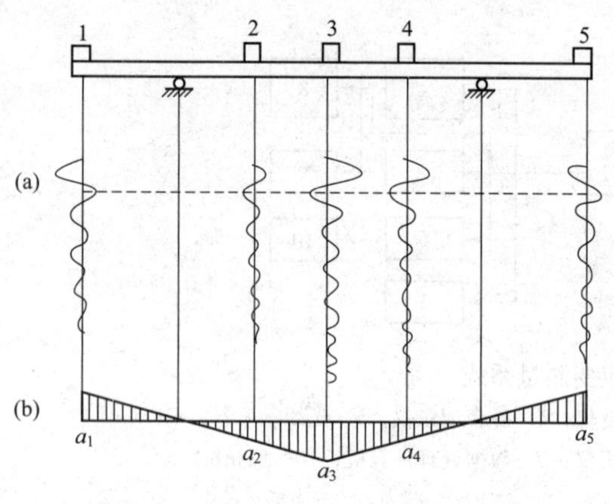

图 6-15 双外伸梁的振动变位图

若需要全面了解结构在动荷载作用下的振动状态，可以设置多个测点进行动态变位测量，以作出振动变位图。图 6-15 给出了一根双外伸梁动态变位的测量示意图。具体方法是：沿梁跨度选定测点 1～5，在选定的测点上固定拾振器，并与测量系统连接，用记录仪同时记录下这五个测点的振动位移时程曲线（见图 6-15（a）），根据同一时刻的相位关系确定变位的正负号，如图中 2、3、4 点的振动位移的峰值在基线的左侧，而 1、5 点的峰值在基线的右侧。若定义在基线左侧为正，右侧为负，并根据记录位移的大小按一定比例画在图上，连接各点位移值即得到在动荷载作用下的变位图（见图 6-15（b））。

应该指出，这种测量与分析方法虽与前面所述的确定振型的方法类似，但结构的振动变位与振型有原则区别。振型是按结构的固有频率振动，此时，由惯性力引起的弹性变形曲线，与外荷载无关，属于结构本身的动力特性。而结构的振动变位却是结构在特定荷载下的变形曲线。一般来说，它并不与结构的某一振型相一致。

构件的动应力和动内力也可以通过位移测定来间接推算。如在本例中，测得了振动变位图即可按结构力学理论近似地确定结构由于动荷载所产生的内力。设振动弹性变形曲线方程为：

$$y=f(x) \tag{6-8}$$

则有：

弯矩：
$$M=EIy'' \tag{6-9}$$

剪力：
$$V=EIy''' \tag{6-10}$$

6.3.3 动力系数测定

实践证明，桥或吊车梁在移动荷载作用下产生的动挠度比在静荷载作用下的挠度大，即在相同的荷载下动荷载效应大于静荷载效应。因此，在设计这类结构时应加大抗力。其简便的办法是乘以一个大于 1 的系数，该系数称结构动力系数。

结构动力系数定义为：在移动荷载作用下，结构的动挠度和静挠度的比值 μ，即：

$$\mu=\frac{y_d}{y_s} \tag{6-11}$$

式中：y_d、y_s 分别为结构的动挠度和静挠度。

结构动力系数一般用试验方法实测确定。试验时，先用移动荷载以最慢的速度驶过结构，测定其挠度认为是静挠度，测得挠度图如图 6－16（a）所示。再使移动荷载以某种速度驶过，这时结构产生的最大挠度（实际测试时要采用各种不同速度驶过，找出产生的最大挠度）即认为是动挠度，如图 6－16（b）所示。实测吊车梁的静挠度和动挠度如图 6－16（d）所示。吊车一般都是在有轨的吊车梁上移动，而汽车就不可能使两次行驶的路线完全相同，有时因生产工艺要求也不可能用慢速行驶测取最大静挠度，这时可采用一次以高速通过的办法来测定，其所得曲线如图 6－16（c）所示。

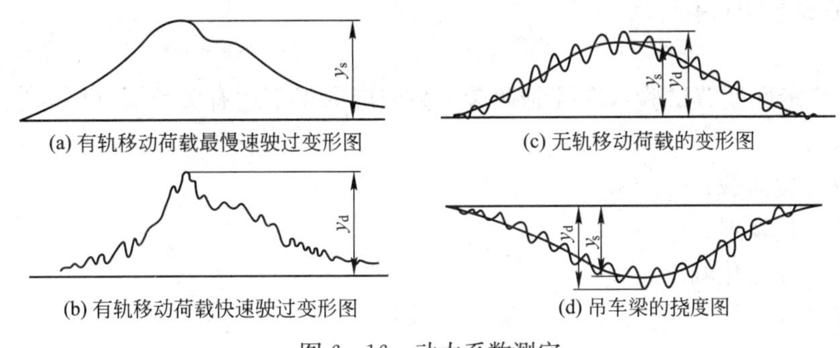

图 6－16　动力系数测定

6.4　工程结构疲劳试验

6.4.1　概述

工程结构中存在着许多疲劳现象，如桥梁、吊车梁、直接承受悬挂吊车作用的屋架和其他主要承受重复荷载作用的构件等。其特点都是受重复荷载作用。这些结构物或构件在重复荷载作用下达到破坏时的强度比其静力强度要低得多，这种现象称为“疲劳”。结构疲劳试验的目的就是要了解在重复荷载作用下结构的性能及其变化规律。

疲劳问题涉及的范围比较广，对某一种结构物而言，它包含材料的疲劳和结构构件的疲劳。如钢筋混凝土结构中有钢筋的疲劳、混凝土的疲劳和组成构件的疲劳等。目前疲劳理论研究工作正在不断发展，疲劳试验也因目的和要求的不同而采取不同的方法。这方面国内外试验研究资料很多，但目前尚无标准化的统一试验方法。

近年来，国内外对结构构件，特别是钢筋混凝土构件疲劳性能的研究比较重视，其原因在于：

（1）普遍采用极限强度设计和高强材料，以至于许多结构构件处于高应力状态下工作；

（2）正在扩大钢筋混凝土构件在各种重复荷载作用下的应用范围，如吊车梁、桥梁、轨枕、海洋石油平台、压力机架、压力容器等；

（3）使用荷载作用下，采用允许截面受拉开裂设计；

（4）为使重复荷载作用下构件具有良好的使用性能，改进设计方法，防止重复荷载导致

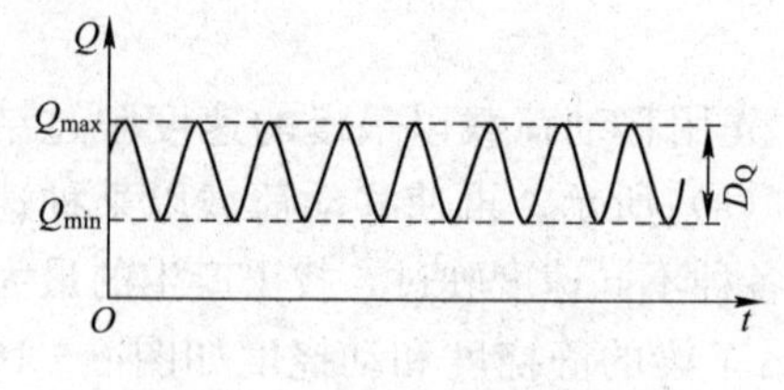

图 6-17　疲劳试验荷载简图

过大的垂直裂缝和提前出现斜裂缝。

疲劳试验一般均在专门的疲劳试验机上进行。例如结构构件大部分采用脉冲千斤顶施加重复荷载，也有采用偏心轮式振动设备。目前，国内对疲劳试验大多采取对构件施加等幅匀速脉动荷载，借以模拟结构构件在使用阶段不断反复加载和卸载的受力状态。其作用如图 6-17 所示。下面以钢筋混凝土结构为例介绍疲劳试验的主要内容和方法。

6.4.2　疲劳试验项目

(1) 对于鉴定性疲劳试验，在控制疲劳次数内应取得下述有关数据（同时应满足现行设计规范的要求）：

抗裂性及开裂荷载；

裂缝宽度及其发展；

最大挠度及其变化幅度；

疲劳强度。

(2) 对于科研性的疲劳试验，按研究目的和要求而定。如果是正截面的疲劳性能，一般应包括：

各阶段截面应力分布状况，中和轴变化规律；

抗裂性及开裂荷载；

裂缝宽度、长度、间距及其发展；

最大挠度及其变化规律；

疲劳强度的确定；

破坏特征分析。

6.4.3　疲劳试验荷载

(1) 疲劳试验荷载取值。疲劳试验的上限荷载 Q_{max} 是根据构件在最大标准荷载最不利组合下产生的弯矩计算而得，荷载下限 Q_{min} 是根据疲劳试验设备的要求而定。如 AMSLER 脉冲试验机取用的最小荷载不得小于脉冲千斤顶最大动负荷的 3%。

(2) 疲劳试验频率。疲劳试验荷载在单位时间内重复作用次数即为荷载频率，它会影响材料的塑性变形和徐变，另外频率过高时对疲劳试验附属设施带来的问题也较多。目前，国内外尚无统一的频率规定，主要依据疲劳试验机的性能而定。

荷载频率不应使构件及荷载架发生共振。同时，应使构件在试验时与实际工作时的受力状态一致。为此，荷载频率 θ 与构件固有频率 ω 之比应满足条件：

$$\frac{\theta}{\omega}<0.5 \quad 或 \quad \frac{\theta}{\omega}>1.3 \tag{6-12}$$

(3) 疲劳试验的控制次数。构件经受下列控制次数的疲劳荷载作用后，抗裂性（即裂缝宽度）、刚度和强度必须满足现行规范中有关的规定。

中级工作制吊车梁：$n=2\times10^{6}$ 次；

重级工作制吊车梁：$n=4\times10^{6}$ 次。

6.4.4 疲劳试验的步骤

构件疲劳试验的过程，可归纳为以下几个步骤。

(1) 疲劳试验前预加静载试验。对构件施加不大于上限荷载20%的预加静载1～2次，消除松动及接触不良，压牢构件并使仪表运转正常。

(2) 正式疲劳试验。分为如下三步：

第一步先做疲劳前的静载试验，其目的主要是对比构件经受反复荷载后受力性能有何变化。荷载分级加到疲劳上限荷载。每级荷载可取上限荷载的20%，临近开裂荷载时应适当加密，第一条裂缝出现后仍以20%的荷载施加，每级荷载加完后停歇10～15 min，记取读数，加满后分两次或一次卸载，也可采取等变形加载方法。

第二步进行疲劳试验，首先调节疲劳机上下限荷载，待示值稳定后读取第一次动载读数，以后每隔一定次数（如30万～50万次）读取数据。根据要求可在疲劳过程中进行静载试验（方法同第一步），完毕后重新启动疲劳机继续进行疲劳试验。

第三步做破坏试验。达到所要求的疲劳次数后进行破坏试验时有两种情况。一种是继续施加疲劳荷载直至破坏，得出承受荷载的次数；另一种是做静载破坏试验，方法同第一步，荷载分级可以加大。疲劳试验的步骤可用图6-18表示。

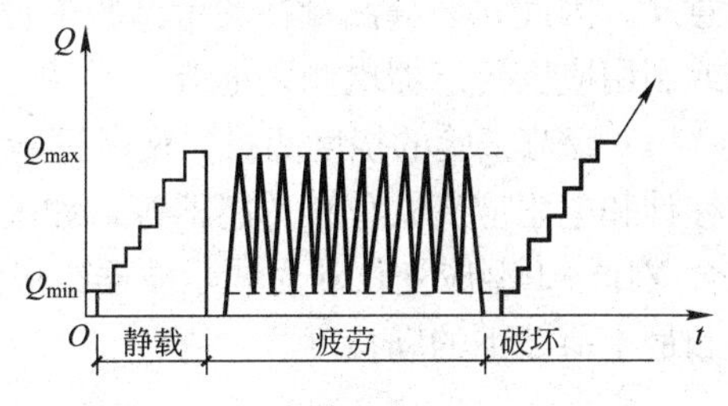

图6-18 疲劳试验步骤示意图

应该注意，不是所有疲劳试验都采取相同的试验步骤，随着试验目的和要求的不同，可有多种多样，如带裂缝的疲劳试验，静载可不分级缓慢地加到第一条可见裂缝出现为止，然后开始疲劳试验，如图6-19所示。还有在疲劳试验过程中变更荷载上限，如图6-20所示。提高疲劳荷载的上限，可以在达到要求疲劳次数之前，也可在达到要求疲劳次数之后。

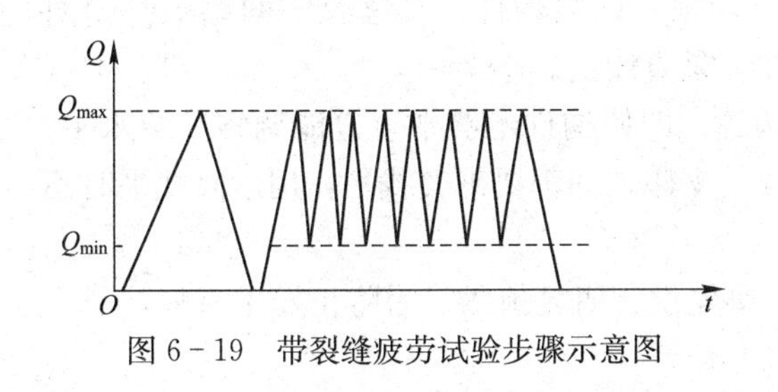

图6-19 带裂缝疲劳试验步骤示意图

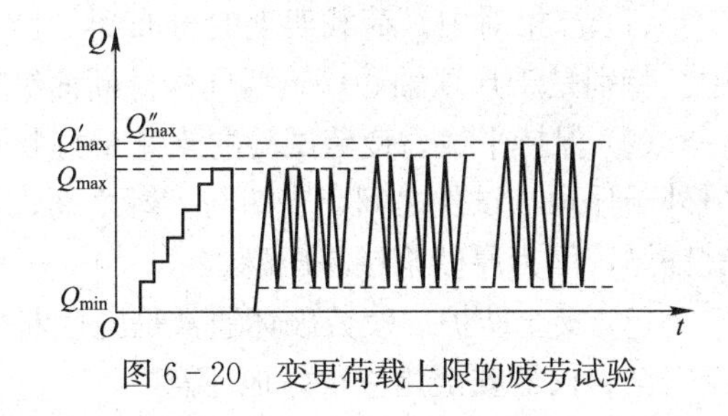

图6-20 变更荷载上限的疲劳试验

6.4.5 疲劳试验的观测

(1) 疲劳强度测量。构件所能承受疲劳荷载作用次数 n，取决于最大应力值 σ_{max}（或最

大荷载 Q_{max}）及应力变化幅度 ρ（或荷载变化幅度）。试验应按设计要求取最大应力值 σ_{max} 和疲劳应力比值 $\rho=\sigma_{min}/\sigma_{max}$ 进行。依据此条件进行疲劳试验，在控制疲劳次数内，构件的强度、刚度、抗裂性应满足现行规范要求。

当进行科研性疲劳试验时，构件是以疲劳极限强度和疲劳极限荷载作为最大的疲劳承载能力。构件达到疲劳破坏时的荷载上限值为疲劳极限荷载。构件达到疲劳破坏时的应力最大值为疲劳极限强度。为了得到给定 ρ 值条件下的疲劳极限强度和疲劳极限荷载，一般采取的办法是：根据构件实际承载能力，取定最大应力值 σ_{max}，做疲劳试验，求得疲劳破坏时荷载作用次数 n，从 σ_{max} 与 n 双对数直线关系中求得控制疲劳次数下的疲劳极限强度，作为标准疲劳极限强度。它的统计值作为设计验算时疲劳强度取值的基本依据。

疲劳破坏的标志应根据相应规范的要求而定，对科研性的疲劳试验有时为了分析和研究破坏的全过程及其特征，往往将破坏阶段延长至构件完全丧失承载能力。

(2) 疲劳试验的应变测量。一般采用电阻应变片测量动应变，测点布置依试验具体要求而定。测试方法有以下两种：一是用动态电阻应变仪和记录器（如光线示波器）组成测量系统，这种方法的缺点是测点数量少；二是用静动态电阻应变仪（如 YJD 型）和阴极射线示波器或光线示波器组成测量系统，这种方法简便且具有一定的精度，可多点测量。

(3) 疲劳试验的裂缝测量。由于裂缝的开始出现和微裂缝的宽度对构件安全使用具有重要意义。因此，裂缝测量在疲劳试验中也是重要的内容，测量裂缝的方法可利用光学仪器目测或利用应变传感器电测裂缝等。

(4) 疲劳试验的挠度测量。疲劳试验中动挠度测量可采用接触式测振仪、差动变压器式位移计和电阻应变式位移传感器等，如国产 CW－20 型差动变压器式位移计（量程20 mm），配合 YJD－1 型应变仪和光线示波器组成测量系统，可进行多点测量，并能直接读出最大荷载和最小荷载下的动挠度。

6.4.6 疲劳试验试件的安装

构件的疲劳试验不同于静载试验，它连续进行的时间长，试验过程振动大，因此构件的安装就位及相配合的安全措施均须认真对待，否则将会产生严重的后果。

(1) 严格对中。荷载架上的分布梁、脉冲千斤顶、试验构件、支座及中间垫板都要对中。特别是千斤顶轴心一定要同构件断面纵轴在一条直线上。

(2) 保持平稳。疲劳试验的支座最好是可调的，即使构件不够平直也能调整安装水平。另外千斤顶与试件之间、支座与支墩之间、构件与支座之间都要确实找平，用砂浆找平时不宜铺厚，因为厚砂浆层易压酥。

(3) 安全防护。疲劳破坏通常是脆性断裂，事先没有明显预兆。为防止发生事故，对人身安全、仪器安全均应很好地注意。

现行的疲劳试验都是采取试验室等幅疲劳试验方法，即疲劳强度是以一定的最小值和最大值重复荷载试验结果而确定。实际上结构构件是承受变化的重复荷载作用，随着测试技术的不断进步，等幅疲劳试验将被符合实际情况的变幅疲劳试验代替。

另外，疲劳试验结果的离散性是众所周知的。即使在同一应力水平下的许多相同试件，它们的疲劳强度也有显著的变异。因此，对于试验结果的处理，大都是采用数理统计的方法进行分析。

各国结构设计规范对构件在多次重复荷载作用下的疲劳设计都是提出原则要求，而无详细的计算方法，有些国家则在有关文件中加以补充规定。目前，我国正在积极开展结构疲劳的研究工作，结构疲劳试验的试验技术、试验方法也在相应的迅速发展中。

［**例 6-1**］ 重庆跨座式轻轨 22 m 曲线 PC 轨道梁疲劳试验。

(1) 试验对象概况。

本试验采用的 PC 轨道梁标准跨长 22 m，线路中心平曲线半径 $R=100$ m，梁体采用箱形截面，梁高 1.50 m，宽度 0.85 m。梁体混凝土设计强度等级 C60；预应力钢筋用符合 ASTMA-406 标准的 270 级钢绞线 5-7ϕ5，标准强度 1 860 MPa；锚具采用 YM15-5，支座采用承拉铸钢支座。

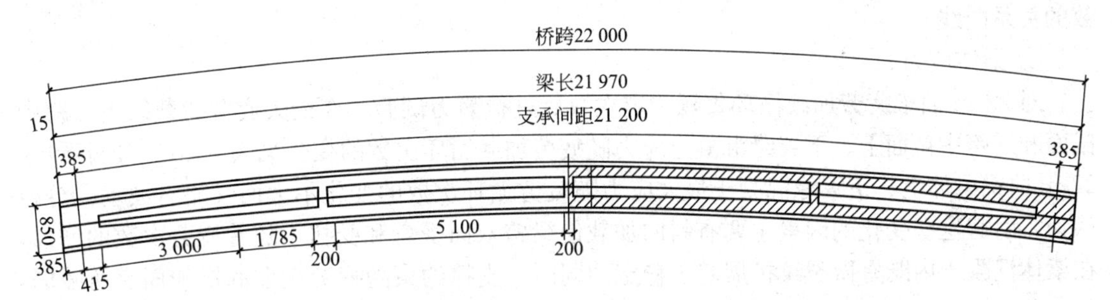

图 6-21　22 m 曲梁设计构造图（单位：mm）

(2) 试验内容。

① 在疲劳试验加载前，首先对结构自振频率、阻尼系数、振型等进行测试。

② 试验 50 万次、100 万次、200 万次和 300 万次后，分别暂停疲劳试验，进行梁体自振特性包括结构自振频率、阻尼系数等测试。

③ 静载试验时，量测梁体挠曲变化、内力变化、转角及支座内力变化情况，观察梁体混凝土是否开裂。

④ 在疲劳试验完毕时，增加结构振型测试。

(3) 试验加载设备。

① 试验台座及加力架。宽度 $B=1$ 500 mm，长度 $L=12$ 000 mm，高度 $H=4$ 500 mm，抗拔力 1 000 kN/m。

② P960 型 100/50t 脉冲试验机。行程 $L=\pm200$ mm，分辨率±0.1 kN。

③ 频率发生器。

④ DAA-110B 型动态数据采集分析仪。

⑤ ABQ-1BL 型伺服加速度计。

⑥ 分载系统。

⑦ 7V08 静态数据采集系统。共有两个分线箱，提供 200 个通道。

⑧ 电子位移计多台，量程为 0～50 mm。

⑨ 其他常用仪器设备。

(4) 试验加载制度。

在疲劳试验加载之前及疲劳循环 50 万次、100 万次、150 万次、200 万次、250 万次、

300万次后，分别进行2～3个循环的静力加载试验。静载试验分级为0 kN、100 kN、200 kN、300 kN、400 kN、510kN、620 kN。

在疲劳加载过程中，随时对加载波形和幅值进行监测，以确保疲劳荷载均样，从而使疲劳加载达到设计效果，并观察梁体混凝土是否开裂。

(5) 测点布置。

在试验梁跨内布置竖向及横向位移测点20个，布置应变花测点12个，单应变测点27个；在承拉支座上布置位移测点2个，应变花测点19个。

(6) 试验结果。

对22 m曲线PC轨道梁疲劳加载循环每隔一定次数后进行静力试验，分别测试了梁在使用荷载级下的应力－应变数值和荷载－位移关系曲线；分析应力和挠曲位移随疲劳加载次数的关系曲线。

① 梁体应力。

对22 m曲梁疲劳加载循环每隔一定次数后进行静力试验，在最大疲劳荷载级下，跨中截面和近跨中截面上、下翼缘混凝土应力随疲劳加载循环次数的变化见表6－1。分析看出，22 m曲梁梁体上、下翼缘混凝土最大应力随疲劳循环次数的变化不大而又略有波动。分析认为，引起这些变化的因素主要有斜向加载使梁跨双向受弯和受扭，随着疲劳次数的增加，在梁体混凝土内既有微裂纹扩展趋于稳定的同时，支撑约束随疲劳次数的增加而有所减弱，使得截面正应力随疲劳次数的增加而有所变化。近跨中加载截面的应力随疲劳的变化规律与跨中截面类似。

表6－1　曲梁疲劳试验跨中截面应力随疲劳次数的变化　MPa

部位	测点	疲劳次数						
		0万次	50万次	100万次	150万次	200万次	250万次	300万次
上缘	47#	－10.59	－10.86	－10.26	－10.31	－10.17	－9.99	－9.93
	48#	－8.91	－9.04	－8.73	－8.77	－8.68	－8.46	－8.37
下缘	49#	7.68	7.84	7.06	7.76	7.51	7.71	7.60
	51#	8.33	8.46	7.64	8.71	7.97	8.24	8.07
梁底	50#	7.20	7.36	6.51	7.09	6.82	7.06	6.84

② 梁体挠度。

在最大疲劳荷载级下，跨中截面和近跨中截面竖向和横向挠曲位移随疲劳加载循环次数的变化情况见表6－2。

表6－2　曲梁疲劳试验跨中截面挠度随疲劳次数的变化　mm

部位	测点	疲劳次数						
		0万次	50万次	100万次	150万次	200万次	250万次	300万次
竖向	75#	14.27	14.38	14.49	14.78	14.74	14.61	14.66
	76#	13.50	13.46	13.54	13.54	14.47	13.60	13.65
横向	85#	2.57	2.18	2.71	2.34	2.08	2.27	2.66
	86#	1.78	1.61	1.92	1.43	1.51	1.94	1.71

可以看出，竖向挠度及横向挠度随疲劳循环次数增加的变化不大而又略有波动。但无明显上升趋势。横向位移绝对数值较小，受支座上下摆构件间隙等偶然性因素影响较大。分析认为，位移增大的趋势与结构刚度随疲劳循环次数的增加而有所降低有关。另外，通过试验发现梁体在经过 300 万次疲劳试验后跨中最大残余变形约 5 mm。

③ 支座变形。

支座挠度随疲劳循环次数的测试表明：

固定支座上承拉件中央竖向位移量在 0.04 mm 左右，活动支座上承拉件中央竖向位移量在 0.09 mm 左右。

④ 动力特性。

在疲劳循环之前（0 万次）及一定疲劳循环加载后对 22 m 曲梁进行自振频率、阻尼系数、振型及动力加载等动力特性测试。

自振频率：对 22 m 曲梁疲劳加载循环每隔 50 万次后进行一次梁跨自振频率测试，各阶段自振频率测试结果及计算结果见表 6-3。从表 6-3 可以看出，自振频率实测结果与有限元模拟结果吻合良好。竖向频率基本在 6.93 左右，横向频率基本在 3.43 左右。分析认为在截面不变的条件下，如果梁长变为原来的 n 倍，频率则变为原来的$\frac{1}{n^2}$，实测结果也基本符合这一规律。竖向频率随着疲劳次数的增加有所衰减，大约衰减 3%；横向频率随着疲劳次数的增加也有所降低，衰减 2%。以上衰减竖向频率主要发生在 100 万次前，在 100 万次后基本稳定。

表 6-3　曲梁疲劳试验及计算基阶频率对比

疲劳次数			0 万次	50 万次	100 万次	150 万次	200 万次	250 万次	300 万次
竖向频率/Hz	实测	一阶	6.93	6.65	6.61	6.72	6.72	6.72	6.72
	有限元	一阶	6.98						
横向频率/Hz	实测	一阶	3.43	3.42	3.35	3.35	3.35	3.35	3.35
	有限元	一阶	3.360						

阻尼系数：对各疲劳阶段梁跨阻尼系数测试结果见表 6-4。从表 6-4 可以看出，竖向阻尼随着疲劳次数的增加有所降低，且降低主要发生在疲劳加载 100 万次之前，在 100 万次后趋于稳定；竖向一阶阻尼下降约 30%，横向一阶阻尼下降约 5%。

表 6-4　曲梁疲劳试验阻尼系数随疲劳次数变化

疲劳次数		0 万次	50 万次	100 万次	150 万次	200 万次	250 万次	300 万次
竖向	实测一阶阻尼系数	0.0210	0.0201	0.0176	0.0144	0.0141	0.0146	0.0146
横向	实测一阶阻尼系数	0.037	0.037	0.034	0.034	0.034	0.034	0.034

振动衰减曲线：振动衰减曲线见图 6-22 和图 6-23。从图 6-22 和图 6-23 可以看出，竖向及横向振动衰减均较快，衰减 90%的时间 6～10 s，且随着疲劳次数的增加变化不大。

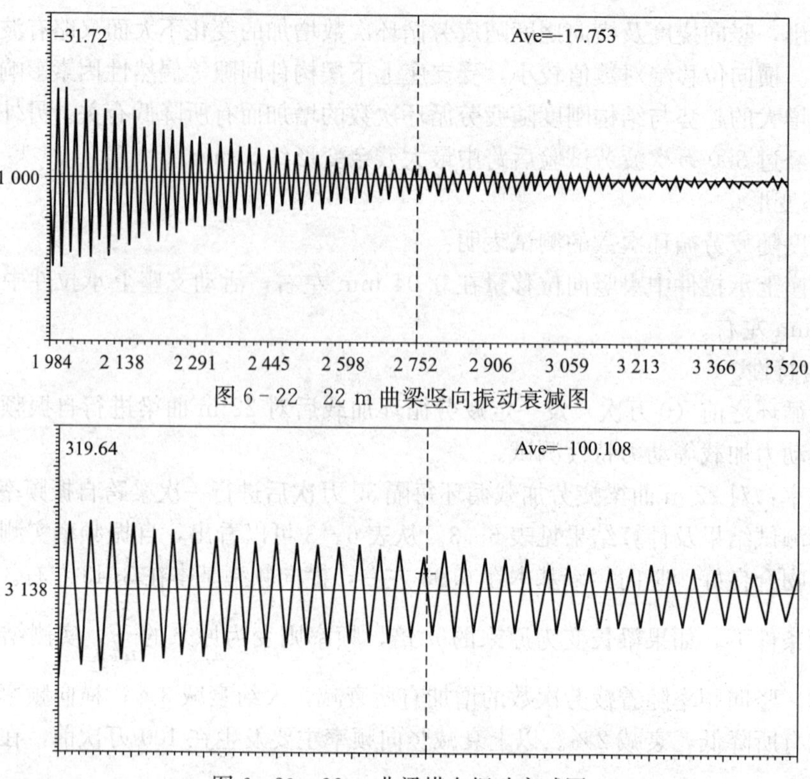

图 6-22　22 m 曲梁竖向振动衰减图

图 6-23　22 m 曲梁横向振动衰减图

(7) 试验观测。

试验过程中，对梁体进行了超声波探测和裂缝观测，均未发现异常。尽管在超声波探测时波速略有降低，但未发现可见裂缝，说明结构下缘及孔道灌浆可能产生了微裂缝；而在疲劳循环 100 万次后，波速不再变化，说明既有微裂缝没有扩展。

(8) 结论。

从上面试验结果分析可以得到以下几点结论：

① 梁体结构在历经 300 万次双向弯曲加载作用后，结构的应力、位移重复性良好，说明梁体具有良好的耐劳性能；

② 梁体的动力性能比较稳定，疲劳过程中动力特征参数基频没有明显的衰减迹象；

③ 经 300 万次双向弯曲加载作用后，未发现梁体混凝土出现新的裂缝，原有干燥收缩裂缝未见扩展。

6.5　工程结构风洞试验

6.5.1　风作用力对建筑物的危害

风是由强大的热气流形成的空气动力现象，其特性主要表现在风速和风向。而风速和风向随时都在变化，风速有平均风速和瞬时风速之分，瞬时风速最大可达 60 m/s 以上，对建筑物将产生很大的破坏力。风向多数是水平向的，但极不规则。我国将风力划分为 12 个等级，6 级以上的大风就要考虑风荷载对建筑物的影响。另外风还有台风、旋风、龙卷风之分，这些都属于破坏力很大的强风。我国沿海地区的建筑物，特别是近十多年来大量兴建的超高层建筑物和大型桥梁等经常遭受到强台风的袭击，每年都发生房屋倒塌和人员伤亡的问题。因此，很多专家学者致力于工程结构的抗风研究。

6.5.2 风荷载作用下结构实测试验

要了解作用在工程结构上的风力特性，多数需要通过实测试验才能得到。实测试验就是建筑物在自然风作用下的状态，包括位移、风压分布和建筑物的振动参数的测定。风荷载可以看成是静荷载和动荷载的叠加。对于一般刚性结构，风的动力作用很小，可视为静荷载。但对于高耸结构如烟囱、水塔、电视塔、斜拉桥和悬索桥的索塔及超高层建筑物（30 层以上）等，则必须视为动荷载。这些高耸结构在风力作用下的受力和振动情况非常复杂。实测时由于在现场自然条件下进行，通常选定经常有强风发生的地区和有代表性的建筑物，需要应用各种类型的仪器综合配套，同时测出结构顶部的瞬时风速、风向、建筑物表面的风压，以及建筑物在风力作用下的位移、应力和振动特性等物理量，然后对大量的实测数据进行综合分析，得出不同等级的风力对建筑作用的影响程度，为结构的抗风设计提供依据。

由于实测试验要等待有强风的情况下才能测量，耗时很长，一般要一年左右，而且需要大量的人力、物力和财力，难度较大。我国 1974—1975 年曾在广州组织了全国十多个科研单位和大专院校，包括气象、地球物理、建筑结构等各类专业人才，对广州宾馆 27 层框架结构进行风力特性测定，历时一年多，其中测到 8 级以上大风多次，11 级以上台风 2 次。国内第一次使用激光测位移技术，测量大楼顶层在风作用下水平位移，第一次采用风压力盒（贴在大楼从上到下的墙面上）测定风压分布，获得了大量珍贵资料，为我国制定风荷载规范填补了实测数据的空白，为高层结构的抗风设计奠定了基础。

6.5.3 工程结构模型风洞试验

由于实测试验是在特定的地区环境和特定的建筑物上进行的，对其他环境和其他建筑物未必适用。所以，其实测试验数据并不具有普遍性。因为风力对建筑物的作用，其风力系数和风压系数等与建筑物和桥梁的结构形式、形状、高度、表面状况，地基情况及变化的风向等因素有关，所以实测试验不可能都涉及。为此，科学家们为了系统地研究风力对各种结构的作用，除了实测试验之外，还采用缩小模型或相似模型在专门的试验装置内模拟风力试验，即风洞试验。

（1）风洞试验装置。风洞是产生不同速度和不同方向（单向、斜向、乱方向）气流的专用试验装置。为适应各种不同结构形成的风洞试验，风洞的构造形式和尺寸也各不相同。目前日本国立土木研究所拥有世界上最大的单回路铅直回流形式的风洞，宽 41 m、高 4 m、长 30 m（见图 6 - 24），由 36 台直径 1.8 m 的风机组成。根据研究需要，风洞可以产生各种形式的强风。主要适用于进行长大型桥梁的缩小模型风洞试验。我国同济大学风洞实验室拥有三座大、中、小配套的边界层风洞设施，其中 TJ - 3 型试验风洞尺寸为宽 15 m、高 2 m、长 14 m，是国内最大的风洞，仅次于日本，位居世界第二。该风洞试验装置分别进行了上海国际金融大厦（$H=226$ m）模型风洞试验和南京长江二桥南汊桥（斜拉桥，主跨 628 m）缩尺模型风洞试验。

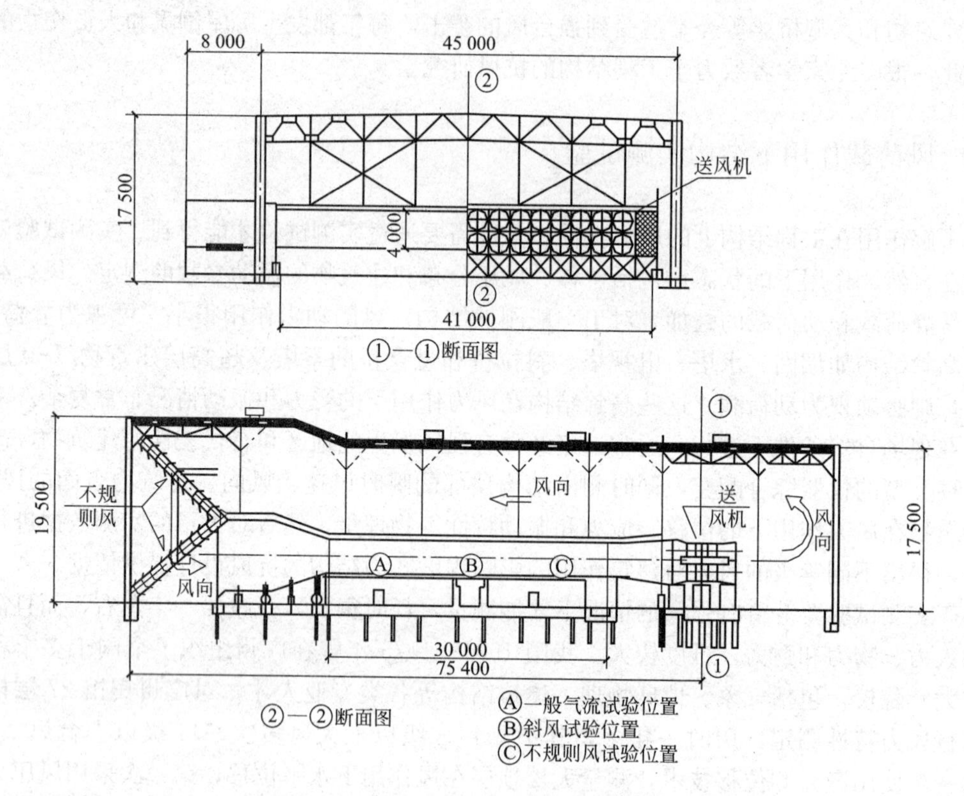

图 6-24　大型风洞设施构造图（单位：mm）

（2）风洞试验量测系统方框图。图 6-25 为风洞试验量测系统方框图。

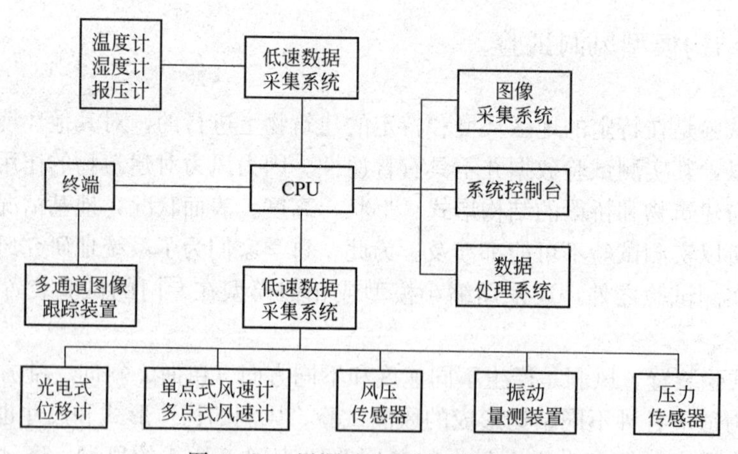

图 6-25　风洞试验量测系统方框图

（3）测试项目：①不同形式的风和不同风速作用下结构的应力、位移、变形等；②不同形式的风和不同风速作用下结构的振动动力特性。

[例 6-2] 测试塔体型系数风洞实验。

(1) 试验模型。

试验模型为实际钢塔架 1∶80 的缩尺模型，材料为钢。实际钢塔架高度 $H=76.2$ m，支架分为五段，分别为 6×6 m^2、5.25×5.25 m^2、4.5×4.5 m^2、3.75×3.75 m^2、3×3 m^2，圆弧段分为四段，分别为 6×6 m^2、5×5 m^2、4×4 m^2、3×3 m^2。将钢塔分为三组，支架由对称面分开为两组，圆弧段为一组。每组单独测力，考虑支架的对称性，支架只测一根。模型如图 6-26、图 6-27 所示。测力天平位于模型支座的下面。

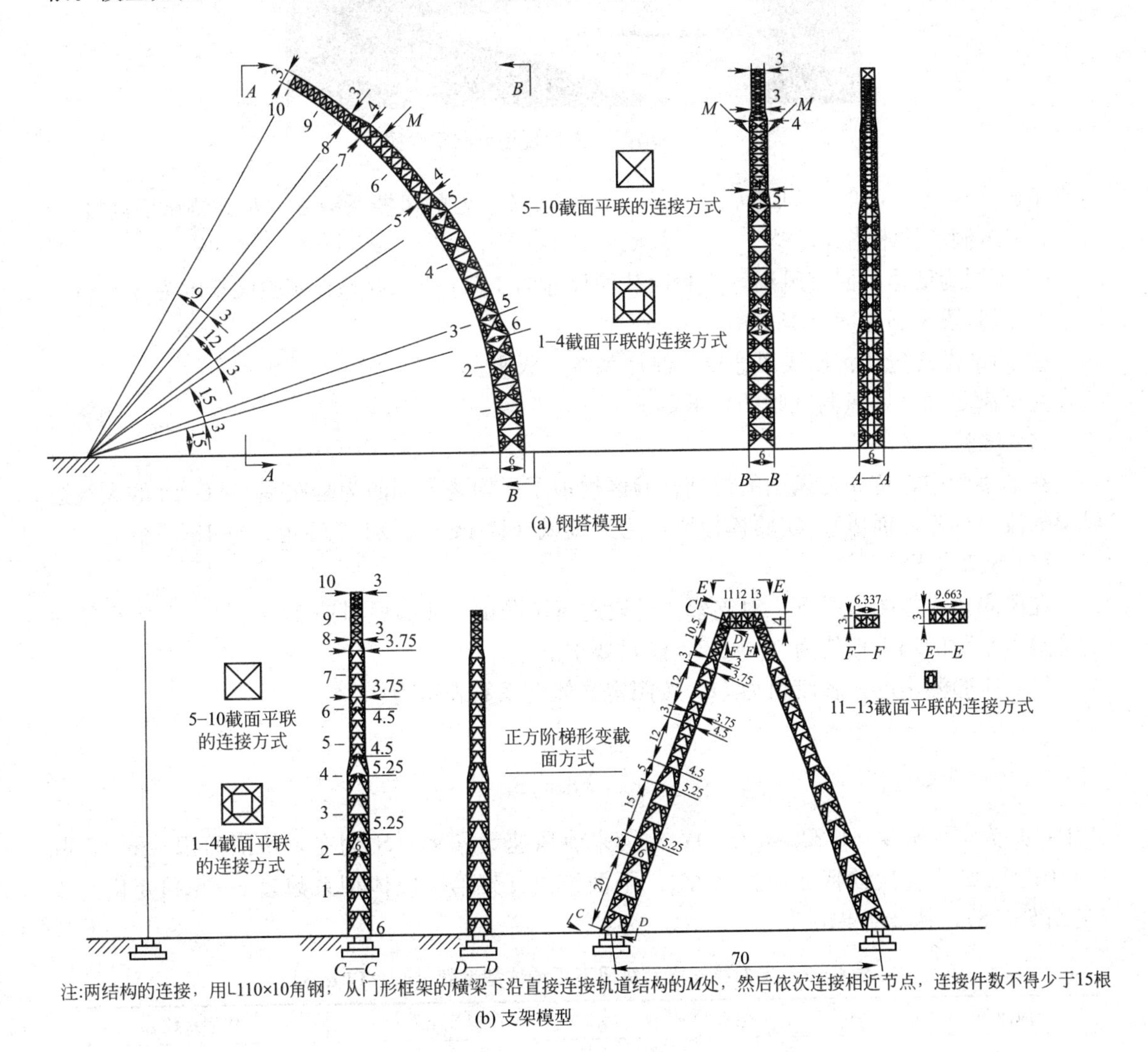

(a) 钢塔模型

(b) 支架模型

图 6-26　钢塔架及支架加工模型

(2) 试验内容。

① 测试塔在受正面风、背面风、与正面成 45°、与正面成 90°、与背面成 45°共 5 个风向时的风荷载体型系数 μ_s。

② 测试塔在受正面风、背面风、与正面成 45°、与正面成 90°、与背面成 45°共 5 个风向

图 6-27　钢塔架及支架现场风洞实验照片

时在不同高度（如 0.2 h、0.4 h、0.6 h、0.8 h、h）处的风振系数 β_z（h 为测试塔高度）。

（3）风洞的技术指标。

① 风洞为低速单回流风洞，试验段截面尺寸为 1.5 m×1.5 m，实验段长度为 3.5 m。

② 试验段风洞速度范围 0～60 m/s。

③ 测试设备包括：热线风速仪，测压系统，天平。

完全满足测试塔风洞试验的技术要求。

（4）试验方案。

在本实验中，首先在风洞的模型试验区模拟了平均速度剖面为幂次率 $\alpha=0.22$ 的大气边界层气流（即近地面风）。实验模拟风速为六级风（14 m/s），24 个转角，每 15°一个。

（5）试验结果。

在风向角为零的情况下，对支架（整段进行了测试，实验段风速 14 m/s），七次重复性实验阻力系数的均方根值为 0.001 2，满足要求。

风洞实验测出的是各段阻力 D，按照定义体型系数表示为：

$$\mu_s=\frac{D}{\frac{1}{2}\rho_a v_0^2 S_e} \tag{6-13}$$

式中：ρ_a 为空气密度（1.225 kg/m³）；v_0 为来流风速（m/s）；S_e 为有效特征面积（m²），取 $S_e=0.5S$，S 为各段的特征面积（m²）。下面给出支架第一段体型系数表 6-5 和变化曲线（见图 6-28），其余结果略。

表 6-5　支架第一段六级风下平均体型系数（$v_0=14$ m/s）

风向角/（°）	阻 D/N	面积 S/m²	体型系数 μ_s
−165	0.390 16	0.007 421 875	0.875 789
−150	0.641 07	0.007 421 875	1.438 989
−135	0.630 26	0.007 421 875	1.414 737
−120	0.624 26	0.007 421 875	1.401 263
−105	0.668 68	0.007 421 875	1.500 968
−90	0.685 49	0.007 421 875	1.538 695
−75	0.713 1	0.007 421 875	1.600 674

续表

风向角/(°)	阻 D/N	面积 S/m^2	体型系数 μ_s
−60	0.351 75	0.007 421 875	0.789 558
−45	0.702 29	0.007 421 875	1.576 421
−30	0.763 52	0.007 421 875	1.713 853
−15	0.702 29	0.007 421 875	1.576 421
0	0.569 04	0.007 421 875	1.277 305
15	0.607 45	0.007 421 875	1.363 537
30	0.491	0.007 421 875	1.102 147
45	0.295 32	0.007 421 875	0.662 905
60	0.318 13	0.007 421 875	0.714 105
75	0.440 58	0.007 421 875	0.988 968
90	0.217 29	0.007 421 875	0.487 747
105	0.601 45	0.007 421 875	1.350 063
120	0.708 3	0.007 421 875	1.589 895
135	0.763 52	0.007 421 875	1.713 853
150	0.417 77	0.007 421 875	0.937 768
165	0.485	0.007 421 875	1.088 674
180	0.384 16	0.007 421 875	0.862 316

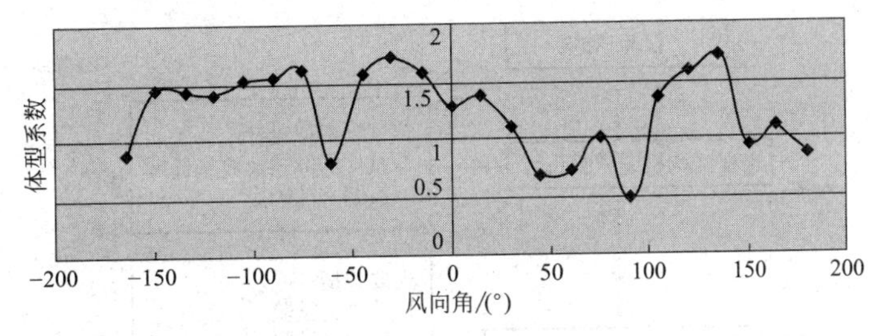

图 6-28　支架第一段六级风下体型系数随风向角变化曲线

由于测试塔架的外形比较复杂，很难用测压的办法给出体型系数，通过调研决定采用测力方法给出了各特征段的平均体型系数。在风洞实验中，分别对两种风速和不同风向角进行了测量，并且在上述表中给出的数据是重复两次测量的平均值，结果是可信的，可为设计部门提供依据。但受绕流 Re、塔架外形的影响，在不同风速下有的节段体型系数值吻合尚好，有的节段体型系数值存在一定的差别。

6.6　工程结构抗震试验

6.6.1　概述

地震是一种自然现象，强烈的地震会造成道路、桥梁和建筑物的破坏，并危及人类生命和财产安全。全世界每年大约发生 500 万次地震，其中造成灾害的强烈地震平均每年发生十几次。

为了使建筑物和桥梁免受地震破坏，研究人员从理论和试验对结构抗震性能进行了大量的研究。结构抗震性能一般从结构的强度、刚度、延性、耗能能力、刚度退化等方面来衡量。结构的抗震能力是结构抗震性能的表现，根据我国现行抗震设计规范的要求，结构应具有“小震不坏，中震可修，大震不倒”的抗震能力。因此，结构抗震试验研究的主要任务有：

(1) 研究开发具有抗震性能的新材料；

(2) 对不同结构的抗震性能（包括抗震构造措施）进行研究，提出新的抗震设计方法；

(3) 通过对实际结构的模型试验，验证结构的抗震性能和能力，评定其安全性；

(4) 为制定和修改抗震设计规范提供科学依据。

6.6.2 工程结构抗震试验内容

在长期的抗御地震灾害中，人们认识到工程结构抗震试验是研究结构抗震性能的一个重要方面。可是，怎样使试验做到既解决问题又比较经济却不太容易。因为地震的发生是随机的，地震发生后的传播是不确定性的，从而导致结构的地震反应也是不确定性的，这给确定试验方案带来了困难。一般来说，结构抗震试验包括三个环节：结构抗震试验设计、结构抗震试验和结构抗震试验分析，它们之间的关系见图 6-29。

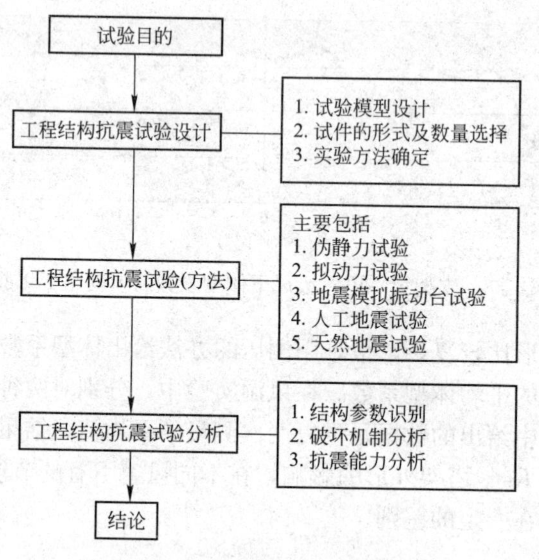

图 6-29 工程结构抗震试验各环节

三者中，结构抗震试验设计是关键，结构抗震试验是中心，结构抗震试验分析是目的。本章主要对结构的抗震试验方法及试验分析作简要的介绍。

6.6.3 工程结构抗震试验分类

结构抗震试验可分为两大类：结构抗震静力试验和结构抗震动力试验。然而，按试验方法考虑，在试验室经常进行的主要有伪静力试验方法、拟动力试验方法、模拟地震振动台试验方法和在现场进行的“人工地震”及“天然地震”试验，其中试验室所进行的三种试验方法是本章介绍的核心内容。下面将简要介绍这几种方法及与之密切相关的内容。

(1) 伪静力试验方法。伪静力试验方法几乎可以应用于各种工程结构或构件的抗震性能研究，与振动台试验和拟动力试验相比，伪静力试验方法的突出优点是它的经济性和实用性，从而使它具有应用上的广泛性。从试验设备和设施来看，它的要求比较低，这是伪静力试验的一个优点。但是，由于伪静力试验中没有考虑应变速率的影响，这又是它的不足。

(2) 拟动力试验方法。拟动力试验又称“计算机-加载器联机试验”，是将计算机的计算和控制与结构试验有机地结合在一起的一种试验方法，它与采用数值积分方法进行的结构非线性动力分析过程十分相似，与数值分析方法不同的是结构的恢复力特性不再来自数学模型，而是直接从被试结构上实时测取。拟动力试验的加载过程是伪静力的，但它与伪静力试验方法存在本质的区别，伪静力试验每一步的加载目标（位移或力）是已知的，而拟动力试验每一步的加载目标是由上一步的测量结果和计算结果通过递推公式得到的，而这种递推公式是基于被试结构的离散动力方程，因此试验结果代表了结构的真实地震反应，这也是拟动力试验优于伪静力试验之处。

虽然拟动力试验和模拟地震振动台试验可以获得结构的真实地震反应，但是由于输入地震波的选择是任意的，所以被试结构的真实地震反应将随输入的不同而不同。

(3) 模拟地震振动台试验方法。模拟地震振动台可以真实地再现地震过程，是目前研究结构抗震性能较好的试验方法之一。目前全世界已经拥有近百台中型以上的模拟地震振动台，其功能也从当年的单向发展成为目前的三向六自由度的模拟地震振动台，控制系统的性能也随着科学技术的发展得到了很大的提高，从过去的PID调节控制、三参量反馈控制发展到了自适应控制阶段。模拟地震振动台试验主要用于检验结构抗震设计理论、方法和计算模型的正确与否，尤其是许多高层结构和超高层结构、大型桥梁结构、海洋工程结构都是通过缩尺模型的振动台试验来检验设计和计算结果的。振动台不仅可进行建筑结构、桥梁结构、海洋结构、水工结构的试验，同时还可进行工业产品和设备等振动特性的试验。

(4) 人工地震试验。采用地面或地下爆炸法引起地面运动的，都称为“人工地震”。人工地震可以用核爆炸和化学爆炸产生。工程结构试验通常利用化学爆炸激发人工地震。这种方法简单、直观，并可考虑场地的影响，但试验费用高、难度大。

(5) 天然地震试验。在频繁出现地震的地区或短期预报可能出现较大地震的地区，有意识地建造一些试验性结构或在已建结构上安装测震仪，以便一旦发生地震时可以得到结构的反应等。这种方法真实、可靠，但费用高，实现难度较大。

(6) 数据采集与处理。为了研究结构的抗震性能，需要记录结构在抗震试验过程中的各种变化，一般结构抗震试验中需要量测和记录的有位移、速度、加速度、应变和力等。只有通过量测和记录这些表征结构特性的信号才能达到进一步分析确定结构性能的目的。这种对信号的量测和记录过程称之为数据采集。数据采集的目的是分析结构的反应情况，为了达到这一目的需要进行数据处理，从采集的数据中获得我们所需要的内容。由于计算机技术的迅速发展，目前已经出现了许多功能强大的数据处理软件，数据处理工作可以非常方便地用这些数据处理软件来完成。

6.6.4 工程结构抗震试验方法

结构抗震的试验方法较多，下面介绍三种常用于试验室内的结构模型抗震试验方法—伪静力试验、拟动力试验和模拟地震振动台试验及现场进行的人工地震试验和天然地震试验。

1. 伪静力试验

伪静力试验方法一般以试件的荷载值或位移值作为控制量，在正、反两个方向对试件进行反复加载和卸载。在伪静力试验中，加载过程的周期远大于结构的基本周期，因此，其实质还是用静力加载方法来近似模拟地震荷载的作用，故称其为伪静力试验（又称为低周反复加载静力试验）。由于其所需设备和试验条件的相对简单，甚至可用普通静力试验用的加载设备来进行伪静力试验，目前为国内外大量的结构抗震试验所采用。

1）试验方法

结构承受地震荷载实质上是承受多次反复的水平荷载作用，由于结构是依靠本身的变形来消耗地震输入的能量，所以结构抗震试验的特点是荷载作用反复、结构变形很大，试验要求做到结构构件屈服以后，进入非线性工作阶段直至完全破坏。

为此，最为理想的试验条件是利用模拟地震振动台进行的动力试验，但由于设备投资昂贵，管理技术复杂，以及受试验对象尺寸过大的限制而不能在振动台上进行试验，所以国内外大量的结构抗震试验还是利用低周反复静力试验的方法进行模拟加载。前几年，由于设备和试验条件的限制，国内进行结构抗震性能研究的整体房屋结构试验，大部分是利用单调加载的静力试验方法来完成的。

进行结构低周反复加载静力试验的目的，首先是研究结构在地震荷载作用下的恢复力特性，确定结构构件恢复力的计算模型。通过低周反复加载试验所得的滞回曲线和曲线所包围的面积求得结构的等效阻尼比，衡量结构的耗能能力。从恢复力特性曲线尚可得到和一次加载相接近的骨架曲线、结构的初始刚度和刚度退化等重要参数。其次是通过试验可以从强度、变形和能量三个方面判别和鉴定结构的抗震性能。最后是通过试验研究结构构件的破坏机理，为改进现行抗震设计方法和修改设计规范提供依据。

采用低周反复加载静力试验的优点是在试验过程中可以随时停下来观察结构的开裂和破坏状态；便于检验校核试验数据和仪器的工作情况；并可按试验需要修正和改变加载历程。其不足之处在于试验的加载历程是事先由研究者主观确定的，与地震记录不发生关系；由于荷载是按力或位移对称反复施加，因此与任一次确定性的非线性地震反应相差很远，不能反映出应变速率对结构的影响。

有资料说明，结构动力试验时荷载或应变速度对结构刚度、延性和能量耗散的影响不大，但高速率会增大结构的屈服强度，超过屈服后动力与静力反复加载试验的强度约相差10%以上。为此，采用低周反复加载静力试验的方法来模拟动力试验时，对于试验对象是偏于安全的。

2）单向反复加载制度

地震是一种自然现象，它的发生和传播到某一具体地点本身是随机的，而且在同一地点同一震级和震中距的情况下前、后两次得到的强震记录也不会相同，因此结构受地震作用后的反应也是随机的。当结构进入非线性阶段，它的振动也不会是对称周期性，而往往是如图 6－30所示不对称的振动，所以在理论上找不到一种标准的加载方案。

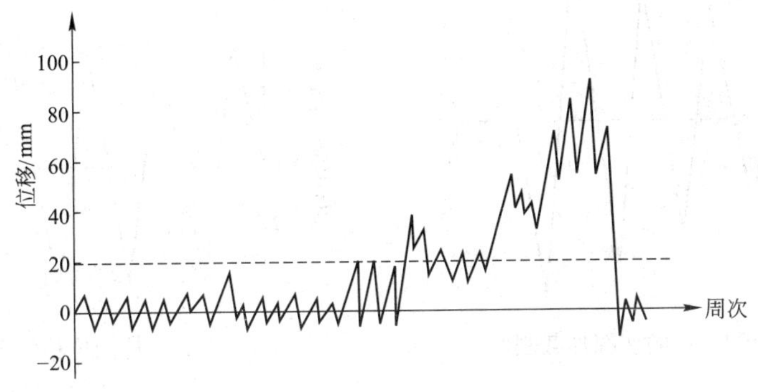

图 6－30　按照某种确定性地震反应制订的加载方案

如果仅要求解决结构的强度和变形计算的话，若只要保证能得到极限荷载、屈服位移和极限位移等这几项主要指标时，那么任何一种加载方案都是可以的。如果要解决构造措施的话，则更需要各种方案的试验，而且不同的构件和试验对象、不同的研究目的都应该有与之相应的不同加载方案。

为此建筑结构低周反复加载试验的加载方案设计，也是每一个试验者必须根据研究工作目的意图而考虑和制订的一个重要环节。目前国内外较为普遍采用的单向反复加载方案有控制位移加载、控制作用力加载及控制作用力和控制位移的混合加载三种方法。

（1）控制位移加载法。控制位移加载法是目前在结构抗震恢复力特性试验中使用的最普遍和最多的一种加载方案。这种加载方案即是在加载过程中以位移为控制值，或以屈服位移的倍数作为加载的控制值。这里位移的概念是广义的，它可以是线位移，也可以是转角、曲率或应变等相应的参数。

当试验对象具有明确的屈服点时，一般都以屈服位移的倍数为控制值。当构件不具有明确的屈服点时（如轴力大的柱子）或干脆无屈服点时（无筋砌体）则只好由研究者主观制订一个认为恰当的位移标准值来控制试验加载。

在控制位移的情况下，又可分为变幅加载、等幅加载和变幅等幅混合加载。

变幅加载：控制位移的变幅加载如图 6－31 所示。图中纵坐标是延性系数 μ 或位移值，横坐标为反复加载的周次，每一周以后增加位移幅值。当对一个构件的性能不太了解，作为探索性的研究，或者在确定恢复力模型的时候，用变幅加载来研究强度、变形和耗能性能。

等幅加载：控制位移的等幅加载如图 6－32 所示。这种加载制度在整个试验过程中始终按照等幅位移施加，主要用于研究构件的强度降低率和刚度退化规律。

变幅等幅混合加载：混合加载制度是将变幅、等幅两种加载制度结合起来，如图 6－33 所示。这样可以综合地研究构件的性能，其中包括等幅部分的强度和刚度变化，以及在变幅部分特别是大变形增长情况下强度和耗能能力的变化。在这种加载制度下，等幅部分的循环次数可随研究对象和要求不同而异，一般可从 2 次到 10 次不等。

图 6－34 所示的也是一种混合加载制度，在两次大幅值之间有几次小幅值的循环，这是为了模拟构件承受二次地震冲击的影响，而其中用小循环加载来模拟余震的影响。

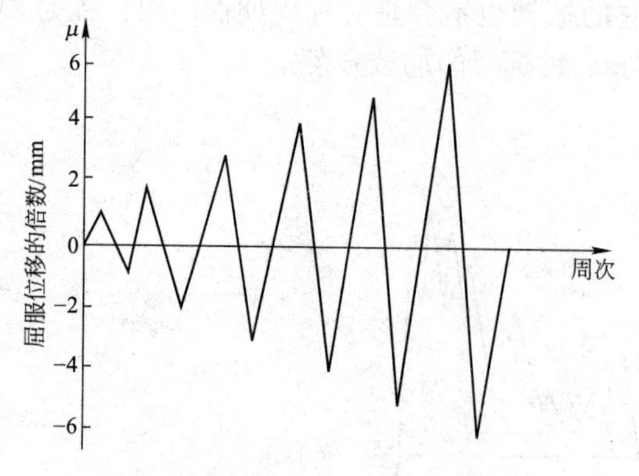

图 6-31　控制位移的变幅加载制度

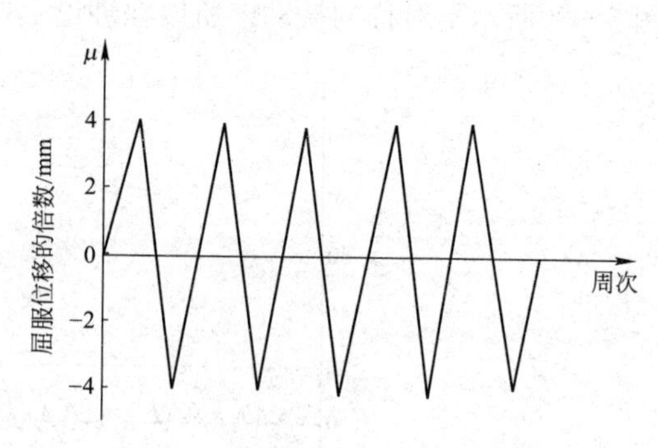

图 6-32　控制位移的等幅加载制度

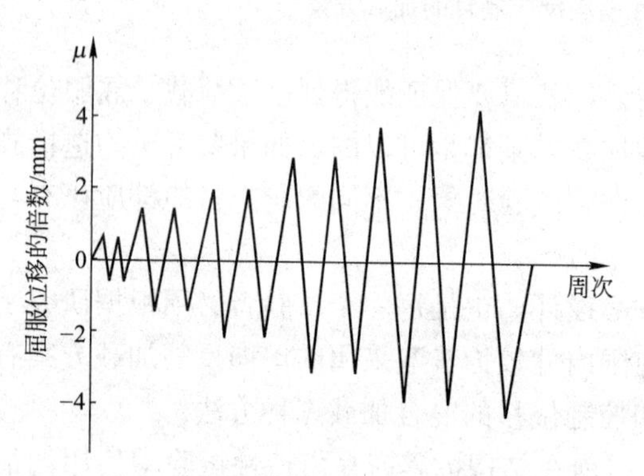

图 6-33　控制位移的变幅等幅混合加载制度

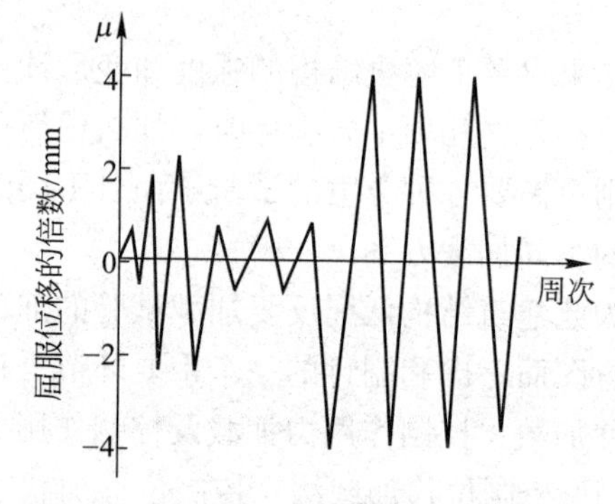

图 6-34　一种专门设计的变幅等幅混合加载制度

由于试验对象、研究目的要求的不同，国内外学者在他们所进行的试验研究工作中采用了各种控制位移加载的方法，通过恢复力特性试验以研究和改进构件的抗震性能，在上述三种控制位移的加载方案中，以变幅等幅混合加载的方案使用的最多。

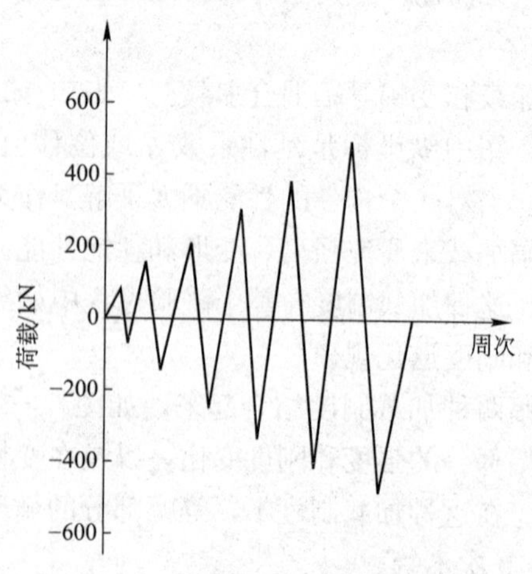

图 6-35　控制作用力的加载方案

(2) 控制作用力加载法。控制作用力的加载方法是通过控制施加于结构或构件的作用力数值的变化来实现低周反复加荷的要求。控制作用力的加载制度如图 6-35 所示。纵坐标用力值表示，横坐标为加卸荷载的周数。由于它不如控制位移加载那样直观地可以按试验对象的屈服位移的倍数来研究结构的恢复特性，所以在实践中这种方法使用的比较少。

(3) 控制作用力和控制位移的混合加载法。混合加载法是先控制作用力再控制位移加载。先控制作用力加载时，不管实际位移是多少，一般是经过结构开裂后逐步加上去的，一直加到屈服荷载，再用位移控制。开始施加位移时要确定一标准位移，它可以是结构或构件的屈服位移，在无屈服点的试件中标准位移由研究者自行定出数值。在转变为控制位移加载后，即按标准位移值的倍数 μ 值控制，直到结构破坏。

3）多点同步加载方法

多层房屋或多层框架结构是经常遇到的试验对象，这样的试件就需要用多个加载器进行加载，如图 6－36 所示。由于地震荷载在结构上常常近似按倒三角形分布，所以各质点的加载应由上到下也按倒三角形分布进行加载。当结构进入塑性状态后，特别是在下降阶段控制作用力是很困难的，所以目前的控制方法是选择一个电液伺服加载器为主控加载器，主控加载器采用位移环控制模式，但监测的是作用力的大小。其余的加载器用力环控制模式，作用力数值的大小根据主控加载器量测值的大小按比例确定。现在的主要问题是如何保证几个加载器的同步性。对于多质点体系，各加载器的作用力是互相耦联的，一个加载器力值的改变将影响到其他加载器作用力的变化。解决这个问题有两种途径，这里针对图 6－36 中三质点的结构体系来说明。一种称为模控方法，即把 3 号加载器的力信号乘上比例系数后直接作为 2 号加载器和 1 号加载器的力环控制命令信号；由于模控控制过程是连续反馈的，所以当 3 号加载时，2 号加载器和 1 号加载器将迅速地随 3 号加载器的量测力值进行动作，这样计算机只控制 3 号加载器的加载，对 2 号和 1 号加载器采集力和位移信号并进行安全监视。另一种方法称为数控方法，具体方法是将 3 号加载器作为主控加载器采用位移环控制，另外两个加载器作为从加载器采用力环控制模式。对于主控加载器采用较小的位移步长进行加载，由于三个加载器作用力是耦联的，所以，在每一个主控加载器的加载步长之内，另两个加载器的力控制加载需经几次调整迭代，直到满足给定的误差，然后主控加载器开始进行下一步的加载。

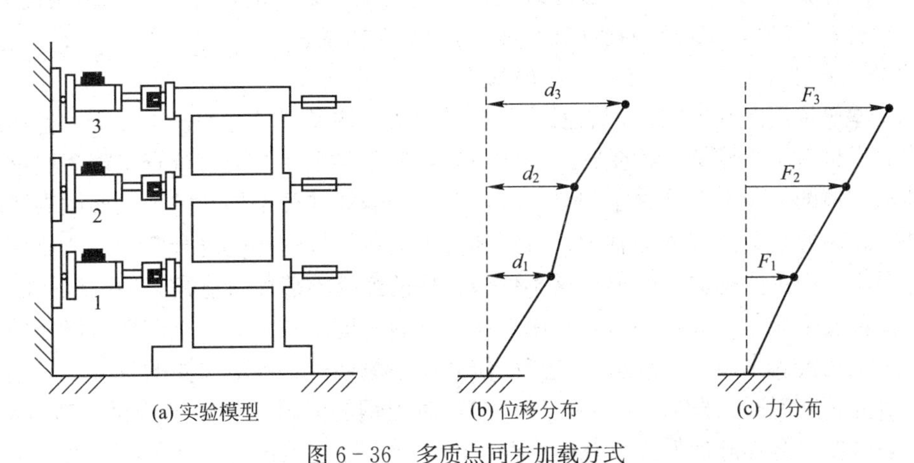

图 6－36　多质点同步加载方式

4）双向反复加载制度

为了研究地震对结构构件的空间组合效应，克服采用在结构构件单方向（平面内）加载时不考虑另一方向（平面外）地震力同时作用对结构影响的局限性，可在 x 和 y 两个主轴方向同时施加低周反复荷载。如对框架柱或压杆的空间受力和框架梁柱节点在两个主轴方向所在平面内采用梁端加载方案施加反复荷载试验时，可采用双向同步或非同步的加载制度。

（1）x、y 轴双向同步加载。与单向反复加载相同，低周反复荷载作用在与构件截面主轴成 α 角的方向作斜向加载使 x、y 两个主轴方向的分量同步作用。

反复加载同样可以是控制位移、控制作用力和两者混合控制的加载制度。

(2) x、y 轴双向非同步加载。非同步加载是在构件截面的 x、y 两个主轴方向分别施加低周反复荷载。由于 x、y 两个方向可以不同步地先后或交替加载，因此，它可以有如图 6－37 所示的各种变化方案。图 6－37 (a) 为在 x 轴不加载，y 轴反复加载，或情况相反，即是前述的单向加载；图 6－37 (b) 为 x 轴加载后保持恒载，而 y 轴反复加载；图 6－37 (c) 为 x、y 轴先后反复加载；图 6－37 (d) 为 x、y 两轴交替反复加载；此外还有图 6－37 (e) 的“8”字形加载或图 6－34 (f) 的方形加载等。

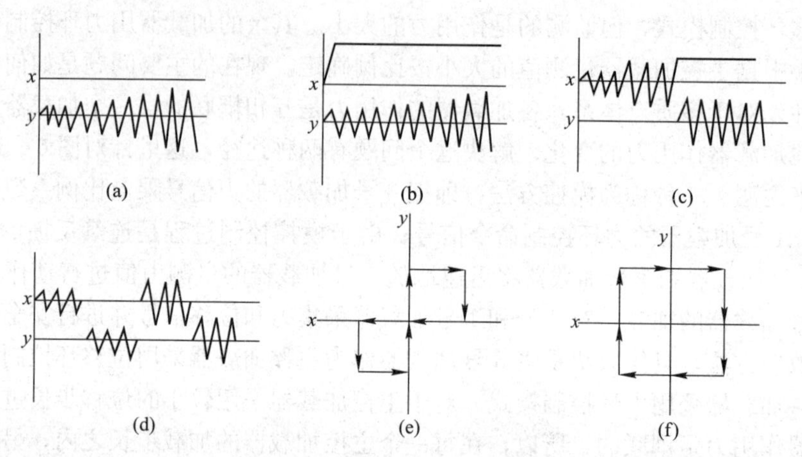

图 6－37　双向低周反复加载制度

当采用由计算机控制的电液伺服加载器进行双向加载试验时，可以对一结构构件在 x、y 两个方向成 90°作用，实现双向协调稳定的同步反复加载。

5) 钢筋混凝土框架梁柱节点组合体的低周反复荷载试验

国内外建筑抗震经验证明，钢筋混凝土多层框架结构具有较好的抗震性能。但是在强烈地震影响下，也有不少框架结构受到严重的破坏，乃至倒塌。经震害调查发现多层钢筋混凝土框架结构破坏的部位大多在柱子和节点区，节点的破坏往往是导致整个框架倒塌毁坏的主要原因之一，主要是节点部分受轴力、弯矩和剪力的作用，这样的复合应力使节点部分发生复杂的变形，其中主要是剪切变形，这不仅使梁柱的连接不能保持直角，而且框架的应力和变形状态都会发生变化，节点在剪力作用下剪切开裂、剪断破坏。节点破坏后修复也比较困难。因此对结构抗震来说，节点抗震性能的研究比一般结构具有更重要的意义。

为了研究钢筋混凝土框架结构的抗震性能，对于钢筋混凝土框架结构梁柱节点即梁端、柱端与核心区的组合体施加低周反复静力荷载的试验，是目前国内外常用的一种试验方法。

2. 拟动力试验

地震是一种随机的自然现象，在强烈地震的作用下，结构将进入塑性状态甚至破坏。在低周反复加载试验中，其加载历程所模拟的地震荷载是假定的，因此它与地震引起的实际反应相差很大。显然，如果能按某一确定的地震反应来设定相应的加载历程，这是最理想的。为寻求这样一种理想的加载方案，人们设想通过计算机数值分析控制试验加载。

人们利用计算机直接来检测和控制整个试验，这种方法是将计算机分析与恢复力实测结合起来的一种半理论半经验的非线性地震反应分析方法。结构的恢复力模型不需事先假定，即通过直接量测作用在试件上的荷载和位移而得到解的恢复力特性，再通过计算机来求解结构非线性地震反应方程，这就是计算机联机试验加载方法，即拟动力试验。

1）拟动力试验的基本概念

伪静力加载试验方法虽然是目前结构工程中应用最为广泛的试验方法，它可以最大限度地获得试件的刚度、承载力、变形和耗能等信息，但是它不能模拟结构在实际地震作用下的反应；模拟地震振动台试验是最理想的再现地震动和结构反应的试验方法。高精度的多自由度模拟地震振动台的建造和发展为研究结构弹塑性地震反应提供了有效的手段。但是对于大比例模型结构或构件，需要有大型的模拟地震振动台，但设备投资很大，从而影响了许多大型结构进行模拟地震试验。正是由于模拟地震振动台承载能力的限制，一般的振动台试验只能进行小尺度的模型结构试验。由于小尺度结构模型的动力相似率很难满足要求，尤其是在弹塑性范围内，试验结果往往难以推算到原型结构中去，这也是振动台试验的一个不足之处，因此限制了它的应用。虽然计算机技术有了迅速的发展，结构的理论分析和计算水平也有了很大的发展，但是对于结构地震作用下的弹塑性响应计算，需要事先给出结构的恢复力模型，而这种恢复力模型的选择和参数确定是目前结构理论中还没有很好解决的问题，尤其对于具有复杂形体和构造的结构体系更是如此。拟动力试验方法吸收了伪静力加载试验和模拟地震振动台试验两种方法的优点，同时又考虑了结构理论分析和计算的特色，可以模拟大型复杂结构的地震反应，在结构工程方面得到了广泛的应用。同时，拟动力试验方法本身的研究也取得了重大进展，特别是近年来，在概念、方法、技术和设备等方面都与最初阶段的拟动力试验有了很大的不同，应用领域也从最初的研究一般建筑结构扩展到了研究土—结构相互作用、桥梁结构、多维多点地震输入和设备抗震等方面。

用于结构弹塑性地震反应的拟动力试验系统发展于 1974 年，当初其目的在于研究目前描述结构或构件恢复力特性的数学模型是否正确，进一步了解具有难以用数学公式表达其恢复力特性的结构地震反应。此项试验获得了成功，更为重要的是它标志着结构抗震试验方法的重大进展。从此，拟动力试验方法在结构抗震试验研究中确立了它不可替代的地位。与理论计算相比，它无须对结构做任何假定就能获得结构体系的真实地震反应特征；而与伪静力试验和模拟地震振动台试验相比，它既有伪静力试验那样经济方便的特点，又具有振动台试验那样真实模拟地震作用的功能。图 6－38 给出了拟动力试验过程与数值计算过程之间的比较。

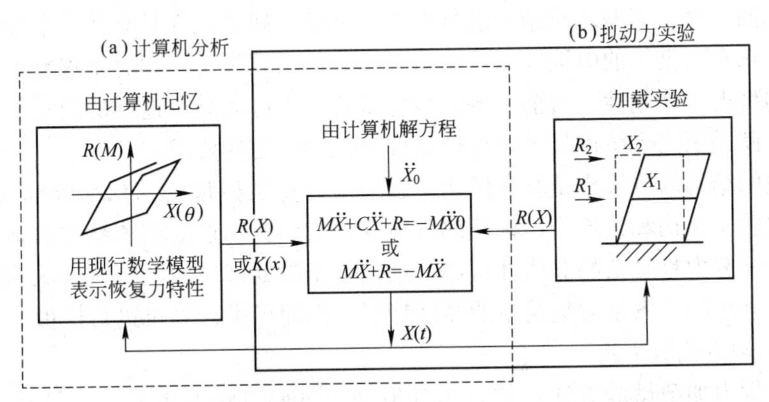

图 6－38　数值计算与拟动力试验之间的比较

最初，在拟动力试验中采用的数值积分方法是线性加速度方法，动力方程采用的是增量的形式，需要给出刚度矩阵，在弹塑性状态下其瞬态刚度（正切刚度）由测量得到。由于位移传感器精度的限制，瞬态刚度的变化很剧烈，往往造成试验结果不理想。为了克服这个困难，后来在数值方法上改用了中央差分法代替线性加速度方法，这样在拟动力试验的计算中直接使用测量的恢复力而避免使用瞬态刚度，从而提高了试验结果的稳定性和精度。因此，目前实施的许多拟动力试验均采用中央差分法作为试验的数值积分方法。

2）等效单自由度体系的拟动力试验

等效单自由度体系的拟动力试验是对多自由度结构体系的一种简化试验方法，最初是由美日合作研究足尺七层钢筋混凝土结构试验时提出的。这种方法主要是基于如下几个理由：当被试验结构的自由度很多且刚度很大时，刚度矩阵中的主元数值可能达到10^3～10^4 kN/mm，而试验中位移测量设备的精度仅为10^{-2}～10^{-3} mm，因此即使将位移精确地控制在精度范围之内，载荷也将有1～10 kN的误差；另一个原因是多自由度结构的内力分布很复杂且随时间呈随机变化，再者由于当时加载器的性能所限及有关误差控制方法还没有建立，因此对于多自由度结构的拟动力试验控制算法的建立和试验都有一定的困难，在这种情况下人们才提出了采用等效单自由度体系进行拟动力试验的方法。该方法是基于这样一个事实：刚度大的结构体系在振动过程中基本处于第一振型振动状态，所以等效单自由度体系的试验方法是以第一振型为主，结构各层的地震作用按倒三角形分布（或按第一振型在各质点处的比例系数分布）。试验过程是用一个加载器控制试件顶点的位移，其余各加载器控制其加载力，并用各个加载器的载荷与顶点加载器的载荷在整个过程中均保持一定的比例，这样整个试验的加载过程就类似于一个单自由度体系的试验。

3）子结构拟动力试验方法与技术

结构在地震作用下将产生破坏，但破坏往往只发生在结构的某些部位或构件上，其他部分仍处于完好或基本完好状态，所以将容易破坏的具有复杂非线性特性的这部分结构进行试验，而其余处于线弹性状态的结构部分用计算机进行计算模拟，被试验的结构部分和计算机模拟部分在一个整体结构动力方程中得到统一。这样解决了两方面的困难：一方面大大地降低了试件的尺寸和规模，从而解决了试验室规模对大型结构试验的限制，同时也降低了试验费用；另一方面，对于大型复杂结构进行拟动力试验，如果试件具有几十个甚至更多的自由度，那么就要求有大批量的电液伺服加载器和相关的试验装置，同时要求整个控制系统具有非常高的控制精度和稳定性。目前一般的结构试验室不可能具有这样的规模和水平，解决问题的唯一途径就是采用子结构技术，降低试件对试验设备的要求。

用于试验的结构部分称为试验子结构，其余由计算机模拟的结构部分称为计算子结构，整体结构由试验子结构和计算子结构两部分组成，它们共同形成整体结构的动力方程。由于试验子结构的恢复力呈复杂的非线性特征，理论上难以处理，因此直接由试验获得；而计算子结构处于弹性范围，恢复力呈简单的线性特征，因而可由计算机进行模拟。

4）多维拟动力试验方法

同多维伪静力加载试验方法一样，多维拟动力试验方法的重要意义是不言而喻的。首先，实际的地震动是多维的，不仅存在平动分量，而且也存在转动分量；其次，大量的震害调查和试验结果也表明，结构在多维地震作用下的破坏比一维地震作用下的破坏更严重，受力状态也更复杂。到目前为止还没有很好地建立起多维地震动下结构非线性反应的动力分析方法以及恢复力模型。即使在双向水平地震作用下，一个方向的地震作用也直接影响到结构另一个方向的变形和受力特征。因此，即使在结构完全对称情况下，双向地震作用也可能造成结构的扭转振动，这种复杂的受力特征加速了结构的变形，并会进一步导致结构的失稳和倒塌。也正是由于这些复杂问题的存在，试验这种作为人们展示物理规律的最直接手段才显得更为重要。

与模拟地震振动台相比，多维拟动力试验设备的模拟地震能力还有一定的差距，目前的模拟地震振动台已经具有可以进行空间六个自由度方向的模拟地震能力，而拟动力试验只达到了水平双向的能力，国内外开发和进行的多维拟动力试验目前都是限于水平双向的。当然，由于拟动力试验可以进行大型结构模拟地震试验的优势仍是其他方法无法比拟的，这也是它获得发展的重要原因。

双向拟动力试验由于存在两个方向的互相耦合问题，所以也存在类似双向伪静力加载试验的修正问题；由于位移直接从试件测量得到，所以位移只有单一方向的分量；而恢复力由加载器上的力传感器测得，存在另一方向的耦合分量，那么可以用伪静力加载试验的方法进行修正。一般情况下，由于加载位移比较小，恢复力可以不做修正直接使用。另外，子结构技术在双向拟动力试验中仍可以应用，其方法与前述子结构拟动力试验的应用是完全相同的。

3. 模拟地震振动台试验

模拟地震振动台可以很好地再现地震过程和进行人工地震波的试验，它是在试验室中研究结构地震反应和破坏机理的最直接方法，这种设备还可用于研究结构动力特性、设备抗震性能及检验结构抗震措施等内容。另外它在原子能反应堆、海洋结构工程、水工结构、桥梁工程等方面也都发挥了重要的作用，而且其应用的领域仍在不断地扩大。模拟地震振动台试验方法是目前抗震研究中的重要手段之一。

20 世纪 70 年代以来，为进行结构的地震模拟试验，国内外先后建立起了一些大型的模拟地震振动台。模拟地震振动台与先进的测试仪器及数据采集分析系统配合，使结构动力试验的水平得到了很大的发展与提高，并极大地促进了结构抗震研究的发展。

1）模拟地震振动台系统

模拟地震振动台作为一个复杂的系统主要由如下几个部分组成：台面和基础、高压油源和管路系统、电液伺服加载器、模拟控制系统、计算机控制系统和相应的数据采集处理系统。图 6－39 为模拟地震振动台系统的示意图。

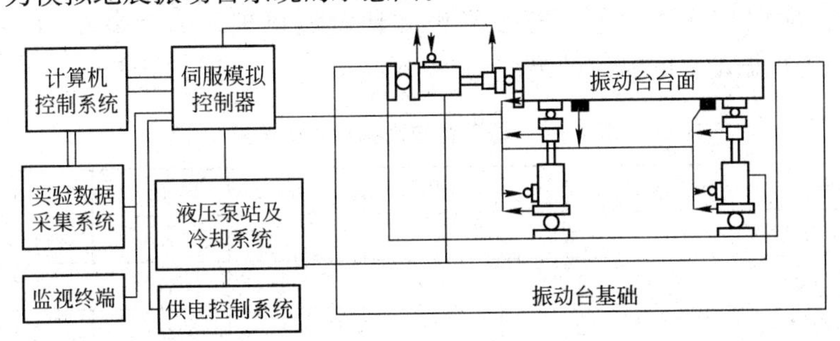

图 6－39　地震模拟振动台系统示意图

（1）振动台的主要技术参数。振动台最主要的技术参数是激振力和使用频率范围，这些参数在很大程度上取决于加载器的工作性能。合理地选择这两个参数使模拟地震振动台既满足实验要求，又能节省投资是十分重要的。工程结构的原材料特性和构造要求决定其模型试验时的几何相似比 S_1 不宜过小，一般不小于 1/10，当试验研究内容进入到弹塑性范围时，这个相似比还应大一些（否则尺寸效应的影响可能非常严重）。根据结构模型的相似要求，振动台的再现加速度和实际加速度之比为 $S_a=1$。使用频率的选择必须适当，过高地要求上限频率就必须加大伺服阀和油泵的流量，从而导致投资增加。目前多数振动台的使用频率范围是 0～50 Hz。

能够综合反映模拟地震振动台激振力和频率特征的是最大功能曲线，如图 6－40 所示。最大功能曲线全面地反映了位移、加速度、频率和载荷之间的关系。当台面负荷减小时，则可以提高输入加速度；当要提高振动台的频率时，则台面的位移幅值就要减小；同样在低频情况下要想获得较大的加速度也不现实，除非增加投资采用能力更大的加载器。

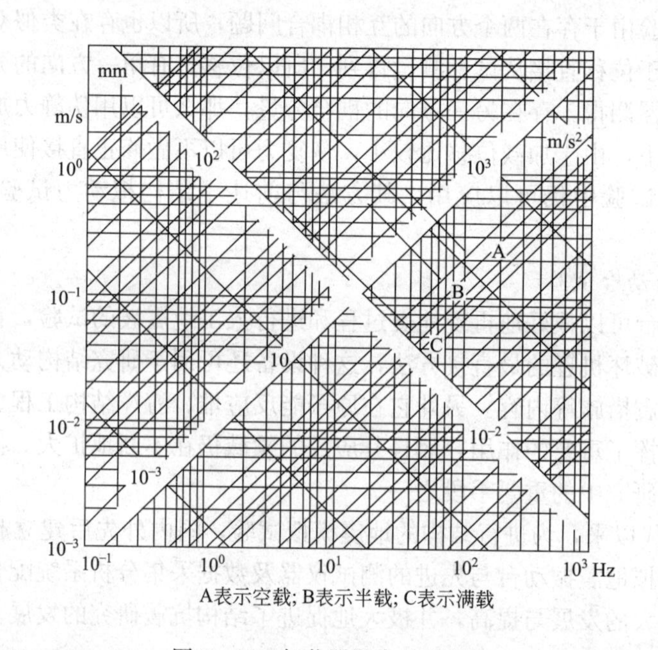

A表示空载；B表示半载；C表示满载

图 6－40　加载器最大功能曲线

（2）振动台的技术指标。评价振动台的性能有许多技术指标，对于单水平向的模拟地震振动台应着重考虑的是如下几项：加速度波形失真度，加速度竖向分量，台面主振方向的加速度不均匀度，横向加速度分量，背景噪声和地震波再现能力。表 6－6 为一单水平向 3 m×4 m 模拟地震振动台的实测结果。

表 6－6　振动台技术指标测试结果

工作频率/Hz	2	4	8	12	16	20
加速度波形失真度/%	14.9	9.8	4.8	1.8	1.6	2.2
加速度竖向分量/%	1.8	2.4	3.2	4.0	5.7	3.2
加速度不均匀度/%	2.9	1.6	3.2	3.1	0.5	2.8
横向加速度分量/%	3.8	3.8	3.2	3.3	6.5	3.8

关于主振方向的加速度不均匀度国内一般规定在20%以内，美国要求小于10%，而日本则要求小于5%（避开局部共振）。对于横向加速度分量国内规定是小于20%，一些振动台的实测结果也是在15%左右。美国MTS公司、日本三维振动设施委员会和德国SCHENCK公司均要求横向加速度分量小于5%，但是实现这个数值还是有一定困难的。

地震波的再现能力是振动台的一项重要技术指标，但它在概念上比较笼统，没有具体的标准，一般是通过台面再现的波形和期望的波形进行比较来判断。

2）控制系统与控制方法

（1）模拟控制。模拟地震振动台的控制系统主要由两部分组成，一部分是模拟控制部分，另一部分是数控部分。模拟控制的方法目前主要有两种：一种是采用位移反馈控制的PID控制方法，同时利用压差反馈作为提高系统稳定的补偿，德国SCHENCK公司就是采用这种方法；另一种方法是将位移、速度和加速度共同进行反馈的三参量反馈控制方法，如美国MTS公司就是采用这种控制方法。图6-41是采用PID控制方式的单加载器驱动的振动台系统框图，图6-42是采用三参量反馈控制的单加载器振动台系统。

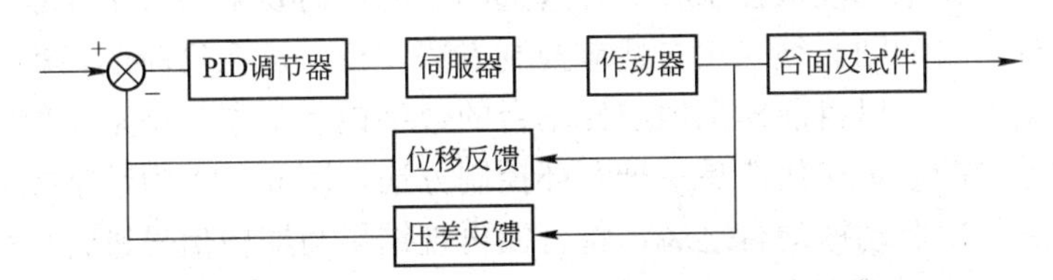

图6-41　PID控制方式的单加载器驱动的振动台系统

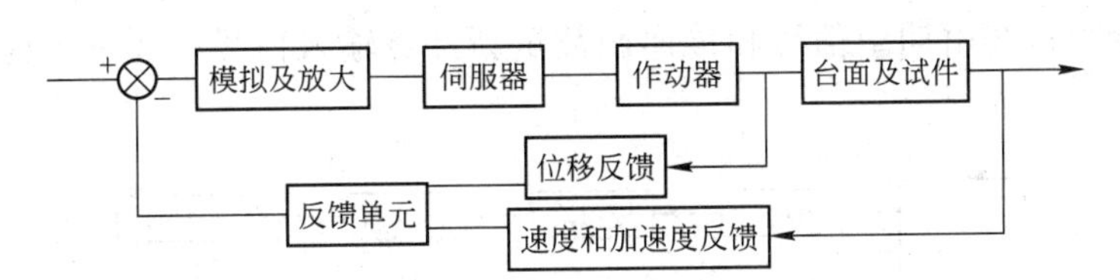

图6-42　三参量反馈控制的单加载器振动台系统

图6-41和图6-42只是用于单向振动台的单加载器控制回路，对于一般的三向地震模拟振动台，其模拟控制系统是相当复杂的，既要考虑到两个水平方向X和Y的独立控制，又要能够解决交叉耦合的影响，对于垂直方向Z也存在相同的问题。在多数情况下每个水平方向都是用两个加载器驱动的。与单个加载器相比，双加载器驱动主要是二者的同步问题，目前主要采用两种方法来控制双加载器，一种称为“大闭环反馈法”，另一种称为“单独闭环反馈”，如图6-43所示。大闭环控制方法的优点是调整方便，因为形式上双加载器的控制相当于一个单独的加载器；而单独闭环控制方法的优点是两个加载器相互之间的影响较小，但调整起来比较麻烦。

多维模拟地震振动台控制中最复杂的部分是垂直方向的控制，因为四个竖向加载器所受外载荷最为复杂，不仅有台面和试件的重力荷载，而且还有倾覆力矩、偏心力矩等。四个加载器不仅要控制其平移，而且要控制其倾斜和摇摆，同时也要考虑消除与水平运动方向的交叉耦合影响。

（2）数字控制。模拟地震振动台试验面对的试件多种多样，模拟地震振动台所要控制的

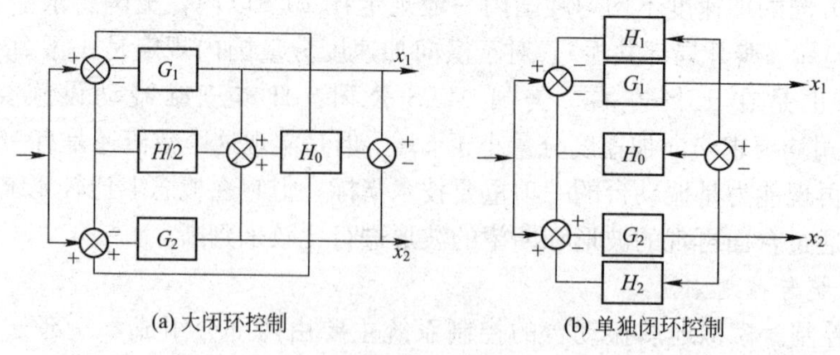

(a) 大闭环控制　　(b) 单独闭环控制

图 6－43　双加载器的两种同步控制方法

是一个非常复杂的对象，而且这个对象是无法用数字模型来准确描述的，它不仅与模拟控制系统、加载器、台面有关，而且与试件的特性也有关系，尤其是被试结构模型在试验过程中不断出现弹塑性的变化直至整个结构破坏，所以整个振动台系统在试验过程中的特性变化很大。在这种情况下，只采用模拟控制方法是远远不够的，需要采用数字控制技术，而且要实现准确控制振动台的目的则必须采用自适应控制方法才行，这在目前还很难做到，一是技术复杂，二是投资太大。所以目前模拟地震振动台的数字控制基本都是采用数字迭代方法。

模拟地震振动台的数字迭代法是一种开环控制方法，图 6－44 为数字控制系统模型。数字迭代控制方法是每次驱动振动台之后，将台面再现结果与期望信号进行比较，根据二者的差异对驱动信号进行修正后再次驱动振动台，再比较台面再现结果与期望信号，直到台面再现结果满足要求为止。这个过程具体可以通过三个步骤来完成：①首先通过输入输出信号建立系统的传递函数；②由期望信号和传递函数重新计算输入信号；③重新检验台面的再现情况。

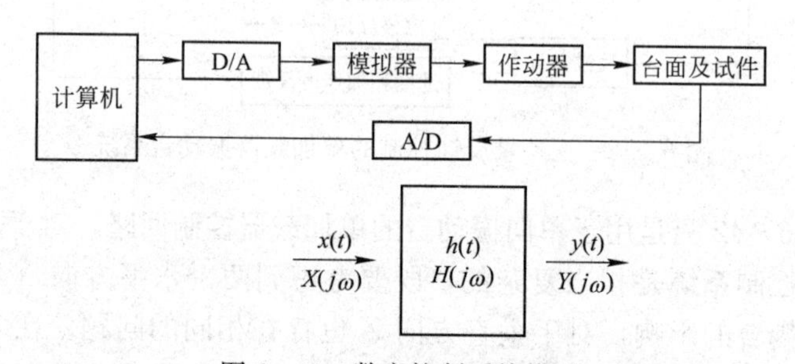

图 6－44　数字控制系统模型

(3) 数据采集和处理。振动台试验中采集数据需要许多传感器和测试仪器，不同的试件由于试验目的、试件特征等内容都相差很大，所以使用的仪器仪表在种类和数量上也不尽相同。常用的测试传感器有加速度计（用于测量加速度响应）、位移传感器（用于测量试件的相对位移或绝对位移）、应变片（主要用于测量试件不同部位的应变响应）。这些传感器及相关仪器的选择在《建筑抗震试验方法规程》中已经给出了一些具体原则，对于一般的结构模型进行振动台试验，按照这些原则选择测量仪器设备就可以了；对于特殊的试件（如刚度非常大的试件），那么在测量仪器方面还要根据试验情况作适当的考虑。

目前振动台试验的数据采集都实现了计算机采集和存储，即在试验过程中，将所有的测试信号由计算机同步采集，这样不仅有利于试验数据的保存，而且为下一步的试验数据处理提供了先决条件。

振动台试验数据的处理工作比较容易进行，因为目前振动信号处理的软件比较多，用这些软件可以非常方便地得到试件响应的频谱、均值、方差等内容。然后可以将这些分析结果或图形打印输出。

3）模拟地震振动台的应用

模拟地震振动台的应用范围非常广泛，涉及的领域很多。试件的形式除了最为常见的建筑结构和构件之外，其他方面的试验应用也非常多，例如，桥梁结构、塔桅结构、水工结构、离岸结构、核电结构、基础工程、岩土工程、市政工程、电力设备、化工设备、通信设备、室内装饰与家具、人体工程与地震心理等。在过去的几十年中，模拟地震振动台试验在抗震研究和工程实践中取得了重要成果。

4. 人工地震试验

采用地面或地下爆炸法引起地面运动的，都称之为“人工地震”。人工地震可用核爆和化爆产生。本节仅讨论化爆激发人工地震的问题。

1）直接爆破

在现场安装炸药并加以引爆后，地面运动的基本现象是：

地震运动加速度峰值随装药量增加而增高；

地面运动加速度峰值离爆心距离愈近愈高；

地面运动加速度持续时间离爆心距离愈远愈长。

这样，要使人工地震接近天然地震，而又能对结构或模型产生类似于地震动作用的效果，必然要求装药量很大和离爆心距离远一些才能取得较好的效果。

例如，1981 年在湖北某地进行过数次大装药量的引爆试验以研究地震动对房屋结构的影响。从地面运动记录来看：在离爆心很近的地方，地面运动加速度主脉冲只有一个，峰值虽高达数 g，但持续时间只有 0.1 s，主脉冲只占持续时间的 1/10 左右；在距离爆心 100 多米处，地面运动加速度的主脉冲就有两个以上，峰值虽然大为降低，但持续时间却延至 0.4 s 以上，主脉冲所占时间也达 0.15 s 左右。

2）密闭爆破

直接爆破的最大缺点是需要很大的装药量才能产生较好的效果，而且所产生的人工地震与天然地震总是相差较远。

采用密闭爆破法的优点是可以用少量炸药取得接近天然地震的人工地震。密闭爆破是一种圆筒形的爆破线源。这种爆破线源是一只可重复使用的橡胶套管（例如外径为 10 cm，内径为 7.6 cm，长度为 4.72 m），钢筒设有排气孔，而在钢筒上部留有空段，并用聚酯薄膜封顶，使用时把这一爆破线源伸入地面以下。钢管内装药量虽然不大，但引爆后爆炸生成物在控制的速率下排入膨胀橡胶管内，然后在主爆炸后规定时间内用分装的少量炸药把封顶的聚酯薄膜崩破。这样，引爆后会产生两次加速运动，一次是由于钢圆筒排到外围橡胶筒所引起的，另一次是由于气体从崩破的薄膜封口排放到大气中引起的。这样的爆破线源可以在一定条件下多个同时引爆，形成爆破阵。图 6－45 即为在距离爆破阵（共 10 个振源，总装药量为 1.24 kg）3 m 处的地面运动加速度记录。如果把这些爆破线源用点火滞后的办法逐个或逐批引爆，就可把人工地震引起的地面运动持续时间延长。

这种爆破线源可以做到直径为 10～30 cm、长度为 5～12 m。国外有关专家曾经做过试

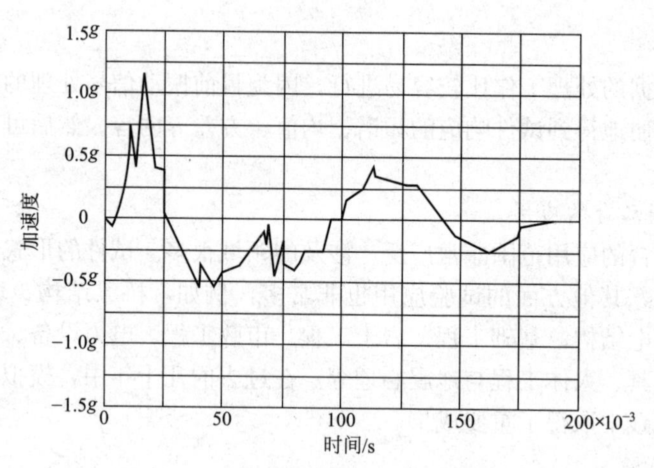

图 6-45　距爆破阵 3 m 处的地面运动

验研究：当采用 8 个直径为 30 cm、长为 11.1 m 的爆破线源组成 21 m 长的阵列和总炸药量为 55 kg 时，产生的地面运动加速度峰值可达 0.7 g，速度为 25 cm/s，可用于结构平面尺寸约为 10 m×10 m 的抗震试验。

3）我国在人工地震试验中取得的成果

云南省地震局曾成功地进行了一次人工地震试验，获得的加速度波形与天然地震相当接近，加速度峰值为 0.7 g，持续时间长达 10 s，如图 6-46 所示。

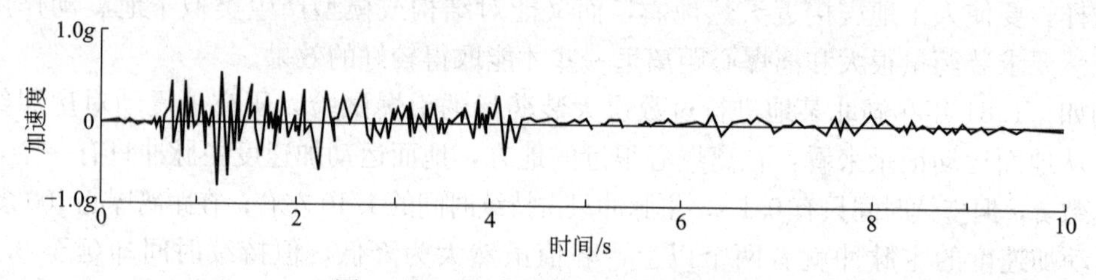

图 6-46　人工地震加速度时程曲线

5. 天然地震试验

建筑物的抗震减灾是国内外专家学者近几十年研究的热门课题。随着科技的不断发展和新仪器设备的出现，给抗震试验方法创造了更有利的条件。除了在实验室进行结构抗震试验研究以外，在频繁出现地震的地区或在短期预报可能出现较大地震的地区，有意识地建造一些试验性房屋，或在已建房屋上安装测震仪器以便一旦发生地震时可以得到房屋的反应等，这些都属于天然地震试验。通过实地观测所得到的建筑物地震反应信息弥补室内试验的不足。

根据经济条件和试验要求，大体上可以分为三类。

(1) 在频繁地震区或高烈度区结合房屋加固，有目的地采取多种方案的加固措施，当以后发生地震时可以根据震害分析了解加固的效果，虽不设置什么仪表，但由于量大面广也很有意义。此外，也可结合新建工程，有意图地采取多种抗震措施以便发生地震时可以进行震害分析。但应指出，并非所有加固或新建房屋都能成为试验房屋，作为天然地震试验，在不装仪表的条件下，试验房屋至少需具备下列基础资料：①场地土的钻探资料；②建筑物的原始资料：竣工图、材料强度、施工质量记录；③逐年的房屋检查（如是否开裂，裂缝发展情况等）及改建的全部资料等；④当地的地震记录。

(2) 自唐山地震以来，我国一些研究机构已在若干高烈度区有目的地建造了一些试验房屋，在若干楼层安置了长期观测的测震仪器，例如加速度计等，以便地震时取得更多的信息。美国和日本早就注意了这方面工作，不仅在地震区的城市房屋而且在许多构筑物上设置了测震仪器。我国在若干高层房屋、大坝和桥梁上安装了强震仪，曾在唐山地震及余震中获得有用的数据。

(3) 建立专门的天然地震试验场，并在地震试验场上建造试验房屋，这样可以运用一切现代化的手段取得结构在地震中的各种反应。当然，从费用上讲，这是最为昂贵的。目前世界上最负盛名的是日本东京大学生产技术研究所千叶试验场。日本东京大学生产技术研究所在千叶的试验基地包括许多部分，抗震试验只是基本的一个组成部分。在抗震试验方面有大型抗震试验室（反力墙、双向振动台）、数据处理中心、化工设备天然地震试验场和房屋模型天然试验场等。

化工设备天然地震试验场有若干罐体实物，建于 1972 年，此后陆续经受地震考验，取得不少数据。1977 年 9 月的地震（加速度峰值为 100 cm/s^2）曾使罐体的薄钢壁发生压屈。1981 年又建成了上述第三类现代化的房屋模型天然地震试验场。

6.6.5 工程结构抗震性能评定

结构抗震试验的目的，归根结底是抗震性能和抗震能力的评定。其实，不管静力试验还是动力试验，它们到底都是试验，而不是真正地震的考验。因此，在试验完成后，掌握了一批在正确试验设计条件下所获得的数据，就必然要回答如何进一步分析结构抗震性能和结构抗震能力的问题。

在一般结构静力试验中，凡以局部构件或模型试件模拟原型结构工作时，如要推算原型结构的承载能力或变形能力，首要条件是受力的一致性。例如一根原型简支梁承受均布或集中荷载，那么试件如果缩小比例，只要满足相似条件，考虑材料的尺寸效应，问题是很简单的。但是，在抗震试验中却往往不是如此。

在结构抗震静力试验中，结构受到的是低周反复荷载；而在地震动作用下，原型结构所受的是非周期性的动力荷载；即使非周期性的结构抗震静力试验（如拟动力试验等）也未必能满足动力的要求。在结构抗震动力试验中，用人工引爆形成地面运动的方法，也不完全同于自然发生的地震；用振动台输入地震运动实测加速度记录的方法进行试验，由于不能严格满足相似律，也还有值得探讨的地方。当然，天然地震试验又另当别论。

由此可见，抗震性能和抗震能力的评定是一个探讨中的问题。为此，有必要先说明几个关系。

1. 抗震性能和抗震能力的区别

抗震性能和抗震能力既有联系又有区别。不论分析结构的抗震性能或抗震能力，都要在试验结束后，通过获得的数据和破坏现象研究下列问题：

(1) 承载力；

(2) 抗裂度；

(3) 变形能力；

(4) 耗能能力；

(5) 刚度；

(6) 破坏机制。

以上各项都和结构的荷载—变形骨架曲线及滞回环有关。但是，抗震性能和抗震能力还有其不同的特点。

抗震性能主要研究构件性能，特别是不同构件间性能的比较；而抗震能力强调的是能抵御多大的地震。

在抗震结构设计中，往往需要比较各种构件在不同构造措施、不同加载制度、不同边界条件下抗震性能的优劣。例如，在同一荷载下比较变形增长率或刚度退化率；或在同一变形量下比较强度的退化率等。因此，在抗震性能研究中不必回答能抵御何等水平的地震。反之，在结构抗震能力的研究中，为了说明问题，必须研究某一结构的抗震性能，但它不一定去和另一结构比较，而是要直接回答能抵抗多大的地震。这样，在抗震能力研究中，就需要估计抵抗某种水平地震的能力。

2. 在识别系统的力学模型中人工与计算机优选的区别

在结构抗震试验中，当输入（力或加速度）给结构后，结构就有反应，即输出（如位移、应变、力、加速度等）。这一关系见图 6-47。

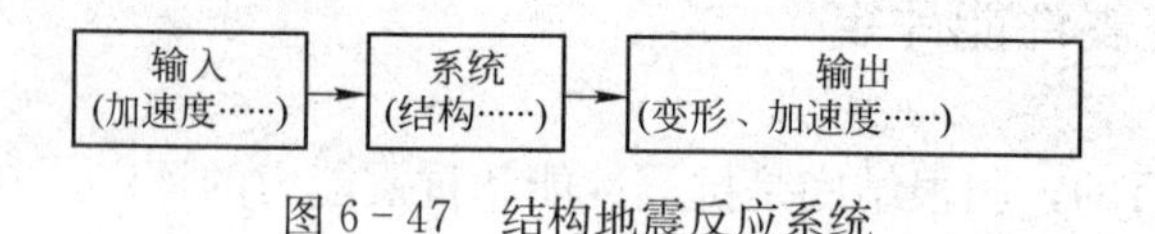

图 6-47　结构地震反应系统

在结构抗震静力试验中，输入的是周期性的侧向力，通过系统（结构）输出的是周期性的位移，从而得到力—位移滞回曲线。通过理论分析可以给出滞回环与试验结果的比较。如果两者较接近，则说明在理论分析中所使用的力学模型和参数是正确的。换言之，已识别了结构的模型和参数。

在模拟地震振动台试验中，输入为加速度，如果传感器是加速度计，则输出的也是加速度。通过理论分析所给出的加速度时程曲线与输出结果相比较，如果两者较为吻合，则可认为结构的力学模型和恢复力的数学模型基本上被人们识别了。

在识别过程中，一般有两种方法。

(1) 先确定结构的力学模型，然后假定各个参数，输入已知量后，求输出的未知量，如果输出结果与试验结果不符，可调整参数再做，直到输出结果接近试验结果为止，这是一种人工逐步试探（优选）达到理论接近试验的方法。

(2) 在原则和方法上与 (1) 相同，但不是用人工去逐步试探（优选），而是计算机自动以缩小误差函数为目标不断优选，使理论与试验相接近，即所谓系统识别方法。

3. 周期性加载与非周期性加载的区别

在抗震性能和抗震能力评定时，周期性和非周期性具有不同的效果。周期性的试验结果可以给出一种宏观的、大致的、偏于保守的评定结果，因为周期性的加载制度并不代表任何一次地震作用，甚至相差甚远。周期性加载试验更多地表现结构的内在滞回能力、在一定循环次数下抵抗疲劳的能力。因此，对周期性加载试验构件的抗震能力和性能的评定要考虑这一特点。非周期性试验结果针对某一次地震可以给出具体的实际效果。因为非周期性抗震试验是输入某一确定性的地震记录或人工地震波，或是通过人工引爆创造近似于地震的现场条件，所以，非周期性试验更多地表现抵抗某一卓越频率和加速度峰值地震地面运动的能力。换言之，周期性抗震试验可适当偏重于结构抗震性能的评定，而非周期性结构抗震试验可适当偏重于结构抗震能力的评定。

4. 个别与一般的区别

结构抗震性能和能力的评定中，往往个别与一般的关系容易被忽视。在结构试验时，如果有条件进行数量较大的、考虑多种因子和水平数的试验，自然可以获得一般性的规律，具有较全面的应用价值。反之，有一些试验为非周期性试验，就很难做到符合统计要求的试验数，而往往针对某个具体问题进行试验。这种个别而非一般的研究，就需要把重点放在破坏机制、力学模型和动力参数的识别上，从而通过个别所发现的一般规律来研究更广泛的问题。为此，到目前为止，周期性的结构抗震试验要求有一定的数量，以便进行直接的统计分析。而非周期性的结构抗震试验多偏重于数学模型的研究，以便从中得出能反映一般性的计算公式。

思　考　题

一、选择题

1. 下列哪个不是振动量参数？（　　）

A. 位移　　B. 速度　　C. 加速度　　D. 阻尼

2. 结构在动荷载作用下的振动变形图与结构的振型之间的关系一般是（　　）。

A. 一致的　　B. 有一定比例关系

C. 不确定　　D. 不一致

3. 试验荷载频率（即疲劳试验荷载在单位时间内重复作用的次数）一般不大于（　　）。

A. 10 Hz　　B. 20 Hz　　C. 30 Hz　　D. 40 Hz

4. 拟动力试验弥补了低周反复加载试验的不足，可利用计算机技术，即由计算机来监测和控制整个试验，结构的（　　）不需要事先假定，而可直接通过测量作用在试验对象上的荷载值和位移而得到，然后通过计算机来完成非线性地震反应微分方程的求解工作。

A. 恢复力　　B. 作用力　　C. 位移　　D. 变形

5. 结构低周反复加载静力试验由延性系数的大小和荷载——变形滞回曲线的形状等作为评价的指标来衡量结构的（　　）。

A. 整体变形　　B. 局部变形　　C. 抗震性能　　D. 动力特性

6. 人们利用高灵敏度的测振仪器，在任何地点、任何时间和任何情况下都能测得的振动波形（　　）。

A. 较大　　B. 较小　　C. 微小　　D. 极微小

7. 低周反复加载试验中，下列哪种加载方式容易产生失控现象？（　　）

A. 控制位移等幅、变幅混合加载法　　B. 控制力加载法

C. 控制位移等幅加载法　　D. 控制位移变幅加载法

8. 用后装拔出法检测混凝土强度时，测点应布置在构件受力较大及薄弱部位，相邻两测点的间距不应小于（　　）锚固件的锚固深度。

A. 4 倍　　B. 6 倍　　C. 8 倍　　D. 10 倍

9. 结构在等幅稳定、多次重复荷载作用下，为测试结构（　　）而进行的动力试验为结构疲劳试验。

A. 动力特性　　B. 疲劳性能　　C. 动力反应　　D. 阻尼系数

10. 结构强迫振动的频率和作用力的频率相同，具有此频率的振源就是（　　）。

A. 主振源　　B. 次振源　　C. 合成振源　　D. 附加振源

二、填空题

1. 在结构动力试验中，常利用物体质量在运动时产生的惯性力对结构施加__________。

2. 等幅疲劳试验加载程序包括静载试验、疲劳试验和__________三个阶段。

3. 低周反复加载试验的结果通常是由__________及有关参数来表达的，可以用来进行结构抗震性能的评定。

4. 低周反复加载试验的加载历程与地震引起的实际反应相差很大。因此，理想的加载方案是按某一确定的__________来制订相应的加载方案。

5. 结构动力试验测点布置原则上与静力试验一样，将测点布置在要求被测量结构反应的__________处。

6. 结构低周加载试验的主要目的是研究结构在经受模拟地震作用的低周反复荷载后的__________和__________。

三、简答题

1. 建筑工程中需要研究和解决的振动问题有哪些？

2. 动载试验与静载试验比较，有哪些特殊的规律性？

3. 进行建筑结构动载试验时，需测定哪些内容？

4. 引起结构自由振动的方法有哪些？如何用自由振动法求出结构的自振频率和阻尼比？

5. 共振法测量结构自振频率和阻尼比的原理是什么？

6. 采用偏心式激振器时如何绘制共振曲线？

7. 拾振器的布置需注意哪些问题？

8. 什么是脉动？应用脉动法时应注意哪些问题？

9. 如何理解工程结构脉动是一种各态历经的平稳随机过程？什么是功率谱密度函数？

10. 主谐量法确定结构基本振型的原理是什么？

11. 测定动应变时应注意哪些问题？

12. 如何作出结构的振动变位图？振动变位与振型有何区别？

13. 什么是结构动力系数？如何用试验进行测定？

14. 什么是疲劳？国内外对疲劳比较重视的原因有哪些？

15. 疲劳试验分为哪两种？各包括哪些内容？

16. 确定疲劳荷载频率时应注意哪些问题？

17. 疲劳试验主要分哪几个步骤？

18. 疲劳试验应测量哪些物理量？测量的方法是什么？

19. 疲劳试验试件的安装应注意哪些问题？

20. 为什么说风荷载可以看成静荷载和动荷载的叠加？风洞试验测试的项目有哪些？

21. 工程结构抗震试验包括哪三个环节？它们的关系是怎样的？

22. 工程结构抗震试验分为哪几类？不同试验方法有哪些区别和联系？

23. 结构低周反复加载静力试验的目的是什么？有哪些优缺点？

24. 单向反复加载采用哪三种方法？各自又包括哪几种加载？

25. 多点同步加载法中如何解决加载器的同步性？

26. 为何需要主要研究钢筋混凝土框架梁柱节点抗震性能？

27. 什么是拟动力检测？必须使用哪种设备加载？它与伪静力检测有何异同之处？它与地震模拟振动台检测有何异同之处？

28. 模拟地震振动台检测的振动波分哪几种？不同加载过程的优缺点是什么？

29. 根据表中数据绘出图示结构物的振型图。

表 6-7　不同楼层的幅值

楼层	幅值 A	幅值 B
顶层	1.00	-1.00
10 层	0.75	-0.75
7 层	0.48	-0.48
4 层	0.24	-0.24
2 层	0.09	-0.09

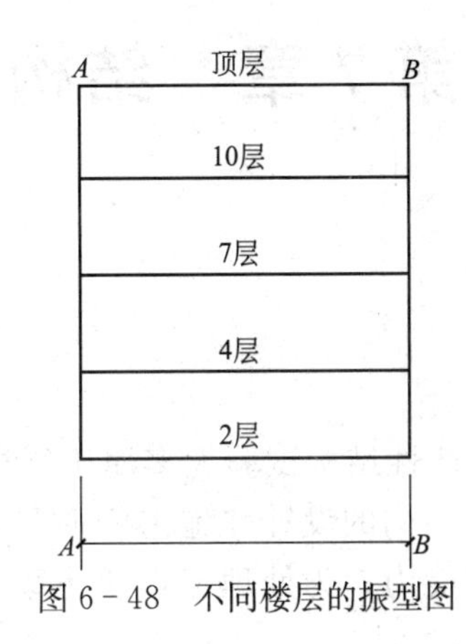

图 6-48　不同楼层的振型图

第7章 结构试验现场可靠性检测技术

7.1 概 述

生产性结构试验大多属于结构检验性质的，它具有直接的生产目的，经常用来验证和鉴定结构的设计和施工的质量；为要求改建或加固的已建结构判断和确定现有的实际承载能力；为处理工程质量事故和受灾结构提供技术依据；为预制构件产品作质量鉴定。

目前世界各国对于建筑物使用寿命，特别是建筑物的剩余寿命极为关注。这主要是因为现存的已建结构逐渐增多，有的已到了老龄期，临近退役，需要更换。有的则已进入了危险期，引起建筑物的破坏、倒塌，事故不断发生。由于以上原因，近十几年来，建筑物使用寿命可靠性的评价和剩余寿命的预测技术有了很大的发展。首先可以保证建筑物的安全使用和防止建筑物重大破坏和倒塌事故的发生，其次可以减少经济损失和在社会上造成的重大影响。

已建结构的鉴定又称为已建结构可靠性鉴定或可靠性诊断。它是指对已建结构的作用、结构抗力及相互关系进行测定、检测、试验、判断和分析研究并取得结论的全部过程。它不但对结构检查鉴定的理论研究并加强其在工程实践中应用，还对作为主要手段的结构现场检测技术的研究和发展，起到了重要的促进作用。

综上所述，不论哪一种试验的目的，生产性的结构检验由于试验对象明确，除了预制构件的质量检验在预制厂进行以外，大部分都是在结构所在的现场进行试验，更由于这些结构在试验后一般均要求能继续使用，所以试验一般都要求是非破坏性的。因此，结构现场检测可采用传统的荷载试验方法，在控制试验荷载量的情况下，检测结构的刚度和承载能力。试验时必须注意结构抗力分布的随机性和荷载实际值可能产生的误差，防止引起结构的破坏。由于近代试验技术的发展，目前在结构的现场检验中更多的是采用非破损或半破损试验的检测方法。

由于结构现场检测必须以不损伤和不破坏结构本身的使用性能为前提，无损或半破损检测方法是检测结构构件材料的力学强度、弹塑性性质、断裂性能、缺陷损伤以及耐久性等参数，其中主要为材料强度检测和内部缺陷损伤探测两个方面。结合我国工程建设的实践和现状，混凝土结构的现场检测技术发展尤为迅速。

无损检测混凝土强度的方法，以硬化混凝土的某些物理量与混凝土标准强度之间的相关性为基本依据，在不破坏结构混凝土的前提下，测量混凝土的某些物理特性，如混凝土表面的回弹值、声速在混凝土内部的传播速度等，并按相关关系推出混凝土的强度作为检测结果。无损检测混凝土强度的方法目前以回弹法、超声法在实际工程中使用的较多，其中回弹法已制定出相应的技术规程。

无损检测混凝土内部缺陷的方法，是用以测定结构在施工过程中浇捣、成型、养护等因素造成的蜂窝、孔洞、温度或干缩裂缝，保护层厚度不足等缺陷，以及结构在使用过程中因火灾、腐蚀、受冻等非受力因素造成的混凝土损伤。目前，我国应用较多的超声脉冲法、红外成像监测技术、雷达波无损检测方法等都可对结构混凝土的内部缺陷进行探测，目前应用最为广泛的是超声脉冲法，已制订出超声法检测混凝土缺陷的技术规程。

随着无损试验技术的发展，它还被应用于混凝土结构中检测钢筋位置、钢筋锈蚀和材质监测。例如在钢结构的现场检测时，可用超声波检测技术、磁粉、射线探伤等无损试验技术于检测钢材及焊缝的质量。

半破损检测混凝土强度的方法，是在不影响结构构件承载能力的前提下，在结构构件上直接进行局部的微破损试验，或直接取样后试验，推算出混凝土强度作为检测结果。半破损检测混凝土强度的方法目前使用较多的是钻芯法和拔出法，都已颁布了技术规程。

为了提高检测效率和检测精度，采用无损和半破损方法进行合理的综合应用，也受到了广泛的重视。

7.2 混凝土结构的现场检测技术

7.2.1 混凝土结构的特点

混凝土是以水泥为主要胶结材料，拌合一定比例的砂、石和水，有时还加入少量的各种添加剂，经搅拌、注模、振捣、养护等工序后，逐渐凝固硬化而成的人工混合材料。各组成材料的成分、性质和相互比例，以及制备和硬化过程中的各种条件和环境因素，都对混凝土的力学性能有不同程度的影响，因而其强度、变形等性能较之其他材料离散性更大。加之钢筋混凝土结构的钢筋品种、规格、数量及构造不能一目了然，因此混凝土结构的强度及老化程度一般需经一定的测试手段并结合工程经验做出评价。

由于受各时期技术政策及政治环境的影响，我国各历史阶段建造的混凝土建筑物也有其不同特点。20 世纪 50 年代初期，全国有统一的设计及施工规范和标准，而且管理制度较严格，工程质量较好，极少发现采用不合格钢筋和不合格水泥的现象。但这些建筑物已使用较长时间，应侧重检查其老化程度和损伤情况。1958—1960 年片面追求进度，设计和施工质量事故时有发生。对这些建筑物应注意检测施工质量和材质。20 世纪 60—70 年代，某些工程使用了未经工程试用或实践考验的构件，给建筑物留下了隐患，鉴定时应着重检查其结构布置和构造是否合理、设计的可靠度和施工质量等问题。

配制混凝土使用的砂、石骨料为地方性材料，某些地方的石子硬度不够、砂子的粒度过细或某些杂质含量较高等，由其配制的混凝土，其性能也呈现某些差异。

综上所述，对工程结构进行鉴定，需要对该工程建造时期的技术政策和形势特点及材料供应条件等作较详细的了解分析，以便确定工作重点，准确地找到结构存在问题的症结，作出恰当的评定。

7.2.2 混凝土强度检测

1. 回弹法

1）回弹法的基本概念及原理

回弹法运用回弹仪通过测定混凝土表面的硬度以确定混凝土的强度，是混凝土结构现场检测中最常用的一种无损检测方法。

回弹仪在1948年由瑞士人E. Schmidt（史密特）发明，主要由弹击杆、重锤、拉簧、压簧及读数标尺等组成。

其工作原理是一个标准质量的重锤，在标准弹簧弹力带动下，冲击一个与混凝土表面接触的弹击杆，由于回弹力的作用，重锤又回跳一定距离，并带动滑动指针在刻度板上指出回弹值N，N是重锤回弹距离与起跳点原始位置距离的百分比，即：

$$N=(x/L)\times 100\% \tag{7-1}$$

混凝土强度越高，表面硬度也就越大，N值也就越大。通过事先建立起来的混凝土强度与回弹值的关系曲线f_{cu}-N，可以根据N求f_{cu}值。

利用回弹法测定混凝土的强度应遵循我国《回弹法检测混凝土抗压强度技术规程》（JGJ/T 23—2011）的有关规定。

测试时，打开按钮，弹击杆伸出筒身外，然后把弹击杆垂直顶住混凝土的测试面，使之缓缓压入筒身，这时筒内弹簧和重锤逐渐趋向紧张状态，当重锤碰到挂钩后即自动发射，推动弹击杆冲击混凝土表面后回弹一个高度，回弹高度在标尺上示出，按下按钮取下仪器，在标尺上读出回弹值。

2）回弹法的应用

测试应在事先划定的测区内进行，每一构件测区数不少于10处，每个测区面积为200 mm×200 mm，每一测区设16个回弹点，相邻两点的间距一般不小于30 mm，一个测点只允许回弹一次，最后从测区的16个回弹值中分别剔除3个最大值和3个最小值，取余下10个有效回弹值的平均值作为该测区的回弹值，即：

$$R_m=\sum_{i=1}^{10}\frac{R_i}{10} \tag{7-2}$$

式中：R_m为测试角度为水平方向时的测区平均回弹值，计算至0.1；R_i为第i个测点的回弹值。

当回弹仪测试位置非水平方向时，考虑到不同测试角度，回弹值应按下列公式修正：

$$R=R_m+\Delta R_\alpha \tag{7-3}$$

式中：ΔR_α为测试角度为α的回弹修正值，按表7-1采用。

表 7-1　不同测试角度 α 的回弹修正值

R_m	α 向上				α 向下			
	+90°	+60°	+45°	+30°	−30°	−45°	−60°	−90°
20	−6.0	−5.0	−4.0	−3.0	+2.5	+3.0	+3.5	+4.0
30	−5.0	−4.0	−3.5	−2.5	+2.0	+2.5	+3.0	+3.5
40	−4.0	−3.5	−3.0	−2.0	+1.5	+2.0	+2.5	+3.0
50	−3.5	−3.0	−2.5	−1.5	+1.0	+1.5	+2.0	+2.5

当测试面为浇注方向的顶面或底面时，测得的回弹值按下列公式修正：

$$R=R_{ms}+\Delta R_s \tag{7-4}$$

式中：ΔR_s 为在混凝土浇注顶面或底面测试时的回弹修正值，按表 7-2 采用；R_{ms}为在混凝土浇注顶面或底面测试时的平均回弹值，计算至 0.1。

测试时，如果回弹仪既处于非水平状态，同时又在浇注顶面或底面，则应先进行角度修正，再进行顶面或底面修正。

对于旧混凝土，由于受到大气中 CO_2的作用，使混凝土中一部分未碳化的 $Ca(OH)_2$逐渐形成碳酸钙 $CaCO_3$而变硬。因而在旧混凝土上测试的回弹值偏高，应给以修正。

表 7-2　不同浇注面的回弹修正值 ΔR_s

R_{ms}	ΔR_s		R_{ms}	ΔR_s	
	顶面	底面		顶面	底面
20	+2.5	−3.0	40	+0.5	−1.0
25	+2.0	−2.5	45	0	−0.5
30	+1.5	−2.0	50	0	0
35	+1.0	−1.5			

修正方法与碳化深度有关。鉴别与测定碳化深度的方法是：采用电锤或其他合适的工具，在测区表面形成直径为 15 mm 的孔洞，深度略大于碳化深度。吹去洞中粉末（不能用液体冲洗），立即用浓度 1%的酚酞酒精溶液滴在孔洞内壁边缘处，未碳化混凝土变成紫红色，已碳化的则不变色。然后用钢尺测量混凝土表面至变色与不变色交界处的垂直距离，即为测试部位的碳化深度，取值精确至 0.5 mm。

碳化深度必须在每一测位的两相对面上分别选择 2～3 个测点，如构件只有一个可测面，则应在可测面上选择 2～3 点量测其碳化深度，每一点均应测试两次。每一测区的平均碳化深度按下式计算：

$$d_m=\frac{\sum_{i=1}^{n} d_i}{n} \tag{7-5}$$

式中：n 为碳化深度测量次数；d_i 为第 i 次量测的碳化深度（mm）；d_m 为测区平均碳化深度，当 $d_m>6$ mm，取 $d_m=6$ mm。

有了各测区的回弹值及平均碳化深度，即可按规定的方法评定构件的混凝土强度等级。

2. 超声脉冲法

1）超声脉冲法的基本概念

超声脉冲法利用混凝土的抗压强度 f_{cu} 与超声波在混凝土中的传播参数（声速、衰减等）之间的相关关系检测混凝土的强度。

2）超声脉冲法的原理

超声波脉冲实质上是超声检测仪的高频电振荡激励仪器换能器中的压电晶体，由压电效应产生的机械振动发出的声波在介质中的传播（见图 7－1）。

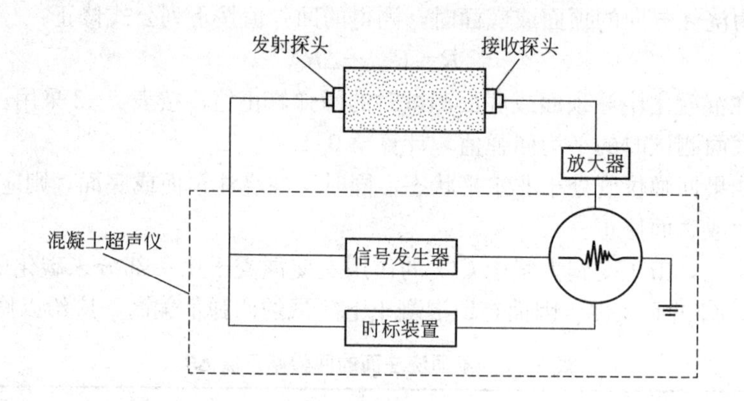

图 7－1　超声检测仪原理图

混凝土强度愈高，相应超声声速也愈大，经试验归纳，这种相关性可以用反映统计相关规律的线性数学模型来拟合，即通过试验建立混凝土强度与声速的关系曲线（$f-v$ 曲线）或经验公式。目前常用的相关关系表达式有：

指数函数方程：
$$f_{cu}^{c}=Ae^{Bv} \tag{7-6}$$

幂函数方程：
$$f_{cu}^{c}=Av^{B} \tag{7-7}$$

抛物线方程：
$$f_{cu}^{c}=A+Bv+Cv^{2} \tag{7-8}$$

式中：f_{cu}^{c} 为混凝土强度换算值（N/mm^2）；v 为超声波在混凝土中传播速度（m/s）；A、B、C 为常数项。

3）超声脉冲法的应用

在现场进行结构混凝土强度检测时，应选择试件浇筑混凝土的模板侧面为测试面，一般以 200 mm×200 mm 的面积为一测区。每一试件上相邻测区间距不大于 2 m。测试面应清洁平整、干燥无缺陷和无饰面层。每个测区内应在相对测试面上对应布置三个测点，相对面上对应的辐射和接收换能器应在同一轴线上。测试时必须保持换能器与被测混凝土表面有良好的耦合，并利用黄油或凡士林等耦合剂，以减少声能的反射损失。

测区声波传播速度为
$$v=l/t_{m} \tag{7-9}$$

$$t_{m}=\frac{t_{1}+t_{2}+t_{3}}{3} \tag{7-10}$$

式中：v 为测区声速值（km/s）；l 为超声测距（mm）；t_m 为测区平均声时值（μs）；t_1、t_2、t_3 分别为测区中 3 个测点的声时值。

当在试件混凝土的浇筑顶面或底面测试时，声速值应做如下修正：

$$v_u = \beta v \tag{7-11}$$

式中：v_u 为修正后的测区声速值（km/s）；β 为超声测试面修正系数。在混凝土浇灌顶面及底面测试时，$\beta=1.034$；在混凝土侧面测试时，$\beta=1$。

由试验量测的声速，按 $f_{cu}^{c}-v$ 曲线求得混凝土的强度换算值。

一般来说，超声波在混凝土材料中的传播速度反映了材料的弹性性质。由于声波穿透被检测的材料，因此也反映了混凝土内部构造的有关信息。回弹法的回弹值反映了混凝土的弹性性质，同时在一定程度上也反映了混凝土的塑性性质，但它只能确切反映混凝土表层约30 mm左右厚度的状态。在实际检测中，可视检测的目的不同，采用超声回弹综合法检测混凝土强度，以对混凝土的某些物理参量在采用超声法或回弹法单一测量时产生的影响得到相互补偿。如对回弹值影响最为显著的碳化深度在用回弹法检测时是一项重要的参数，但在综合法中碳化因素可不予修正，原因是碳化深度较大的混凝土，由于它的龄期较长而其含水量相应降低，以致声速稍有下降，因此在综合关系中可以抵消回弹值上升所造成的影响。试验证明，超声回弹综合法的测量精度优于超声或回弹单一方法，减少了量测误差。

用超声回弹综合法检测混凝土强度需要配置专门的设备，操作者的技术水平及经验都对测量精度有很大影响。有关细则应按中国工程建设标准化委员会的标准《超声回弹综合法检测混凝土强度技术规程》CECS02：2005执行。

3. 钻芯法

1）钻芯法的基本概念

钻芯法是在结构上直接钻取芯样，将芯样加工后进行抗压强度试验。其检测结果比较准确，但对结构有一定削弱，属于半破损检验方法，所以不宜大量使用。

钻芯法检测混凝土强度主要用于：

(1) 对试块抗压强度的测试结果有怀疑时；

(2) 因材料、施工或养护不良而发生混凝土质量问题时；

(3) 混凝土因遭受冻灾、火灾、化学侵蚀或其他灾害时；

(4) 建筑结构或构筑物经过多年使用后，混凝土强度需要检测时。

考虑到钻芯过程对低强度混凝土的扰动，钻芯法不宜用于低于C10的混凝土的检测。

芯样应具有代表性，尽量在结构非关键受力部位取芯，选择取芯位置时应特别注意避开主要受力钢筋（有条件时使用钢筋位置测定仪探清钢筋位置）。取芯设备和技术操作、芯样加工要求、抗压试验和强度计算等均应按中国工程建设标准化委员会标准《钻芯法检测混凝土强度技术规程》（CECS03：2007）执行。由于在结构上钻取芯样数量受到限制，可取一定数量的芯样与其他检测方法的结果互相校核，综合确定混凝土强度。

2）钻芯法的应用

芯样试件的抗压试验宜在与被检测结构混凝土湿度基本一样的条件下进行，对处于干燥条件下工作的结构构件，抗压试验前芯样试件应自然干燥3天，对于处于潮湿条件或水下工作的结构构件，抗压前芯样应该在15～20 ℃的清水中浸泡40～48 h，并在取出后立即进行抗压试验。

每个芯样按下式计算芯样试件混凝土换算值：

$$f_{cu}^{c} = 4\alpha F/\pi d^2 \tag{7-12}$$

式中：f^{c}_{cu}为芯样试件混凝土换算强度值（MPa），精确至0.1 MPa；F 为芯样试件抗压试验的最大压力（N）；d 为芯样试件的平均直径（mm）；α 为不同高径比的芯样试件混凝土强度换算系数，按表7-3选用。

表7-3　芯样试件混凝土强度换算系数

高径比（h/b）	1.0	1.1	1.2	1.3	1.4	1.5	1.6	1.7	1.8	1.9	2.0
系数α	1.00	1.04	1.07	1.10	1.13	1.15	1.17	1.19	1.21	1.22	1.24

作为构件或单个构件的局部区域，可取芯样试件混凝土强度换算值中的最小值作为其代表值。

4. 拔出法

1）拔出法的基本概念

拔出法试验是用一金属锚固件预埋入未硬化的混凝土浇筑构件内，或在已硬化的混凝土构件上钻孔埋入一膨胀螺栓，然后测试锚固件或膨胀螺栓被拔出时的拉力，由被拔出的锥台形混凝土块的投影面积，确定混凝土的拔出强度，并由此推算混凝土的立方体抗压强度，也是一种半破损试验的检测方法。

在浇筑混凝土时预埋锚固件的方法，称为预埋法，或称LOK试验。在混凝土硬化后再钻孔埋入膨胀螺栓作为锚固件的方法，称为后装法，或称CAPO试验。预埋法常用于确定混凝土的停止养护、拆膜时间及施加后张预应力的时间，按事先计划要求布置测点。后装法则较多用于已建结构混凝土强度的现场检测，检测混凝土的质量和判断硬化混凝土的现有实际强度。

2）拔出法的应用

拔出法试验用的锚固件膨胀螺栓如图7-2所示。其中预埋的锚固件拉杆可以是拆卸式的，也可以是整体式的。

拔出法试验的加荷装置是一专用的手动油压拉拔仪，见图7-3。整个加荷装置支承在承力环或三点支承的承力架上，油缸进油时对拔出杆均匀施加拉力，加荷速度控制在0.5～1 kN/s，在油压表或荷载传感器上指示拔力值。

单个构件检测时，至少要进行三点拔出试验。当最大拔出力或最小拔出力与中间值之差大于5%时，在拔出力测试值的最低点处附近再加测两点。对同批构件按批抽样检测时，构件抽样数应不少于同批构件的30%，且不少于10件，每个构件不应少于三个测点。

对结构或构件上的测点，宜布置在混凝土浇筑方向的侧面，应分布在外荷载或预应力钢筋压力引起应力最小的部位。测点分布均匀并应避开钢筋和预埋件。测点间距应大于10 h，测点距离试件端部应大于4 h（h 为锚固件的锚固深度）。

采用拔出法作为混凝土强度的推定依据时，必须按已经建立的拔出力与立方体抗压强度之间的相关关系曲线，由拔出力确定混凝土的抗压强度。目前国内拔出法的测强曲线一般都采用一元回归直线方程：

$$f^{c}_{cu}=aF+b \tag{7-13}$$

式中：f^{c}_{cu}为测点混凝土强度换算值（MPa），精确至0.1 MPa；F 为测点拔出力（kN），精确至0.1 kN；a、b 为回归系数。

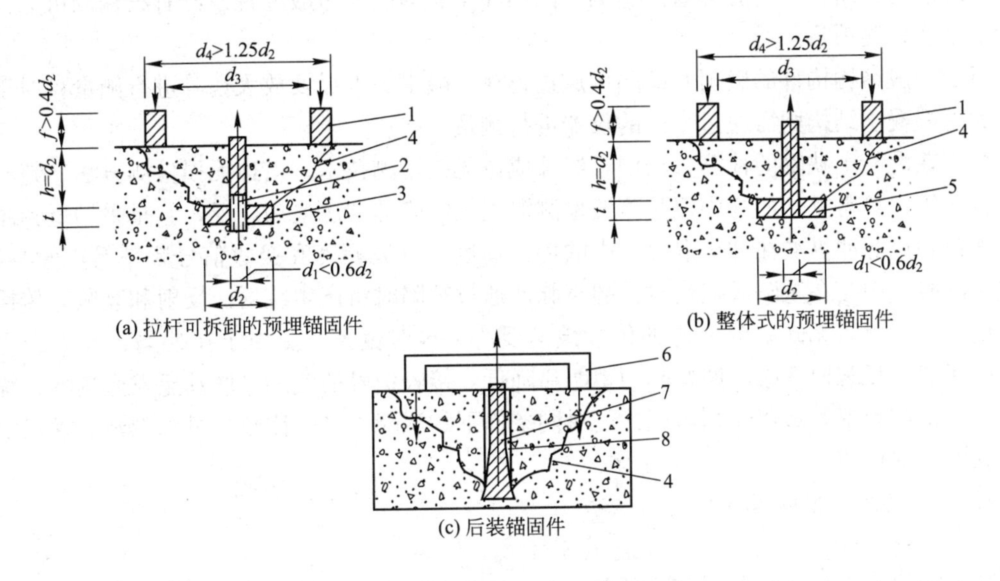

图 7-2　拔出法试验锚固件形式

1—承力环；2—可卸式拉杆；3—锚头；4—断裂线；5—整体锚固件；6—承力架；7—后装式锚固件；8—后装钻孔

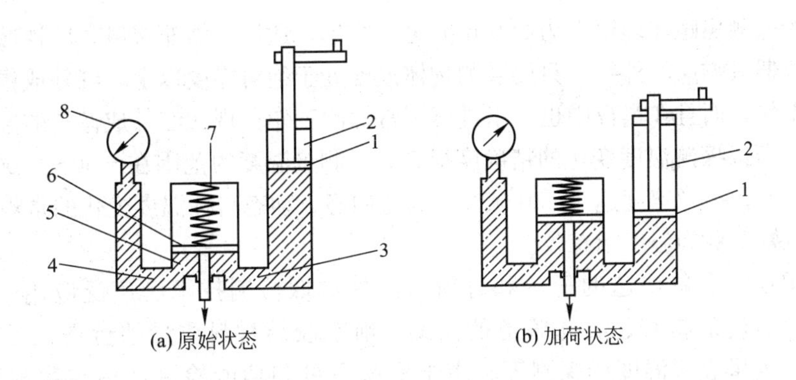

图 7-3　拔出法试验加荷装置

1—活塞；2—泵；3、4—油管；5—工作油缸；6—工作活塞；7—复位弹簧；8—压力表

当混凝土强度对结构的可靠性起控制作用时，如轴压、小偏心受压构件和构件的受剪及局部承压部位等，或者一种检测方法的检测结果离散性很大时，需用两种或两种以上的方法进行检测，以综合确定混凝土的强度。

7.2.3　混凝土破损及内部缺陷检测

混凝土的破损包括由于环境温湿度影响及结构构件的受力产生的裂缝，以及由于化学侵蚀、冻融和火灾等引起的损伤。混凝土的内部缺陷则主要指由于技术管理不善和施工疏忽，在结构施工过程中因浇捣不密实造成的内部疏松、蜂窝及孔洞等。混凝土的破损及缺陷对构件的承载能力与耐久性均有显著的影响，因而在工程验收、事故处理及已有结构的可靠性鉴定中属重要检测项目。

对于一般结构构件的破损及缺陷可通过目测、敲击、卡尺及放大镜等进行测量；对于体积较大的混凝土结构则需通过专门的仪器进行测量。

当前在混凝土缺陷的检测方法中，红外成像无损检测技术、雷达无损检测方法、超声波检测方法等比较常见，而其中以超声波检测混凝土缺陷的方法最为广泛，它是采用低频超声仪，测量超声脉冲纵波在结构混凝土中的传播速度、首波幅度和接收信号频率等声学参数。当结构混凝土中存在缺陷或损伤时，超声脉冲通过缺陷时将产生绕射、反射和衰减，传播的声速要比相同材质无缺陷混凝土的传播声速要小，声时偏长。更由于在缺陷界面上产生反射，因而能量显著地衰减，波幅和频率明显降低，接收信号的波形平缓甚至发生畸变。综合声速、波幅和频率等参数的相对变化，对同条件下的混凝土进行比较，可以判断和评定混凝土的缺陷和损伤情况。

1. 红外成像无损检测技术

1）红外成像检测技术的基本概念及原理

根据物体表面的温度场分布情况所形成的热像图，直观地显示材料、结构物及不同材料在结合面上存在不连续缺陷的检测技术，称为红外成像检测技术。运用红外热像仪可探测物体各部分所辐射的红外线能量，它是非接触的无损检测技术，即在技术上可上下左右对被测物体非接触的连续扫测，也称红外扫描测试技术。

红外线的探测焦距在理论上为 200 mm 至无穷远，适用于做非接触、广视域的大面积无损检测；探测器只响应红外线，只要被测物体温度处于绝对零度以上，红外成像仪就不仅在白天能进行工作，而且在黑夜中也可以进行正常探测工作；现代红外成像仪的温度分辨率可达 0.002 ℃，所以探测温度变化的精确度很高，且测量温度的范围在 −50～2 000 ℃，探测领域也非常广阔；摄像速度达 1～30 帧/s，故适用静、动态目标温度变化的常规检测和跟踪探测，因而也常被称为温度示踪仪。

红外热像仪能形象快速的显示和分辨，红外成像检测技术已广泛应用于电力设备、高压电网安全运转的检查、石化管道的泄漏、航空胶结材料质量的检查、医疗诊断、太阳光谱分析、火星表层温度场探测等。用于房屋质量和功能检测评估在我国尚属起步阶段，具有扫测视域广、快速、大面积扫描、非接触、直观等其他无损检测技术无法替代的技术特点。

红外线是介于可见红光与微波之间的电磁波，它的波长范围为 0.76～1 000 mm，频率为 $3\times10^{11}\sim4\times10^{14}$ Hz。在自然界中，任何高于 0 K（−273 ℃）的物体都是红外辐射源，由于红外线是辐射波，被测物具有辐射的现象，所以红外无损检测是通过测量物体的热量和热流来鉴定物体质量的一种方法。当物体内部存在裂缝和缺陷时它将改变物体的热传导，使物体表面温度分布产生差别，利用红外成像的检测仪测量它的不同热辐射，从而可以查出物体的缺陷位置。

如光照或热流是均匀的，从图 7－4 可以看出，对无缺陷的物体，经反射或物体热传导后，从表面的辐射情况可以看出，其表层温度场分布基本上是均匀的；如果物体内部存在缺陷，将使缺陷处的温度场分布产生变化。

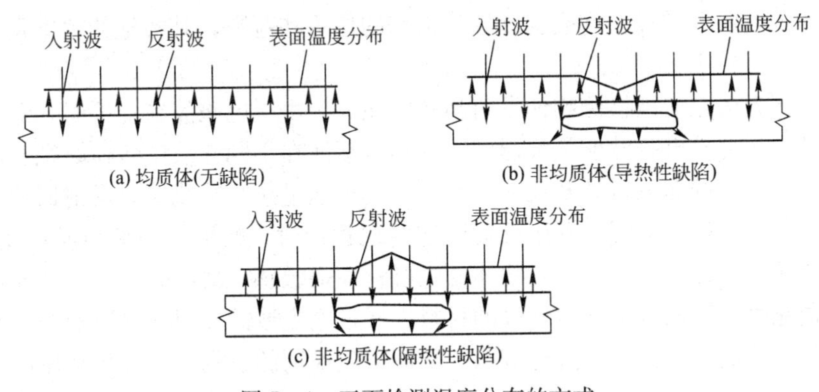

图 7-4 正面检测温度分布的方式

2）红外成像检测技术的应用

正面检测的方式，对于隔热性的缺陷，缺陷处因热量堆积将呈现“热点”，对于导热性的缺陷，缺陷处的温度将呈现低温点。正面检测的方式，常用于检查壁板、夹层结构的胶结质量。检测复合材料脱粘缺陷和面砖粘贴的质量等。

如果采用背面检测的方式，对于隔热性的缺陷，缺陷处将出现低温点，对于导热性的缺陷，缺陷处的温度将呈现“热点”。背面检测的方式，常用于房屋门窗、冷库、管道保温隔热性的检查等。

采用热红外测试技术，可以较形象地检测出材料的内部缺陷和均匀性。红外成像技术目前常用于以下几个方面的检测：①建筑物外墙剥离层的检测；②饰面砖质量大面积的安全扫描；③幕墙、门窗保温隔热性、防渗漏的检测；④墙面、屋面渗漏的检查；⑤结构混凝土火灾受损、冻融破坏的检查；⑥检测混凝土的蜂窝、测定混凝土中钢筋的位置；⑦铁路和公路沿线山体岩层护坡的监测。

2. 雷达无损检测方法

雷达（radar）是利用无线电波发现目标并测定其位置的设备。雷达波无损检测由于在地质勘探中的广泛应用，通常称为地质雷达（geological probing penetrating radar 或 ground penetration radar，GPR）探测技术。

雷达波是指频率为 300 MHz 到 300 GHz 的微波，属于电磁波，在真空中相应的波长为 1 m 到 1 mm，在电磁波上处于远红外线至无线电短波之间，在真空中的传播速度为 3×10^{8} m/s。当波长远小于物体尺寸时，微波的传导和几何光学相似，即在各项同性均匀介质中具有直线传播、反射和折射的性质。当波长接近于物体尺寸时，微波又有近于声波的特点。

雷达波无损检测方法的优点主要表现在以下方面。

（1）高分辨率。工作频率可高达 5 GHz，分辨率达毫米级。

（2）无损性。是一种非破损检测技术，对被检测物体没有任何损害，根据不同的工作频率，其探测深度可从几十厘米到上百米。

（3）高效率。地质雷达仪器轻便，从数据采集到处理成像一体化，因而效率高。

（4）抗干扰能力强。可在各种环境下工作。

由于上述特点，这一方法近年来在沥青和钢筋混凝土结构的检测中开始得到应用，目前主要应用于探测被测物体的结构组成、内部缺陷、地下管线的分布、探测浅层的地层结构、混凝土结构中的孔洞、剥离层和裂缝等缺陷损伤的位置和范围，其实施的关键是如何进行成像识别。

雷达波检测方法是向被检测物体发射高频电磁波，由于电磁波在传播时，遇到不同介电特性的介质就会有部分电磁波能量被返回，利用电磁波在不同介质中传播路径、电磁场强度及波形随所通过介质的介电特性及几何形态而变化，通过接收天线接收反射回波并记录反射时间，根据接收的雷达剖面图，利用反射回波的双程走时、幅度、频率与波形变化等信息，对所通过的介质进行描述。雷达波对物体的电磁特性很敏感，对电磁衰减大的非金属材料具有较强的穿透能力，不能穿透导电性好的材料，通过电磁波的反射或透射对被检测物体内部的异质如钢筋、孔洞以及密实度进行成像，从而达到检测的目的。其在检测中的基本原理如图 7-5 所示。

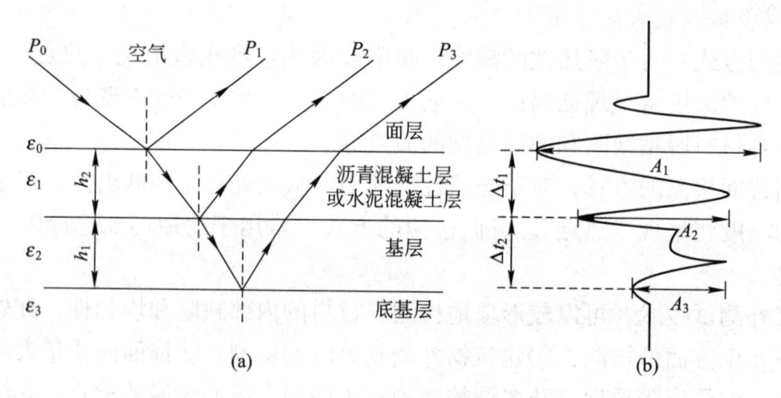

图 7-5　雷达波检测的基本原理

由图 7-5（a）可知，探地雷达接收的是来自不同介质分界面的反射波，其形成的是电磁波在介质中的传播时间与反射波波幅的关系曲线。图 7-5（b）为探地雷达的基本波形扫描记录，Δt_1、Δt_2为电磁波在各结构层中的双程走时，A_1、A_2、A_3 为各层反射波的波幅。探地雷达所采集的数据实际上是由双程走时和反射波幅两部分组成，通过测得的这两个参数可计算出结构层的厚度。结构层的厚度可由下式表示：

$$H=(\nu\times\Delta t)/2 \tag{7-14}$$

式中：H 为结构层厚度（m）；ν 为电磁波在介质中的速度（m/s）；Δt 为电磁波在结构层中的双程走时（s）。

在钢筋混凝土中，混凝土为主介电质，其介电常数为 7，而钢筋属于导体，是异常体。由于钢筋的介电常数比混凝土大很多，因而在钢筋和混凝土的交界面上将产生强烈反射。通过人工发射高频（$10\sim10^3$ MHz）电磁波，当混凝土构（物）件中存在疏松不均、空洞或其他缺陷时，则局部与混凝土整体存在一定介电特性差异，根据接收到波的旅行时间（亦即双程走时）、幅度、频率与波形变化资料，可以推断介质的内部结构以及目标的深度、形状等，发射天线沿欲探测物表面移动就能得到其内部介质剖面图像。如用来探测钢筋的分布情况，由于钢筋截面为圆形，因此反射电磁波到达接收天线的时间是不一致的，在雷达成像剖面图中应表现为弧线。

由于孔洞内充满空气介质，而空气和混凝土的介电常数是不一样的，这就导致了电磁波在传播的过程中，会在两者的界面产生反射。在雷达波成像剖面中，图像将发生明显的畸变，这一特征为我们识别孔洞的位置提供了依据。

电磁波在介质中传播时，其时间的长短与介质的介电常数 ε 即密实度有密切关系：介电常数增加时，脉冲电磁波在介质中的传播阻力增大，传播时间增长；反之，传播时间减少。由于钢筋混凝土的密实度不均匀，导致了电磁波在其中的传播速度不一样，从而使图像产生畸变。但不密实区域所产生的畸变与孔洞所产生的畸变是不一致的，不密实区域产生的图像明显是错断开的，没有趋向闭合，而孔洞的图像是闭合的图形或是趋向闭合的。

雷达在检测混凝土构件中的精度与其纵横向分辨率有关，分辨率与所用天线的工作频率和介质的吸收特性有关，而天线频率的选用则主要根据被测物件的厚度与欲检测的最小缺陷尺寸及该缺陷所处位置（距物件检测面的距离）来确定；吸收特性主要与介质的导磁系数、电导率、电容率及电磁波的频率相关。在实际工作中，垂向分辨率一般为介质中 1/4 波长。天线频率愈高，波长愈短，其纵横向分辨率愈高；反之，分辨率则低。由于电磁波在介质传播过程中，其能量因介质的吸收而迅速衰减，频率越高，衰减越快。欲探测的深度愈大，需选择低频天线工作，其分辨率也随之降低。因此，天线工作频率的选择要根据目标深度及其分辨的最小尺寸综合考虑。不能为追求高分辨率而使用高频天线工作，从而天线的有效探测深度达不到欲探测目标的深度，也不能以牺牲必须分辨的最小目标来追求大的探测深度。表 7－4给出了一般情况下欲探测混凝土构件厚度与其适配的天线工作频率和分辨率的对应关系，但这些与仪器本身的性能关系很大。如瑞典 RAMAC/GPR 型某混凝土雷达系统其天线频率与探测深度的关系如表 7－5 所示，其最大探测精度可达毫米级。如混凝土中有钢筋，则属于另外一种情况，因钢筋是导体，在电磁波的作用下，以传导电流为主，由于外场电磁波的激发而产生二次场作用于天线，此时对导体的分辨率就远高于介质局部不均匀体的分辨率。

表 7－4　探测深度与其适配天线及分辨率

厚度（深度）/m	天线频率/MHz	垂向分辨率/m	水平分辨率/m
0～0.4	1 500	0.02	0.03
0.4～1	1 000	0.03	0.06
1～2	500	0.06	0.15
3～5	200	0.15	0.30
5～10	100	0.30	0.60
>10	<100	>0.30	>0.60

表 7－5　天线频率与探测深度的关系

天线频率/MHz	1 600	1 200	800	500	250	100
典型探测距离/m	0.4	0.8	1.0	2～3	5	10～20

3. 混凝土裂缝深度检测

混凝土构件裂缝的检测，首先要根据裂缝在结构中的部位及走向，对裂缝产生的原因进行判断与分析；其次对裂缝的形状及几何尺寸进行量测。

1）浅裂缝检测

对于结构混凝土开裂深度小于或等于 500 mm 的裂缝，可用平测法或斜测法进行检测。

平测法适用于结构的裂缝部位只有一个可测表面的情况。如图 7-6 所示，将仪器的发射换能器和接收换能器对称布置在裂缝两侧，其距离为 L，超声波传播所需时间为 t_c。再将换能器以相同距离 L 平置在完好的混凝土表面上，测得传播时间为 t，则裂缝的深度 d_c 可按下式进行计算：

$$d_c=\frac{L}{2}\sqrt{\left(\frac{t_c}{t}\right)^2-1} \tag{7-15}$$

式中：d_c 为裂缝深度（mm）；t、t_c 分别代表测距为 L 时不跨缝和跨缝平测时的声时值（μs）；L 为平测时的超声波传播距离（mm）。

实际检测时，可进行不同测距的多次测量，取得的平均值作为该裂缝的深度值。

当结构的裂缝部位有两个相互平行的测试表面时，可采用斜测法检测。如图 7-7 将两个换能器分别置于对应测点 1，2，3，…，n 的位置，读取相应的声时值 t_n、波幅值 A_n 和频率值 f_n。

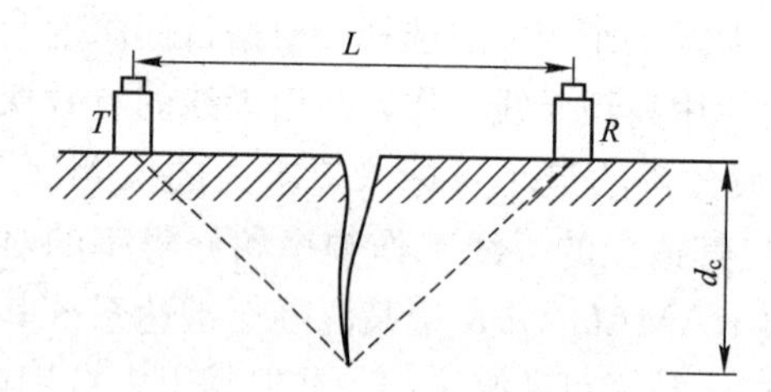

图 7-6　平测法检测裂缝深度

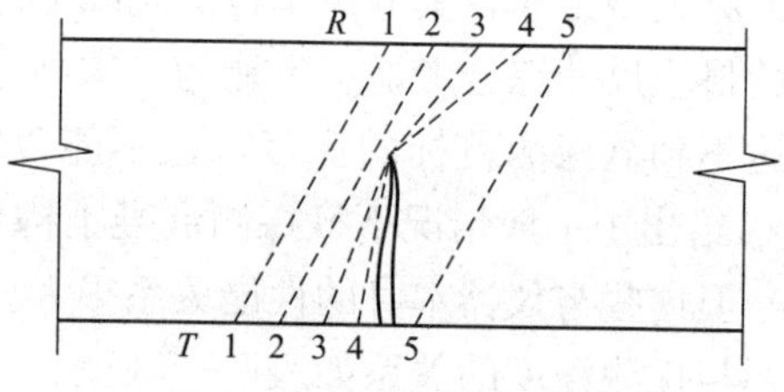

图 7-7　斜测法检测裂缝

当两换能器连线通过裂缝时，则接收信号的波幅和频率明显降低。对比各测点的信号，根据波幅和频率的突变，可以判定裂缝的深度以及是否在平面方向贯通。

按上述方法检测时，在裂缝中不应有积水或泥浆。另外，当结构或构件中有主钢筋穿过裂缝且与两换能器连线大致平行时，测点布置应使两换能器连线与钢筋轴线至少相距 1.5 倍的裂缝预计深度，以减少量测误差。

2）深裂缝检测

对于在大体积混凝土中预计深度在 500 mm 以上的深裂缝，采用平测法和斜测法有困难时，可采用钻孔探测，见图 7-8 中孔 A、B。

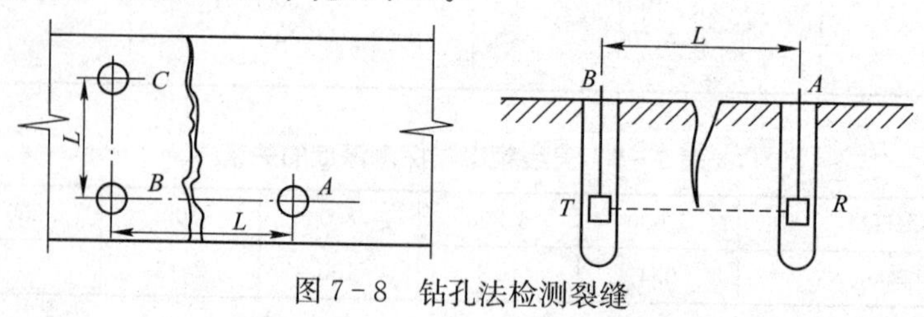

图 7-8　钻孔法检测裂缝

在裂缝两侧钻两孔，孔距宜为 2 m。测试前向测孔中灌注清水，作为耦合介质，将发射和接收换能器分别置入裂缝两侧的对应孔中，以相同高程等距自上向下同步移动，在不同的深度上进行对测，逐点读取声时和波幅数据。绘制换能器的深度和对应波幅值的 $d-A$ 坐标图（见图 7－9）。波幅值随换能器下降的深度逐渐增大，当波幅达到最大并基本稳定时其对应的深度，便是裂缝深度 d_c。

测试时，可在混凝土裂缝测孔的一侧另钻一个深度较浅的比较孔 C（见图 7－8），测试同样测距下无缝混凝土的声学参数，与裂缝部位的混凝土对比，进行判别。

钻孔探测方法还可用于混凝土钻孔灌注桩的质量检测。利用换能器沿预埋于桩内的管道作对穿式检测，由于超声传播介质的不连续使声学参数（声时、波幅）产生突变，借此可判断桩体的混凝土灌注质量，检测混凝土的孔洞、蜂窝、疏松不密实和桩内泥沙或砾石夹层，以及可能出现的断桩部位，详见本书第 5 章的介绍。

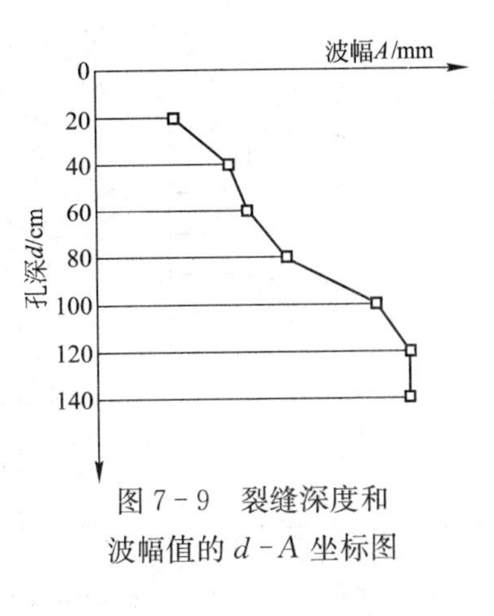

图 7－9　裂缝深度和波幅值的 $d-A$ 坐标图

4. 混凝土不密实区和空洞检测

1）超声法检测

超声检测混凝土内部的不密实区域或空洞是根据各测点的声时（或声速）、波幅或频率值的相对变化，确定异常测点的坐标位置，从而判定缺陷的范围。

当结构具有两互相平行的测面时可采用对测法。在测区的两对相互平行的测试面上，分别画间距为 200～300 mm 的网格，确定测点的位置（见图 7－10）。对于只有一对相互平行的测试面时可采用斜测法。即在测区的两个相互平行的测试面上，分别画出交叉测试的两组测点位置（见图 7－11）。

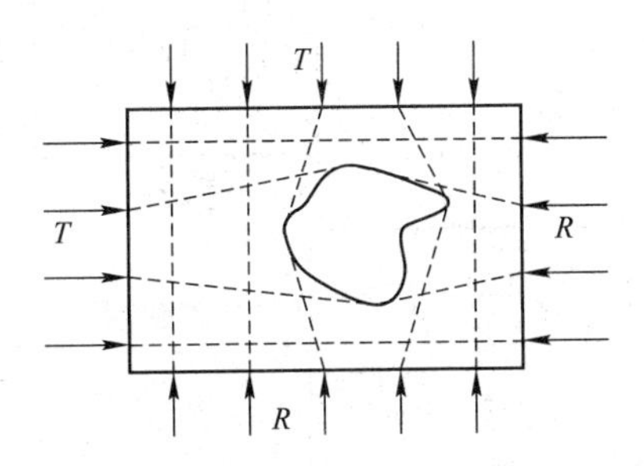

图 7－10　混凝土缺陷检测对测法测点位置图

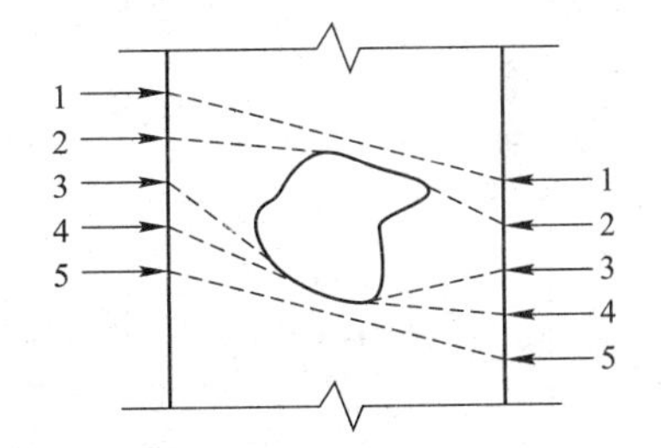

图 7－11　混凝土缺陷检测斜测法测点布置

当结构测试距离较大时，可在测区的适当部位钻出平行于结构侧面的测试孔，直径为 45～50 mm，其深度视测试需要决定。换能器测点布置如图 7－12 所示。

测试时，记录每一测点的声时、波幅、频率和测距，当某些测点出现声时延长，声能被吸收和散射，波幅降低，高频部分明显衰减的异常情况时，通过对比同条件混凝土的声学参数，可确定混凝土内部存在的不密实区域和空洞范围。

当被测部位混凝土只有一对可供测试的表面时，混凝土内部空洞尺寸可按下式方法估算（图 7－13）。

$$r=\frac{l}{2}\sqrt{\left(\frac{t_{\mathrm{h}}}{t_{\mathrm{ma}}}\right)^{2}-1} \tag{7-16}$$

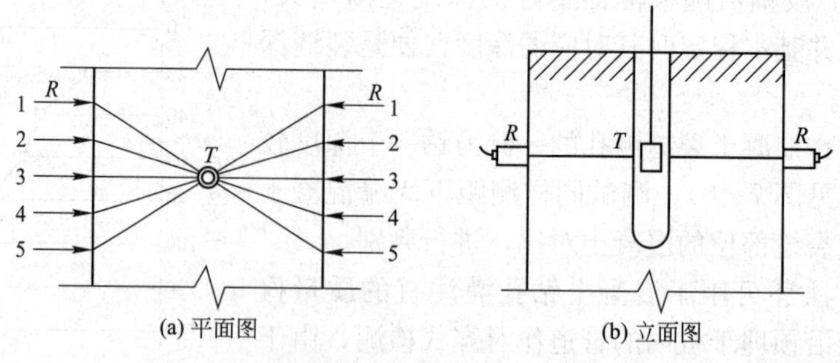

图 7-12　混凝土缺陷检测钻孔法测点布置

式中：r 为空洞半径（mm）；l 为检测距离（mm）；t_h 为缺陷处的最大声时值（μs）；t_{ma} 为无缺陷区域的平均声时值（μs）。

2）冲击反射法检测

为了无破损地探测结构物内部缺陷，目前较多使用的检测技术是超声脉冲法。由于该法采用穿透测试，在诸如路面、跑道、底板、隧洞、护坡等单面结构上往往难于应用。在 20 世纪 80 年代，国际上开展了冲击反射法（impact echo method）的研究，被认为是当前最有发展前途的探测混凝土内部缺陷方法之一。

冲击反射法的原理是在混凝土表面施加一瞬间冲击即产生应力波（图 7-14）。当应力波传入混凝土中遇到界面（缺陷或边界）时，由于两种介质的声阻抗率不同，应力波在界面处发生反射。反射的应力波又将被混凝土表面反射回混凝土。

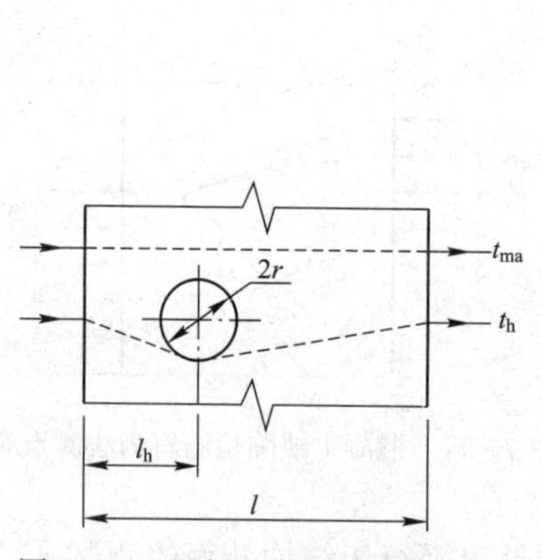

图 7-13　混凝土内部空洞尺寸估算

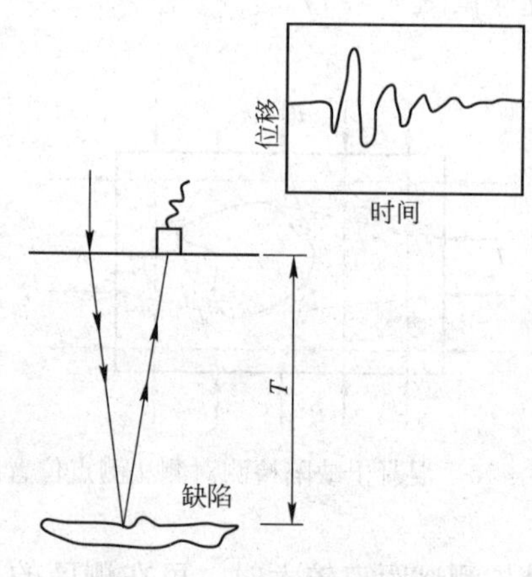

图 7-14　冲击反射法原理

如此形成多重反射。当把一传感器置于冲击点附近时，即可测出该处由于多次反射波引起的表面位移响应。将所得的位移响应在频率域进行分析，获得频谱图（振幅谱）。频谱图中的明显峰正是由表面与界面来回反射形成的振幅加强所致。

在靠近冲击点处所接收到的反射波，其传播路径大致是板厚（T）的 2 倍，其周期等于传播路径（$2T$）除以应力波速度（v）。频率是周期的倒数。故频谱图上与某厚（深）度相应的频率 f 为：

$$f = v/(2T) \tag{7-17}$$

经频谱分析得出峰值频率 f 后，则相应该峰值的厚（深）度则为：

$$T=v/(2f) \tag{7-18}$$

被测物体应力波速度 v 可用两点接收，测时间差的方法测得，也可通过已知厚度按上式确定获得。试验流程见图 7-15。

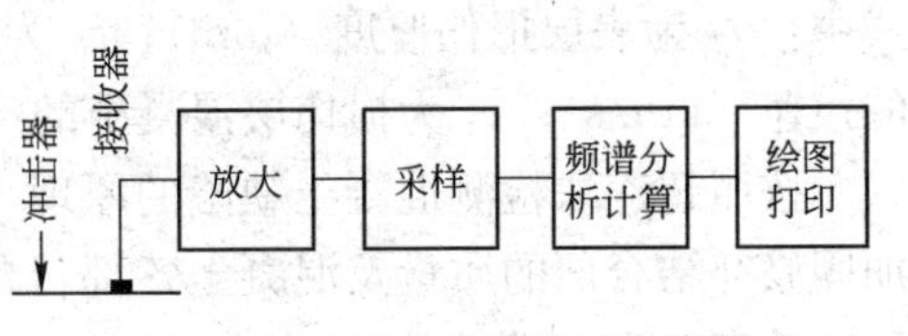

图 7-15 冲击反射法试验流程

5. 混凝土表层损伤的检测

混凝土结构受火灾、冻害和化学侵蚀等引起混凝土表面损伤，其损伤的厚度也可以采用表面平测法进行检测。检测时，换能器测点如图 7-16 布置。将发射换能器在测试表面 A 点耦合后保持不动，接收换能器依次耦合安置在 B_1，B_2，B_3，…每次移动距离不宜大于 100 mm，并测读相应的声时值 t_1，t_2，t_3，…及两换能器之间的距离 l_1，l_2，l_3，…每一测区内不得少于 5 个测点。按各点声时值及测距绘制损伤层检测的“时-标”坐标图（见图 7-17）。由于混凝土损伤后使声速传播速度变化，因此在“时-标”坐标图上出现转折点，并由此可分别求得声波在损伤混凝土与密实混凝土中的传播速度。

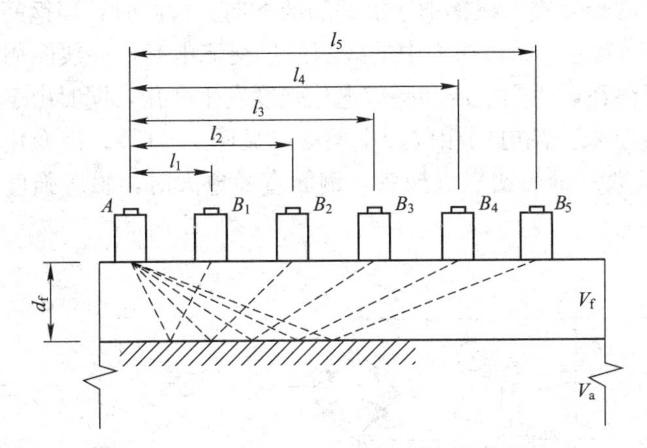

图 7-16 平测法检测混凝土表层损伤厚度

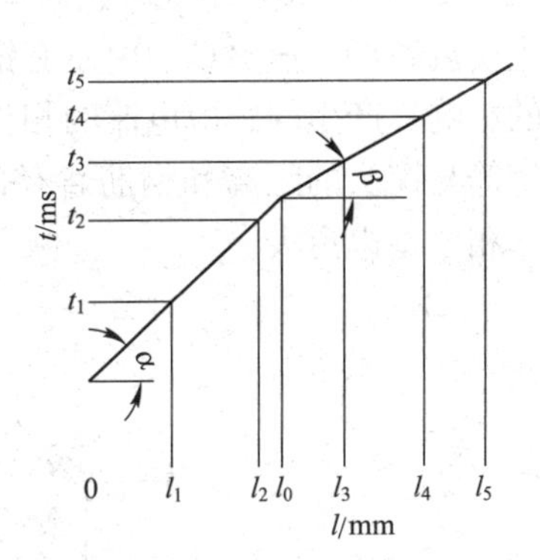

图 7-17 混凝土表层损伤检测“时-标”坐标图

损伤表层混凝土的声速：

$$v_f=\cot\alpha=\frac{l_2-l_1}{t_2-t_1} \tag{7-19}$$

未损伤混凝土的声速：

$$v_a=\cot\beta=\frac{l_5-l_3}{t_5-t_3} \tag{7-20}$$

式中：l_1、l_2、l_3、l_5 分别为转折点前后各测点的测距（mm）；t_1、t_2、t_3、t_5 为相对于测距 l_1、l_2、l_3、l_5 的声时（μs）。

混凝土表面损伤层的厚度：

$$d_f=\frac{l_0}{2}\sqrt{\frac{v_a-v_f}{v_a+v_f}} \tag{7-21}$$

式中：d_f 为表层损伤厚度（mm）；l_0 为声速产生突变时的测距（mm）；v_a 为未损伤混凝土的声速（km/s）；v_f 为损伤层混凝土的声速（km/s）。

按照超声法检测混凝土缺陷的原理，尚可应用于检测混凝土二次浇注所形成的施工缝和加固修补结合面的质量及混凝土各部位的相对均匀性。检测时应遵照《混凝土缺陷技术规程》的有关规定进行。

7.2.4 混凝土结构钢筋检测

1. 钢筋位置的检测

对已建混凝土结构作施工质量诊断及可靠性鉴定时，要求确定钢筋位置、布筋情况、混凝土保护层厚度和钢筋的直径。当采用钻芯法检测混凝土强度时，为在取芯部位避开钢筋，也须作钢筋位置的检测。

钢筋位置测试仪是利用电磁感应原理进行检测，仪器由标准探头（或特殊探头）、量表和连接缆线组成。混凝土是带弱磁性的材料，而结构内配置的钢筋是带有强磁性的。混凝土中原来是均匀磁场，当配置钢筋后，就会使磁力线集中于沿钢筋的方向。检测时，当钢筋测试仪（见图 7 - 18）的探头接触结构混凝土表面，探头中的线圈通过交流电时，在线圈周围产生交流磁场。该磁场中由于有钢筋存在，线圈电压和感应电流强度发生变化，同时由于钢筋的影响，产生的感应电流的相位与原来交流电的相位产生偏移（见图 7 - 19）。该变化值是钢筋与探头的距离和钢筋直径的函数。钢筋愈靠近探头，钢筋直径愈大时，感应强度愈大，相位差也愈大。

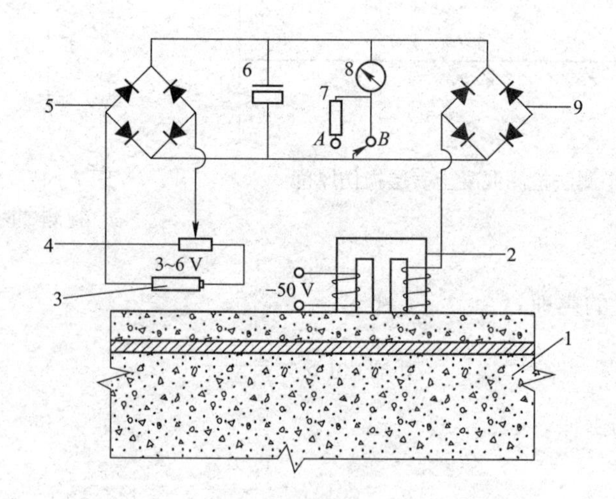

图 7 - 18 钢筋位置测试仪原理图

1—试件；2—探头；3—平衡电源；4—可变电阻；5—平衡整流器
6—电介电容；7—分挡电阻；8—电流表；9—整流器

电磁感应法检测比较适用于配筋稀疏与混凝土表面距离较近（保护层不太大）的钢筋检测，同时钢筋又布置在同一平面或不同平面内距离较大时，可取得较满意的效果。

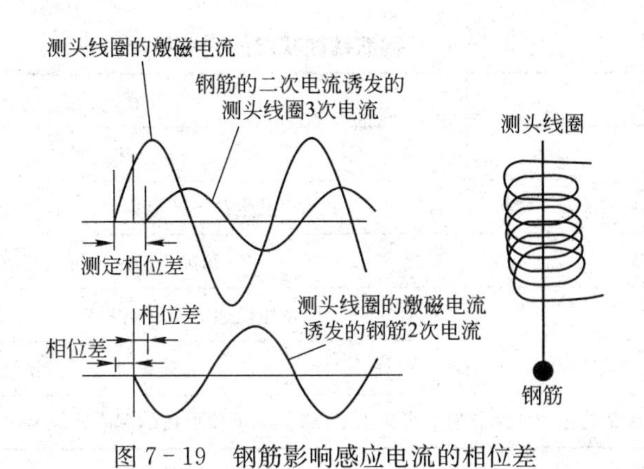

图 7－19　钢筋影响感应电流的相位差

2. 钢筋锈蚀的检测

水泥在水化过程中生成大量氢氧化钙、氢氧化钾和氢氧化钠等产物，使硬化水泥的 pH 达到 12～13 的强碱性状态，其中氢氧化钙为主要成分。此时，混凝土中的水泥石对钢筋有一定的保护作用，使钢筋处于碱性钝化状态。由于混凝土长期暴露于空气中，混凝土表面受到空气中二氧化碳的作用会逐渐形成碳酸钙，使水泥石的碱度降低。这个过程称为混凝土的碳化，或叫中性化或老化。混凝土碳化深度达到钢筋表面时，水泥石失去对钢筋的保护作用。当然并非所有失去混凝土保护作用的钢筋都会发生锈蚀，只有受有害气体和液体介质以及处在潮湿环境中的钢筋才会锈蚀。锈蚀发展到一定程度，由于锈皮体积膨胀，混凝土表面出现沿钢筋（主要是主筋）方向的纵向裂缝。纵向裂缝出现后，钢筋即与外界接触而锈蚀迅速发展，致使混凝土保护层脱落、掉角及露筋。老化严重处混凝土表面呈现酥松剥落，从外观即可判别。

混凝土中钢筋的锈蚀是一个电化学的过程。钢筋因锈蚀而在表面有腐蚀电流存在，使电位发生变化。检测时采用有铜—硫酸铜作为参考电极的半电池探头的钢筋锈蚀测量仪，用半电池电位法测量钢筋表面与探头之间的电位差（见图 7－20），利用钢筋锈蚀程度与测量电位间建立的一定关系，由电位高低变化的规律，可以判断钢筋锈蚀的可能性及其锈蚀程度。表 7－6 为钢筋锈蚀状况的判别标准。

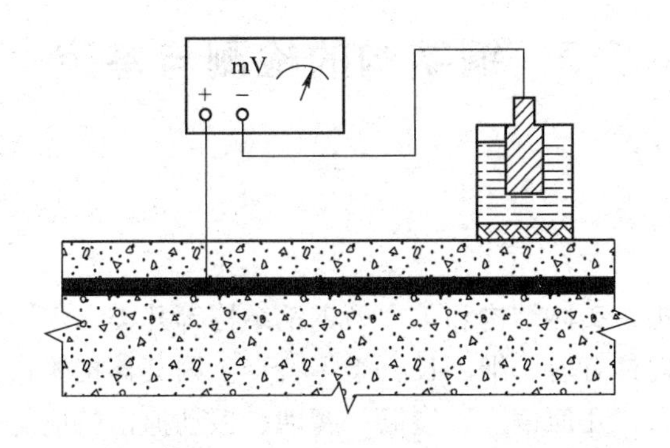

图 7－20　半电池电位法测量钢筋表面与探头之间的电位差

表 7-6　钢筋锈蚀状况的判别标准

电位水平/mV	钢筋状态
0～－100	未锈蚀
－100～－200	发生锈蚀的概率<10%，可能有锈斑
－200～－300	锈蚀不确定，可能有坑蚀
－300～－400	发生锈蚀的概率>90%，可能大面积锈蚀
－400 以上（绝对值）	肯定锈蚀，严重锈蚀
如果某处相邻两测点值差大于 150 mV，测电位更负的测值处判为锈蚀	

3. 钢筋材质检测

对已设置在混凝土中的钢筋，目前还不能用非破损检测方法来测定材料性能，也不能从构件的外观形态来推断。因为在已有结构上取样试验是比较困难的，应注意收集分析原始资料（包括原产品合格证及修建时现场抽样试验记录等）。当原始资料能充分证明所使用的钢筋力学性能及化学成分合格时，方可据此作出处理意见。当无原始资料或原始资料不足时，则需在构件内截取试样试验。取样时应特别注意尽量在受力较小的部位或具有代表性的次要构件上截取试样，必要时采取临时支护措施，取样完毕立即按原样修复。对钢筋取样所做的力学性能试验、化学分析结果或搜集到修建时所做的检验记录，均以现行建筑用钢筋国家标准所列指标来作为评定是否合格的依据。

4. 钢筋锈蚀对结构承载力的影响

钢筋锈蚀可导致断面削弱，在进行结构承载能力验算时应予以考虑。一般的折算方法是用锈蚀后的钢筋面积乘以原材料强度作为钢筋所能承担的极限拉（压）力，然后按现行设计规范验算结构的承载能力。测量锈蚀钢筋的断面积常用称重法或用卡尺量取锈蚀最严重处的钢筋直径。

主筋达到中度锈蚀后，结构表面混凝土将出现沿主筋方向的裂缝，严重时混凝土保护层剥落。当构件主筋锈蚀后，除了使钢筋面积削弱外还使钢筋与混凝土协调工作性能降低，锈坑引起的应力集中和缺口效应将导致钢筋的屈服强度和构件的承载能力降低。

7.3　钢结构的检测与鉴定

7.3.1　钢结构检测要点

钢结构中有杆系结构、实体结构和单个型钢钢结构等几类。由于钢材在工程结构材料中强度最高，故制成的构件具有薄、细、长、柔等特点。因其连接构造传递应力大，结构对附加的局部应力、残余应力、几何偏差、裂缝、腐蚀、振动撞击效应等也较敏感。因此，钢结构的检测应将重点放在结构布置、连接构造及变形等方面。必要时应测定结构材料强度及个别构件的实际应力。

7.3.2　钢材强度测定

对已建钢结构鉴定时，为了解结构钢材的力学性能，特别是钢材的强度，最理想的方法是在结构上截取试样，由拉伸试验确定相应的强度指标。但这样会损伤结构，影响其正常工作，并需要进行补强。一般采用表面硬度法间接推断钢材强度。

表面硬度法主要利用布氏硬度计测定（见图 7 - 21）。由硬度计端部的钢珠受压时在钢材表面和已知硬度标准试样上的凹痕直径，测得钢材的硬度，并由钢材硬度与强度的相关关系，经换算得到钢材的强度。

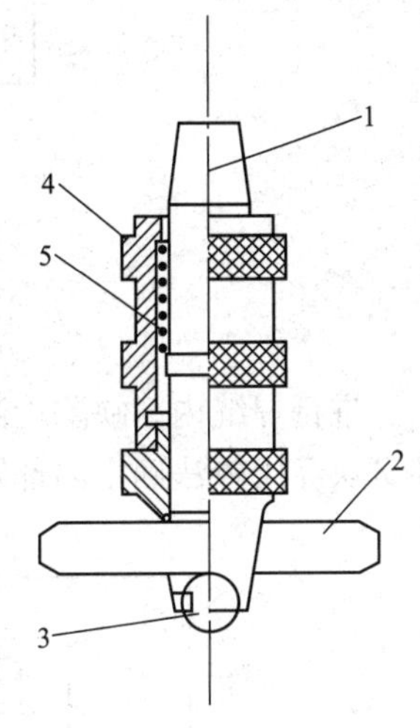

图 7 - 21　测量钢材硬度的布氏硬度计

1—纵轴；2—标准棒；3—钢珠；4—外壳；5—弹簧

$$H_B = H_S \frac{D-\sqrt{D^2-d_S}}{D-\sqrt{D^2-d_B}} \qquad (7-22)$$

$$f = 3.6H_B \ (\mathrm{N/mm^2}) \qquad (7-23)$$

式中：H_B、H_S为钢材与标准试件的布氏硬度；d_B、d_S为硬度计钢珠在钢材和标准试件上的凹痕直径（mm）；D 为硬度计钢珠直径（mm）；f 为钢材的极限强度（$\mathrm{N/mm^2}$）。

测定钢材的极限强度 f 后，可依据同种材料的屈强比计算得到钢材的屈服强度。

7.3.3　连接构造和腐蚀的检查

连接构造的检查应根据不同的构件有所侧重，例如屋盖系统应注意支撑设置是否完整，支撑杆长细比是否符合规定，特别是单肢杆件是否有弯曲、断裂及节点撕裂，连接铆钉或螺钉是否松动，焊缝是否开裂等；吊车梁系统中应注意检查构件间的相互连接，包括吊车梁与制动结构的连接，制动结构与厂房柱之间以及轨道与吊车梁的连接等；腐蚀检查应注意检查构件及连接点处容易积灰和积水的部位；经常受漏水和干湿交替作用的部位，有腐蚀介质作用的构件以及不易油漆的组合截面和节点的腐蚀状况等。当油漆脱落严重，残留的漆层已没有光泽，生锈钢材应查明钢材实际厚度及锈坑深度和锈蚀的状况。

7.3.4　超声法检测钢材和焊缝缺陷

超声法检测钢材和焊缝缺陷的工作原理与检测混凝土内部缺陷相同，试验时较多采用脉冲反射法。超声波脉冲经换能器发射进入被测材料传播时，当通过材料不同界面（构件材料表面、内部缺陷和构件底面）时，会产生部分反射。在超声波探伤仪的示波屏幕上分别显示出各界面的反射波及其相对的位置，如图 7 - 22 所示。由缺陷反射波与起始脉冲和底脉冲的相对距离可确定缺陷在构件内的相对位置。如材料完好内部无缺陷时，则显示屏上只有起始脉冲和底脉冲，不出现缺陷反射波。

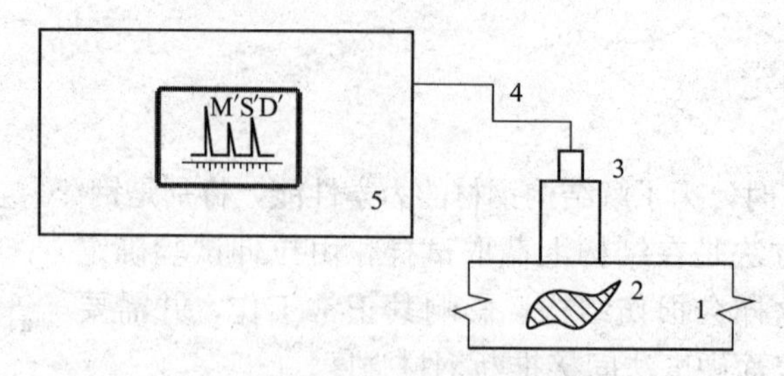

图 7-22 脉冲反射法探伤示意图

1—试件；2—缺陷；3—探头；4—电缆；5—探伤仪

进行焊缝内部缺陷检测时，换能器常采用斜向探头，如图 7-23 所示，可利用三角形标准试块经比较法确定内部缺陷的位置。

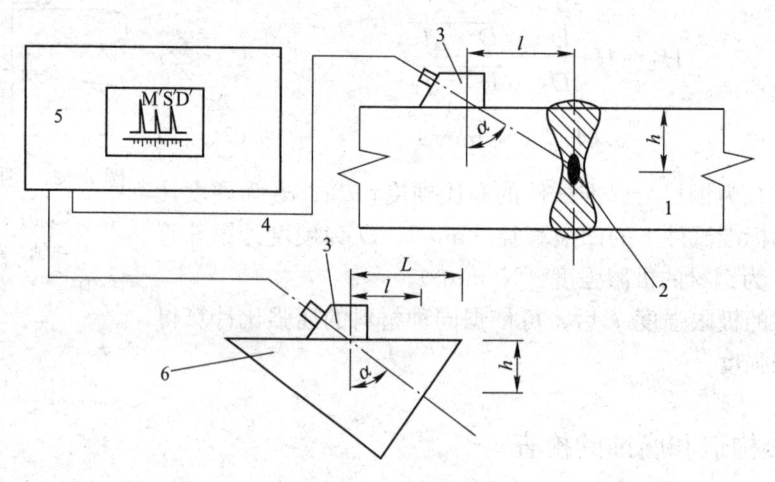

图 7-23 用斜向探头探测缺陷位置

1—试件；2—缺陷；3—探头；4—电缆；5—探伤仪；6—标准试块

当在构件焊缝内探测到缺陷时，记录换能器在构件上的位置和缺陷反射波在显示屏上的相对位置。然后将换能器移到三角形标准试块的斜边上做相对移动，使反射脉冲与构件焊缝内的缺陷脉冲重合，当三角形标准试块的 α 角度与斜向换能器超声波和折射角度相同时，量取换能器在三角形标准试块上的位置 l，则可按下列公式确定缺陷的深度 h：

$$\begin{aligned} l &= L\sin^2\alpha \\ h &= L\sin\alpha \cdot \cos\alpha \end{aligned} \qquad (7-24)$$

由于钢材密度比混凝土大得多，为了能够检测钢材或焊缝内较小的缺陷，要求选用较高的超声频率，常用的工作频率为 0.5～2 MHz，比混凝土检测时的工作频率高。

超声法检测比其他方法（如磁粉探伤、射线探伤等）更有利于现场检测。

7.3.5 磁粉与射线探伤

磁粉探伤的原理：铁磁材料（铁、钴、镍及其合金）置于磁场中，即被磁化。如果材料内部均匀一致而截面不变时，则其磁力线方向也是一致的和不变的；当材料内部出现缺陷如裂纹、空洞和非磁性夹杂物等，则由于这些部位的导磁率很低，磁力线便产生偏转，即绕道通过这些缺陷部位。当缺陷距离表面很近时，此处偏转的磁力线就会有部分越出试件表面，形成一个局部磁场。这时将磁粉撒向试件表面，落到此处的磁粉即被局部磁场吸住，于是显现出缺陷的所在。

射线探伤有 X 射线探伤和 γ 射线探伤两种。X 射线和 γ 射线都是波长很短的电磁波，具有很强的穿透非透明物质的能力，并能被物质所吸收。物质吸收射线的程度，随物质本身的密实程度而异。材料愈密实，吸收能力愈强，射线愈易衰减，通过材料后的射线愈弱。当材料内部有松孔、夹渣、裂缝时，则射线通过这些部位的衰减程度较小，因而透过试件的射线较强。根据透过试件的射线强弱，即可判断材料内部的缺陷。

钢结构的无损检测，除了超声波、磁粉和射线探伤外，还有渗透法和涡流探伤等。

当结构经受过 150 ℃以上的温度作用或受过骤冷骤热作用时，应检查烧伤状况，必要时应采取试样试验以确定钢材的物理力学性能。

7.3.6　承载能力和构造连接的鉴定评级

钢结构构件的承载力验算，一般是根据结构上的作用效应和抗力（材质参数、几何参数和结构理论计算模式）的关系进行验算、分析和鉴定。其内容包括强度、稳定性、疲劳及连接构造等，还可以直接进行荷载试验检验，但这种方式只能在个别有条件的情况下采用。构件承载能力（强度、稳定性、疲劳、连接等）按表 7－7 评定等级。

表 7－7　钢结构构件承载能力评定等级标准

构件种类	承载能力评定等级			
	$R/\gamma_0 S$			
a	b	c	d	
屋架、托架、梁、柱、中、重级制吊车梁、一般构件及支撑构件和连接	≥1.00 ≥1.00 ≥1.00 ≥1.00	≥0.95 ≥0.95 ≥0.92 ≥0.95	≥0.90 ≥0.90 ≥0.87 ≥0.90	<0.90 <0.95 <0.87 <0.90

在承载能力评级时还应注意，所有杆件或连接构造，凡有裂缝或锐角切口者，应评为 c 级或 d 级；对于焊接吊车梁，凡出现上翼缘在连接焊缝处有疲劳开裂，或受拉翼缘在横向焊缝处有疲劳开裂，或受拉翼缘焊有其他钢件者，应评为 c 级或 d 级。其余变形、构造偏差的评定详见《钢铁工业建（构）筑物可靠性鉴定规范》有关规定。

7.4　结构可靠性综合评定

7.4.1　概述

工程结构的可靠性鉴定包括两方面的内容。一是直接为生产服务，譬如验证和鉴定结构设计与施工的质量，为处理工程质量事故和受灾结构提供依据等；二是通过对旧结构物的普查、诊断和鉴定，估算结构物的剩余寿命或提出合理的改造加固措施，这对合理使用建筑物，延长其使用寿命起到积极作用。

工程结构的设计与施工，尽管考虑了多种因素的影响，但与实际使用情况总是有一定距离，结构在使用过程中会遇到各类难以预料的偶然事件，例如，地基的不均匀沉降；结构的温度变形；生产过程中释放的有害气体对建筑材料的腐蚀；疲劳荷载作用、偶然超载、地震等。这些都是随机因素，难以在设计时做到"料事如神"，使用中一旦发生了这类事件，就可能危及结构的安全，影响生活和生产。对工程结构进行可靠性鉴定的目的就是要对结构作用及结构抗力进行符合实际的分析判断，为建筑物的合理使用及加固处理提供必要的依据。工程结构在加固、改扩建、事故处理、危房检查及施工质量事故裁决中经常要进行可靠性鉴定。

对工程结构进行可靠性鉴定，是对结构作用、结构抗力及相互关系进行检查测定、研究及判断并取得结论的过程。它属于多学科的边缘科学，综合性较强，不仅涉及概率统计学、力学、工程材料学、工程地质学等基础理论，而且与结构设计、施工技术、计算机应用及生产工艺等有密切关系。对不同结构的鉴定和评价也各具特点。

近十多年来，工程结构无损检测技术的发展很快，出现了不少新型的检测设备与技术方法，另外，数字化技术也给结构无损检测带来了全新的面貌。本章主要就工程结构中常用的一些检测技术与原理以及结构可靠性鉴定的基本程序予以简要介绍。

7.4.2　结构可靠性鉴定的特点

结构鉴定与结构设计的区别在于，结构设计是在结构可靠性与经济之间选择一种合理的平衡，使所建造的建筑物能满足各种预定功能的要求。结构鉴定则是对结构的作用、结构抗力及其相互关系进行检查、测定、分析判断并取得结论的过程。

结构可靠性是指结构在规定的时间和规定的条件下，完成预定功能的能力。它包括安全性、适用性和耐久性。当用概率度量时，称为可靠度。但这一概念对使用若干年后的工程结构有所不同。

(1) 基准期和目标使用期。结构设计中的设计基准期为编制规范采用的基准期。《建筑结构可靠度设计统一标准》规定为50年。结构可靠性鉴定的基准期应当是以考虑下一个目标使用期为基础。目标使用期的确定，是由建筑物的主管部门根据生产安排、建筑物的技术状况（已使用年限、破损状况、危险程度、维修状况等）和工艺更新等综合确定。

(2) 设计荷载和验算荷载。进行结构设计时采用的荷载值为设计荷载，它是根据《建筑结构荷载规范》及生产工艺要求而确定的。对使用若干年后的旧建筑物进行承载力验算时采用的荷载值称作验算荷载。验算荷载的取值是根据建筑物在使用期间的实际荷载，并考虑荷载规范规定的基本原则经过分析研究核准确定。对一些无规范可遵循的荷载，如温度应力作用、超静定结构的地基不均匀下沉所造成的附加应力作用等，均应根据《结构设计统一标准》的基本规定和现场测试数据的分析结果来确定。

(3) 抗力计算依据。结构设计的抗力是根据结构设计规范规定的材料强度和计算模式来进行结构计算的。而在鉴定工作中验算结构抗力时结构的材性和几何尺寸是查阅设计图纸，施工文件和现场检测结果等综合考虑确定的。对结构抗力的验算模式可根据需要对规范提供的计算模式加以修正。对情况比较复杂的结构或难以计算的结构构造问题，还可以直接采用结构试验结果。总之，抗力验算要反映其真实性。

(4) 可靠性控制级别。在结构设计中可靠性控制是以满足现行设计规范为准绳，其设计结果只有两种结论，即满足或不满足。在鉴定工作中可靠性是以某个等级指标给出的，例如a、b、c、d级，这是因为在验算和评估工作中必须考虑结构设计规范的变迁史，建筑物的使用效果及对目标使用期的要求等问题，因而其鉴定结论不能按满足或不满足来评定，而应该更细致一点。

另外，无论属于哪方面的鉴定内容，结构检验的大部分测试工作都在现场进行，并且多数检验要求是非破坏性的。由于近代试验技术的发展，目前在结构现场检验中更多采用的是非破损或半破损的检验方法，这些方法主要用于测定材料的强度及内部缺陷，例如回弹技术、超声技术、钻芯技术等。

7.4.3 结构可靠性鉴定的一般程序

工程结构可靠性鉴定任务的提出，一般是由管理单位根据工程质量事故的性质、工程结构改扩建的技术要求等向有关技术部门提出委托鉴定邀请。具体鉴定工作应按下列步骤进行。

(1) 根据鉴定目的和要求，确定测试内容和鉴定范围。一般由委托单位与鉴定单位共同确定。

(2) 初步调查。根据已有资料与实物进行现场初查。对鉴定目的、范围、内容及要求进行核实；对工程结构的特点，存在的主要问题及其部位进行初步分析与判断，在此基础上制订详细调查大纲，即确定检查方案，选定检测方法，制订出现场实测、检查、试验和计算分析的工作计划及分工安排。

(3) 详细调查。通过一切可以采用的手段对所鉴定的对象，按鉴定目的和要求，依据国家有关工程结构可靠性鉴定规程（如《钢铁工业建（构）筑物可靠性鉴定规程》，以下简称《规程》）的原则对其进行合理的、有效的科学检查与解剖，从而找出其中危及结构可靠性的第一手数据和资料。

(4) 可靠性鉴定评级。可靠性鉴定评级是鉴定工作的核心环节。主要有以下内容：①确定结构或构件的验算荷载及计算模型；②按结构实际几何参数和材质参数，计算结构构件的实际抗力，并确定其承载能力（子项）等级；对结构构件的构造及连接，应按检查结果并与原设计比较（或验算）后进行评级；对结构构件的裂缝、破损及变形进行评级；③根据以上子项评级结果，按《规程》要求评定项目的等级；④根据项目评定的等级，对承重结构系统、结构布置和支撑系统以及围护结构系统进行评级；⑤单元综合鉴定评级。

(5) 补充调查。在进行子项及项目的可靠性等级评定过程中，若个别构件或构件的某个子项在评级时证据不充分，或者评定结果介于某两个级别之间，此时就要进行补充调查（必要时应进行专项试验）以得到较正确的答案。如果详细调查计划周密，各种记录齐全，则补充调查可减少或避免。

(6) 鉴定报告。鉴定报告是一个具有法律性的技术文件，由鉴定对象、目的、范围及要求、原始资料、调查与测试、计算分析、子项（项目、单元）的评定结果或建议等内容组成。

在以上各项内容中，对工程结构的调查至关重要，调查的范围与质量直接影响鉴定结论可靠程度。调查工作应当由具有丰富工程经验的技术人员带队实施。

结构可靠性综合评定是一项比较复杂的工作，需要考虑的因素很多。鉴定时应首先将影响结构可靠性的因素一一列出，再根据各个因素的属性和地位的不同，进行分类排队，构成多层次的评定，称为多级综合评判。

在《规程》中的鉴定评级方法是按照子项、项目、单元三个层次四个级别进行的。

子项：是可靠性评定的第一层次，它是最基层。子项的评级一般属于单因素评判。承重结构构件包括承载能力、连接构造、变形、裂缝破损；围护结构包括屋面系统、墙体及门窗、地下防水及防护设施等。

项目：是可靠性评定的第二层次，它是中间层次。在这个层次中又再分成一些小的中间层次。一个项目通常都包含几个子项，要考虑所有子项的等级才能进行项目评定。所以项目的评级属于多因素综合评判。

单元：是可靠性评定的第三层次，它是最后层次。单元的评级在项目评级的基础上进行，也属于多因素综合评判。

7.4.4 子项的分级标准和评级方法

子项的评级标准和分界线，是根据结构可靠度原理，结合我国目前建筑物的实际情况，在总结工程鉴定经验并征求专家意见的基础上制定的。

在《建筑结构设计统一标准》中给出了结构构件承载能力极限状态设计时采用的可靠度指标 β 值。同时又指出，当有充分根据时，可对各类结构在结构设计规范中采用的 β 值做不超过 ± 0.25 幅度的调整。根据可靠指标 β 的计算分析结果，β 值的级差取 0.25 时，对应的 $R/\gamma_0 S$ 值的级差为 0.05，所以在同一安全等级条件下，b 级与 c 级的分界级一般取 0.95 左右。再考虑安全等级的变化，以承载能力为例，结构安全等级每降低一级，相应的 β 值降低 0.5，与此对应的 $R/\gamma_0 S$ 值降低 10%。一般工业与民用建筑的安全等级为二级，如果降低一级即安全等级为三级。降低一级以上已属不允许，因此综合两方面因素考虑，c 级和 d 级间的分界线宜取 $R/\gamma_0 S=0.90$ 以下。c 级和 d 级间的分界线是区分危房的标准。结合工程经验及专家意见，一般 c、d 级的分界线为 0.85～0.90。

子项评定分 a、b、c、d 四级，其评级标准如下。

a 级：满足国家现行规范要求。

b 级：略低于国家现行规范要求，可不必采取措施。

c 级：不满足国家现行规范要求，应采取措施。

d 级：严重不满足国家现行规范要求，必须立即采取措施。

从前几节内容和上述的子项评级标准可以看出，子项是根据结构构件某项功能的极限状态评定的，子项的评定等级是按照结构构件能否满足单项功能要求制定的。

7.4.5 项目的分级标准和评级方法

按照项目构成情况又可分为基本项目和组合项目。如结构构件、地基基础均属于基本项目；承重结构体系、结构布置和支撑系统、围护结构系统均属组合项目，除结构布置和支撑系统无子项直接进入第二层次评定外，其他项目均根据各子项的评级结果进行评定。

基本项目的评级方法是：根据子项对项目可靠性影响的程度不同，将子项分为主要子项组（如承载能力、连接构造）和次要子项组（如构件破损裂缝、变形）两组。对子项组评定等级，是取诸子项中的最低等级作为该子项组的等级。对于项目的评定等级，一般是以主要子项组的等级为主确定该项目的等级。当次要子项组的等级比主要子项组的等级低二级时，则以主要子项组的等级降一级作为该项目的评定等级。设 a_1、b_1、c_1、d_1表示主要子项组的四个等级，a_2、b_2、c_2、d_2表示次要子项组的四个等级，根据上述原则和《规程》的评级标准，其主要子项和次要子项各有四个水平，组合成项目的水平共有十六种情况，它们分别属于项目的 A、B、C、D 四个等级。

A 级包括有：(a_1a_2)，(a_1d_2)。

B 级包括有：(b_1b_2)，(b_1c_2)，(b_1a_2)，(a_1c_2)，(a_1d_2)。

C 级包括有：(c_1c_2)，(c_1d_2)，(c_1a_2)，(c_1b_2)，(b_1d_2)。

D 级包括有：(d_1d_2)，(d_1c_2)，(d_1a_2)，(d_1b_2)。

组合项目的评级比较复杂。对承重结构体系来讲，要解决如何根据单个结构构件的评级结果来评定承重结构体系的等级。从结构可靠度理论看，它属于体系可靠度问题。而《规程》从目前的实际情况出发并考虑今后的发展，根据结构体系的构成及受力和传力特点，引入了“传力树”的概念。传力树是由基本构件和非基本构件组成的传力系统，树表示构件与系统之间的逻辑关系，基本构件是指当其本身失效时会导致传力树中其他构件也失效；非基本构件是指其本身的失效不会导致传力树中其他主要构件的失效。单层工业厂房中传力树一般是指一片或多片横向排架（排架分析单元）组成的系统。基本构件一般是指地基基础、柱、托架（梁）、屋架（屋面梁）等结构构件。非基本构件一般是指屋面板、吊车梁、墙板等构件。

基本构件和非基本构件的评定等级，是在各自单个构件评定等级的基础上按所含的各个等级的多少来确定。基本构件的评级标准为：含 B 级不大于 30%，且不含 C、D 级时，可评为 A 级；含 C 级不大于 30%，且不含 D 级时，评为 B 级；含 D 级小于 10%时，评为 C 级；含 D 级大于或等于 10%时，评为 D 级。非基本构件的评级标准为：含 B 级小于 50%，且不含 C、D 级时，评为 A 级；含 C、D 级之和小于 50%，且含 D 级小于 5%时，评为 B 级；含 D 级小于 35%时，评为 C 级；含 D 级大于或等于 35%时，评为 D 级。

传力树评级取树中各基本构件等级中的最低级别。当树中非基本构件的最低级低于基本构件的最低级（二级）时，以基本构件的最低级降一级作为该传力树的评定等级。当出现低于三级时，可按基本构件的最低级降二级确定。

承重结构体系的评级可按下列规定确定：

(1) 含 B 级传力树不大于 30%，且不含 C、D 级传力树时，评为 A 级；

(2) 含 C 级传力树不大于 15%，且不含 D 级传力树时，评为 B 级；

(3) 含D级传力树小于5%时，评为C级；

(4) 含D级传力树大于5%时，评为D级。

7.4.6 单元综合鉴定评级

对结构进行可靠性鉴定时，根据其结构体系、结构现状、工艺布置、使用条件和鉴定目的，将结构的整体、区间或结构体系划分为一个或多个单元。单元的综合鉴定评级，包括承重结构体系、结构布置和支撑系统、围护结构系统三个项目。评级时以承重结构体系为主，并考虑结构的重要性、耐久性和使用状态等综合判定。

思 考 题

一、选择题

1. 目前在实际工程中应用的非破损检测混凝土强度的方法主要是（　　）。

A. 钻芯法　　B. 预埋拔出法　　C. 回弹法　　D. 后装拔出法

2. 用回弹仪测定混凝土构件强度时，在结构或构件的受力部位，薄弱部位以及容易产生（　　）的部位，必须布置测区。

A. 变形　　B. 位移　　C. 转角　　D. 缺陷

3. 用超声法检测单个混凝土构件的强度时，要求不少于10个测区，测区面积为（　　）。

A. 50 mm×50 mm　　B. 100 mm×100 mm

C. 150 mm×150 mm　　D. 200 mm×200 mm

4. 钻芯法检测结构混凝土强度时，芯样抗压试件的高度和直径之比应在（　　）范围内。

A. 1～2　　B. 1～3　　C. 2～3　　D. 2～4

5. 回弹值测量完毕后，应选择不少于构件的（　　）测区数在有代表性的位置上测量碳化深度值。

A. 20%　　B. 30%　　C. 40%　　D. 50%

6. 超声法检测构件时，测区应布置在构件混凝土浇筑方向的侧面，测区的间距不宜大于（　　）。

A. 2 m　　B. 2.5 m　　C. 3 m　　D. 3.5 m

7. 相邻两测点的间距不应小于（　　）锚固件的锚固深度。

A. 4倍　　B. 6倍　　C. 8倍　　D. 10倍

8. 回弹测量时测点应在测区内均匀分布，相邻两测点的净距一般不小于（　　）。

A. 5 mm　　B. 10 mm　　C. 15 mm　　D. 20 mm

9. 用超声波法检测大体积混凝土的深裂缝深度时，应采用（　　）。

A. 单面平测法　　B. 双面斜测法

C. 钻孔法　　D. 双面对测法

10. 超声波检测混凝土缺陷的基本原理是采用（　　）超声波检测仪，测量超声脉冲的纵波在结构混凝土中的传播速度、接收波形信号的振幅和频率等声学参数的相对变化，来判定混凝土的缺陷。

A. 超高频　　B. 高频　　C. 中频　　D. 低频

11. 用超声回弹综合法检测混凝土强度时，超声探头位置与回弹弹击测点（　　）。

A. 应相重合　　B. 不宜重合

C. 不应在同一个测区　　D. 不应在同一面上

12. 钻芯法检测混凝土强度时，芯样在受压前应（　　）。

A. 在室内自然干燥3天

B. 在标准条件下，清水中浸泡 40～48 h

C. 维持与被检测结构或构件混凝土干湿度基本一致的条件

D. 可以不考虑上述因素

13. 回弹仪测定混凝土构件强度时，测区应尽量选择在构件的（　　）。

A. 靠近钢筋的位置　　B. 侧面

C. 清洁、平整、湿润的部位　　D. 边缘区域

14. 利用超声波检测钢材和焊缝缺陷的方法有（　　）。

A. 平测法与反射法　　B. 平测法与穿透法

C. 斜射法与反射法　　D. 穿透法与反射法

15. 用回弹法检测混凝土强度时，选用测强曲线应优先选用（　　）。

A. 专用测强曲线　　B. 地区测强曲线

C. 统一测强曲线

16. 用（　　）测定钢筋保护层厚度。

A. 超声波检测　　B. 回弹仪

C. 超声回弹综合法　　D. 钢筋位置检测仪

17. 用超声回弹综合法检测混凝土强度时，碳化深度对回弹值的影响，按以下哪种情况处理？（　　）

A. 可以不予考虑　　B. 应对回弹值进行修正

C. 应对超声波波速进行修正　　D. 应对强度值进行修正

二、填空题

1. 利用超声法检测钢材和焊缝的缺陷有__________和__________。

2. 在用回弹法检测混凝土强度时，测区应设在混凝土浇注的__________，尽量选择保证回弹仪处于__________工作位置的测区。

3. 超声检测混凝土内部的不密实区域或空洞的原理，是根据各测点的声时（或声速）、波幅或频率值的相对变化，确定__________的坐标位置，从而判定缺陷的范围。

4. 用回弹仪弹击混凝土表面时，由仪器重锤回弹能量的变化，反映混凝土的__________性质，故此法称为回弹法。

5. 混凝土表面湿度愈大，回弹值愈__________。

6. 使用回弹法对单个构件检测时，以构件__________强度值作为该构件的混凝土强度推定值。

7. 钻芯法不宜普遍使用，更不宜在一个受力区域内__________钻孔取芯。

三、简答题

1. 无损和半破损检测方法的含义及其常用方法是什么？

2. 混凝土强度检测有哪几种方法？各自的原理是什么？

3. 对于薄壁小型构件，如果约束力不够会对检测结果有什么影响？同一测点只允许弹击一次，如果重复弹击回弹值偏高还是偏低？并且说明原因。

4. 在混凝土回弹测试中，测试混凝土构件的表面，其修正值符号为“＋”还是“－”？为什么？回弹测试中的碳化深度测试应采用什么溶液？如何判断混凝土是否已碳化？并说明理由。

5. 影响回弹法、超声波法、超声回弹综合法、钻芯法测试混凝土强度的因素有何异同点？

6. 用超声法测混凝土缺陷时得到一系列的波幅值，按从小到大的顺序排列 A_i 分别为 23、24、25、29、31、32、33、34、34、34、35、35、36、37、40、40、40、41，试判断可疑数据。

7. 什么是混凝土破损及内部缺陷？

8. 红外成像和雷达无损检测技术的基本原理是什么？

9. 怎样对混凝土裂缝和表层损伤进行检测？

10. 检测混凝土不密实和空洞两种方法的原理是什么？

11. 混凝土中钢筋位置和锈蚀的检测方法分别有哪些？

12. 布氏硬度计测量钢材强度的原理是什么？

13. 钢结构无损检测的主要方法有哪些？

14. 什么是可靠性？结构设计与结构鉴定的不同表现在哪些方面？

15. 可靠性鉴定评级包括哪些内容？鉴定评级的方法是什么？

16. 某大楼底层大厅有混凝土梁 24 根，混凝土柱 16 根，属于原材料、配合比、成型工艺、养护条件基本一致且龄期相近的同类构件，工程验收时采用回弹法，试确定：

(1) 梁、柱各取样多少根试件？

(2) 若梁类 $f^{c}_{cu,min}=19.7$ MPa，$m_{f^{c}_{cu}}=26.3$ MPa，$S_{f^{c}_{cu}}=3.38$；

柱类 $f^{c}_{cu,min}=19.8$ MPa，$m_{f^{c}_{cu}}=27.4$ MPa，$S_{f^{c}_{cu}}=3.53$，求梁类、柱类的混凝土强度推定值是多少？(10 根；10 根；19.7 MPa；19.8 MPa)

第 8 章　结构模型试验技术

8.1　概　　述

在进行结构性能试验时，作为结构试验的试件可以是真实结构，也可以是其中的某一部分。若把真实结构称作真型（原型）或足尺，则不论是整体或它的一部分，由于都是足尺，势必导致试验的规模很大，所需加荷设备的容量和费用会很高，制作试件的材料费、加工费也随之增加。所以除了少数在原型结构上进行的检验性试验以外，一般的研究性试验都是模型试验。通常，结构模型都是缩尺的，即模型结构的尺寸比原型结构小，但也有少数是足尺的或将原型结构按比例放大的。据调查，国内外各大型结构试验室所做结构试验的试件，绝大多数为缩尺的局部结构或构件，只有少量为整体模型试件。

结构模型试验所采用的模型，是仿照原型结构按一定相似关系复制而成的代表物，它具有原型结构的全部或主要特征。只要设计的模型满足相似条件，则通过模型试验所获得的数据和结果，可以直接推算到相应的原型结构上去。

应该指出，对研究性试验中所进行的局部结构、基本构件和节点的基本性能试验大都采用缩尺比较大的模型，这种试件的设计不需要满足全部相似条件，试验结果在数值上与真实结构没有直接的联系，但试件的计算理论和方法可以推广到实际结构中去。

8.1.1　模型试验的特点

模型试验作为结构性能分析的手段，在近代建筑结构的发展中，起着很大的作用。与一般的结构试验相比，它具有以下优点。

(1) 经济性好。由于模型结构的几何尺寸小（一般取原型结构的1/2～1/6，有时也可取1/10～1/20或更小），因此试件的制作容易，装拆方便，节省材料、劳动力和时间，并且同一个模型可进行多个不同目的的试验。在荷载方面尤为突出，在一般常用的相似条件下，集中荷载的减小与几何尺寸的缩小成平方关系。若原型结构上作用着100 kN的集中荷载，一个缩尺比以1/20为主的模型仅需0.25 kN的集中荷载，当用低弹性模量的材料制作模型时，荷载还可进一步减小，因此模型试验也可较大幅度地降低加荷设备的容量和费用。

(2) 针对性强。结构模型试验可以根据试验的目的，突出主要设计因素，简略次要因素，并改变其某些主要因素进行多个模型的对比试验。这对于结构性能的研究，新型结构的设计，结构理论的验证和推动新的计算理论的发展都具有一定的意义。

(3) 数据准确。由于试验模型小，一般可在试验技术条件和环境条件均较好的室内进行试验，因此可以严格控制其主要测试参数，避免外界因素的干扰，保证试验结果的准确度。

结构模型试验作为结构分析的工具与电子计算机相比仍具有较强的竞争能力。如图 8-1 为德国的 H. 霍斯多尔夫根据问题难易程度为横向坐标，以解决问题所具的相对能力作为竖向坐标，勾画出常规分析、计算机分析和模型分析的三条比较曲线。

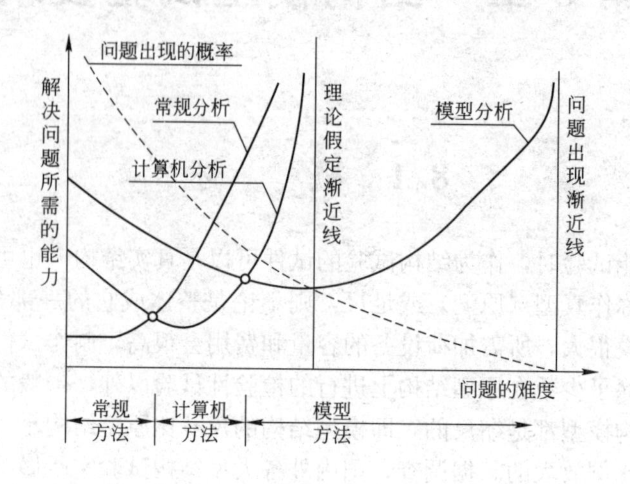

图 8-1 分析方法的比较

在图中水平轴上定出两条定性分界线，第一条为所谓的“困难分界线即理论假定渐近线”，是按我们对结构和材料承载能力的理论知识确定的；第二条是实际可能的绝对极限即“问题出现渐近线”，超过该界线，工程师就只能设想，而无法建造。虽然计算机分析比常规分析更快、更方便合理，并且能解决一些相当复杂的弹塑性理论问题，但是它的解答能力也是有限的。从图上来看，只要问题一旦接近第一条渐近线，计算机分析解答所需的能力沿渐近线急剧上升，和常规方法曲线相同，遇到了它们不能跨越的界限。结构模型试验因具有不受内力计算时某些简化假定影响的独特价值，所以模型分析曲线可以跨越两条分界线，揭示出工程师不能定量探索的区域。

总之，结构模型试验的意义不仅仅是确定结构的工作性能和验证有限的结构理论，而是能够使人们从结构性能有限的理论知识的束缚中解放出来，将他们的设计活动扩大到实际结构的大量有待探索的领域中去。

8.1.2 模型试验的应用范围

1. 代替大型结构试验或作为大型结构试验的辅助试验

许多受力复杂、体积庞大的构件或结构物，往往很难进行实物试验，这是因为现场试验难以组织，室内的足尺试验又受经济能力和室内的空间限制，所以常用模型试验来代替。对于某些重要的复杂结构，模型试验则作为实际结构试验的辅助试验。实物试验之前先通过模型试验获得必要的参考数据，这样使实物试验工作更有把握。

2. 作为结构分析计算的辅助手段

当设计受力较复杂的结构时，由于设计计算存在一定的局限性，往往通过模型试验作结构分析，弥补设计上存在的不足，核算设计计算方法的适应性，比较设计方案。

3. 验证和发展结构设计理论

新的设计计算理论和方法的提出，通常需要一定的结构试验来验证，由于模型试验具有较强的针对性，故验证试验均采用模型试验。

模型试验方法虽然很早就有人使用，但其迅速发展则还是近几十年内的事，特别是量纲分析法引入模型设计（1914 年）以后，才使模型试验方法得到系统的发展，量测技术的不断改进以及各种新颖模型材料的发现和应用也为模型试验方法创造了条件。目前模型试验方法在飞机和宇宙航行器等研制过程中的应用已远远领先于土木工程领域里模型研究的现状。

8.2 模型试验理论基础

模型试验理论是以相似原理和量纲分析为基础，以确定模型试验中必须遵循的相似准则为目标。

8.2.1 模型相似的基本概念

这里所讲的相似是指模型和真型相对应的物理量的相似，它比通常所讲的几何相似概念更广泛。在进行物理变化的系统中，在相应的时刻第一过程和第二过程相应的物理量之间的比例保持着常数，这些常数间又存在互相制约的关系，这种现象称为相似现象。

在相似理论中，系统是按一定关系组成的同类现象的集合，现象就是由物理量所决定的、发展变化中的具体事物或过程。这就是系统、现象和物理量三者之间的关系。两个现象相似是由决定现象的物理量的相似性所决定的。

下面简略介绍与结构性能有关的几个主要物理量的相似关系。

1. 几何相似

几何学中的相似如两个三角形相似，要求对应边成比例（见图 8－2）。即：

$$\frac{a'}{a}=\frac{b'}{b}=\frac{c'}{c}=S_l \tag{8-1}$$

式中：S_l 称为长度相似常数。结构模型与原结构满足结构相似就要求模型与原结构之间所有对应部分的尺寸都成比例，除跨度比$\frac{l_m}{l_p}=S_l$（角标 p 及 m 分别表示原型结构和模型结构）外，其面积比、截面模量比及惯性矩比均应分别满足$\frac{A_m}{A_p}=S_l^2$；$\frac{W_m}{W_p}=S_l^3$；$\frac{I_m}{I_p}=S_l^4$ 的相似条件。

根据变形体系的位移、长度和应变之间的关系，位移的相似常数为：

$$S_x=\frac{x_m}{x_p}=\frac{\varepsilon_m l_m}{\varepsilon_p l_p}=S_\varepsilon S_l \tag{8-2}$$

2. 荷载相似

荷载相似要求模型和原型结构在对应点所受的荷载方向一致，大小成比例（图 8－3），称为荷载相似。由图 8－3 中可知：

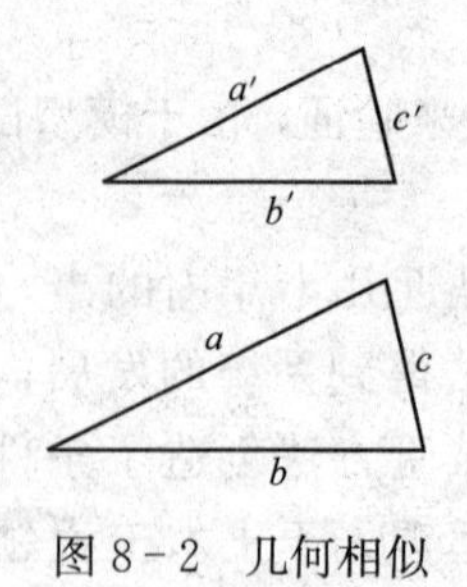

图 8-2　几何相似

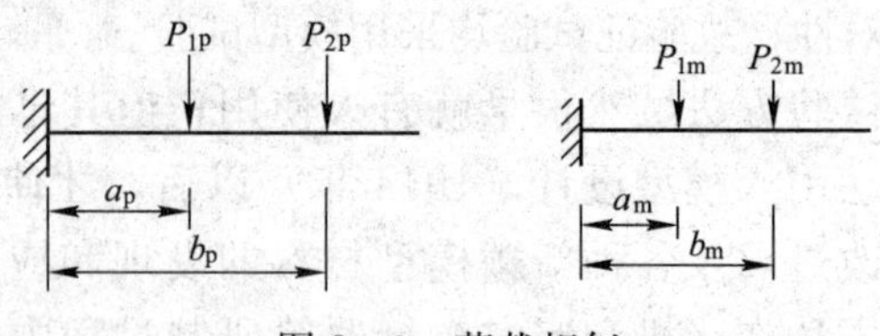

图 8-3　荷载相似

$$\frac{a_{\mathrm{m}}}{a_{\mathrm{p}}}=\frac{b_{\mathrm{m}}}{b_{\mathrm{p}}}=S_l \tag{8-3}$$

$$\frac{P_{1\mathrm{m}}}{P_{1\mathrm{p}}}=\frac{P_{2\mathrm{m}}}{P_{2\mathrm{p}}}=S_P \tag{8-4}$$

式中；S_P 为荷载相似常数；S_l 为长度相似常数。当同时要考虑结构自重时，还需考虑重量分布的相似。即：$S_{mg}=\frac{m_{\mathrm{m}}g_{\mathrm{m}}}{m_{\mathrm{p}}g_{\mathrm{p}}}=S_mS_g$，通常 $S_g=1$。式中 S_m 和 S_g 分别为质量和重力加速度的相似常数。而 $S_m=S_PS_l^3$，所以

$$S_{mg}=S_mS_g=S_PS_l^3 \tag{8-5}$$

3. 质量相似

在研究工程振动等问题时，要求结构的质量分布相似，即对应部分的质量（通常简化为对应点的集中质量）成比例（见图 8-4）。即：

$$\frac{m_{1\mathrm{m}}}{m_{1\mathrm{p}}}=\frac{m_{2\mathrm{m}}}{m_{2\mathrm{p}}}=\frac{m_{3\mathrm{m}}}{m_{3\mathrm{p}}}=S_m \tag{8-6}$$

式中：S_m 为质量相似常数。

在关于荷载相似的讨论中已提及 $S_{mg}=S_mS_g=S_PS_l^3$，但常限于材料力学特性要求而不能同时满足 S_P 的要求，此时需要在模型结构上附加质量块以满足 S_{mg} 的要求。

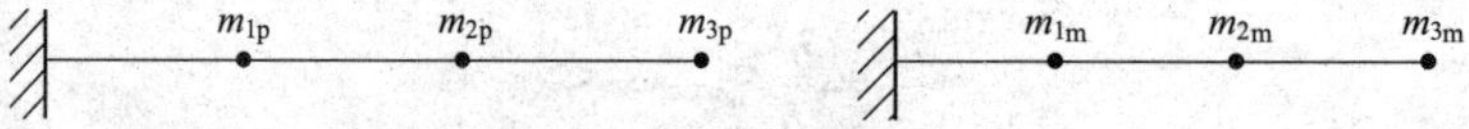

图 8-4　质量相似

4. 物理相似

物理相似要求模型与原型的各相应点的应力和应变、刚度和变形间的关系相似。

$$S_\sigma=\frac{\sigma_{\mathrm{m}}}{\sigma_{\mathrm{p}}}=\frac{E_{\mathrm{m}}\varepsilon_{\mathrm{m}}}{E_{\mathrm{p}}\varepsilon_{\mathrm{p}}}=S_ES_\varepsilon \tag{8-7}$$

$$S_\tau=\frac{\tau_{\mathrm{m}}}{\tau_{\mathrm{p}}}=\frac{G_{\mathrm{m}}\gamma_{\mathrm{m}}}{G_{\mathrm{p}}\gamma_{\mathrm{p}}}=S_GS_\gamma \tag{8-8}$$

$$S_\nu=\frac{\nu_{\mathrm{m}}}{\nu_{\mathrm{p}}} \tag{8-9}$$

式中：S_σ、S_E、S_ε、S_τ、S_G、S_γ 和 S_ν 分别为法向应力、弹性模量、法向应变、剪应力、

剪切模量、剪应变和泊松比的相似常数。

由刚度和变形关系可知刚度相似常数为：

$$S_k=\frac{S_p}{S_x}=\frac{S_\sigma S_l^2}{S_l}=S_\sigma S_l \tag{8-10}$$

5. 时间相似

对于结构动力问题，在随时间变化的过程中，要求结构模型和原型在对应的时刻进行比较，要求相对应的时间成比例，时间相似常数为

$$S_t=\frac{t_{\mathrm{m}}}{t_{\mathrm{p}}} \tag{8-11}$$

由于振动周期是振动重复的时间，周期的相似常数与时间的相似常数是相同的，而振动频率是振动周期的倒数，因此，频率的相似常数为

$$S_f=\frac{f_{\mathrm{m}}}{f_{\mathrm{p}}}=\frac{1}{S_T} \tag{8-12}$$

6. 边界条件相似

要求模型和真型在与外界接触的区域内的各种条件保持相似，即要求支承条件相似、约束条件相似及边界受力情况相似。模型的支承条件和约束条件可以由与真型结构构造相同的条件来满足与保证。

7. 运动方程初始条件相似

在动力问题中，为了保证模型与真型的动力反应相似，要求运动方程和初始时刻运动的参数相似。运动的初始条件包括初始位置、初始速度和初始加速度等。模型上的速度、加速度与原型的速度和加速度在对应的位置和对应的时刻保持一定的比例，并且运动的方向一致，则称为速度和加速度相似。

8.2.2 相似原理

相似原理是研究自然界相似现象的性质和鉴别相似现象的基本原理，它由三个相似定理组成。这三个相似定理从理论上阐明了相似现象的性质，实现现象相似需要满足的条件。下面分别加以介绍。

1. 第一相似定理

定理描述：彼此相似的现象，单值条件相同，其相似准数也相同。

单值条件是指决定于某一自然现象的因素。单值条件在一定试验条件下，只有唯一的试验结果。属于单值条件的因素有：系统的几何特性、介质或系统中对所研究的现象有重大影响的物理参数、系统的初始状态、边界条件等。

第一相似定理是牛顿于1786年首先发现的，它确定了相似现象的性质，说明两个相似现象在数量上和空间中的相互关系。下面就以牛顿第二定律为例说明这些性质。

对于实际的质量运动物理系统，则有：

$$F_{\mathrm{p}}=m_{\mathrm{p}}a_{\mathrm{p}} \tag{8-13}$$

而模拟的质量运动系统，有：

$$F_{\mathrm{m}}=m_{\mathrm{m}}a_{\mathrm{m}} \tag{8-14}$$

因为这两个系统运动现象相似，故它们各个对应的物理量成比例：

$$F_{\rm m}=S_F F_{\rm p} \quad m_{\rm m}=S_m m_{\rm p} \quad a_{\rm m}=S_a a_{\rm p} \tag{8-15}$$

式中：S_F、S_m、S_a 分别为两个运动系统中对应的物理量（即力、质量、加速度）的相似常数。

将式（8-15）代入式（8-14）得：

$$\frac{S_F}{S_m S_a}F_{\rm p}=m_{\rm p}a_{\rm p} \tag{8-16}$$

在此方程中，显然只有当

$$\frac{S_F}{S_m S_a}=1 \tag{8-17}$$

时，才能与式（8-13）一致。式中，$\frac{S_F}{S_m S_a}$称为“相似指标”。式（8-17）是相似现象的判别条件。若两个物理系统现象相似，则它们的相似指标为 1，即各物理量的相似常数不是都能任意选择的，它们的相互关系受到式（8-17）条件的约束。

将式（8-15）代入式（8-14），又可写成另一种形式

$$\frac{F_{\rm p}}{m_{\rm p}a_{\rm p}}=\frac{F_{\rm m}}{m_{\rm m}a_{\rm m}}=\frac{F}{ma} \tag{8-18}$$

上式是一个无量纲比值，对于所有的力学相似现象，这个比值都是相同的，故称它为相似准数。通常用 π 表示，即：

$$\pi=\frac{F}{ma}=常量 \tag{8-19}$$

相似准数 π 把相似系统中各物理量联系起来，说明它们之间的关系，故又称“模型律”。利用这个模型律可将模型试验中得到的结果推广应用到相似的原型结构中去。

注意相似常数和相似准数的概念是不同的。相似常数是指在两个相似现象中两个相对应的物理量始终保持的常数，但对于在与此两个现象互相相似的第三个相似现象中，它可具有不同的常数值。相似准数则在所有互相相似的现象中是一个不变量，它表示相似现象中各物理量应保持的关系。

2. 第二相似定理

第二相似定理：某一现象中各物理量之间的关系方程式，都可表示为相似准数之间的函数关系。写成相似准数方程式的形式：

$$f(x_1,\ x_2,\ x_3,\ \cdots)=g(\pi_1,\ \pi_2,\ \pi_3,\ \cdots)=0 \tag{8-20}$$

由于相似准数的记号通常用 π 表示，因此第二相似定理也称 π 定理。π 定理是量纲分析的普遍定理，为模型设计提供了可靠的理论基础。

第二相似定理通俗地讲是指在彼此相似的现象中，其相似准数不管用什么方法得到，描述物理现象的方程均可转化为相似准数方程的形式。它告诉人们如何处理模型试验的结果，即应当以相似准数间的关系所给定的形式处理试验数据，并将试验结果推广到其他相似现象上去。

下面以简支梁在均布荷载 q 作用下的情况来说明（见图 8-5）。由材料力学可知，梁跨

中部的应力和挠度为：

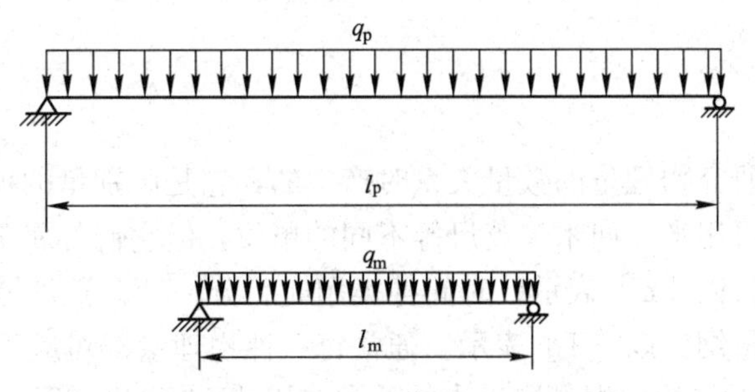

图 8-5　简支梁受均布荷载的相似

$$\sigma=\frac{ql^2}{8W} \tag{8-21a}$$

$$f=\frac{5ql^4}{384EI} \tag{8-21b}$$

式中：W 为抗弯截面模量；E 为弹性模量；I 为截面抗弯惯性矩；l 为梁的跨径。

将式（8-21a）两边同除以 σ，式（8-21b）两边同除以 f，即得到

$$\frac{ql^2}{8\sigma W}=1\ \frac{5ql^4}{384EIf}=1 \tag{8-22}$$

由此可写出原型与模型相似的两个准数方程式为

$$\pi_1=\frac{ql^2}{\sigma W}=\frac{q_m l_m^2}{\sigma_m W_m}=\frac{q_p l_p^2}{\sigma_p W_p} \tag{8-23}$$

$$\pi_2=\frac{ql^4}{EIf}=\frac{q_m l_m^4}{E_m I_m f_m}=\frac{q_p l_p^4}{E_p I_p f_p} \tag{8-24}$$

3. 第三相似定理

定理叙述：现象的单值条件相似，即存在相似常数，并且由单值条件导出来的相似准数的数值相等，则现象相似。第三相似定理是现象彼此相似的充分和必要条件，它指出了判断相似现象的方法。

第一、第二相似定理是以现象相似为前提，确定了相似现象的性质，给出了相似现象的必要条件。第三相似定理补充了前面两个定理，明确了只要满足现象的单值条件相似和由此导出的相似准数相等这两个条件，则现象必然相似。

根据第三相似定理，当考虑一个新现象时，只要它的单值条件与曾经研究过的现象的单值条件相同，并且存在相等的相似准数，就能肯定现象相似，从而可以将已研究过的现象的结果应用到新现象上去。第三相似定理终于使相似原理构成一套完善的理论，同时也成为组织试验和进行模拟的科学方法。

在模型试验中，为了使模型与原型保持相似，必须按相似原理推导出相似的准数方程。模型设计则应在保证这些相似准数方程成立的基础上确定出适当的相似常数。最后将试验所得数据整理成准数间的函数关系来描述所研究的现象。

8.2.3 量纲分析

1. 量纲分析法

量纲的概念是在研究物理量的数量关系时产生的，它是区别量的种类，而不是区别量的度和值。如测量距离可用米、厘米、英尺等不同的单位，但它们都属于长度这一种类，因此把长度称为一种量纲，以［L］表示。时间种类用时、分、秒、微秒等单位表示，它是有别于其他种类的另一种量纲，以［T］表示。通常每一种物理量都对应于一种量纲。例如表示重量的物理量 W，它对应的量纲是属于力的种类，用［F］量纲表示。

在一切自然现象中，各物理量之间存在着一定的联系。在分析一个现象时，可用参与该现象的各物理量之间的关系方程来描述，因此各物理量和量纲之间也存在着一定的联系。如果选定一组彼此独立的量纲作为基本量纲，而其他物理量的量纲可由基本量纲组成，则这些量纲称为导出量纲。在量纲分析中有两种基本量纲系统：绝对系统和质量系统。绝对系统的基本量纲为长度、时间和力，而质量系统的基本量纲是长度、时间和质量。常用的物理量的量纲表示法见表 8-1。

表 8-1　常用物理量及物理常数的量纲

物理量	质量系统	绝对系统	物理量	质量系统	绝对系统
长度	$[L]$	$[L]$	面积二次矩	$[L^4]$	$[L^4]$
时间	$[T]$	$[T]$	质量惯性矩	$[ML^2]$	$[FLT^2]$
质量	$[M]$	$[FL^{-1}T^2]$	表面张力	$[MT^{-2}]$	$[FL^{-1}]$
力	$[MLT^{-1}]$	$[F]$	应变	$[1]$	$[1]$
温度	$[\theta]$	$[\theta]$	比重	$[ML^{-2}T^{-2}]$	$[FL^{-3}]$
速度	$[LT^{-1}]$	$[LT^{-1}]$	密度	$[ML^{-3}]$	$[FL^{-4}T^2]$
加速度	$[LT^{-2}]$	$[LT^{-2}]$	弹性模量	$[ML^{-1}T^{-2}]$	$[FL^{-2}]$
角度	$[1]$	$[1]$	泊松比	$[1]$	$[1]$
角速度	$[T^{-1}]$	$[T^{-1}]$	动力粘度	$[ML^{-1}T^{-1}]$	$[FL^{-2}T]$
角加速度	$[T^{-2}]$	$[T^{-2}]$	运动粘度	$[L^2T^{-1}]$	$[L^2T^{-1}]$
压强和应力	$[T^{-2}]$	$[FL^{-2}]$	线膨胀系数	$[\theta^{-1}]$	$[\theta^{-1}]$
力矩	$[ML^2T^{-2}]$	$[FL]$	导热率	$[MLT^{-3}\theta^{-1}]$	$[FT^{-1}\theta^{-1}]$
能量、热	$[ML^2T^{-2}]$	$[FL]$	比热	$[L^2T^{-2}\theta^{-1}]$	$[L^2T^{-2}\theta^{-1}]$
冲力	$[MLT^{-1}]$	$[FT]$	热容量	$[ML^{-1}T^{-2}\theta^{-1}]$	$[FL^{-2}\theta^{-1}]$
功率	$[ML^2T^{-3}]$	$[FLT^{-1}]$	导热系数	$[MT^{-3}\theta^{-1}]$	$[FL^{-1}T^{-1}\theta^{-1}]$

2. 量纲的相互关系

量纲之间的相互关系可简要归结如下。

(1) 两个物理量相等，是指不仅数值相等，而且量纲也要相同。

(2) 两个同量纲参数的比值是无量纲参数，其值不随所取单位的大小而变。

(3) 一个完整的物理方程式中，各项的量纲必须相同，方程才能用加、减并用等号联系起来。这一性质称为量纲和谐。

(4) 导出量纲可和基本量纲组成无量纲组合，但基本量纲之间不能组成无量纲组合。

(5) 若在一个物理方程中共有几个物理参数 x_1，x_2，…，x_n 和 k 个基本量纲，则可组成 $n-k$ 个独立的无量纲组合。无量纲参数组合简称"π 数"。用公式的形式可表示为：$f(x_1, x_2, \cdots, x_n)=0$；改写成 $\varphi(\pi_1, \pi_2, \cdots, \pi_{n-k})=0$；这一性质称为 π 定理。

根据量纲的关系，可以证明两个相似物理过程相对应的 π 数必然相等，仅仅是相应各物理量间数值大小不同。这就是用量纲分析法求相似条件的依据。

3. 实例分析

[例 8-1] 以有阻尼的质量弹簧系统的动力学问题为例来说明如何运用量纲分析法求相似条件。

设质量为 m，弹簧刚度为 k，阻尼为 C，质量变位为 x，时间为 t，受外力 P 作用，则该物理现象用微分方程表示为

$$m\frac{\mathrm{d}^2x}{\mathrm{d}t^2}+C\frac{\mathrm{d}x}{\mathrm{d}t}+kx-P=0 \tag{8-25}$$

改写成函数的形式为：

$$f(m, C, k, x, t, P)=0 \tag{8-26}$$

方程中物理量个数 $n=6$，采用绝对系统，基本量纲为 3 个，则 π 函数为：

$$\varphi(\pi_1, \pi_2, \pi_3)=0 \tag{8-27}$$

所有物理量参数组成无量纲形式 π 数的一般形式为：

$$\pi=m^{a_1}C^{a_2}k^{a_3}x^{a_4}t^{a_5}P^{a_6} \tag{8-28}$$

式中：a_1，a_2，…，a_6 为待定的指数。以表 8-1 查得各物理量的量纲为：

$$[\mathrm{m}]=[\mathrm{FL^{-1}T^2}] \quad [\mathrm{C}]=[\mathrm{FL^{-1}T}]$$
$$[\mathrm{k}]=[\mathrm{FL^{-1}}] \quad [\mathrm{x}]=[\mathrm{L}]$$
$$[\mathrm{t}]=[\mathrm{T}] \quad [\mathrm{P}]=[\mathrm{F}]$$

代入上式得

$$[1]=[\mathrm{FL^{-1}T^2}]^{a_1}[\mathrm{FL^{-1}T}]^{a_2}[\mathrm{FL^{-1}}]^{a_3}[\mathrm{L}]^{a_4}[\mathrm{T}]^{a_5}[\mathrm{F}]^{a_6}$$

根据量纲和谐要求

$$\begin{aligned}&\text{对量纲 [F]：} && a_1+a_2+a_3+a_6=0\\ &\text{对量纲 [L]：} && -a_1-a_2-a_3+a_4=0\\ &\text{对量纲 [T]：} && 2a_1+a_2+a_5=0\end{aligned} \tag{8-29}$$

上面三个方程式中包含 6 个未知量，是一组不定方程式组。求解时需先确定其中三个未知量，才能用这三个方程式求出另外三个未知量。若先确定了 a_1、a_4 和 a_5，则：

$$\left.\begin{aligned}a_2&=-2a_1-a_5\\ a_3&=a_5+a_1+a_4\\ a_6&=-a_4\end{aligned}\right\} \tag{8-30}$$

所以无量纲 π 数又可改写为：

$$\pi=m^{a_1}C^{-2a_1-a_5}k^{a_1+a_4+a_5}x^{a_4}t^{a_5}P^{-a_4}=\left(\frac{mk}{C^2}\right)^{a_1}\left(\frac{kx}{P}\right)^{a_4}\left(\frac{tk}{C}\right)^{a_5} \tag{8-31}$$

分别取

$$a_1=1, a_4=0, a_5=0$$
$$a_1=0, a_4=1, a_5=0$$
$$a_1=0, a_4=0, a_5=1$$

可得到三个独立的 π 数：

$$\left.\begin{aligned}\pi_1&=\frac{mk}{C^2}\\ \pi_2&=\frac{kx}{P}\\ \pi_3&=\frac{tk}{C}\end{aligned}\right\} \tag{8-32}$$

显然 a_1、a_4、a_5 取其他值，可得到另外的 π 数，但互相独立的 π 数只有 3 个。

由于 π 数对于相似的物理现象具有不变的形式，故设计模型时只需模型的物理量和原型的物理量有下述关系成立：

$$\left.\begin{aligned}\frac{m_m k_m}{C_m^2}&=\frac{m_p k_p}{C_p^2}\\ \frac{k_m x_m}{P_m}&=\frac{k_p x_p}{P_p}\\ \frac{t_m k_m}{C_m}&=\frac{t_p k_p}{C_p}\end{aligned}\right\} \tag{8-33}$$

则测得的模型试验结果可按上式换算到原型结构上去。

［**例 8-2**］ 用研究简支梁受集中荷载的例子（见图 8-6）介绍用量纲矩阵的方法寻求无量纲 π 函数的方法。

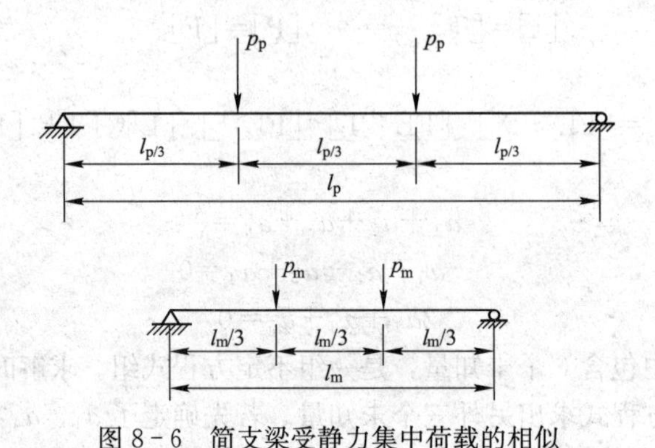

图 8-6 简支梁受静力集中荷载的相似

由材料力学知，受横向荷载作用的梁正截面的应力 σ 是梁的跨径 l、截面抗弯模量 W、梁上作用的荷载 P 和弯矩 M 的函数。将这些物理量之间的关系写成一般形式为：

$$f(\sigma,\ P,\ M,\ l,\ W)=0 \tag{8-34}$$

物理量个数 $n=5$，基本量纲个数 $k=2$，所以独立的 π 数为 $(n-k)=3$。π 函数可表示为：

$$\varphi(\pi_1,\ \pi_2,\ \pi_3)=0 \tag{8-35}$$

所有物理量参数组成 π 函数的一般形式：

$$\pi=\sigma^a P^b M^c l^d W^e \tag{8-36}$$

用绝对系统基本量纲表示这些量纲：

$$[\sigma]=[FL^{-2}] \quad [P]=[F]$$
$$[M]=[FL] \quad [l]=[L]$$
$$[W]=[L^3]$$

按照它们的量纲排列成“量纲矩阵”为：

	a	b	c	d	e
	σ	P	M	l	W
[L]	−2	0	1	1	3
[F]	1	1	1	0	0

矩阵中的列是各个物理量具有的基本量纲的幂次，行是对应于某一基本量纲各个物理量具有的幂次。根据量纲和谐原理，可以写出基本量纲指数关系的联立方程，即量纲矩阵中各个物理量对应于每个基本量纲的幂数之和等于零，即：

对量纲［L］　　$-2a+c+d+3e=0$

对量纲［F］　　$a+b+c=0$

先确定 a、b、d，则：

$$c=-a-b$$

$$e=a+\frac{1}{3}b-\frac{1}{3}d$$

这时各物理量指数可用如下矩阵表示：

	σ	P	l	M	W
	a	b	d	c	e
a	1	0	0	−1	1
b	0	1	0	−1	$\frac{1}{3}$
d	0	0	1	0	$-\frac{1}{3}$

而 π 函数的一般形式则可写为：

$$\pi=\sigma^a P^b M^{-a-b} l^d W^{a+\frac{1}{3}b-\frac{1}{3}d}=\left(\frac{\sigma W}{M}\right)^a\left(\frac{PW^{1/3}}{M}\right)^b\left(\frac{l}{W^{1/3}}\right)^d \tag{8-37}$$

令 $a=1$，$b=0$，$d=0$ 则：

$$\pi_1=\frac{\sigma W}{M} \tag{8-38}$$

令 $a=0$，$b=1$，$d=0$ 则：

$$\pi_2=\frac{PW^{1/3}}{M} \tag{8-39}$$

令 $a=0$，$b=0$，$d=1$ 则：

$$\pi_3=\frac{l}{W^{1/3}} \tag{8-40}$$

同样，在量纲矩阵中，只要将第一行的各物理量幂次数代入 π 函数的一般形式中，可得到 π_1 数。同理由第二行、第三行的幂次数可组成为 π_2 和 π_3 数。因此，上面的矩阵又称“π 矩阵”。从上例可以看出，量纲分析法中引入量纲矩阵分析，推导过程简单明了。

综上所述，用量纲分析法确定无量纲 π 函数（及相似准数）时，只要弄清物理现象包含的物理量所具有的量纲，而无须知道描述该物理现象的具体方程和公式。因此，寻求较复杂现象的相似准数，用量纲分析法是很方便的。量纲分析法虽能确定出一组独立的 π 数，但 π 数的取法有着一定的任意性，而且当参与物理现象的物理量愈多时，则其任意性愈大。所以在量纲分析法中选择物理参数是具有决定性意义的。物理参数的正确选择取决于模型试验者的专业知识以及对所研究问题初步分析的正确程度。甚至可以说，如果不能正确选择有关的参数，量纲分析法就无助于模型设计。

8.3 模型设计

模型设计是模型试验是否成功的关键，因此在模型设计中不仅仅要确定模型的相似条件，而应综合考虑各种因素，如模型的类型、模型材料、试验条件以及模型制作条件等，以确定出适当的物理量的相似常数。

8.3.1 模型的类型

结构模型通常分为弹性模型、强度模型和间接模型。

弹性模型试验的目的是要从中获得原型结构在弹性阶段的资料，其研究范围仅局限于结构的弹性阶段。它常用在钢筋（或型钢）混凝土结构、砌体结构的设计过程中，用以验证新型结构的设计计算方法是否正确或为设计计算提供某些参数。目前来说，结构动力试验模型一般都是弹性模型。弹性模型的制作材料不必与原型结构的材料完全相似，只需模型材料在试验过程中具有完全的弹性性质。如高层或超高层结构常用有机玻璃制作弹性模型。弹性模型试验无法预测实际结构在荷载作用下产生的非弹性性能，如混凝土开裂后的结构性能，钢材达到流限后的结构性能。

强度模型试验的目的是探讨原型结构的极限强度、极限变形以及在各级荷载作用下结构的性能，它常用于钢筋（或型钢）混凝土结构、钢结构的弹塑性性能研究。这种模型试验的成功与否在很大程度上取决于模型与原型的材料（混凝土和钢材）性能的相似程度。目前来说，钢筋（或型钢）混凝土结构的小比例强度模型还只能做到不完全相似的程度，主要的困难是材料的完全相似难以满足。

间接模型试验的目的是要得到关于结构支座、反力、弯矩、剪力、轴力等内力的资料，因此间接模型并不要求与原型结构直接相似。如框架的内力分布主要取决于梁、柱等构件之间的刚度比，梁、柱的截面形状不必直接与原型结构相似，为了便于制作，可采用原形截面或型钢截面代替原型结构构件的实际截面。随着计算技术的发展，在很多情况下间接模型试验完全可由计算机分析所取代，所以目前已很少使用。

8.3.2 模型设计的程序及模型几何尺寸

1. 模型设计的程序

模型设计一般按照下列程序进行：

(1) 根据任务明确试验的具体目的和要求，选择适当的模型类型和模型制作材料；

(2) 针对课题所研究的对象，用方程式分析法或量纲分析法确定相似条件；

(3) 根据现有试验设备的条件，确定出模型的几何尺寸，即几何相似常数；

(4) 根据相似条件，定出其他相似常数；

(5) 绘制模型施工图。

2. 模型几何尺寸

结构模型几何尺寸的变动范围较大，缩尺比例可以从几分之一到几百分之一，设计时应综合考虑模型的类型、制作条件及试验条件来确定出一个最优的几何尺寸。小模型所需荷载小，但制作较困难，加工精度要求高，对量测仪表要求亦高；大模型所需荷载大，但制作方便，对量测仪表可无特殊要求；一般来说，弹性模型的缩尺比例较小；而强度模型，尤其是钢筋（或型钢）混凝土结构的强度模型的缩尺比例较大，因为模型截面最小厚度、钢筋间距、保护层厚度等方面都受到制作可能性的限制，不可能取得太小。目前最小的钢丝水泥砂浆板壳模型厚度可做到 3 mm，最小的梁柱截面边长可做到 6 mm。几种模型结构常用的缩尺比例见表 8-2。

表 8-2 模型的缩尺比例

结构类型	弹性模型	强度模型
壳体	1/200～1/50	1/30～1/10
铁路桥	1/25	1/20～1/4
结构类型	弹性模型	强度模型
反应堆容器	1/100～1/50	1/20～1/4
板结构	1/25	1/10～1/4
大坝	1/400	1/75
风载作用结构	1/300～1/50	一般不用强度模型

对于某些结构，如薄壁结构，由于原型结构腹板原来就较薄，若为了满足几何相似条件按三维几何比例缩小制作模型就会产生模型制作工艺上的困难。这样就无法用几何相似设计模型，而须考虑采用非完全几何相似的方法设计模型，即所谓的变态模型设计。关于变态模型设计可参考有关的专著。

8.3.3 模型设计中几个常见相似现象的相似关系

一般情况下，相似常数的个数多于相似条件的个数，除长度相似常数 S_l 为首先确定的条件外，还可先确定几个量的相似常数，再根据相似条件推出对其余量的相似常数要求。由于目前模型材料的力学性能还不能任意控制，所以在确定各相似常数时，一般根据可能条件先选定模型材料，即先确定 S_E 及 S_σ 再确定其他量的相似常数。

下面采用方程式分析法或量纲分析法给出几个常见相似现象的相似关系。

1．静力弹性相似

对一般的静力弹性模型，当以长度及弹性模量的相似常数 S_l、S_E 为设计时首先确定的条件，所有其他量的相似常数都是 S_l 和 S_E 的函数或等于1。表 8－3 列出了一般静力弹性模型的相似常数要求。

表 8－3　结构静力弹性模型的相似常数和相似关系

类型	物理量	量纲（绝对系统）	相似关系
材料特性	应力 σ	FL^{-2}	$S_\sigma=S_E$
	应变 ε	—	$S_\varepsilon=1$
	弹模 E	FL^{-2}	S_E
	泊松比 ν	—	$S_\nu=1$
	质量密度 ρ	FT^2L^{-4}	$S_\rho=\dfrac{S_E}{S_l}$
几何特性	长度 l	L	S_l
	线位移 x	L	$S_x=S_l$
	角位移 θ	—	$S_\theta=1$
	面积 A	L^2	$S_A=S_l^2$
	截面抵抗矩 W	L^3	$S_W=S_l^3$
	惯性矩 I	L^4	$S_I=S_l^4$
荷载	集中荷载 P	F	$S_P=S_ES_l^2$
	线荷载 ω	FL^{-1}	$S_\omega=S_ES_l$
	面荷载 q	FL^{-2}	$S_q=S_E$
	力矩 M	FL	$S_M=S_ES_l^3$

2．动力相似

在进行动力模型尤其是结构抗震模型设计时，除了将长度［L］和力［F］作为基本物理量外，还要考虑时间［T］这一基本物理量。而且结构的惯性力常常是作用在结构上的主要荷载，必须考虑模型与原型结构的结构材料质量密度的相似。在材料力学性能的相似要求方面还应考虑应变速率对材料的影响。表 8－4 为结构动力模型的相似常数和相似关系，其中（a）列为一般相似条件下模型的相似关系。从中可看出，由于动力问题中要模拟惯性力、恢复力和重力三种力，对模型材料的弹性模量、密度的要求很严格，为 $\left(\dfrac{g\rho l}{E_m}\right)=\left(\dfrac{g\rho l}{E_p}\right)$，即 $\dfrac{S_E}{S_gS_P}=S_l$。通常 $S_g=1$，则 $\dfrac{S_E}{S_P}=S_l$，在 $S_l<1$ 的情况下，要求材料的弹性模量 $E_m<E_p$ 或密度 $\rho_m>\rho_p$，这在模型设计选择材料时很难满足。如模型采用与原型结构同样的材料，即

$S_E=S_P=1$，这时要满足 $S_g=\dfrac{1}{S_l}$，则要求 $g_m>g_p$，即需对模型施加非常大的重力加速度，这在结构动力试验中存在困难。为满足$\dfrac{S_g}{S_P}=S_l$ 的相似关系，实用上与静力模型试验一样，就是在模型上附加适当的分布质量，即采用高密度材料来增加结构上有效的模型材料的密度，但该方法仅适用于质量在结构空间分布的准确模拟要求不高的情况。也曾有人把振动台装在离心机上通过增加模型重力加速度来调节对材料相似的要求。当重力对结构的影响比地震等动力引起的影响小得多时，可忽略重力的影响，则在选择模型材料及材料相似时的限制就放松得多。表 8-4 中（b）列即为忽略重力后的相似常数要求。

表 8-4　结构动力模型的相似常数和相似关系

类型	物理量	量纲（绝对系统）	相似关系	
			（a）一般模型	（b）忽略重力影响模型
材料特性	应力 σ	FL^{-2}	$S_\sigma=S_E$	$S_\sigma=S_E$
	应变 ε	—	$S_\varepsilon=1$	$S_\varepsilon=1$
	弹模 E	FL^{-2}	S_E	S_E
	泊松比 ν	—	$S_\nu=1$	$S_\nu=1$
	质量密度 ρ	FT^2L^{-4}	$S_\rho=\dfrac{S_E}{S_l}$	S_ρ
几何特性	长度 l	L	S_l	S_l
	线位移 x	L	$S_x=S_l$	$S_x=S_l$
	角位移 θ	—	$S_\theta=1$	$S_\theta=1$
	面积 A	L^2	$S_A=S_l^2$	$S_A=S_l^2$
荷载	集中荷载 P	F	$S_P=S_ES_l^2$	$S_P=S_ES_l^2$
	线荷载 ω	FL^{-1}	$S_\omega=S_ES_l$	$S_\omega=S_ES_l$
	面荷载 q	FL^{-2}	$S_q=S_E$	$S_q=S_E$
	力矩 M	FL	$S_M=S_ES_l^3$	$S_M=S_ES_l^3$
动力特性	质量 m	$FL^{-1}T^2$	$S_m=S_\rho S_l^3=S_ES_l^2$	$S_m=S_\rho S_l^3$
	刚度 k	FL^{-1}	$S_k=S_ES_l$	$S_k=S_ES_l$
	阻尼 c	$FL^{-1}T$	$S_c=\dfrac{S_m}{S_t}=S_ES_l^{\frac{3}{2}}$	$S_c=\dfrac{S_m}{S_t}=S_l^2(S_\rho S_E)^{\frac{1}{2}}$
	时间 t，固有周期 T	T	$S_t=S_T=\left(\dfrac{S_m}{S_k}\right)^{\frac{1}{2}}=S_l^{\frac{1}{2}}$	$S_t=S_T=\left(\dfrac{S_m}{S_k}\right)^{\frac{1}{2}}=S_l\left(\dfrac{S_\rho}{S_E}\right)^{\frac{1}{2}}$
	频率 f	T^{-1}	$S_f=\dfrac{1}{S_T}=S_l^{-\frac{1}{2}}$	$S_f=\dfrac{1}{S_T}=S_l^{-1}\left(\dfrac{S_E}{S_\rho}\right)^{\frac{1}{2}}$
	速度 $\dot{x}$	LT^{-1}	$S_{\dot{x}}=\dfrac{S_x}{S_t}=S_l^{\frac{1}{2}}$	$S_{\dot{x}}=\dfrac{S_x}{S_t}=\left(\dfrac{S_E}{S_\rho}\right)^{\frac{1}{2}}$
	加速度 $\ddot{x}$	LT^{-2}	$S_{\ddot{x}}=\dfrac{S_x}{S_t^2}=1$	$S_{\ddot{x}}=\dfrac{S_x}{S_t^2}=\dfrac{S_E}{S_lS_\rho}$
	重力加速度 $\ddot{x}_g$	LT^{-2}	$S_g=1$	忽略

3. 静力弹塑性相似

上述结构模型设计中所表示的各物理量之间的关系式均是无量纲的，它们均是在假定采用理想弹性材料的情况下推导求得的，实际上在结构试验研究中应用较多的是钢筋（或型钢）混凝土或砌体结构的强度模型，强度模型试验除了应获得弹性阶段应力分析的数据资料外，还要求能正确反映原型结构的弹塑性性能，要求能给出与原型结构相似的破坏形态、极限变形能力和极限承载能力，这对于结构抗震试验更为重要。为此，对于钢筋（或型钢）混凝土和砌体这类由复合材料组成的结构，模型材料的相似就更为严格。

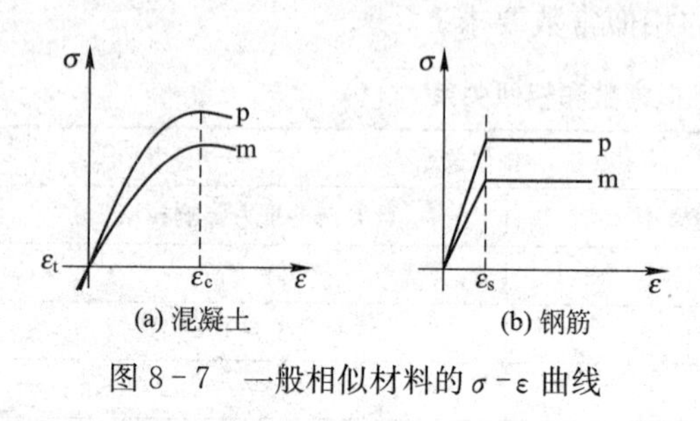

图 8-7　一般相似材料的 $\sigma-\varepsilon$ 曲线

在钢筋（或型钢）混凝土结构中，一般模型的混凝土和钢筋（或型钢）应与原型结构的混凝土和钢筋（或型钢）具有相似的 $\sigma-\varepsilon$ 曲线，并且在极限强度下的变形 ε_c 和 ε_s 应相等（图 8-7），即 $S_{\varepsilon c}=S_{\varepsilon c}=S_{\varepsilon}=1$。当模型材料满足这些要求时，由量纲分析得出的钢筋（或型钢）混凝土强度模型的相似条件如表 8-5 中（a）列所示。注意这时 $S_{E_s}=S_{E_c}=S_{\sigma c}=S_{\sigma}$，即要求模型钢筋（或型钢）的弹性模量相似常数等于模型混凝土的弹性模量相似常数和应力相似常数。由于钢材是目前能找到的唯一适用于模型的加筋材料，因此 $S_{E_s}=S_{E_c}=S_{\sigma c}$ 这一条件很难满足，除非有 $S_{E_s}=S_{E_c}=S_{\sigma c}=1$，也就是模型结构采用与原型结构相同的混凝土和钢筋（或型钢）。此条件下对其余各量的相似常数要求列于表 8-5中（b）列。其中模型混凝土密度相似常数为 $1/S_l$，要求模型混凝土的密度为原型结构混凝土密度的 S_l倍。当需考虑结构本身的质量和重量对结构性能的影响时，为满足密度相似的要求，常需在模型结构上加附加质量。但附加质量的大小必须以不改变结构的强度和刚度特性为原则。

表 8-5　钢筋（或型钢）混凝土结构静力强度模型的相似常数和相似关系

类型	物理量	量纲	相似关系		
			（a）一般模型	（b）实用模型	（c）不完全相似模型
材料特性	混凝土应力 σ_c	FL^{-2}	$S_{\sigma c}=S_{\sigma}$	$S_{\sigma c}=1$	$S_{\sigma c}=S_{\sigma}$
	混凝土应变 ε_c	—	$S_{\varepsilon c}=1$	$S_{\varepsilon c}=1$	$S_{\varepsilon c}=S_{\varepsilon}$
	混凝土弹性模量 E_c	FL^{-2}	$S_{Ec}=S_{\sigma}$	$S_{Ec}=1$	$S_{Ec}=\frac{S_{\sigma}}{S_{\varepsilon}}$
	混凝土泊松比 ν_c	—	$S_{\nu c}=1$	$S_{\nu c}=1$	$S_{\nu c}=1$
	混凝土密度 ρ_c	$FL^{-4}T^2$	$S_{\rho c}=\frac{S_{\sigma}}{S_l}$	$S_{\rho c}=\frac{1}{S_l}$	$S_{\rho c}=\frac{S_{\sigma}}{S_l}$
	钢筋（或型钢）应力 σ_s	FL^{-2}	$S_{\sigma s}=S_{\sigma}$	$S_{\sigma s}=1$	$S_{\sigma s}=S_{\sigma}$
	钢筋（或型钢）应变 ε_s	—	$S_{\varepsilon s}=1$	$S_{\varepsilon s}=1$	$S_{\varepsilon s}=S_E$
	钢筋（或型钢）弹模 E_s	FL^{-2}	$S_{E_s}=S_{\sigma}$	$S_{E_s}=1$	$S_{E_s}=1$
	黏结应力 u	FL^{-2}	$S_u=S_{\sigma}$	$S_u=1$	$S_u=\frac{S_{\sigma}}{S_{\varepsilon}}$

续表

类型	物理量	量纲	相似关系		
			(a) 一般模型	(b) 实用模型	(c) 不完全相似模型
几何特性	长度 l	L	S_l	S_l	S_l
	线位移 x	L	$S_x=S_l$	$S_x=S_l$	$S_x=S_\varepsilon S_l$
	角位移 θ	—	$S_\theta=1$	$S_\theta=1$	$S_\theta=S_\varepsilon$
	面积 A_s	L^2	$S_{A_s}=S_l^2$	$S_{A_s}=S_l^2$	$S_{A_s}=\frac{S_\sigma S_l^2}{S_\varepsilon}$
荷载	集中荷载 P	F	$S_P=S_\sigma S_l^2$	$S_P=S_l^2$	$S_P=S_\sigma S_l^2$
	线荷载 ω	FL^{-1}	$S_\omega=S_\sigma S_l$	$S_\omega=S_l$	$S_\omega=S_\sigma S_l$
	面荷载 q	FL^{-2}	$S_q=S_\sigma$	1	$S_q=S_\sigma$
	力矩 M	FL	$S_M=S_\sigma S_l^3$	$S_M=S_l^3$	$S_M=S_\sigma S_l^3$

混凝土的弹性模量和 $\sigma-\varepsilon$ 曲线直接受骨料及其级配情况的影响，模型混凝土的骨料多为中、粗砂，其级配情况也与原型结构不同，因此实际情况下 $S_{E_c}\neq1$，$S_{\sigma c}$ 和 $S_{\varepsilon c}$ 亦不等于 1（见图 8-8）。在 $S_{E_s}=1$ 的情况下为满足 $S_{\sigma c}=S_{\sigma s}=S_\sigma$，$S_{\varepsilon c}=S_{\varepsilon s}=S_\varepsilon$，需调整模型钢筋（或型钢）的面积，如表 8-5 中（c）列所示。严格地讲，这是不完全相似的（见图 8-8），对于非线性阶段的试验结果会有一定的影响。

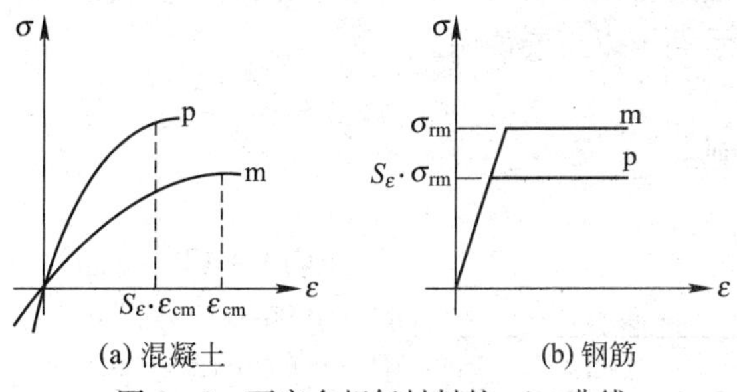

(a) 混凝土　　(b) 钢筋

图 8-8　不完全相似材料的 $\sigma-\varepsilon$ 曲线

对于砌体结构，由于它也是由块材（砖、砌块）和砂浆两种材料复合组成，除了在几何比例上缩小，要对块材作专门加工，并给砌筑带来一定困难外，同样要求模型与原型有相似的 $\sigma-\varepsilon$ 曲线，实用上就采用与原型结构相同的材料。砌体结构模型的相似常数见表 8-6。以上要求在结构动力弹塑性模型设计中也必须同时满足。

表 8-6　砖石结构静力强度模型的相似常数

类型	物理量	量纲（绝对系统）	相似关系	
			(a) 一般模型	(b) 实用模型
材料特性	砌体应力 σ	FL^{-2}	S_σ	$S_\sigma=1$
	砌体应变 ε	—	$S_\varepsilon=1$	$S_\varepsilon=1$
	砌体弹模 E	FL^{-2}	$S_E=S_\sigma$	$S_E=1$
	砌体泊松比 ν	—	$S_\nu=1$	$S_\nu=1$
	砌体质量密度 ρ	$FL^{-4}T^2$	$S_\rho=\frac{S_\sigma}{S_l}$	$S_\rho=\frac{1}{S_l}$

续表

类型	物理量	量纲（绝对系统）	相似关系	
			(a) 一般模型	(b) 实用模型
几何特性	长度 l	L	S_l	S_l
	线位移 x	L	$S_x=S_l$	$S_x=S_l$
	角位移 θ	—	$S_\theta=1$	$S_\theta=1$
	面积 A	L^2	$S_A=S_l^2$	$S_A=S_l^2$
荷载	集中荷载 P	F	$S_P=S_\sigma S_l^2$	$S_P=S_l^2$
	线荷载 ω	FL^{-1}	$S_\omega=S_\sigma S_l$	$S_\omega=S_l$
	面荷载 q	FL^{-2}	$S_q=S_\sigma$	1
	力矩 M	FL	$S_M=S_\sigma S_l^3$	$S_M=S_l^3$

由模型设计的相似理论确定相似条件，可以采用方程式分析法和量纲分析法。当已知研究对象各参数与物理量之间的函数关系，并可以用明确的数学方程式表示时，则可以根据基本方程建立相似条件。本节模型设计的实例就是采用方程式分析法推导并求得相似关系。

利用方程式分析法进行模型设计在工程结构模型试验中应用得较为普遍。当没有完全掌握研究对象的客观规律，不能用明确的方程式来描述研究各参数与物理量之间的函数关系时，可以采用量纲分析法进行模型设计。有关量纲分析法进行模型设计，读者可参阅模型试验的有关专著。下面用示例予以简要说明。

8.3.4 模型设计示例

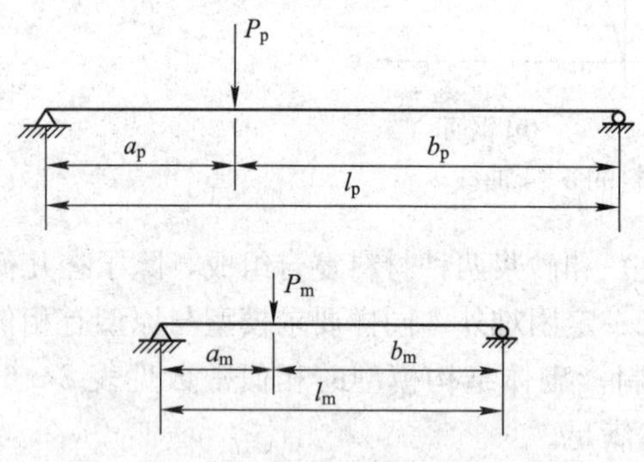

图 8-9 简支梁受静力集中荷载的相似

［例 8-3］ 设简支梁受静力集中荷载 P 作用（见图 8-9），并假定梁都在弹性范围内工作，且时间因素对材料性能的影响（如时效、疲劳、徐变等）可忽略，同时也不考虑残余应力或温度应力的影响。下面按缩尺比例（几何相似常数 S_l）来设计模型。

根据材料力学，梁在集中荷载作用下作用点处的边缘纤维应力、弯矩、挠度可以分别用下列公式表示：

$$\left.\begin{aligned}\sigma&=\frac{Pab}{lW}\\M&=\frac{Pab}{l}\\f&=\frac{Pa^2b^2}{3EIl}\end{aligned}\right\}\qquad(8-41)$$

式中：E 为梁体材料的弹性模量。

考虑到原型和模型的静力现象相似，则对应的物理量纲应保持为常数，可得到下列关系式：

$$
\begin{gathered}
l_{\mathrm{m}}=S_l l_{\mathrm{p}}；\ a_{\mathrm{m}}=S_l a_{\mathrm{p}}；\ b_{\mathrm{m}}=S_l b_{\mathrm{p}} \\
W_{\mathrm{m}}=S_l^3 W_{\mathrm{p}}；\ I_{\mathrm{m}}=S_l^4 I_{\mathrm{p}}；\ \sigma_{\mathrm{m}}=S_\sigma \sigma_{\mathrm{p}} \\
M_{\mathrm{m}}=S_m M_{\mathrm{p}}；\ f_{\mathrm{m}}=S_f f_{\mathrm{p}}；\ P_{\mathrm{m}}=S_P P_{\mathrm{p}}；\ E_{\mathrm{m}}=S_E E_{\mathrm{p}}
\end{gathered}
\tag{8-42}
$$

式中：S_l、S_σ、S_M、S_f、S_P 和 S_E 分别为长度、应力、弯矩、挠度、荷载和弹性模量的相似常数。

把公式（8-41）改写成为：

$$
\frac{Pab}{lW\sigma}=1,\ \frac{Pab}{lM}=1,\ \frac{Pa^2b^2}{EIlf}=1 \tag{8-43}
$$

则它们均是无量纲比例常数，即相似准数。由此得出模型和原型有如下关系式成立：

$$
\frac{P_{\mathrm{m}}a_{\mathrm{m}}b_{\mathrm{m}}}{l_{\mathrm{m}}W_{\mathrm{m}}\sigma_{\mathrm{m}}}=\frac{P_{\mathrm{p}}a_{\mathrm{p}}b_{\mathrm{p}}}{l_{\mathrm{p}}W_{\mathrm{p}}\sigma_{\mathrm{p}}},\ \frac{P_{\mathrm{m}}a_{\mathrm{m}}b_{\mathrm{m}}}{l_{\mathrm{m}}M_{\mathrm{m}}}=\frac{P_{\mathrm{p}}a_{\mathrm{p}}b_{\mathrm{p}}}{l_{\mathrm{p}}M_{\mathrm{p}}},\ \frac{P_{\mathrm{m}}a_{\mathrm{m}}^2b_{\mathrm{m}}^2}{E_{\mathrm{m}}I_{\mathrm{m}}l_{\mathrm{m}}f_{\mathrm{m}}}=\frac{P_{\mathrm{p}}a_{\mathrm{p}}^2b_{\mathrm{p}}^2}{E_{\mathrm{p}}I_{\mathrm{p}}l_{\mathrm{p}}f_{\mathrm{p}}} \tag{8-44}
$$

把关系式（8-42）代入，则得到三个相似条件：

$$
\frac{S_P}{S_l^2S_\sigma}=1,\ \frac{S_PS_l}{S_M}=1,\ \frac{S_P}{S_ES_lS_f}=1 \tag{8-45}
$$

这三个相似条件包含有六个相似常数，即意味着有三个相似常数可任意选择，而另外三个相似常数则需由条件式（8-45）推出。现在已知模型是按缩尺比例来设计，故 S_l 已知。而还有两个相似常数的选择则需根据试验的目的、试验的条件来确定。

（1）若要使模型上反应的挠度、应力和原型一致，即 $S_\sigma=1$ 和 $S_f=1$，则模型设计需满足下述条件：

$$
S_P=S_l^2,\ S_M=S_l^3,\ S_E=S_l
$$

即试验的荷载是原型结构荷载按缩尺比例的平方缩小，模型材料也要求其弹性模量按缩尺比例减小。而 $S_M=S_l^3$ 只要满足上面两个条件，也自然成立。

（2）若模型材料与原型一致，而又要求模型的应力也一致，即 $S_\sigma=1$ 和 $S_E=1$，则有

$$
S_P=S_l^2,\ S_M=S_l^3,\ S_f=S_l
$$

该式与第（1）条的前两个条件式相同，只是这时所测的挠度比原型挠度按缩尺比例缩小。考虑到量测精度，一般要求模型缩尺比例不宜过小。

在上面的讨论中，忽略了结构自重对于应力和挠度的影响。对于大跨度结构，其自重是不应忽略的，这时应重新考虑。

[例 8-4] 高层建筑在地震作用下的结构性能研究，通常是采用与原型材料相同的缩尺比例模型在振动台上进行。下面来讨论动力模型设计的问题。

根据题意分析，认为该物理过程中包含有下列的物理量：结构尺寸 l，结构的水平变位 x，应力 σ，应变 ε，结构材料的弹性模量 E，结构材料的平均密度 ρ，结构的自重 q，结构的振动频率 ω 和结构阻尼比 ξ，此外还有地震动的振幅 A 和运动的最大频率 ω_{g}。

若采用量纲分析方法来求出系统的相似准数，则可写出在质量系统下的量纲矩阵：

	l	x	σ	ε	E	ρ	q	ω	ξ	A	ω_{g}
[M]	0	0	1	0	1	1	1	0	0	0	0
[L]	1	1	−1	0	−1	−3	−2	0	0	1	0
[T]	0	0	−2	0	−2	0	−2	−1	0	0	−1

由此解得一组 8 个无量纲 π 数：

$$\pi_1=\frac{x}{l},\ \pi_2=\frac{\sigma}{\rho\omega^2 l^2},\ \pi_3=\varepsilon,\ \pi_4=\frac{E}{\rho\omega^2 l^2}$$

$$\pi_5=\frac{q}{\rho\omega^2 l},\ \pi_6=\xi,\ \pi_7=\frac{A}{l},\ \pi_8=\frac{\omega_g}{\omega} \tag{8-46}$$

由于模型与原型要保持相似，则对应的物理量成比例：

$$x_m=S_x x_p,\ l_m=S_l l_p,\ \sigma_m=S_\sigma \sigma_p,\ \varepsilon_m=S_\varepsilon \varepsilon_p$$

$$E_m=S_E E_p,\ \rho_m=S_\rho \rho_p,\ q_m=S_q q_p,\ \omega_m=S_\omega \omega_p$$

$$\xi_m=S_\xi \xi_p,\ A_m=S_A A_p,\ \omega_{gm}=S_{\omega g}\omega_{gp} \tag{8-47}$$

因此由式（8-46）可得到模型设计应满足的相似条件：

$$\frac{S_x}{S_l}=1,\ \frac{S_\sigma}{S_P S_\omega^2 S_l^2}=1,\ S_\varepsilon=1$$

$$\frac{S_E}{S_\rho S_\omega^2 S_l^2}=1,\ \frac{S_q}{S_\rho S_\omega^2 S_l}=1,\ S_\xi=1$$

$$\frac{S_A}{S_l}=1,\ \frac{S_{\omega g}}{S_\omega}=1 \tag{8-48}$$

这八个相似条件包含有 11 个相似常数，故有 3 个相似常数要预先拟定，而其他 8 个相似常数则只能从式（8-48）中推出。根据题意模型材料与原型材料相同，即已定出了 $S_E=1$ 和 $S_\rho=1$，又因模型为缩尺比例模型，所以 S_l 也已确定，而由此获得：

$$S_x=S_l,\ S_A=S_l,\ S_\varepsilon=S_\sigma=1,\ S_\xi=1$$

$$S_\sigma=S_E=1,\ S_\omega=S_{\omega g}=1/S_l,\ S_q=1/S_l \tag{8-49}$$

式中：$S_\varepsilon=S_\sigma=1$ 表明按缩尺比例设计的模型的应力和应变与原型一致，而 $S_x=S_l$ 则说明模型上的变位与原型的变位量按缩尺比例减小，故要求试验测定位移的仪表有较高的精度。$S_\xi=1$ 这个条件一般较难以满足，因为结构尺寸的改变而又要维持阻尼系数不变是较困难的。若原型结构阻尼很小，则这个条件可以忽略。$S_A=S_l$ 和 $S_\omega=S_{\omega g}=1/S_l$，则是关于振幅和频率两个关系式，是控制试验中振动台动作的条件。如果模型的比例缩尺为 1/10，则要求振动台的振动频率应为地震频率的 10 倍，而振动台的振幅应为地震振幅的 1/10。这是因为结构按比例缩尺后的模型本身的频率提高了 10 倍，变位减小了 1/10，而要求试验的振动台也做相应的变化以满足模型的试验结果与原型相似。最后的 $S_q=1/S_l$ 的条件是要求缩尺比例模型的自重应比原型自重按缩尺比例倒数的倍数增加，而这个条件给模型试验造成了很大的困难。目前解决这个问题的办法是采用附加配置重物来提高模型的自重。

从上述的例题可以看出，模型的设计不仅仅是模型本身尺寸比例的缩小或放大的问题，而是要考虑为了使模型的试验结果可以推算到原型上去，而需对整个试验过程做周密的设计，如模型试验对加载设备、量测仪器、模型制作的材料等一系列问题的综合考虑。

8.4 动力模型设计

振动台试验时，为了使小比例模型能够很好地再现原型结构的动力特征，模型与原型的竖向压应变相似常数 S_ε 应该等于 1，即竖向压应力相似常数 S_σ 应该等于弹性模量相似常数 S_E。为此，必须在模型上施加一定数量的人工质量—配重，以满足由量纲分析规定的相似条件，这样的模型才是具有与原型动力相似的完备模型。

以上给出了动力相似完备模型与原型之间的动力反应相似常数及其相似关系。但由于振动台承载能力的限制，许多试验模型难以满足对配重的要求，从而造成因 $S_\varepsilon \neq 1$ 的模型失真。此时，前述各物理量之间的相似关系将发生变化，必须根据实际的模型参数来推导模型与原型之间的动力反应关系，以便根据模型的试验结果来正确地推算原型的动力性能。下面采用量纲分析法和动力方程法的结合推导动力试验模型在任意配重条件下与原型结构的相似关系。

假设条件：竖向压应力对结构抗侧刚度无影响，即刚度相似常数 $S_k = S_E S_l$；各集中质量由竖向压应力乘以结构横截面面积求得，即质量相似常数 $S_m = S_\sigma S_l^2$。其中竖向压应力 σ 和弹性模量 E 的相似常数 S_σ 和 S_E 可分别依据模型配重后的实际质量和模型材料首先确定。

8.4.1　弹性阶段的动力相似关系

利用振型正交条件，将多自由度体系的运动方程解耦后，模型与原型结构对应自由度的动力反应关系可由 Duhamel 积分求出：

$$
\begin{aligned}
x_{\mathrm{m}} &= \frac{1}{m_{\mathrm{m}}\omega_{\mathrm{m}}}\int_0^{t_{\mathrm{m}}} P_{\mathrm{m}}(\tau)\sin\omega_{\mathrm{m}}(t_{\mathrm{m}}-\tau_{\mathrm{m}})d\tau_{\mathrm{m}} \\
&= \frac{1}{m_{\mathrm{m}}\omega_{\mathrm{m}}}\int_0^{t_{\mathrm{m}}} m_{\mathrm{m}}\ddot{x}_{\mathrm{gm}}(\tau)\sin\omega_{\mathrm{m}}(t_{\mathrm{m}}-\tau_{\mathrm{m}})d\tau_{\mathrm{m}} \\
&= \frac{S_{\ddot{x}_{\mathrm{g}}}}{S_f^2\omega_{\mathrm{p}}}\int_0^{t_{\mathrm{p}}} \ddot{x}_{\mathrm{gp}}(\tau)\sin\omega_{\mathrm{p}}(t_{\mathrm{p}}-\tau_{\mathrm{p}})d\tau_{\mathrm{p}} \\
&= \frac{S_{\ddot{x}_{\mathrm{g}}}}{S_f^2}x_{\mathrm{p}}
\end{aligned} \tag{8-50}
$$

在弹性阶段，如果拟定了输入的地震加速度峰值相似常数 $S_{\ddot{x}_g}$，则可依据上述相似关系，直接由模型试验结果来分析原型结构的动力反应。实际应用中，通常取 $S_{\ddot{x}_g}=1$，当模型与原型材料和施工条件相同时，取 $S_E=1$。值得注意的是，当配重不足，即 $S_\varepsilon \neq 1$ 或 $S_\sigma \neq S_E$ 时，因为模型与原型在输入相同的加速度峰值时，具有不同的剪应变状态，故其开裂、屈服和破坏阶段的时程及加卸载历史不同，上述比例系数不能直接套用于弹塑性阶段。

8.4.2　弹性及弹塑性阶段的动力相似关系

若拟定模型与原型的剪应变相同，即剪应变相似常数 $S_\gamma=1$，则可由模型试验结果推算原型在与模型同样受力（剪应力相似常数 $S_\tau = S_E$）或破坏状态下所能承受的地震加速度峰值以及在该峰值加速度作用下原型的动力反应，其相似关系见表 8-7。

表 8-7　动力模型在弹性阶段的动力相似关系

类型	物理量	量纲（绝对系统）	相似关系
材料特性	竖向压应力 σ	FL^{-2}	S_σ
	竖向压应变 ε	—	$S_\varepsilon=\frac{S_\sigma}{S_E}$
	弹性模量 E	FL^{-2}	S_E
	泊松比 ν	—	$S_\nu=1$
	剪应力 τ	FL^{-2}	$S_\tau=\frac{S_V}{S_l^2}=S_\sigma S_{\ddot{x}_g}$
	剪应变 γ	—	$S_\gamma=\frac{S_\tau}{S_G}=\frac{S_\sigma S_{\ddot{x}_g}}{S_E}$
	剪切模量 G	FL^{-2}	$S_G=S_E$
	质量密度 ρ	FT^2L^{-4}	$S_\rho=\frac{S_m}{S_l^3}=\frac{S_\sigma}{S_l}$
几何特性	长度 l	L	S_l
	线位移 x	L	$S_x=\frac{S_{\ddot{x}_g}}{S_f^2}=\frac{S_\sigma S_{\ddot{x}_g} S_l}{S_E}$
	角位移 θ	—	$S_\theta=\frac{S_x}{S_l}=\frac{S_\sigma S_{\ddot{x}_g}}{S_E}$
	面积 A	L^2	$S_A=S_l^2$
荷载	地震作用 F	F	$S_F=S_m S_{\ddot{x}}=S_\sigma S_{\ddot{x}_g} S_l^2$
	剪力 V	F	$S_V=S_F=S_\sigma S_{\ddot{x}_g} S_l^2$
	弯矩 M	FL	$S_M=S_V S_l=S_\sigma S_{\ddot{x}_g} S_l^3$
动力特性	质量 m	$FL^{-1}T^2$	$S_m=S_\sigma S_l^2$
	刚度 k	FL^{-1}	$S_k=S_E S_l$
	阻尼 c	$FL^{-1}T$	$S_c=\frac{S_m}{S_t}=(S_E S_\sigma)^{\frac{1}{2}} S_l^{\frac{3}{2}}$
	时间 t，固有周期 T	T	$S_t=S_T=\left(\frac{S_m}{S_k}\right)^{\frac{1}{2}}=\left(\frac{S_\sigma S_l}{S_E}\right)^{\frac{1}{2}}$
	频率 f	T^{-1}	$S_f=\frac{1}{S_T}=\left(\frac{S_E}{S_\sigma S_l}\right)^{\frac{1}{2}}$
	输入加速度 $\ddot{x}_g$	LT^{-2}	$S_{\ddot{x}_g}$
	反应速度 $\dot{x}$	LT^{-1}	$S_{\dot{x}}=S_{\ddot{x}} S_T=S_{\ddot{x}_g}\left(\frac{S_\sigma S_l}{S_E}\right)^{\frac{1}{2}}$
	反应加速度 $\ddot{x}$	LT^{-2}	$S_{\ddot{x}}=S_{\ddot{x}_g}$

由剪应变相似常数 $S_\gamma=1$，剪切模量相似常数 $S_G=S_E$ 及前述假设条件可推得弹性及弹塑性阶段的动力相似关系如表 8-8 所示。

表 8-8　动力模型在弹性及弹塑性阶段的动力相似关系

类型	物理量	量纲（绝对系统）	相似关系
材料特性	竖向压应力 σ	FL^{-2}	S_σ
	竖向压应变 ε	—	$S_\varepsilon=\frac{S_\sigma}{S_E}$
	弹性模量 E	FL^{-2}	S_E
	泊松比 ν	—	$S_\nu=1$
	剪应力 τ	FL^{-2}	$S_\tau=S_G S_\gamma=S_E$
	剪应变 γ	—	$S_\gamma=1$
	剪切模量 G	FL^{-2}	$S_G=S_E$
	质量密度 ρ	FT^2L^{-4}	$S_\rho=\frac{S_m}{S_l^3}=\frac{S_\sigma}{S_l}$
几何特性	长度 l	L	S_l
	线位移 x	L	$S_x=\frac{S_V}{S_k}=S_l$
	角位移 θ	—	$S_\theta=\frac{S_x}{S_l}=1$
	面积 A	L^2	$S_A=S_l^2$
荷载	地震作用 F	F	$S_F=S_V=S_E S_l^2$
	剪力 V	F	$S_V=S_\tau S_l^2=S_E S_l^2$
	弯矩 M	·FL	$S_M=S_V S_l^2=S_E S_l^3$
动力特性	质量 m	$FL^{-1}T^2$	$S_m=S_\sigma S_l^2$
	刚度 k	FL^{-1}	$S_k=S_E S_l$
	阻尼 c	$FL^{-1}T$	$S_c=\frac{S_m}{S_t}=(S_E S_\sigma)^{\frac{1}{2}} S_l^{\frac{3}{2}}$
	时间 t，固有周期 T	T	$S_t=S_T=\left(\frac{S_m}{S_k}\right)^{\frac{1}{2}}=\left(\frac{S_\sigma S_l}{S_E}\right)^{\frac{1}{2}}$
	频率 f	T^{-1}	$S_f=\frac{1}{S_T}=\left(\frac{S_E}{S_\sigma S_l}\right)^{\frac{1}{2}}$
	输入加速度 $\ddot{x}_g$	LT^{-2}	$S_{\ddot{x}_g}=S_{\ddot{x}}=\frac{S_E}{S_\sigma}$
	反应速度 $\dot{x}$	LT^{-1}	$S_{\dot{x}}=\frac{S_x}{S_t}=\left(\frac{S_l}{S_E S_\sigma}\right)^{\frac{1}{2}}$
	反应加速度 $\ddot{x}$	LT^{-2}	$S_{\ddot{x}}=\frac{S_F}{S_m}=\left(\frac{S_E S_l}{S_\sigma}\right)^{\frac{1}{2}}$

按上述相似常数调整输入加速度峰值，使其模型与原型的剪应变相同，即剪应变相似常数 $S_\gamma=1$ 或剪应力相似常数 $S_\tau=S_E$，则其相应的相似常数就给出了模型与原型在弹性和弹

塑性阶段的动力相似关系。这样，就能够根据模型的破坏状态和动力反应来确定原型结构在同样破坏状态时所能承受的地震加速度峰值（抗震能力）及相应的地震反应。

以上两组相似关系，是在相同条件下，基于不同的基准参数推得的，故虽然形式不同，但具有相同的物理意义。如果将前者的加速度相似常数换成后者相应的加速度相似常数，则两组系数完全相同。

8.5 模型材料

适用于制作模型的材料很多，但没有绝对理想的材料。因此正确地了解材料的性质及其对试验结果的影响，对于顺利完成模型试验往往有决定性的意义。

8.5.1 模型试验对模型材料的基本要求

1. 保证相似要求

这是要求模型设计满足相似条件，以致模型试验结果可按相似准数及相似条件推算到原型结构上去。

2. 保证量测要求

这是要求模型材料在试验时能产生较大的变形，以便量测仪表能够精确地读数。因此，应选择弹性模量较低的模型材料，但也不宜过低，以致影响试验结果。

3. 保证材料性能稳定，不因温度、湿度的变化而变化

一般模型结构尺寸较小，对环境变化很敏感，以致环境对它的影响远大于对原型结构的影响，因此材料性能稳定是很重要的。应保证材料徐变小。由于徐变是时间、温度和应力的函数，故徐变对试验的结果影响很大，而真正的弹性变形不应该包括徐变。

4. 保证加工制作方便

选用的模型材料应易于加工和制作，这对于降低模型试验费用是极其重要的。一般来讲，对于研究弹性阶段应力状态的模型试验，模型材料应尽可能与一般弹性理论的基本假定一致，即材料是匀质、各向同性、应力与应变呈线性变化，且有不变的泊松比系数。对于研究结构的全部特性（即弹性和非弹性以及破坏时的特性）的模型试验，通常要求模型材料与原型结构材料的特性较相似，最好是模型材料与原型结构材料一致。

8.5.2 常用的几种模型材料

模型设计中常采用的材料有金属、塑料、石膏、水泥砂浆及细石混凝土材料等。

1. 金属

金属的力学特性大多符合弹性理论的基本假定。如果试验对量测的准确度有严格要求，则它是最合适的材料。在金属中，常用的材料是钢材和铝合金。铝合金允许有较大的应变量，并有良好的导热性和较低的弹性模量，因此金属模型中铝合金用得较多。钢和铝合金的泊松比约为0.30，比较接近于混凝土材料。虽然用金属制作模型有许多优点，但它存在一个致命的弱点是加工困难，这就限制了金属模型的使用范围。此外金属模型的弹性模量较塑

料和石膏的都高，荷载模拟较为困难。

2. *塑料*

塑料作为模型材料的最大优点是强度高而弹性模量低（金属弹性模量的 0.02～0.1），且加工容易；缺点是徐变较大，弹性模量受温度变化的影响也大，泊松比（0.35～0.50）比金属及混凝土的都高，而且导热性差。可以用来制作模型的塑料有很多种，热固性塑料有环氧树脂、聚酯树脂，热塑性塑料有聚氯乙烯、聚乙烯、有机玻璃等，而以有机玻璃用得最多。

有机玻璃是一种各向同性的匀质材料，弹性模量为 2.3～2.6 GPa，泊松比为 0.33～0.35，抗拉极限应力大于 30 MPa。因为有机玻璃的徐变较大，试验时为了避免明显的徐变，应使材料中的应力不超过 7 MPa，因为此时的应力已能产生 2 000 微应变，对于一般应变测量已能保证足够的精度。

有机玻璃材料市场上有各种规格的板材、管材和棒材，给模型加工制作提供了方便。有机玻璃模型一般用木工工具就可以加工，用胶黏剂或热气焊接组合成型。通常采用的黏结剂是氯仿溶剂，将氯仿和有机玻璃粉屑拌合而成黏结剂。由于材料是透明的，所以连接处的任何缺陷都能很容易地检查出来。对于具有曲面的模型，可将有机玻璃板材加热到 110 ℃软化，然后在模子上热压成曲面。

由于塑料具有容易加工的特点，故大量地用来制作板、壳、框架、剪力墙及形状复杂的结构模型。

3. *石膏*

用石膏制作模型的优点是加工容易、成本较低、泊松比与混凝土十分接近，且石膏的弹性模量可以改变；其缺点是抗拉强度低，且要获得均匀和准确的弹性特性比较困难。

纯石膏的弹性模量较高，而且很脆，凝结也快，故用作模型材料时，往往需掺入一些掺合料（如硅藻土、塑料或其他有机物）并控制用水量来改善石膏的性能。一般石膏与硅藻土的配合比为 2∶1，水与石膏的配比为 0.8～3.0。这样形成的材料的弹性模量可在 400～4 000 MPa之间任意调整。值得注意的是，加入掺和料后的石膏在应力较低时是弹性的，而当应力超过破坏强度的 50%时出现塑性。

制作石膏模型首先按原型结构的缩尺比例制作好模子，在浇注石膏之前应仔细校核模子的尺寸，然后把调好的石膏浆注入模具成型。为了避免形成气泡，在搅拌石膏时应先将硅藻土和水调配好，待混合数小时后再加入石膏。石膏的养护一般存放在气温为 35 ℃及相对湿度为 40%的空调室内进行，时间至少一个月。由于浇注模型表面的弹性性能与内部不同，因此制作模型是先将石膏按模子浇注成整体，然后再进行机械加工（割削和铣）形成模型。

石膏广泛地用来制作弹性模型，也可大致模拟混凝土的塑性工作。配筋的石膏模型常用来模拟钢筋混凝土板壳的破坏（如塑性铰线的位置等）。

4. *水泥砂浆*

水泥砂浆相对于上述几种材料而言比较接近混凝土，但基本性能又无疑与含有大骨料的混凝土存在差别。所以，水泥砂浆主要是用来制作钢筋混凝土板壳等薄壁结构的模型，而采用的钢筋是细直径的各种钢丝及铅丝等。

值得注意的是，未经退火的钢丝没有明显的屈服点。如果需要模拟热轧钢筋，应进行退火处理。细钢丝的退火处理必须防止金属表面氧化而减小断面面积。

5. 微粒混凝土

微粒混凝土是在砂浆的基础上，对按相似比例小粒径的骨料进行配合比设计，使模型材料的应力-应变曲线与原型相似。为了满足弹性模量相似，有时可用掺入石灰浆的方法来降低模型材料的弹性模量。微粒混凝土的不足之处是它的抗拉强度一般情况下比要求值高，这一缺点在强度模型中延缓了模型的开裂，而在不考虑重力效应的模型中，有时能弥补重力失真的不足，使模型开裂荷载接近于实际情况。

6. 环氧微粒混凝土

当模型很小时，用微粒混凝土制作不易振捣密实、强度不均匀、易破碎，这时，可采用环氧微粒混凝土制作。环氧微粒混凝土是由环氧树脂和按一定级配的骨料拌合而成。骨料可采用水泥、砂等，但必须干燥。环氧微粒混凝土的应力-应变曲线与普通混凝土相似，但抗拉强度偏高。

8.5.3 模型试验应注意的问题

1. 模型的制作精度

模型尺寸的不准确是引起模型试验误差的主要原因之一。模型尺寸的允许误差范围与原型结构的允许误差范围一样，为±5%，但由于模型的几何尺寸小，允许制作偏差的绝对值就很小。因此，在制作模型时对其尺寸应倍加注意。

对于钢筋（或型钢）混凝土结构模型，模型尺寸包括截面几何尺寸、跨度及钢筋（或型钢）位置。模板对模型尺寸有重要的影响，制作模板的材料应体积稳定，不随温、湿度而变化。模板应达到机械加工的精度。有机玻璃是效果较好的模板材料，为了降低费用，也可用表面覆有塑料的木材作模板，型铝也是常用的模板材料，它和有机玻璃配合使用相当方便。

模型钢筋一般都很细柔，其位置易在浇捣混凝土时受机械振动的影响从而直接影响结构的承载能力。对于直线型构件常在两个端模板上钢筋位置处钻孔，使钢筋穿过孔洞并将钢筋稍微张紧以确保其位置。

2. 模型试件的尺寸

非弹性工作时的相似条件一般不容易满足，而小尺寸混凝土结构的力学性能的离散性也较大，因此混凝土结构模型的比例不宜太小，最好在1：2～1：25范围取值。目前模型的最小尺寸（如板厚）可做到3～5 mm，而要求的骨料最大粒径不应超过该尺寸的1/3。这些条件在选择模型材料和确定模型比例时应予以考虑。

3. 钢筋和混凝土之间的黏结力模拟

钢筋和混凝土之间的黏结情况对结构非弹性阶段的荷载-变形性能以及裂缝的发生和发展有直接关系。尤其当结构承受反复荷载（如地震作用）时，结构的内力重分配受裂缝开展和分布的影响，所以对黏结问题应予充分重视。由于黏结问题本身的复杂性，细石混凝土结构模型很难完全模拟结构的实际黏结力情况。在已有的研究工作中，为了使模型的黏结情况与原型结构的黏结情况接近，通常是使模型上所用钢筋产生一定程度的锈蚀或用机械方法在模型钢筋表面压痕，使模型结构黏结力和裂缝分布情况比用光面钢丝更接近原型结构的情况。

4. 模型试验环境

小模型试验对于周围环境的要求比一般结构试验严格。对于有机玻璃等塑料模型，试验时温度变化不应超过±1 ℃。小混凝土模型受温、湿度变化影响引起的收缩和温度应力等远比大的结构严重。环境变化对试验模型的复杂影响是远非在量测时布置温度补偿仪表所能解决的。所以一般应在试验过程中控制温、湿度的变化。

5. 模型荷载

模型试验的荷载必须事先仔细校正。如因模型较小，完全模拟实际的荷载情况确有困难时，改加明确的集中荷载将比勉强模拟实际荷载更好，否则会在整理和推算量测结果时引进很大的误差。

6. 模型量测

小模型试验量测仪表的安装位置应特别准确，否则在将模型试验结果换算到原型结构上去时将引起较大的误差。此外，如果模型的刚度较小，则应注意量测仪表的重量、刚度等的影响。

如果在模型试验的过程中严格操作，采取各种相应的措施，试验结果是相当可靠的。对于弹性模型试验，若用它来预计钢筋（或型钢）混凝土结构，其误差可控制在10%左右。对于钢筋（或型钢）混凝土结构的强度模型，当钢筋（或型钢）与混凝土之间的黏结力不是影响结构性能的主要因素时，由试验结果推算到原型结构的误差（主要指裂缝开展后的位移和承载能力）可控制在15%左右。需要注意的是，钢筋（或型钢）混凝土原型结构本身的离散性就很大，最终在非线性阶段的差异可高达20%或20%以上。因此，要得出由其模型试验结果推算到原型结构性能的误差，需要做相当数量的原型与模型结构的对比试验才能用统计方法得出有一定可信度的统计结果，这是钢筋（或型钢）混凝土强度模型试验有待解决的问题之一。

8.6 模型试验工程实例

8.6.1 工程概况及试验目的

位于汉江上游的某水电站是以发电为主，兼顾航运、防洪等综合效益的大型水电站。电站正常高水位330 m，总库容25.8亿 m^3。拦河坝采用折线型整体式混凝土重力坝。按一级挡水建筑物设计。设计洪峰流量36 700 m^3/s（相当于千年一遇的洪水），校核洪峰流量45 000 m^3/s（相当于万年一遇洪水）。坝顶高程338 m，最大坝高128 m，坝顶总长541.5 m。

拦河坝右岸非溢流坝段共有6个坝段。其中0#、1#坝段的坝轴线处宽度为25m，2#～5#四个坝段轴线处的宽度均为19 m，4#坝段为一楔形坝块，5#坝段为一高重坝段。最大坝高98 m。

为了进一步摸清坝体及其基础的受力状态、变形特征，提出妥善的基础处理措施、改进设计方案，拟对右非岸进行地质力学模型试验。模型试验的主要目的是了解复杂地基上大坝及其基础在整体受力时的抗滑稳定性、了解大坝与基础的变形，了解大坝受力时的超载安全度、大坝与基础的最先破坏部位和破坏形式。

8.6.2 模型设计及其简化

（1）模型比例尺。按照设计单位的要求，模型比例尺为1∶150～1∶200，两种比例的相似常数如表8-9所示。

表8-9 动力模型在弹性及弹塑性阶段的动力相似关系

几何相似常数 S_l	应力或强度相似常数 S_σ	模型材料的抗压强度 R_m^c/(kg/cm²)	变形模量相似常数 S_E	模型的变形模量 E_m/(kg/cm²)	相当于原型1 mm的模型位移 δ_m/mm	模型总重/t
150	150	1.33～1.66	150	667～800	6.7/1 000	5.3
200	200	1.00～1.25	200	500～600	5/1 000	2.2

根据现有量测手段、模型加工精度及实验室的空间范围，选择的比例尺1∶200。

（2）结构面模拟。结构面包括裂隙、断层、节理、软弱夹层等。对结构面的模拟要考虑以下两个方面：一是结构面的抗剪强度模拟；二是结构面的变形特性的模拟。

对结构抗剪强度的模拟，主要根据库仑定律，对摩擦系数 f 和凝聚力 C 进行模拟。根据相似关系，对夹层的抗剪强度指标相似要求为：

$$S_f=1,\ S_c=S_\sigma=S_E$$

式中：S_f、S_c 分别为原型、模型材料的摩擦系数和凝聚力的相似比。

本试验中，采用了不同的纸张来模拟不同的摩擦系数，见表8-10。

表8-10 半整体模型试验各夹层的模拟方法

夹层名称	模拟纸张的种类及接触面	摩擦系数	
		原型	模型
F_{14}、F_{15}、F_{18}	厚铝箔纸正对正	0.25	0.249
F_{51}^b、F_{67}^b、F_6^b、F_{25}^b、F_{28}^b、F_{45}^b	薄铝箔纸正对正	0.30	0.294
F_{32}、F_{20}、F_{46}	黑电光纸正对反	0.35	0.350
L_1	坐标纸正对反	0.40	0.389

8.6.3 模型荷载模拟及试验程序设计

在本试验中，考虑的荷载有混凝土坝体的自重、作用在坝体上游面的静水压力、作用于上游防渗帷幕前的渗透压力以及作用在坝体上的扬压力。

（1）自重荷载的模型。在本试验中，采用了 $S_\gamma=1$，即对坝体和岩体自重采用与原型材料相同容重的方法模拟。

（2）静水压力的模拟。在本试验中，由于要考虑坝体横缝的影响，因此，静水压力的施加要分坝段进行。在六个坝段的上游坝面上，用六个乳胶水袋来施加静水压力，每个乳胶水袋装满水后产生的静水压力为 H，采用"梯形加载"的方式，使模型、原型的面积力相似

常数 $S_x=1$，模型坝面的水位可由测压管直接读出。

(3) 防渗灌浆帷幕前的渗漏压力的模拟。对于作用在防渗灌浆帷幕前的渗透压力，是把这一体积力简化为面力，并取帷幕上下游水压力之差按面积力施加于帷幕灌浆的上游面处。由于岩体实际上不能抗拉，模型中将防渗帷幕面上的岩石完全移去，通过三个乳胶水袋各自施加渗透压力。

(4) 作用在坝体上的扬压力模拟。本试验中，采用了静力等效的方法来模拟此扬压力。

8.6.4 坝体模型制作

(1) 坝体与基础面的连接，采用弹性固结连接的方式。即把坝体与基础的接触部位，都用黏结材料黏结。这样比较符合实际情况。

(2) 坝体模型的加工过程。由于模拟横缝的要求，把坝体分割为六个坝段进行砌筑。黏结多坝段时，在上下游面宜先多留些余裕，待该段高程的坝块黏结好后，再雕刻成精确尺寸。

(3) 结构面制作。对基础及山体中的各断层、软弱夹层等均按实际产状进行模拟。按这些结构面处有不同摩擦系数要求，选取合适的纸张在结构面处进行黏结。为防止纸张受潮而影响摩擦系数值，在结构面的两侧块体上都粘上蜡纸。

8.6.5 试验程序设计

由地质力学模型试验的特点知，地质力学模型试验有一次加载效应和时间效应等特征。因此，为了使试验成果可以和原型观测结果对比分析，加荷程序的设计应考虑到工程施工过程、运转情况和荷载作用特点等。根据设计单位的建议和实验室的经验，选取了如下的试验程序，见表 8-11。

表 8-11 试验程序表

加载顺序	0	1	2	3	4	5	6	7	8	9	10	11	12	13	14
静水压力	0	$0.5H$	$0.75H$	H	H	$1.25H$	$1.5H$	$1.75H$	$2H$	$2.25H$	$2.5H$	$2.75H$	$3H$	$3.25H$	$3.5H$
渗透压力	0	0	0	0	P_0	P_0	P_0	P_0	P_0	P_0	P_0	P_0	P_0	P_0	P_0

由表 8-11 看出，对于作用于防渗灌浆帷幕前的渗透压力，在坝面静水压力达到 $1H$ 之前，不考虑其作用；在静水压力为 $1H$ 时，再施加此荷载，以模拟原型坝体稳定渗流场的形成，了解它对整个模型的位移及稳定的影响情况。

8.6.6 模型量测

(1) 测点布置。对于基础及山体表面的测点，主要布置在大断层的上、下盘上，以监测模型沿断层的错动。同时在山体变化较大或位移变化较大处，也布置了较多的测点。对于坝体，由于坝体为折线形、梯形状的重力坝，位移测点主要布置在重要坝段的各转折部位。同时，各坝段的坝顶下游部位，也都布置了测点，用以比较。

(2) 测点位移坐标的选取。为了能方便地分析和比较各测点位移的大小，在本试验中，对所有测点位移采用了同一坐标系的方法。坐标系的选取与所给地质资料的坐标相同。

8.6.7 试验成果分析

(1) 变形分析。从断层 F_{15} 的变形情况来看，在 $1.25H$ 之前，因裂隙压密而出现较大的变形；在 $2.25 \sim 2.5H$ 时，发生初滑。从断层 F_{18} 的变形情况来看，在 $1.25H$ 之前，发生表层初始滑动；在 $3H$ 时，才发生深层滑动。从断层 F_{14} 的变形情况来看，在 $2.75H$ 时，才发生初滑。其他断层两侧测点相对位移并不大，表明在 $2.5H$ 之前，还没有发生初滑现象。

(2) 危险坝段。通过变形分析比较，可知 $5^{\#}$ 坝段最为危险，这主要表现在：该坝段侧向稳定存在问题；该坝段在基础抗滑稳定及结构方面也存在问题。

思 考 题

一、选择题

1. 工程结构的模型试验与实际尺寸的足尺结构相比，不具备的特点是（　　）。

A. 经济性强　　B. 数据准确　　C. 针对性强　　D. 适应性强

2. 集中荷载相似常数与长度相似常数的（　　）次方成正比。

A. 1　　B. 2　　C. 3　　D. 4

3. 弯矩或扭矩相似常数与长度相似常数的（　　）次方成正比。

A. 1　　B. 2　　C. 3　　D. 4

4. 弹性模型材料中，哪一种材料的缺点是徐变较大，弹性模量受温度变化的影响较大？（　　）

A. 金属材料　　B. 石膏　　C. 水泥砂浆　　D. 塑料

5. 哪一种模型的制作关键是“材料的选取和节点的连接”？（　　）

A. 混凝土结构模型　　B. 砌体结构模型

C. 金属结构模型　　D. 有机玻璃模型

6. 强度模型材料中，哪一种材料需要经过退火处理？（　　）

A. 模型钢筋　　B. 微粒混凝土

C. 模型砌块　　D. 水泥砂浆

7. 下列试验中可以不遵循严格的相似条件的是（　　）。

A. 缩尺模型试验　　B. 相似模型试验

C. 足尺模型试验　　D. 原型试验

8. 实践证明，结构的尺寸效应、构造要求、试验设备和经费条件等因素将制约试件的（　　）。

A. 强度　　B. 刚度　　C. 尺寸　　D. 变形

9. 基本构件性能研究的试件大部分是采用（　　）。

A. 足尺模型　　B. 缩尺模型　　C. 结构模型　　D. 近似模型

10. 满足相似条件的模型试验中，应变、泊松比等无量纲物理量的相似常数均等于（　　）。

A. 1　　B. 2　　C. 3　　D. 大于零的任意数

11. 结构模型设计中所表示的各物理量之间的关系式均是无量纲的，它们均是在假定采用理想（　　）的情况下推导求得的。

A. 脆性材料　　B. 弹性材料　　C. 塑性材料　　D. 弹塑性材料

二、填空题

1. 模型设计的程序往往是首先确定__________，再设计确定几个物理量的相似常数。

2. 当模型和原型相似时，人们可以由模型试验的结果，按照相似条件得到原型结构需要的数据和结果。因此，求得模型结构的__________就成为模型设计的关键。

3. 相似模型试验要求比较严格的相似条件，即要求满足几何相似、力学相似和__________相似。

4. 在结构模型试验中，模型的支承和约束条件可以由与原型结构构造__________条件来满足与保证。

5. 试验结构构件在与实际工作状态相一致的情况下进行的试验称为__________。

6. 在模型设计中，在参与研究对象各物理量的相似常数之间必定满足一定的组合关系，当相似常数的组合关系式等于1时，模型和原型相似。因此这种等于1的相似常数关系式即为模型的__________。

7. 尺寸效应反映结构构件和材料强度随试件尺寸的改变而变化的性质。试件尺寸愈小表现出__________提高愈大和强度__________也大的特征。

8. 结构试验为模拟结构在实际受力工作状态下的结构反应，必须对试验对象施加荷载，所以结构的__________是结构试验的基本方法。

三、名词解释

1. 尺寸效应

2. 几何相似

3. 第一相似定理

4. 第二相似定理

5. 第三相似定理

6. 相似准数

7. 相似条件

四、计算题

1. 在静力模型试验中，若长度相似常数 $S_l=\frac{[L_m]}{[L_p]}=\frac{1}{4}$，线荷载相似常数 $S_q=\frac{[q_m]}{[q_p]}=\frac{1}{10}$，求原型结构和模型结构材料弹性模量的相似常数 S_E。

2. 一根承受均布荷载的简支梁，要求最大挠度 $\left(f=\frac{5}{384}\frac{ql^4}{EI}\right)$ 相似设计试验模型。设已经确定 $S_E=1$；$S_l=\frac{1}{10}$；$S_f=1$，简述求 S_q 的过程。

参考文献

[1] 张亚非. 建筑结构检测 [M]. 武汉：武汉工业大学出版社，1995.

[2] 李忠献. 工程结构试验理论与技术 [M]. 天津：天津大学出版社，2004.

[3] 姚振纲，刘祖华. 建筑结构试验 [M]. 上海：同济大学出版社，1996.

[4] 姚谦峰，陈平. 土木工程结构试验 [M]. 北京：中国建筑工业出版社，2001.

[5] 王娴明. 建筑结构试验 [M]. 北京：清华大学出版社，1988.

[6] 周明华，王晓，毕佳，等. 土木工程结构试验与检测 [M]. 南京：东南大学出版社，2002.

[7] 湖南大学，太原工业大学，福州大学. 建筑结构试验 [M]. 北京：中国建筑工业出版社，1991.

[8] 郑秀瑗，谢大吉. 应力应变电测技术 [M]. 北京：国防工业出版社，1985.

[9] 林圣华. 结构试验 [M]. 南京：南京工学院出版社，1987.

[10]《计量测试技术手册》编辑委员会. 计量测试技术手册 [M]. 北京：中国计量出版社，1997.

[11] 张如一，沈观林，潘真微. 试验应力分析实验指导 [M]. 北京：清华大学出版社，1982.

[12] 马永欣，郑山锁. 结构试验 [M]. 北京：科学出版社，2001.

[13] 胡大林. 桥涵工程试验检测技术 [M]. 北京：人民交通出版社，2000.

[14] 杨煜惠，吴慧敏，张传镁，等. 房屋建筑材料试验 [M]. 长沙：湖南科学技术出版社，1986.

[15]《铁路桥梁检定规范说明》编写组. 铁路桥梁检定规范说明 [M]. 北京：人民铁道出版社，1978.

[16] 徐日昶，王博仪，赵家奎. 桥梁检验 [M]. 北京：人民交通出版社，1989.

[17] 李德寅，王邦楣，林亚超. 结构模型试验 [M]. 北京：科学出版社，1996.

[18] 潘少川，刘耀乙，钱浩生. 试验应力分析 [M]. 北京：高等教育出版社，1988.

[19] 张仁瑜. 建筑工程质量检测新技术 [M]. 北京：中国计划出版社，2001.

[20] 霍斯多尔夫. 结构模型分析 [M]. 徐正忠，陈安息，曾盛奎，译. 北京：中国建筑工业出版社，1986.

[21] 陈兴华. 脆性材料结构模型试验 [M]. 北京：水利电力出版社，1984.

[22] 吴慧敏. 结构混凝土现场检测技术 [M]. 长沙：湖南大学出版社，1988.

[23] 邢世建. 道路与桥梁工程试验检测技术 [M]. 重庆：重庆大学出版社，2005.

[24] 王柏生，秦建堂. 结构试验与检测 [M]. 杭州：浙江大学出版社，2007.

[25] 庞超明，秦鸿根，季垚. 试验设计与混凝土无损检测技术 [M]. 北京：中国建材工业出版社，2006.

[26] 张美珍，柴金义. 桥梁工程检测技术 [M]. 北京：人民交通出版社，2007.

[27] 单炜，张宏祥，李玉顺. 公路桥梁检测技术 [M]. 哈尔滨：东北林业大学出版社，2005.

[28] 王建华，孙胜江. 桥涵工程试验检测技术 [M]. 北京：人民交通出版社，2004.

[29] 陈建勋，马建秦. 隧道工程试验检测技术 [M]. 北京：人民交通出版社，2005.
[30] 刘屠梅，赵竹占，吴慧明. 基桩检测技术与实例 [M]. 北京：中国建筑工业出版社，2006.
[31] 赵顺波，靳彩，赵瑜，等. 工程结构试验 [M]. 郑州：黄河水利出版社，2001.
[32] 宋彧，李丽娟，张贵文. 建筑结构试验 [M]. 重庆：重庆大学出版社，2001.
[33] 张印阁，冯玉平，张宏祥. 桥梁结构现场检测技术 [M]. 哈尔滨：东北林业大学出版社，2006.
[34] 朱永全，宋玉香. 隧道工程 [M]. 北京：中国铁道出版社，2005.
[35] 李宁军. 隧道设计与施工百问 [M]. 2 版. 北京：人民交通出版社，2006.
[36] 吴慧敏. 结构混凝土现场检测新技术：混凝土非破损检测 [M]. 长沙：湖南大学出版社，1998.
[37] 张曙光. 建筑结构试验 [M]. 北京：中国电力出版社，2005.
[38] 胡大琳. 桥涵工程试验检测技术 [M]. 北京：人民交通出版社，2000.
[39] 何自强. 测试技术基础 [M]. 北京：水利电力出版社，1990.
[40] 朱尔玉. 白光散斑实用技术和实验优化技术地质力学模型实验中的应用：安康水电站右非 0# ～5# 坝段半整体地质力学模型试验初步研究 [D]. 邯郸：华北水利水电学院，1988.
[41] 朱尔玉. 大骨料混凝土多轴强度理论及本构关系的试验研究 [D]. 大连：大连理工大学，1996.
[42] 朱尔玉. 白光散斑实用技术及其在地质力学模型实验中的应用 [J]. 华北水利水电学院学报，1989 (4).
[43] 刘福胜，朱尔玉，王冰伟，等. 无黏结部分预应力混凝土迭合梁正截面承载力的试验研究 [J]. 建筑结构，1998，28 (7)：22 - 24.
[44] ZHU E Y. Experimental research on calculation methods of crack width of unbonded partially prestressed concrete composite beams [C] // theories and practices of structural engineering. Beijing：Seismological Press，1998：345 - 356.
[45] 朱尔玉，娄运平，刘昕. 无黏结部分预应力混凝土叠合梁裂缝宽度计算的试验研究 [J]. 水利学报，2000 (5)：12 - 16.
[46] 杨威，朱尔玉，张波，等. 中华世纪坛旋转体内环基座混凝土密实度检测 [J]. 工程质量，2001 (9)：17 - 18.
[47] ZHU E Y. The expansive concrete and its application in bridge engineering [C] // international conference on advances in concrete and structures. RILEM Publications S. A. R. L，2003：899 - 905.
[48] 朱尔玉，戴会超，董德禄. 全级配砼在破坏时的应力和变形关系 [J]. 水利学报，2004 (5)：89 - 93.
[49] 朱尔玉，杨威，王建海，等. 不同形状和不同尺寸 C20 混凝土试件抗压强度的关系 [J]. 北京交通大学学报，2005，29 (1)：1 - 3.
[50] 董德禄，朱尔玉. 22m PC 轨道曲梁静动力试验研究 [C] //城市单轨交通国际高级论坛论文集. 北京：中国铁道出版社，2005：503 - 508.

[51] ZHU E Y, LIU C, HE L. Stress analysis and experimental verification on corroded prestressed concrete beam. Environmental Ecology and Technology of Concrete, 2006: 302-303.
[52] 刘椿，朱尔玉，朱晓伟. 受腐蚀预应力混凝土桥梁受力检算和试验验证 [J]. 铁道建筑，2005 (12): 1-3.
[53] 朱尔玉，刘椿，何立，等. 预应力混凝土桥梁腐蚀后的受力性能分析 [J]. 中国安全科学学报，2006，16 (2): 136-140.
[54] 江斌，朱尔玉，董德禄，等. 跨座式单轨交通预应力轨道梁的静载试验 [J]. 都市快轨交通，2007，20 (5): 67-69.
[55] 朱尔玉，张文辉，刘福胜，等. 混凝土灌注桩缺陷检测及施工质量评估 [C] //中国土木工程学会第九届年会论文集：工程安全及耐久性. 北京：中国水利水电出版社，2000: 277-280.